Lernen

Wir träumen vom Nürnberger Trichter, der uns Lernen ohne Mühe verheißt, uns alles eintrichtert, was wir hören. Aber es gibt diesen Trichter nicht. Wir brauchen ihn auch nicht, denn unser Gehirn lernt immer, ob wir wollen oder nicht. Es kann gar nicht anders!

Das Gehirn des Menschen ist zum Lernen geschaffen. – Warum macht uns dann das Lernen manchmal so große Probleme? Kinder lernen alle 90 Minuten ein Wort; wir alle erinnern uns an den Nachmittag des 11. September. Vokabeln „pauken" oder Klavierspielen lernen ist dagegen mühsam. Manchmal lernen wir also sehr rasch und manchmal sehr langsam. Warum?

Gibt es dann so etwas wie eine Gebrauchsanleitung zur Lernmaschine in unserem Kopf?

Manfred Spitzer ist Professor für Psychiatrie an der Universität Ulm, wo er die Universitätsklinik für Psychiatrie und das Transferzentrum für Neurowissenschaften und Lernen (ZNL) leitet. Er studierte Medizin, Psychologie und Philosophie in Freiburg. Nach den Promotionen in Medizin (1983) und Philosophie (1985) sowie dem Diplom in Psychologie (1984) und einer Weiterbildung zum Facharzt für Psychiatrie prägten zwei Gastprofessuren an der Harvard-Universität und ein weiterer Forschungsaufenthalt an der University of Oregon seine wissenschaftliche Arbeit an der Schnittstelle von Neurobiologie, Psychologie und Psychiatrie, bevor er an der Psychiatrischen Universitätsklinik in Heidelberg Oberarzt wurde und 1997 nach Ulm ging. Sein mit über 100 Publikationen umfangreiches wissenschaftliches Werk wurde 1992 mit dem Forschungspreis der Deutschen Gesellschaft für Psychiatrie und Nervenheilkunde und 2002 mit dem Preis der Cogito-Foundation zur Förderung der Zusammenarbeit von Geistes- und Naturwissenschaften ausgezeichnet.

Manfred Spitzer

Lernen

Gehirnforschung und die Schule des Lebens

Bibliografische Information der Deutschen Nationalbibliothek
Die Deutsche Nationalbibliothek verzeichnet diese Publikation in der Deutschen Nationalbibliografie; detaillierte bibliografische Daten sind im Internet über http://dnb.d-nb.de abrufbar.

Springer ist ein Unternehmen von Springer Science+Business Media
springer.de

1. Auflage 2006, Taschenbuchausgabe 2006, Nachdruck 2011
© Spektrum Akademischer Verlag Heidelberg 2006
Spektrum Akademischer Verlag ist ein Imprint von Springer

11 12 13 14   12 11 10 9

Planung und Lektorat: Katharina Neuser-von Oettingen, Anja Groth
Herstellung: Ute Kreutzer
Umschlaggestaltung: wsp design Werbeagentur GmbH, Heidelberg

978-3-8274-1723-7

Inhalt

Vorwort

Wenn es etwas gibt, was Menschen vor allen anderen Lebewesen aus-zeichnet, dann ist es die Tatsache, dass wir lernen können und dies auch zeitlebens tun. Wir lernen Trinken, Laufen, Sprechen, Essen, Sin-gen, Lesen, Radfahren, Schreiben, Rechnen, Englisch und uns zu be-nehmen – mit mehr oder weniger Erfolg. Später lernen wir einen Beruf, jemanden kennen, Kinder zu erziehen und Vorgesetzter zu sein. Wieder mit unterschiedlichem Erfolg. Noch später lernen wir, vor al-lem für andere da zu sein, uns nicht mehr so wichtig zu nehmen, mit der Rente auszukommen und mit Anstand abzutreten (zu den Erfolgs-aussichten wage ich keine Vermutung).

Wir lernen, indem wir einfach so herumprobieren (wie beim Trin-ken an der Mutterbrust oder beim Laufen), indem wir zusehen, zuhö-ren und die anderen nachmachen (wie beim Singen, Essen oder Sprechen) oder auch, indem wir Vokabeln pauken. Für viele Men-schen ist Lernen identisch mit Pauken und vor allem damit, dass es kei-nen Spaß macht. Aber auch dies ist gelernt!

Lernen findet nicht nur in der Schule statt. Im Gegenteil: *Non scholae, sed vitae discimus* bezieht sich nicht nur darauf, wo*für* wir ler-nen (nämlich für das Leben und nicht für die nächste Klassenarbeit), sondern auch darauf, *wo* gelernt wird: im Leben und durch das Leben (und manchmal sogar selbst dann, wenn sich dieses in der Schule ab-spielt!).

Lernen findet im Kopf statt. Was der Magen für die Verdauung, die Beine für die Bewegung oder die Augen für das Sehen sind, ist das Gehirn für das Lernen. Daher sind die Ergebnisse der Erforschung des Gehirns für das Lernen etwa so wichtig wie die Astrophysik für die Raumfahrt oder die Muskel- und Gelenkphysiologie für den Sport.

Die Wissenschaft von den Nervenzellen und dem Gehirn, die Neurobiologie, hat in den letzten Jahren einen beispiellosen Aufschwung durchgemacht und zu noch vor wenigen Jahren ungeahnten Ergebnissen geführt. In diesem Buch geht es darum, mit Hilfe der Gehirnforschung das Lernen besser zu verstehen. Das daraus folgende vertiefte Verständnis des Lernens bleibt nicht im Elfenbeinturm der Wissenschaft, sondern geht uns alle an, denn wir alle lernen dauernd, ob wir wollen oder nicht.

Ich bin mir darüber im Klaren, dass die in diesem Buch beschrittenen gedanklichen Pfade nicht selten durch politisch schwerst vermintes Gebiet verlaufen. Aber gerade deshalb ist das Buch so wichtig. Auch wenn diese Minen glücklicherweise zu keinen körperlichen Schäden führen, so mögen sie beim Leser dennoch so manchen Gedanken zünden, und je häufiger dies geschieht, desto besser das Lernen, wie ich immer wieder versuchen werde zu zeigen.

Schüler sind nicht dumm, Lehrer nicht faul und unsere Schulen nicht kaputt. – Aber irgendetwas stimmt nicht, das ahnen wir seit einiger Zeit. Seit der Veröffentlichung der Ergebnisse der PISA-Studie haben wir es schwarz auf weiß. Die 15jährigen deutschen Schüler der Klassenstufe 9 liegen im internationalen Vergleich mit ihren Kollegen aus 31 anderen Nationen beim Lesen auf (dem bescheidenen) Rang 22, bzw. in Mathematik und den Naturwissenschaften auf Rang 21, d.h. unter dem Durchschnitt der Länder der OECD. Das bewegt die Gemüter von Eltern und Politikern, Lehrern, Unternehmern und Gewerkschaftlern. Dabei gehört gerade *dieses* Ergebnis der PISA-Studie noch zu den harmloseren! Aber greifen wir den Dingen nicht vor ...

Auch Autoren sind Menschen. Sie funktionieren weder wie ein Computer, noch sind sie das Internet. Sie haben vielmehr eine Geschichte, eben ihr Leben, mit ihren Erfahrungen und ihren Tücken und Lücken. Wer wollte oder könnte dies bestreiten? Um manches allgemeine Prinzip zu erläutern, habe ich auf eigene Erlebnisse zurückgegriffen. Man würde mich missverstehen, wenn man daraus den Schluss zöge, dass es in diesem Buch nur um persönliche Erlebnisse und Meinungen geht. Im Gegenteil. Es geht mir um *allgemeine Prinzipien*, die man aus der Hirnforschung für unseren Alltag ableiten kann. Die Anekdoten sind Beispiele, Besonderheiten, die auf das Allgemeine hinter ihnen verweisen sollen. Ihre Funktion ist eine rein didaktische: Wir können uns Einzelnes besser merken als Allgemeines, weil uns das Einzelne mehr berührt, weil wir es uns besser vorstellen können und weil wir deshalb mit Einzelnem intensiver im Geiste hantieren als mit Allgemeinem. „In komplexen Demokratien besteht immer die Wahrscheinlichkeit der Wendung der durch sie ermöglichten Freiheit des Einzelnen gegen die Demokratie selbst." Dieser Satz bleibt lange nicht so gut hängen wie die Ereignisse des 11. September 2001.

Als Student saß ich in so mancher Vorlesung über Motivationspsychologie, die so langweilig war, dass man regelmäßig gegen den Schlaf zu kämpfen hatte. So ganz ernst konnte der Professor entweder die vorgetragenen Inhalte oder seinen Job nicht nehmen; vielleicht wusste er auch im Grunde ebenso wenig wie wir Studenten, was Motivation ist. Was auch immer man aus der Vorlesung folgerte, es gereichte dem Professor nicht gerade zum Ruhm. „Falls du je in diese Situation gerätst, dann solltest du das einmal besser machen", dachte ich damals nicht selten. Daher fordert mich nun ein Buch über Neurobiologie und Lernen gleich mehrfach heraus. Die folgenden Seiten sollen nicht nur wissenswerte Inhalte vermitteln, sondern auch beim Lesen Freude bereiten und Neugier wecken.

Im vergangenen Jahr saß ich in einer Expertengruppe der OECD zum Thema Gehirn und Bildung im Baden-Württembergischen Bildungsrat, fungierte als Experte bei einer Anhörung zur PISA-Studie im Bundesrat und führte eine ganze Reihe von Fortbildungsveranstaltungen für Lehrer durch. So viel zu meinen neuen Hobbys. Derjenige, der bei diesen Aktivitäten am meisten gelernt hat, bin ich selbst. Mir wurde klar, wie wichtig das Verständnis der neurobiologischen Grundlagen des Lernens ist, um bei den jetzt anstehenden notwendigen Änderungen unseres Bildungssystems keine Fehler zu machen. Ganz gewiss lässt sich kein Schulsystem direkt aus der Gehirnforschung ableiten. Aber genau so, wie Musik durch die Physik schwingender Körper und die Physiologie des Hörens weitgehend bestimmt ist, so ist auch das Lernen durch die Welt, in der gelernt wird, und durch das Organ des Lernens weitgehend bestimmt. Ich denke, man kann auch beim jetzigen

Stand der Gehirnforschung (die nicht abgeschlossen ist, sondern gerade erst richtig anfängt) schon eine ganze Reihe praktischer Schlussfolgerungen für Schule, Universität und Gesellschaft ziehen.

Um die Verständlichkeit des Buches zu verbessern, habe ich Verwandte, Freunde und Mitarbeiter gebeten, Vorabversionen von Kapiteln kritisch durchzugehen. Für diese Mühe möchte ich mich sehr herzlich bei Bernhard Connemann, Susanne Erk, Uwe Herwig, Gudrun Keller, Markus Kiefer, Thomas Kammer, Reinhold Miller, Ulrike Mühlbayer-Gässler, Carlos Schönfeld, Beatrix, Anja, Stefan, Thomas und Ulla Spitzer sowie Friedrich Uehlein ganz herzlich bedanken. Julia Ferreau und Gerlinde Trögele halfen manchmal beim Schreiben des Manuskripts. Ohne die Hilfe von Georg Grön und Bärbel Herrnberger wäre das Buch nie fertig geworden. Ihnen gilt mein ganz besonderer Dank! Katharina Neuser-von-Oettingen vom Spektrum Akademischer Verlag hat alles ausgehalten, was man im Verlag mit eigenwilligen Autoren aushalten kann. Allen sei an dieser Stelle für ihre Mühe sehr herzlich gedankt. Für alle verbliebenen Fehler und unausgemerzten Verständnishürden bin allein ich selbst verantwortlich.

Das Buch ist meinen Lehrern in der Schule, Universität und danach sowie meinen Mitarbeitern gewidmet. Ich hatte und habe in dieser Hinsicht großes Glück.

Zum Schluss noch eine Warnung: Dieses Buch ist kein Kochbuch. Wer einfache (um nicht zu sagen: billige) Ratschläge erhofft, wie er ohne viel Mühe Chinesisch lernt, am besten im Schlaf, der wird enttäuscht. Machen wir uns nichts vor (auch wenn es genügend Bücher gibt, die genau dies tun). Es gibt keine Taschenspielertricks, mit denen man im Nu lernt. Wenn es sie gäbe, würde man sie den Lehrern während ihrer Ausbildung an den Universitäten und Pädagogischen Hochschulen vermitteln. Was es jedoch tatsächlich gibt, sind erste Ansätze zu einer Art Gebrauchsanweisung für die beste Lernmaschine der Welt: Ihr Gehirn. Wenn Sie es also benutzen wollen oder gar in einer Position sind, mit anderen dessen Benutzung zu üben, lesen Sie doch bitte weiter! Ich hoffe aufrichtig, dass Sie Ihren Spaß dabei haben werden!

Ulm, im August 2002   Manfred Spitzer

1 Einleitung

Das Lernen zu verstehen, heißt auch, sich zu fragen, was denn Lernen überhaupt ist. Wir wissen dies, wissen es aber auch nicht. Wir haben bereits ein Vorwissen einschließlich Vorurteile und müssen dies klären, denn sonst kommen Missverständnisse auf. Kurz, wenn ich über das Lernen etwas lernen will, muss ich erst überlegen, was ich über das Lernen schon weiß oder zu wissen glaube. Fangen wir also ganz einfach beim Anfang an.

Der Nürnberger Trichter

Jeder kennt den Nürnberger Trichter. Man setzt ihn am Kopf an, so etwa in der Mitte, und gießt dann oben das hinein, was gelernt werden soll. Wie eine Flüssigkeit in eine schmalhalsige Flasche gehen die zu lernenden Inhalte dann nahtlos in den Kopf hinein. Ein äußerst praktisches Gerät!

Dummerweise gibt es den Nürnberger Trichter nicht. Der Gedanke an ihn jedoch geistert durch die Köpfe: Mit Kassetten für das Lernen im Schlaf, das nach Art des Trichters ohne jede Anstrengung erfolgen soll, wurde schon vor Jahren Geld verdient, obwohl das Ganze nicht funktioniert. Dann gab es Lernprogramme für das sehr rasche Lesen (ein Buch in einer Stunde etc.), was auch nicht geht, es sei denn, man nimmt einfach nichts zur Kenntnis. (Schon Woody Allen machte sich darüber lustig. „Ich habe Krieg und Frieden in einer halben Stunde gelesen." – „Und?" – „Es geht um Russland.") Auch mit vermeintlich gedächtnissteigernder Musik wird Geld verdient. So schön Musik jedoch ist und so gut uns das Hören und vor allem das Selbermachen von Musik auch tut (vgl. Spitzer 2002a): Wer glaubt, er müsse sich während der Hausaufgaben musikalisch berieseln, um das Lernen zu verbessern, der irrt!

All diesen Gedanken und Methoden ist gemeinsam, dass sie Lernen als einen *passiven* Vorgang begreifen: Ein zu lernender Inhalt gelangt durch Lernen irgendwie in unseren Kopf. Das Problem des Lernens wird damit zu einem Problem des Transfers von Inhalten von draußen nach drinnen. „Wie kriege ich das nur in meinen Kopf?", fragt sich sprichwörtlich so mancher Schüler. Die vermeintliche Antwort: Je bunter und bewegter, je lustiger und spielähnlicher, je interaktiver und leibhaftiger diese zu lernenden Inhalte dargeboten würden, desto besser würde gelernt.

Kein Wunder also, dass gegenwärtig die Trichter-Metapher des passiv gedachten Lernens ganz besonders stark in Gestalt des Marktes für Multimediaprodukte, Computer und Lernsoftware boomt. Es scheint, als wolle uns die Industrie glauben machen, man könne mit einem Computer tatsächlich das Äquivalent des Nürnberger Trichters erwerben. Und es scheint, als würden viele Menschen dies tatsächlich glauben.

Sie scheinen sogar guten Grund dafür zu haben. Wir leben in einer Informationsgesellschaft. Die Medien und vor allem Computer machen Information überall verfügbar. Lernen scheint damit heute nicht nur wichtiger, sondern dank der Technik auch einfacher denn je zu sein. Insbesondere das Internet sorgt dafür, dass kein Mangel an Informationen herrscht. Manche meinen, dass damit das Problem des Lernens gelöst sei: Bis zum Jahr 2008 je einen Internetcomputer für höchstens 15 Schüler, so haben es Politiker der EU am 16.3.02 auf dem Gipfeltreffen im spanischen Barcelona beschlossen. Wieder wird geglaubt, man brauche nur die richtige Technik und dann ginge alles Lernen wie von selbst.

Internet als Supermarkt

Weit gefehlt! Das Internet verhält sich zum Lernen wie ein Supermarkt zu einem guten Essen (vgl. Spitzer 2001a): Im Supermarkt gibt es zwar alles in – verglichen mit den Mengen, die wir essen können – praktisch unbegrenzter Menge. Ein gutes Essen ist jedoch weit mehr als die Zutaten. Erst durch geschickte Zusammenstellung und Zubereitung werden aus Zutaten Speisen und erst deren wiederum geschickte Zusammenstellung und Reihenfolge macht ein gutes Essen aus.

Nicht anders steht es um das Aufbereiten der uns immer und überall zur Verfügung stehenden Quellen geistiger Nahrung für das Lernen. Informationen sind Nahrung für den Geist. Wir können uns mit langweiliger Allerweltskost oder sogar mit immer der gleichen fließbandproduzierten Nahrung abgeben. Viele Zeitschriften und Videos sind den oft zugleich mit der Lektüre konsumierten Chips, Crunchs und Flips nicht unähnlich: Den leeren Kalorien entsprechen die leeren Bilder und Sätze auf dem Papier oder dem Bildschirm. Sie sind Massenware, setzen beim Konsumenten nichts voraus und stellen den kleinsten gemeinsamen Nenner dar, auf den man sich gewissermaßen einigen kann, wenn es darum geht, dem Magen oder dem Geist etwas anzubieten. Ein gutes Essen ist, wie auch eine gute Story, ganz anders. Es richtet sich nach den Vorlieben, Neigungen und Vorerfahrungen, dennoch wird man überrascht. Es ist die Reihenfolge, die ungewohnte Zusammensetzung und die interessante Ausgestaltung, die ein gutes Essen ausmacht.

Auch im Hinblick auf unsere geistige Nahrung brauchen wir nicht nur Kalorien, sondern ausgewogene, unseren Bedürfnissen jeweils angepasste Kost. Wie noch im Einzelnen dargestellt wird, schlagen sich unsere Erlebnisse als Erinnerungsspuren, meist nur in Abschattungen, in uns nieder. Unser Gehirn macht aus flüchtigen Eindrücken bleibende veränderte Verbindungen zwischen Nervenzellen. Aus Erlebnissen der Seele werden Spuren im Gehirn. Wie dies genau geschieht, ist Thema dieses Buchs.

Aktivität

Wer Lernen für einen passiven Vorgang hält, der sucht nach dem richtigen Trichter. Wer aber Lernen als eine Aktivität versteht, wie beispielsweise das Laufen oder das Essen, der sucht keinen Trichter, sondern denkt über die Rahmenbedingungen nach, unter denen diese Aktivität am besten stattfinden kann. Wer im Käfig hockt, der kann nicht laufen, und wer einen leeren Teller vor sich hat, der kann nichts essen. Dies mag banal klingen, aber im Hinblick auf das Lernen geht es sehr vielen Menschen leider so oder so ähnlich: Grundlegende Bedingungen für glückendes Lernen sind nicht erfüllt.

Das Ermöglichen von Lernen ist daher keineswegs nur ein Problem der Schule, sondern vielmehr eines der Gesellschaft und der von ihr getragenen Kultur. Zwar studiert beispielsweise der sprichwörtliche volle Bauch nicht gerne, der hungrige aber erst recht nicht. Und wer durch Bombardierung der Bevölkerung mit Börsennachrichten die „schnelle Mark" mit Spekulationen als das Ideal des Geldverdienens vorgaukelt, muss sich nicht wundern, wenn die nächste Generation nicht versteht, was es heißt, beruflich nicht dem Geld nachzurennen, sondern einer sinnvollen Tätigkeit mit Spaß nachzugehen. Nicht die Lehrpläne bringen Finnland den ersten Platz in der PISA-Studie bzw. bedingen unser unterdurchschnittliches Abschneiden, sondern die Art, wie man in Finnland miteinander umgeht (sehr freundlich) und wie viel man dort in Lehrer investiert (sehr viel). Hiervon aber erst gegen Ende des Buches mehr, wenn klar geworden ist, wie das Gehirn lernt und unter welchen Bedingungen es besonders gut lernt.

Halten wir fürs Erste fest: Lernen erfolgt nicht passiv, sondern ist ein aktiver Vorgang, in dessen Verlauf sich Veränderungen im Gehirn des Lernenden abspielen.

Mit Inhalten hantieren

Jeder kennt die Bezeichnungen „Ultrakurzzeitgedächtnis", „Kurzzeitgedächtnis" und „Langzeitgedächtnis". Man hat dabei meist Kästchen vor Augen, die mit Inhalten gefüllt werden. Lernen wird nicht selten als Problem der Übertragung zwischen diesen Kästchen verstanden. „Wie kriege ich das von meinem Kurzzeitgedächtnis in mein Langzeitgedächtnis?", hat sich so mancher Lernende schon gefragt. Aber auch diese Frage ist, wie die nach dem richtigen Trichter, falsch gestellt. Die drei Gedächtnisse, die Kästen, gibt es im Kopf nicht. Sie sind nichts als handliche Abstraktionen, wie etwa auch der Mannschaftsgeist auf dem Fußballfeld. Man kann über ihn reden, aber wer fragt, wo er denn gerade spiele, der hat ganz grundlegend nicht begriffen, worum es geht. Und wer gewinnen will, indem er den Mannschaftsgeist zum Mittelstürmer macht, der hat schon verloren. – Sie lachen? Wenn es an das Lernen geht, sind unsere Überlegungen mindestens so lächerlich! Und wir nehmen sie ernst, sie bestimmen unsere Schulen und unsere Politik.

Wenn aber bestimmte zeitliche Eigenschaften unseres Gedächtnisses nicht durch solche Kästchen beschrieben werden sollen, wie dann? Betrachten wir zwei wichtige Beispiele, das Arbeitsgedächtnis und die Verarbeitungstiefe.

Das Arbeitsgedächtnis. Wir alle können unmittelbar wichtige Informationen für kurze Zeit im Gedächtnis behalten. Wir schlagen eine Telefonnummer nach, merken sie uns für einen Augenblick, wählen sie – und haben sie auch schon wieder vergessen. Diese Art des Gedächtnisses wurde in den vergangenen zehn Jahren sehr genau untersucht. Es passt nicht viel hinein (sehr begrenzte Kapazität von etwa sieben plus/minus zwei einzelne Gehalte wie beispielsweise Ziffern) und es hält auch nicht sehr lange (meist ein paar Sekunden), aber dennoch ist es ein sehr wichtiges Gedächtnis. Es ist eine Funktion, die einige wenige Inhalte unmittelbar aktiviert hält und es erlaubt, mit diesen Inhalten im Geist zu hantieren. So können wir beispielsweise die Telefonnummer rückwärts nennen, kommen damit allerdings bereits an unsere Grenzen! Man nennt diesen Typ des Gedächtnisses das *Arbeitsgedächtnis*. Wie der Name sagt, bezeichnet es den Teil unseres geistigen Lebens, der mit Inhalten hantiert, sie neu ordnet, verknüpft, sie dreht und wendet, sie formt und dann etwas damit macht. Wenn wir einen Satz sprechen oder verstehen, benutzen wir das Arbeitsgedächtnis, um beim Einbau eines Nebensatzes – auch wenn er lang ist und vielleicht vom Thema abweicht, wie dies ja gelegentlich vorkommt, besonders in der deutschen Sprache, worüber sich schon Mark Twain beschwerte – den Rest nicht zu vergessen.

Untersuchungen des Arbeitsgedächtnisses (vgl. Abb. 1.1) haben gezeigt, dass es in ganz bestimmten Bereichen (man spricht auch von Arealen) der Gehirnrinde lokalisiert werden kann (vgl. Abb. 1.2). In diesen Arealen hantieren wir mit geistigen Inhalten.

Die Verarbeitungstiefe. Kommen wir zum zweiten Beispiel: Je intensiver wir uns mit Inhalten beschäftigen, desto eher hinterlassen sie Spuren im Gedächtnis. Noch einmal: Ein bestimmter Inhalt wird nicht von einem Kasten zum nächsten weitergereicht (dieses Bild ist vollkommen falsch!), sondern im Kopf bearbeitet, von verschiedenen Arealen des Gehirns zugleich und interaktiv verarbeitet, es wird mit ihm geistig hantiert. Je mehr, je öfter, je tiefer, desto besser für das Behalten.

Betrachten wir hierzu ein Experiment (vgl. Abb. 1.3). Man zeigt Listen von Wörtern, je eines nach dem anderen für jeweils eine Sekunde, und bittet die Versuchspersonen, zwei Knöpfe zu drücken, je nachdem, ob das Wort mit großen oder kleinen Buchstaben geschrieben ist. In dieser Weise wird dann die erste Liste bearbeitet.

Bei der nächsten Liste bittet man die Versuchspersonen zu entscheiden, ob es sich bei dem Wort um ein Substantiv oder ein Verb handelt. Wieder werden die Wörter für eine Sekunde gezeigt und wieder drücken die Versuchspersonen einen von zwei Knöpfen.

Bei der dritten Liste fragt man, ob das Wort einen Gegenstand oder eine Tätigkeit beschreibt, die belebt ist oder unbelebt. Alles andere bleibt so wie gehabt. Man führt dieses Experiment nun mit vielen Personen durch, man variiert die Listen mit den Bedingungen (es kommt also jede Liste in jeder Bedingung vor; sie sind so konstruiert, dass dies geht) und man variiert die Reihenfolge der Listen und Bedingungen. Man tut dies, um auszuschließen, dass die Listen selbst oder deren Reihenfolge sich irgendwie auf die Ergebnisse des Experiments

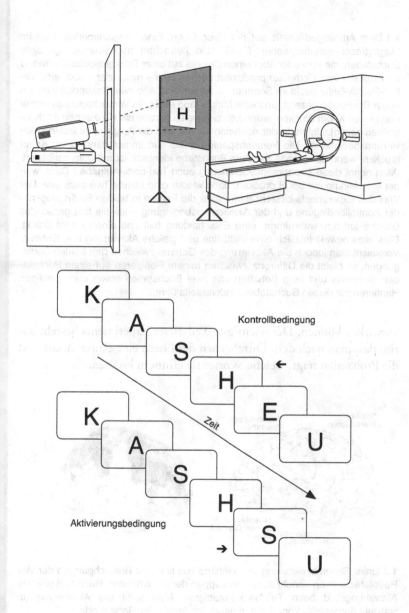

Kontrollbedingung

Zeit

Aktivierungsbedingung

1.1 Dem Arbeitsgedächtnis auf der Spur. Oben: Eine Versuchsperson liegt im Magnetresonanztomographen (MRT) und betrachtet nacheinander gezeigte Buchstaben, die entweder über einen Spiegel auf einer Rückprojektionsleinwand via Projektor vom Computer produziert werden oder – moderner – über eine Virtual-Reality-Brille direkt im Scanner zu sehen sind. Alle zwei Sekunden wird ein neuer Buchstabe gezeigt, und eine Minute lang muss die Versuchsperson immer dann einen Knopf drücken, wenn beispielsweise gerade ein H zu sehen ist (Kontrollbedingung). Unten: In der nächsten Minute wird die Aufgabe geändert (Aktivierungsbedingung): Die Versuchsperson muss nun immer dann einen Knopf drücken, wenn der gerade gezeigte Buchstabe identisch ist mit dem vorletzten. (Man nennt diese Experimentalbedingung auch Two-back-Aufgabe.) Dann wieder eine Minute nur bei H drücken, dann wieder eine Minute Two-back usw. Der Witz des Experiments besteht darin, dass die Person in beiden Bedingungen – der Kontrollbedingung und der Aktivierungsbedingung – jeweils fast genau das Gleiche tut, d.h. wahrnimmt, eine Entscheidung fällt und einen Knopf drückt. Dies alles bewirkt letztlich eine vielfältige und gleiche Aktivierung des Gehirns. Vergleicht man jedoch die Aktivierung des Gehirns zwischen den beiden Bedingungen, so bleibt die Differenz zwischen reinem Reagieren auf einen Buchstaben einerseits und dem Behalten von zwei Buchstaben sowie dem geistigen Hantieren mit diesen Buchstaben andererseits übrig.

auswirken können. Der wichtigste Teil dieses Experiments besteht darin, dass man nach dem Durchgehen der Listen eine Pause macht und die Probanden fragt, welche Wörter sie erinnern können.

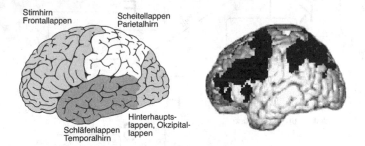

1.2 Links: Schemazeichnung des Gehirns von links mit Bezeichnungen der vier Hauptareale (man spricht auch von Lappen der Gehirnrinde). Rechts: Typisches Aktivierungsbild beim Two-back-Paradigma. Man sieht die Aktivierung (in schwarz dargestellt) frontaler und parietaler Areale der Gehirnrinde.

Hierbei findet man in einer ganzen Reihe von Untersuchungen immer wieder das gleiche Ergebnis: Diejenigen Wörter, die nur im Hinblick auf Groß- oder Kleinbuchstaben beurteilt werden sollten, wurden am schlechtesten behalten. Die Bearbeitung einer Liste nach Wortart (Substantiv oder Verb) führt schon zum Behalten von mehr Wörtern, und die meisten Wörter werden behalten, wenn man die Liste durchgehen und die Wörter in belebt oder unbelebt einteilen musste. Man beachte, dass die Zeit zum Betrachten der Wörter jeweils gleich war und dass das Ergebnis weder durch Besonderheiten der Liste oder deren Reihenfolge (beides wurde ja variiert) erklärt werden kann. Die Erklärung des Ergebnisses ist vielmehr folgende: Durch die Instruktion wurde die *Tiefe der Verarbeitung* der einzelnen Wörter verändert; wenn ich angeben soll, ob das Wort in Groß- oder Kleinbuchstaben geschrieben ist, so muss ich mit diesem Wort im Geiste nicht viel anstellen (ich muss ja nur die Buchstaben sehen). Bei der Entscheidung „Substantiv oder Verb" muss ich schon etwas mehr nachdenken, und am meisten muss ich mir Gedanken machen, wenn ich angeben soll, ob der bezeichnete Inhalt belebt oder unbelebt ist. In diesem Fall muss ich über die Bedeutung des Wortes nachdenken, und hierzu muss ich es lesen und verstehen. Genau dieses Nachdenken bewirkt, dass mir der Inhalt besser im Gedächtnis bleibt. Halten wir fest: Je tiefer ein Inhalt verarbeitet wird, desto besser bleibt er im Gedächtnis.

Dies ist, nebenbei bemerkt, der Witz von Eselsbrücken. Man denkt den Inhalt nochmals, ganz anders, verarbeitet ihn dadurch tiefer und merkt ihn sich besser. Die besten Eselsbrücken sind diejenigen, die man sich selber macht: In diesem Fall hat man *durch das Bauen der Brücken im Geist* den Inhalt x-mal hin und her gewendet, über ihn nachgedacht und ihn genau dadurch im Gedächtnis verankert.

Lust und Frust

Die meisten Menschen verbinden *Lernen* mit Schule, „Büffeln" und „Pauken", mit Schweiß und Frust, schlechten Noten und anstrengen-

MENSCH	buch	wand
fließen	HÖREN	sehen
auto	rose	FALLEN
LAUFEN	erwärmen	HAND
STUHL	SPIEGEL	spielen
katze	VOGEL	DREHEN
regnen	leuchten	HIMMEL
TRINKEN	SPRECHEN	ast

1.3 Wortlisten, die es erlauben, drei Fragen an jedes Wort zu stellen: Ist es mit Großbuchstaben oder mit Kleinbuchstaben geschrieben? Ist es ein Substantiv oder ein Verb? Bezeichnet es etwas Belebtes oder etwas Unbelebtes? Die Antwort kann jeweils ja oder nein heißen. Mit den unterschiedlichen Fragen wird jedoch bewirkt, dass wir das gleiche Wort entweder nur oberflächlich oder etwas tiefer oder richtig tief verarbeiten. Je tiefer die Verarbeitung (bei gleicher Zeit der Betrachtung des Wortes), desto besser die Gedächtnisleistung.

den Prüfungen. Machen wir uns nichts vor: Lernen hat ein negatives Image. Es wird als unangenehm angesehen. Wenn man lernt, muss man sich dafür hinterher belohnen (Motto: für jede Vokabel ein Stück Schokolade), und wenn man Freizeit hat, dann lernt man nicht. Wir haben unsere Zeit eingeteilt in die, die wir leider in der Schule (Uni/Berufsschule/Weiterbildungsstätte etc.) verbringen müssen, und diejenige Zeit, in der wir frei haben und vermeintlich nicht lernen.

Dieser Stand der Dinge entspricht nicht der menschlichen Natur. Im Gegenteil: Wenn man irgendeine Aktivität nennen sollte, für die der Mensch optimiert ist, so wie der Albatros zum Fliegen oder der Gepard zum Rennen, dann ist es beim Menschen das Lernen. Unsere Gehirne sind äußerst effektive *Informationsstaubsauger*, die gar nicht anders können, als alles Wichtige um uns herum in sich aufzunehmen und auf effektivste Weise zu verarbeiten (vgl. Teil III dieses Buches). Dass wir Menschen wirklich zum Lernen geboren sind, beweisen alle Babies. Sie können es am besten, sie sind dafür gemacht; und wir hatten noch keine Chance, es ihnen abzugewöhnen.

Es ist ein verbreiteter Unfug zu glauben, man könnte (oder noch schlimmer: sollte) seine Zeit einteilen in Perioden des Lernens und Perioden der Freizeit. Hier spielt uns das Gehirn ganz einfach einen

Streich: Es lernt sowieso immer! Wenn wir dennoch glauben, uns so verhalten zu können, geschieht einfach nur Folgendes: Wir legen fest, *was* wir lernen - zum einen, mit wenig Spaß und ganz wenig Effektivität, bestimmte Inhalte, die wir vorgeschrieben bekommen; und zum zweiten Inhalte, die uns ohne dass wir darüber nachdenken in der Peergroup, am Computerspiel, im Fitnesscenter, vor dem Fernseher oder im Einkaufszentrum widerfahren. Wer glaubt, er würde an den genannten Orten und bei den entsprechenden Aktivitäten nicht lernen, der irrt: *Unser Gehirn lernt immer.* Und noch einmal: Was es lernt, bestimmen zumindest in der Freizeit eigentlich wir selbst, geben diese Entscheidung jedoch meist an Programmmacher, Eventmanager, andere bezahlte Freizeitgestalter (sprich: manipulative, zum unnötigen Geldausgeben verführende Zeittotschläger) oder den Zufall ab.

Angst

Lernen bereitet vielen Menschen Angst. Deshalb mögen sie nicht lernen. Sind Kinder noch meistens neugierig, so reagieren Heranwachsende auf Neues gerade heute oft nur noch gelangweilt und überspielen damit nicht selten ihre Angst. Erwachsene und vor allem ältere Menschen haben eine regelrechte Scheu vor Neuem. Sie sehnen sich dann sprichwörtlich nach den guten alten Zeiten (die ja bekanntermaßen bei genauerer Betrachtung meist gar nicht so gut waren). Hier scheint ein eigenartiger Widerspruch vorzuliegen: Wir Menschen sind einerseits diejenige Spezies, die am besten und am meisten lernt; andererseits zeichnen wir uns zugleich dadurch aus, dass wir vor dem Lernen Angst haben können. Wie passt das zusammen?

Wer lernt, ändert sich. Wenn wir wirklich Neues lernen, bleiben wir *nicht* genau dieselben, nur eben mit etwas mehr gelerntem Material im Kopf, sondern wir verändern uns. Das Aufnehmen von Neuem bedeutet immer auch Veränderung in dem, der aufnimmt. In biologischen Systemen ist Lernen gar nicht anders möglich. Nun haben wir aber auch ein Bewusstsein von uns selbst, unserem Empfinden, unserer persönlichen Geschichte, unseren Grenzen und unserer Endlichkeit.

Sind wir mit Neuem konfrontiert, so werden solcherlei Gedanken zwar nicht unbedingt bewusst, jedoch mit großer Wahrscheinlichkeit und meist unbemerkt in unserem Geist aktualisiert. Dies bereitet uns Unbehagen. Überspitzt könnte man formulieren: Aus „Man ändert sich, wenn man lernt" folgt „Wer lernt, riskiert seine Identität (d.h. die Erfahrungen und Werte, die seine Person ausmachen)". Und das kann Angst bewirken.

Für Kinder ist dies kein Problem: Sie sind erst beim Aufbau ihrer Identität, und jegliches Lernen trägt hierzu bei. So lernen sie alle 90 Minuten ein neues Wort, angstfrei und ganz ohne zu büffeln! Wer aber schon in sich gefestigt ist, sich selbst zu kennen glaubt und sich seiner Identität sicher ist, den bringt Neues zumindest potentiell aus dem Gleis. Daher haben viele Menschen Angst, wenn sie etwas lernen wollen, und noch mehr Angst, wenn sie etwas lernen sollen. Das Gekicher in Workshops der Erwachsenenbildung, die ganze Gruppendynamik in Kursen und Seminaren (vom beschnupppernden Vorstellen am Anfang bis zum gemeinsamen Biertrinken hinterher) liefern eindrucksvolle Zeugnisse von unserer Art, mit dieser Angst umzugehen (das Thema Emotionen und Lernen wird uns später noch ausführlich beschäftigen; vgl. Teil II).

Spuren

Die bleibenden *Spuren* der flüchtigen Eindrücke von draußen *in uns* haben einen Namen: Man spricht von *Repräsentationen* der Außenwelt. Diese Repräsentationen entstehen und ändern sich, und man bezeichnet genau diese Vorgänge als Lernen. Gehirne und deren Bauteile, die Nervenzellen (Neuronen), sind darauf spezialisiert, Repräsentationen in Abhängigkeit von der Umgebung auszubilden und zu verändern. Nervenzellen *stehen für* bestimmte Aspekte der Umgebung, für Ecken und Kanten, Gerüche und Klänge, für die Mutter und den Vater, für Gesichter und vertraute Plätze, für Wörter und Bedeutungen, für Pläne, Wünsche und Werte.

Repräsentationen sind keineswegs nur von der Wahrnehmung gelieferte Bilder. Auch Handlungen (den Schuh binden), Zusammenhänge (dunkle Wolken kündigen Regen an), Werte (zusammen läuft's besser), Ziele (Nachkommen haben) und auch die Sprache sind in uns repräsentiert. Sogar das, was wir räumlich sind, nämlich unser Körper, ist nochmals auch in unserem Gehirn repräsentiert: Wir spüren nicht nur am, sondern auch im Körper, befinden uns in Zuständen wie Anspannung, Ruhe, Ekel oder Wut (um nur einige Emotionen zu nennen) und haben Bedürfnisse wie Hunger oder Durst. All dies sind Repräsentationen von Zuständen unseres Körpers im Gehirn. Diese Repräsentationen sind uns oft nicht in der Weise zugänglich wie Vorstellungsbilder. Im Gegenteil: Wir werden oft von den Gefühlen unbemerkt gesteuert. Wer dies nicht glaubt, der achte einmal darauf, wie viel er einkauft in Abhängigkeit davon, ob er vor oder nach dem Essen in den Supermarkt geht. Manchmal werden wir sogar von unseren Emotionen richtiggehend übermannt. Wer verliebt ist, der ist nicht recht bei Sinnen, sagt schon der Volksmund, und gelegentlich führt es uns sogar ein Minister vor.

Halten wir fest: Ein Neuron kann für irgendetwas stehen, etwa so, wie ein Wort für etwas (seine Bedeutung) stehen kann. Man sagt, das Neuron repräsentiert etwas, wenn es aktivierbar wird, indem dieses Etwas im Gehirn verarbeitet wird. Machte man sich früher noch gerne in der psychologischen Literatur über das so genannte Großmutterneuron lustig, so wissen wir heute, dass Neuronen existieren, also „kleine graue Zellen", die immer dann aktiv werden, wenn wir unsere Großmutter sehen oder (wie man heute ebenfalls weiß) sie uns vorstellen. Wie dies genau zu verstehen ist, wird in den nächsten Kapiteln näher ausgeführt.

Das Gehirn

Das Gehirn des Menschen wiegt etwa 1,4 Kilogramm und macht damit etwa 2 Prozent des Körpergewichts aus. Es verbraucht jedoch mehr als 20 Prozent der Energie des gesamten Körpers. Von jeglicher Nahrung, die wir zu uns nehmen, geht ein Fünftel in das Gehirn. In knappen Zeiten stellt das Gehirn damit einen unglaublichen Luxus dar. Da die Zeiten während der evolutionären Entwicklung des Menschen nahezu immer knapp waren, muss ein Gehirn große Vorteile bieten, denn es hat in jedem Fall einen großen Nachteil: Es kostet uns sehr viel Energie. Wer zur Nahrungsaufnahme nicht die Kühlschranktür öffnen kann, sondern Wurzeln oder Bucheckern suchen muss, der wäre ohne Gehirn zunächst scheinbar besser dran, denn er bräuchte dann 20 Prozent weniger zu suchen.

Wir haben aber nun mal ein Gehirn, und das aus gutem Grund: Es enthält einige Milliarden Neuronen, die für irgendetwas in der Welt stehen können. Dadurch ermöglicht es dem Menschen, Dinge zu tun, die andere Lebewesen nicht können. Menschen sind dank ihres Gehirns unglaublich flexibel, bevölkern den gesamten Erdball und sind sogar erste Schritte auf dem Mond gegangen. Gewiss, Tiger haben schärfere Zähne, Elefanten sind stärker, Geparden schneller, Eisbären vertragen Kälte besser, Wale können besser schwimmen und Albatrosse besser fliegen. Im Gegensatz zu all diesen vom Aussterben bedrohten Tieren jedoch ist der Mensch dank seines Gehirns nicht auf eine Sache besonders spezialisiert, sondern kann sich auf die verschiedensten Umgebungen, Aufgaben und Probleme einstellen. Kurz: Er kann lernen, und zwar besser als alle anderen Lebewesen auf der Welt. Und das Organ, mit dem dies geschieht, sind nicht Zähne, Muskeln, Fell, Flossen oder Flügel, sondern das Gehirn.

Die Flügel des Albatros und die Flossen des Wals sind an die Eigenschaften von Luft und Wasser wie Dichte und Viskosität optimal angepasst. So ist auch unser Gehirn für das Lernen optimiert. Es lernt also nicht irgendwie und mehr schlecht als recht, sondern *kann nichts besser und tut nichts lieber!* Wer mit Blick auf die Schule an dieser Stelle skeptisch reagiert, der lese einfach weiter. Für den ist dieses Buch geschrieben.

Lernen ist buchstäblich kinderleicht. Der Säugling kann nach wenigen hundert Tagen greifen, laufen, singen und kommunizieren. Lernen macht uns in aller Regel keine Probleme, es sei denn, irgendetwas läuft in unserem Kopf schief, wie beispielsweise bei großer Müdigkeit, bei Krankheit oder nach dem Genuss von Alkohol. Doch greifen wir den nächsten Kapiteln nicht vor.

Ein halbes Gehirn

Am 9. Februar 2002 wurde in der internationalen medizinischen Fachzeitschrift *Lancet* der Fall eines 7jährigen Mädchens publiziert, bei dem im Alter von drei Jahren die linke Gehirnhälfte operativ entfernt wurde, um eine ansonsten tödlich verlaufende chronische Gehirnentzündung mit unbeherrschbaren epileptischen Anfällen zu behandeln (vgl. Abb. 1.4). Dem Kind fehlte also eine Großhirnhälfte, noch dazu die linke sprachdominante Hemisphäre, und man würde eine schwerste halbseitige Körperbehinderung sowie das Fehlen sprachlicher Kommunikation erwarten. Das Besondere an dem Fall: Das Kind war mit sieben Jahren praktisch völlig normal und konnte nicht nur eine, sondern zwei Sprachen fließend sprechen.

Dieses Beispiel zeigt vielleicht eindrucksvoller als jedes andere, wie *flexibel* und *anpassungsfähig* das Gehirn ist. Ganz offensichtlich kommt das Mädchen einigermaßen mit nur der Hälfte seines Gehirns aus. Das Gehirn hat gelernt, seine fehlende Hälfte zu kompensieren. Wenn das möglich ist, dann sollte jeder mit einem ganzen Gehirn wahre Höchstleistungen vollbringen können! – Kann er auch! Aber nur, wenn er mit seinem Gehirn richtig umgeht. Hier liegt bei den meisten Menschen vieles im Argen, nicht aus bösem Willen, sondern schlicht aus Unkenntnis. Dieses Buch will hier Abhilfe schaffen. Es ist für Lernende und Lehrende gleichermaßen geschrieben.

Der Plan

Das vorliegende Buch ist in fünf Teile gegliedert. Im ersten Teil gehen wir der Frage nach, wie Lernen im Gehirn von Nervenzellen ermöglicht wird. Es gibt dabei durchaus unterschiedliche Formen des Lernens, denn wir lernen sowohl einzelne Ereignisse als auch allgemeine

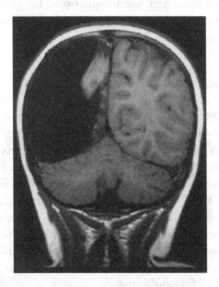

1.4 Zustand nach operativer Entfernung einer Gehirnhälfte (nach Borgstein und Grootendorst 2002, S. 473). Die Autoren kommentierten dieses Bild wie folgt: „Bei diesem 7jährigen Mädchen wurde wegen eines Rasmussen-Syndroms (chronische fokale Enzephalitis) eine Hemisphärektomie im Alter von drei Jahren durchgeführt. Die unbehandelbare Epilepsie hatte bereits zu einer rechtsseitigen Halbseitenlähmung und zur schweren Rückbildung der Sprachfähigkeit geführt. Obwohl die dominante Hirnhälfte mit ihren Sprachzentren und der motorischen Kontrolle für die rechte Körperhälfte entfernt worden war, ist das Kind zweisprachig und spricht fließend Türkisch und Niederländisch. Sogar die Halbseitenlähmung hat sich teilweise erholt und zeigt sich nur durch eine geringgradige Spastizität des rechten Arms und Beins. Ansonsten führt sie ein normales Leben."

Regeln. Dies geschieht nach unterschiedlichen Prinzipien und in jeweils eigens dafür spezialisierten Bereichen des Gehirns.

Im zweiten Teil wird gefragt, wie Aufmerksamkeit, Motivation und Emotionen das Lernen beeinflussen. Hierzu gab es gerade in den letzten Jahren wichtige neue Erkenntnisse aus der Neurowissenschaft. Man kann Aufmerksamkeit durchaus im Gehirn sichtbar machen, ebenso Gefühle, und man kann schon im Tierversuch zeigen, was es heißt, motiviert oder unmotiviert mit Reizen der Außenwelt umzugehen.

Der dritte Teil beschäftigt sich mit Lernen in unterschiedlichen Lebensabschnitten. Was und wie lernt das Kind bereits im Mutterleib, wie ist es beim Säugling, wie beim Kleinkind? Am Beispiel des Lesens wird diskutiert, wie Gehirn und Kultur wechselwirken, und das Zusammenspiel entscheidet, ob beispielsweise eine Störung im Gehirn zu einer Leseschwäche führt oder nicht. Auch geht es hier unter anderem darum, warum wir im Alter langsamer lernen und wozu dies gut ist.

Im vierten Teil des vorliegenden Buchs wird das Lernen in Zusammenhängen betrachtet, die gerne aus dem Blick geraten, wenn man über Lesen, Mathematik oder Fremdsprachen nachdenkt: Als Gemeinschaftswesen lernen wir Sozialverhalten (Kap. 16) oder auch nicht (Kap. 19) und bilden ein Wertesystem aus (Kap. 17, 18), das nicht nur unser Verhalten leitet, sondern auch umgekehrt von unserem Verhalten geleitet und ausgebildet wird. Selbst bei moralischen Urteilen kann man dem Gehirn heute zuschauen, und man erlebt dabei Überraschungen.

Nicht für den Elfenbeinturm, sondern für das Leben sind die Ergebnisse und Erkenntnisse der Neurowissenschaften. Man kann Schlüsse ziehen, die von konkreten Hinweisen, was an Schulen zu tun oder zu lassen ist, bis zu allgemeinen Überlegungen für eine menschengerechtere Gesellschaft reichen. Darum geht es im fünften und letzten Teil des Buches, in dem der Stellenwert der Gehirnforschung für unser Selbstverständnis deutlich werden soll. Der Gedanke führt dabei von der PISA-Studie über die Schulen, Gott und die Welt zurück zum Pisa des 16. Jahrhunderts. Auch der hartgesottene Neuro-Skeptiker wird dann vielleicht grummelnd einlenken und zugeben, dass die Gehirnforschung uns alle angeht.

Teil I
Wie wir lernen

Jeder Koch sollte über Ernährung und Verdauung Bescheid wissen, und jeder Trainer sollte wissen, wie Muskeln funktionieren. Der Frisör weiß etwas von Haaren, und die Kosmetikerin kennt sich aus mit der Haut und den Nägeln. Wer lehrt, sollte etwas vom Lernen und dem Organ des Lernens, dem Gehirn, verstehen.

Obwohl wir in einer komplizierten Gesellschaft leben und für alles unsere Spezialisten haben, überlassen wir diesen dennoch nicht immer alles: So weiß auch der Laie über Ernährung Bescheid, und wer im Fitness Club trainiert, der kennt sich mit den Muskeln aus. Man sagt weiterhin, dass mindestens 50 Prozent aller Menschen sich mit Haut und Haaren gut auskennen und die Nägel nicht nur fachgerecht bearbeiten, sondern sogar bunt anmalen.

Den Anteil der Menschen, die selbst lernen, schätze ich – anderes verkündender Pessimisten zum Trotz – mit 100 Prozent ein. Ob wir es wollen oder nicht - wir lernen immer. Daher geht dieses Buch jeden an, und es beginnt mit dem Organ, das jeder benutzt, wenn er lernt: dem Gehirn. Dann wird geklärt, dass der größte Teil des Gelernten nicht gewusst, sondern gekonnt wird und dass unser Gehirn vor allem auf das Allgemeine an und in unseren Erfahrungen aus ist. Danach geht es um die Art, wie jegliche Inhalte in den Nervenzellen bzw. in der Hirnrinde gespeichert sind. Schließlich wird untersucht, wie wir uns Einzelnes merken und was es mit dem Lernen im Schlaf auf sich hat.

Teil 1
Wie wir lernen

2 Ereignisse

Der 11. September 2001 wird den meisten von uns sehr gut im Gedächtnis bleiben: Kurz vor und kurz nach drei Uhr nachmittags mitteleuropäischer Zeit (bzw. kurz vor und kurz nach neun Uhr morgens an der Ostküste der USA) rasten zwei von Terroristen entführte und gesteuerte Passagiermaschinen in die beiden Türme des World Trade Centers in New York. Wer die Bilder gesehen hat, dem gehen sie nicht mehr aus dem Kopf: Zwei brennende Wolkenkratzer, die innerhalb einer Stunde in sich zusammenfallen und Tausende unschuldiger Menschen unter sich begraben. Wo genau waren Sie, als Sie davon das erste Mal hörten? Wer war noch bei Ihnen? Mit wem haben Sie als Erstes darüber gesprochen?

Die meisten Menschen können diese Fragen ganz unschwer beantworten, wohingegen der Nachmittag des 10. oder 12. Septembers für die gleichen Menschen für immer im Nebel der nicht mehr erinnerbaren Vergangenheit verschwunden ist. Viele dachten zunächst, sie sähen einen Hollywoodfilm oder es würde ihnen jemand, der ihnen von der schrecklichen Nachricht erzählt, einen Streich spielen, so unglaublich waren die Nachrichten aus den USA.

Diese Nachrichten wiesen damit zwei Qualitäten auf, die unser Gehirn gleichsam automatisch dazu veranlassen, Ereignisse genauso, wie sie sind und wie sie von uns in dem Moment erlebt werden, abzuspeichern: *Neuigkeit* und *Bedeutsamkeit*. Wichtige Neuigkeiten hören wir *einmal*, und schon haben wir sie uns gemerkt.

Nicht nur politische Ereignisse besitzen den Charakter von Wichtigkeit und Neuigkeit: Die meisten Menschen können sich auch noch an ihren Hochzeitstag, den ersten Kuss, die erste Umarmung, die erste Liebeserklärung oder die erste Nacht mit dem Partner erinnern, also an bedeutungsvolle Ereignisse in ihrem persönlichen Leben.

Der Hippokampus

Tief im Inneren des Gehirns, genau genommen an der Innenseite des Schläfenlappens der Großhirnrinde, liegt jeweils rechts und links der Hippokampus (siehe Abb. 2.1). Der eigenartige griechische Name heißt wörtlich übersetzt *Seepferdchen,* wenn auch die Form dieses Gehirnteils nur mit sehr viel Phantasie an ein solches erinnert. Seit etwa einem halben Jahrhundert ist bekannt, dass diese Struktur für das Lernen von Ereignissen sehr wichtig ist: Soll ein neuer Sachverhalt gelernt werden, so muss er erst einmal vom Hippokampus aufgenommen werden.

Weltweite Berühmtheit in der neurowissenschaftlichen Gemeinschaft erlangte der Patient H.M., dem wegen einer ansonsten nicht behandelbaren Epilepsie der Hippokampus und angrenzende Teile des Gehirns auf beiden Seiten operativ entfernt wurden. Der Patient war danach auf den ersten Blick völlig normal. Es zeigte sich jedoch, dass er unfähig war, neue Ereignisse zu lernen. Die Ärzte und Psychologen, die ihn über Jahre hinweg untersuchten, mussten sich ihm bei jedem Besuch neu vorstellen; er hatte vergessen, mit wem er es beim letzten Mal zu tun gehabt hatte. H.M. konnte immer wieder die gleiche Tageszeitung lesen und überrascht sein von der Neuigkeit der Nachrichten. Ganz schlimm wurde es, als er einmal umziehen musste. Er fand sich in seiner neuen Wohnung nicht zurecht.

In krassem Gegensatz zu seiner Unfähigkeit, neue Einzelereignisse zu lernen, stand das erhalten gebliebene Erlernen einer Fertigkeit. So brachte man H.M. beispielsweise das Schreiben von Spiegelschrift bei, und er hatte damit keine Schwierigkeiten, sondern lernte dies wie jeder andere auch. Man kann durchaus vermuten, dass H.M. nach der Ope-

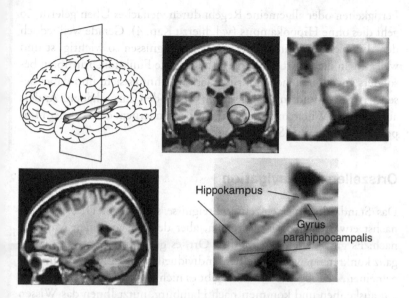

Hippokampus

Gyrus parahippocampalis

2.1 Schematische Darstellung der Lage des linken Hippokampus im menschlichen Gehirn (links oben) und in Schnittbildern (Magnetresonanztomographie) in der angedeuteten Ebene (oben Mitte). Der linke Hippokampus ist eingekreist (man schaut auf das Bild von vorne, daher liegt der *linke* Hippokampus *rechts*, ebenso wie mein linker Scheitel und mein linkes Auge auf meinem Passfoto rechts liegt). Oben rechts ist eine Ausschnittvergrößerung zu sehen. Unten ist ein Schnittbild des Gehirns entlang des Hippokampus von vorne nach hinten zu sehen (Übersicht links, Ausschnittvergrößerung rechts).

ration auch das Fahrradfahren hätte lernen können, völlig unbeeinträchtigt, wie jeder andere Mensch auch, wenn er es nicht schon zuvor gekonnt hätte.

Mittlerweile liegen sehr viele Erkenntnisse über den Hippokampus vor. Er ist kleiner als mein Großzeh, aber so wichtig, dass es seit 1989 eine eigene Zeitschrift gibt, die seinen Namen trägt und in der Forschungsergebnisse über ihn berichtet werden (von meinem Zeh kann ich dies nicht behaupten). Der Hippokampus ist zum Lernen einzelner Ereignisse unabdingbar. Am Beispiel des Patienten H.M. wird aber auch klar, wofür man den Hippokampus nicht braucht: Werden

Fertigkeiten oder allgemeine Regeln durch vielfaches Üben gelernt, so
geht dies ohne Hippokampus (vgl. hierzu Kap. 4). Gerade weil jedoch
der Hippokampus für das Lernen von Ereignissen so wichtig ist und
weil sich an dieser Art des Lernens bestimmte Funktionsprinzipien besonders gut und einfach aufzeigen lassen, lohnt es sich, ihm dabei besonders genau und mit modernsten Methoden zuzuschauen. Anders
ausgedrückt: Will man etwas über das Lernen lernen, dann ist der Hippokampus das ideale Studienobjekt.

Ortszellen zur Navigation

Das Standardbeispiel einzelner Ereignisse sind Orte. Dies mag zunächst etwas eigenartig erscheinen, aber denken wir einen Moment
nach: Es gibt keinen allgemeinen Ort, es gibt nur diesen oder jenen
ganz konkreten jeweils einzelnen, individuellen Ort. Einen Ort im Allgemeinen, *den* allgemeinen Ort, gibt es nicht. Wenn Sie sich in Berlin
gut auskennen und kommen nach Hamburg, nutzt Ihnen das Wissen
über Berlin nichts. Ortskenntnis ist Kenntnis einzelner Fakten, einzelner Straßenzüge, Häuserfronten, Merkmale etc.

Dies ist deswegen von großer Bedeutung, weil man Ortskenntnis-
se auch im Tierversuch untersuchen kann. Man kann Tiere ja nicht
nach dem 11. September oder der ersten Nacht mit dem Partner fragen, denn man kann sie überhaupt nichts fragen. Es ist daher wichtig,
sich klarzumachen, dass die Untersuchung von Ortskenntnis einen be-
deutenden Weg darstellt, das Lernen von Einzelereignissen im Tierexperiment zu studieren. In praktischer Hinsicht ist die Untersuchung
der Ortskenntnis daher von größter Bedeutung. Keineswegs folgt daraus, dass Tiere im Hippokampus *nur* Orte gespeichert haben oder gar
dass der Hippokampus grundsätzlich nur für die Speicherung von Orten und das Zurechtfinden zuständig wäre. Beides hat man früher einmal angenommen; beides trifft jedoch nicht zu (vgl. Wood et al. 1999).

Tiere müssen sich zurechtfinden und sie lernen dies mit unglaub-
licher Geschwindigkeit. Schon lange weiß man, dass sie hierzu ihren
Hippokampus benötigen, denn nach dessen beidseitiger Entfernung

können Tiere Ortsinformationen nicht lernen. Beim Menschen ist dies auch so, wie das oben angeführte Beispiel des nach seinem Umzug in die neue Wohnung völlig hilflosen Patienten H.M. zeigt.

Im Tierversuch ist es möglich, dem Hippokampus beim Lernen neuer Ortsinformationen zuzuschauen. Wie genau geschieht dies, wie werden neue Orte gelernt? Das klassische Experiment hierzu wurde 1993 in der Zeitschrift *Science* publiziert (vgl. hierzu auch Spitzer 1996, S. 86ff). Die beiden US-amerikanischen Wissenschaftler Matthew Wilson und Bruce McNaughton pflanzten etwa 100 winzige Drähtchen in den Hippokampus von Ratten ein, um die Aktivität einzelner Nervenzellen abzuleiten. Seit einigen Jahren bereits wusste man, dass die Zellen im Hippokampus teilweise ortsspezifisch reagieren: Eine Zelle feuert genau dann, wenn sich die Ratte an einem bestimmten Ort ihrer Lebenswelt befindet. Man nennt eine solche Zelle daher auch Ortszelle (engl.: *place cell*).

Wilson und McNaughton wollten herausfinden, wie lange es dauert, bis solche Ortsinformationen von einem Organismus erworben werden. Hierzu setzten sie die Tiere in einen Käfig (siehe Abb. 2.2), in dem kleine Schokoladenkügelchen Anreiz waren, sich gut umzuschauen. An den Wänden des Kastens befand sich zur räumlichen Orientierung der Tiere eine Reihe visueller und taktiler Reize (in der Abbildung nicht zu sehen). Anhand des Aktivitätsmusters der abgeleiteten Neuronen zeigte sich, dass 20 bis 30 Prozent der Neuronen tatsächlich Ortszellen waren: Jedes Neuron hatte eine Vorliebe für einen bestimmten Platz im Käfig und feuerte immer dann besonders stark, wenn sich die Ratte an diesem Platz befand. Das für die hintere linke Ecke zuständige Neuron feuerte also beispielsweise dann am stärksten, wenn sich das Tier in der linken hinteren Ecke befand. Es feuerte aber auch dann (und zwar schwächer), wenn sich das Tier in der Nähe der linken hinteren Ecke aufhielt. Im Hippokampus wird die Lokalisation des Tieres im Raum also nicht nur durch ein einzelnes Neuron kodiert, sondern durch das variable Aktivitätsmuster vieler Neuronen, die mit Ortskodierung beschäftigt sind (Abb. 2.3).

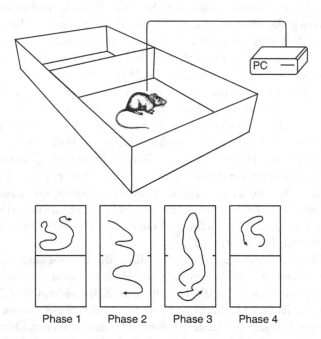

2.2 Schematische Darstellung des Experiments von Wilson und McNaughton (oben). Die Ratte konnte sich zunächst nur im vorderen Teil des Kastens (Größe: 62 x 124 cm) frei bewegen, dessen andere Hälfte durch eine undurchsichtige Absperrung für die Tiere unzugänglich war. Am Kopf des Tieres befand sich eine Ableitevorrichtung, deren Signale mittels leistungsfähiger Computer weiterverarbeitet wurden. Betrachtet man den Kasten von oben, dann lässt sich die Aktivität der Ratte in den vier jeweils zehn Minuten dauernden Phasen des Experiments leicht darstellen (Mitte): In den Phasen 1 und 4 läuft die Ratte nur in der einen Hälfte umher, in den Phasen 2 und 3 dagegen im gesamten ungeteilten Kasten.

Mit Hilfe leistungsfähiger Computer kann man aus diesen Informationen, also daraus, welches Neuron (das für eine bestimmte Stelle steht) wie stark aktiv ist, berechnen, wo sich die Ratte gerade befindet! Dies mag manchem Leser trivial erscheinen (Motto: um zu wissen, wo die Ratte im Käfig ist, brauche ich doch nur hinzusehen), man stelle sich jedoch vor: Hier werden Impulse aus den Tiefen des Gehirns eines

Versuchstiers abgeleitet und daraus berechnet, wo sich das Tier gerade aufhält. Damit ist klar, dass die abgeleitete Information tatsächlich den Ortskode der Ratte darstellt und dass man genau diesen Kode offenbar geknackt hat.

Damit war man aber noch nicht am Ende des Experiments, es ging vielmehr erst richtig los. Was geschieht, wenn die Ratten sich mit einer neuen Umgebung vertraut machen? Um dies herauszufinden, ließ man sie zunächst wie gewohnt für zehn Minuten im Kasten und öffnete dann die Absperrung zur anderen Hälfte für zwei Mal zehn Minuten, sodass die Tiere sich in dieser Zeit auch in der anderen Hälfte des Kastens frei bewegen konnten. Sie taten dies, denn auch dort gab es Schokoladenstreusel auf dem Fußboden. Danach wurde die Absperrung wieder für zehn Minuten angebracht.

Neuronale Repräsentationen

Während der gesamten 40 Minuten wurden die Tiere gefilmt und die elektrische Aktivität der Neuronen im Hippokampus aufgezeichnet. Hierbei zeigte sich erneut, dass der Aufenthaltsort der Tiere während der ersten zehn Minuten in der bekannten Hälfte des Kastens (Phase 1) gut vorhergesagt werden konnte. In den nächsten 10 Minuten (Phase 2) war dies nur für Bewegungen in der alten Hälfte des Kastens möglich: Bewegte sich die Ratte in dieser Zeit in der noch unbekannten Kastenhälfte, war der Vorhersagefehler groß. Auch war die Anzahl der Neuronen, die einen bestimmten Ort in der neuen Kastenhälfte kodierten, noch relativ gering. Sie hatten die neuen Orte ja noch nicht gelernt! Damit waren diese Orte im Hippokampus der Tiere noch nicht *repräsentiert* (lat. *re* = wieder, *praesentare* = vergegenwärtigen).

Nach Gelegenheit zum Auskundschaften der neuen Umgebung, d.h. im Zeitraum von der 11. bis 20. Minute nach Öffnung der Absperrung (Phase 3), hatte sich dies jedoch geändert: Die Anzahl der Ortszellen war gestiegen, der Vorhersagefehler gefallen. Es dauerte also nur zehn Minuten, bis einige Neuronen im Hippokampus den neuen

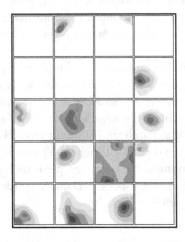

2.3 Schematische Darstellung eines Teils der Originaldaten von Wilson und McNaughton (1993, S. 1057). Die zwanzig Quadrate stellen die Hälfte des geteilten Kastens dar. In jedes Quadrat ist die Aktivität eines einzigen Neurons in Graustufen in Abhänglgkeit vom Aufenthaltsort der Ratte im Kasten während der ersten Versuchsphase eingezeichnet. So ist beispielsweise das im linken oberen Quadrat repräsentierte Neuron während dieser Zeit nicht aktiv; das im Quadrat rechts daneben repräsentierte Neuron hingegen ist immer dann aktiv, wenn sich die Ratte in der linken oberen Ecke des Kastens (in der Aufsicht) befindet; das Quadrat rechts daneben zeigt die Aktivität eines Neurons, das nur bei Aufenthalt in der rechten oberen Ecke des Kastens aktiv ist, also diesen Ort im Kasten kodiert. Insgesamt zeigt etwa die Hälfte der in der Abbildung durch entsprechende Quadrate repräsentierten Neuronen eine ortsabhängige Aktivität, d.h. kodiert den Raum.

Teil des Kastens gelernt hatten. In diesen zehn Minuten entstanden also *neue Repräsentationen*, d.h. Neuronen, die nur bei ganz bestimmtem Input feuern und damit auf diesen spezialisiert sind (Abb. 2.4).

Dies hatte nicht zum Verlernen der bereits gespeicherten räumlichen Verhältnisse in der alten Kastenhälfte geführt: In der vierten Phase des Versuchs, d.h. nach erneuter Absperrung und zehnminütigem Aufenthalt in der alten Kastenhälfte, zeigten sich kaum Abweichungen von Phase 1. Die alten Repräsentationen waren noch

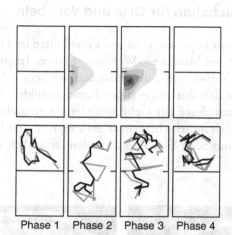

Phase 1   Phase 2   Phase 3   Phase 4

2.4 Die obere Reihe zeigt die Aktivität eines Neurons (dargestellt über das Rechteck des gesamten Kastens), das zunächst nicht aktiv war, jedoch während der beiden Lernphasen eine räumliche Repräsentation für einen Ort im neuen Teil des Kastens herausbildete. Die untere Reihe zeigt eine Wegstrecke, die die Ratte jeweils während der verschiedenen Phasen des Experiments zurückgelegt hat (graue Linie), sowie den aus der Aktivität der (ortskodierenden) Neuronen berechneten entsprechenden Weg (dunkle Linie). Mit Ausnahme von Bewegungen in dem für das Tier neuen Teil des Kastens während Phase 2 ist die Übereinstimmung erstaunlich gut, d.h. die Kenntnis der Entladungsraten der Neuronen, die Orte kodieren, ermöglicht die Vorhersage des Aufenthaltsortes des Tieres (nach Abb. 2 aus Wilson und McNaughton 1993, S. 1057).

da. Mit ihnen konnte sich das Tier orientieren, und man konnte die Informationen über neuronale Aktivität nach wie vor zur Vorhersage von dessen Ort im Raum nutzen.

Halten wir fest: Als die Tiere den neuen Raum betraten, war dieser noch nicht durch Neuronen im Hippokampus repräsentiert. Neue Erfahrungen in der neuen Kastenhälfte bewirkten jedoch sehr schnelle Veränderungen im Hippokampus der Tiere mit dem Ergebnis, dass nach wenigen Minuten neue Repräsentationen der Umgebung aufgebaut worden waren.

Neuronenwachstum für Orte und Vokabeln

Die Ergebnisse zur Repräsentation von Einzelheiten im Hippokampus gelten auch für den Menschen. Wer sich in einem Irrgarten befindet und den Weg hinaus sucht, der muss beispielsweise sehr rasch eine Vorstellung von dem ihn umgebenden Raum ausbilden. Wir konnten durch die Untersuchung der Gehirnaktivierung gesunder Probanden bei dieser Tätigkeit mittels eines virtuellen Labyrinths nachweisen, dass der Hippokampus beim Sich-Zurechtfinden tatsächlich aktiv ist (vgl. Abb. 2.5).

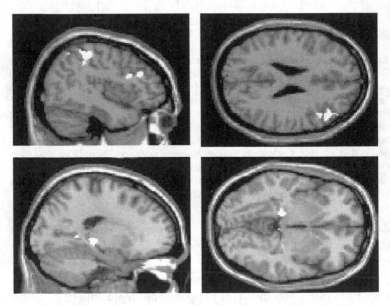

2.5 Aktivierung des Hippokampus beim Herausfinden aus einem virtuellen Labyrinth (Groen et al. 2000). Männer schneiden in dieser Aufgabe im Mittel besser ab als Frauen. Sie bewerkstelligen sie vor allem mit dem Hippokampus (Bilder unten), wohingegen Frauen die Aufgabe vorrangig mit dem rechten frontalen und parietalen Kortex lösen (oben).

Londoner Taxifahrer haben einen etwas größeren Hippokampus als der Durchschnittsmensch. Warum dies so ist, lässt sich allerdings aus dem Zusammenhang allein nicht ableiten: Es könnte sein, dass der Hippokampus bei manchen Menschen etwas größer ist (etwa so, wie manche Menschen auch längere Beine haben als andere) und dass diese Menschen sich besser orientieren können und daher gerade in London als Taxifahrer nicht so leicht versagen wie andere (so wie der mit langen Beinen vielleicht ja auch als Sprinter eher Erfolg hat). Es könnte aber auch sein, dass der Hippokampus bei Londoner Taxifahrern ganz besonders beansprucht wird und daher wächst (etwa so, wie Muskeln wachsen, wenn man viel trainiert). Diese zweite Möglichkeit hätte man noch vor wenigen Jahren nicht in Betracht gezogen, denn man sah es als erwiesen an, dass sich Nervenzellen nicht teilen und das Gehirn daher letztlich ein sehr statisches Organ ist. Wie wir heute wissen, ist diese Auffassung falsch. Gerade im Hinblick auf den Hippokampus wurden in den letzten fünf Jahren wichtige Entdeckungen gemacht.

Im Jahr 1997 wurde bei Mäusen nachgewiesen, dass auch bei erwachsenen Tieren neue Nervenzellen im Hippokampus gebildet werden, allerdings nur dann, wenn sie sich in einer interessanten Umgebung befinden (Kempermann et al. 1997). Bereits ein Jahr später wurde die Neubildung von Nervenzellen auch im Gehirn des *Menschen* nachgewiesen (Eriksson et al. 1998), und wieder ein Jahr später wurde die Rolle dieser Vorgänge bei Lernprozessen vorsichtig diskutiert (Gold et al. 1999; vgl. auch Unger und Spitzer 2000). Im Jahr 2000 wurde bei Singvögeln erstmals gezeigt, dass nach Zerstörung des „Singzentrums" nachwachsende Neuronen das Singen eines Liedes, d.h. eine früher vorhandene Funktion, wieder ausführen können (Scharff et al. 2000, Zusammenfassung in Spitzer 2001). Ein weiteres Jahr später wurde dann erstmals bei Ratten nachgewiesen, dass ganz normale Lernvorgänge nur dann ablaufen können, wenn neue Nervenzellen im Hippokampus gebildet werden (Shors et al. 2001; Zusammenfassung in Spitzer 2002b).

In Anbetracht dieser Entwicklungen ist nicht verwunderlich, dass auch im Kortex nach Neuronenwachstum intensiv gesucht wurde. Nach eingehenden Untersuchungen der Arbeitsgruppe um Pasko Rakic (Kornack & Rakic 2001) ist dies jedoch nicht der Fall.

Tabelle 2.1 Geschichte des Nachwachsens von Neuronen. Bis in die 90er Jahre hinein bestand allgemein Einigkeit darüber, dass es sich bei Neuronen um postmitotisches Gewebe handelt. Dies wurde als gleichbedeutend damit angesehen, dass es kein Nachwachsen von Nervenzellen im Gehirn erwachsener Organismen (Nager, Primaten, einschließlich des Menschen) gibt.

Jahr	Autor / Quelle	Titel/Entdeckung
1997	Kempermann et al. Nature	im Hippokampus erwachsener Mäuse wachsen Neuronen
1998	Ericksson et al. Nature Medicine	im Hippokampus erwachsener Menschen wachsen Neuronen
1999	Gould et al. Trends in Cognitive Sciences	nachwachsende Neuronen haben eine mögliche Rolle bei Lernprozessen
2000	Scharff et al. Neuron	nachwachsende Neuronen haben eine tatsächliche Rolle beim Wiedererwerb von durch Neuronenuntergang verlorenen Fähigkeiten
2001	Shors et al. Nature	nachwachsende Neuronen haben eine wichtige Rolle bei Lernprozessen im Hippokampus
2001	Rakic Science	im Kortex wachsen keine Neuronen nach

Diese Tatsachen liefern Hinweise darauf, dass der Hippokampus *in Abhängigkeit von der Erfahrung wächst* und damit um so besser funktioniert, je mehr er beansprucht wird. Es ist damit nicht unwahrscheinlich, dass die Vergrößerung des Hippokampus bei Londoner Taxifahrern mit deren Aufgabe des Zurechtfindens in einem Straßengewirr ganz besonderen Ausmaßes in Zusammenhang steht.

Man muss nicht unbedingt Orte oder Labyrinthe untersuchen, um etwas über Repräsentationen im Hippokampus zu erfahren. Manche Menschen mit Tumoren im Bereich des Hippokampus erhalten

für eine kurze Zeit vor der Operation feine Elektroden in diese Gehirnstruktur eingepflanzt. Man kann damit die Aktivität der Nervenzellen
untersuchen und die Operation besser planen. Man könnte nun sicherlich diese Patienten in einen Irrgarten bringen, um dann hippokampale
Ortszellen zu charakterisieren. Dies ist jedoch gar nicht nötig. Orte
sind ja nur ein Spezialfall von Einzelereignissen. Jede andere einzelne
Information lässt sich ebenso verwenden, um die Funktion des Hippokampus zu überprüfen. So bat man diese Patienten, willkürlich zusam-
mengestellte Wortpaare zu lernen. Man setzte hierzu ein Verfahren ein,
das seit über hundert Jahren in der Psychologie verwendet wird (vgl.
Abb. 2.6).

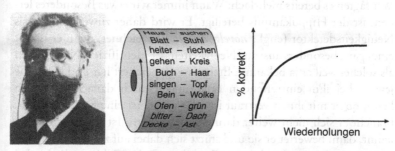

2.6 Die Lerntrommel (Mitte) von Hermann Ebbinghaus (links): Gelernt werden
nicht-zusammenhängende Wortpaare und bei jedem Durchgang wird festgestellt, wie viele der Wortpaare bereits gemerkt wurden. So lassen sich Lernkurven (rechts) aufzeichnen, die die Lerngeschwindigkeit angeben. Diese Kurven
haben eine bestimmte Form, die seit über 100 Jahren seit den bahnbrechenden
Untersuchungen des deutschen Psychologen Ebbinghaus bekannt ist. Seitdem
weiß man auch, dass ältere Menschen langsamer lernen, jüngere schneller und
dass sich der Zustand des Menschen, dessen Motivation und andere Persön-
lichkeitsvariablen auf den Lernvorgang auswirken.

Im Grunde entspricht diese Situation des Lernens zweier unzu-
sammenhängender Worte etwa dem Lernen von Vokabeln, zumindest
dann, wenn man Vokabeln zum ersten Mal „büffelt". Durch diese experimentelle Anordnung konnte bei den Patienten nachgewiesen werden, dass man durch die Aktivität der hippokampalen Neuronen
vorhersagen kann, ob ein Patient ein bestimmtes Wort zu einem ande-

ren Wort weiß oder nicht. Mit anderen Worten: Ganz ähnlich wie oben im Tierexperiment bei der Vorhersage des Ortes im Kasten durch die Aktivität der Neuronen kann man beim Menschen anhand der Aktivität einzelner Repräsentationen im Hippokampus ablesen, ob jemand eine Vokabel gelernt hat oder nicht. Damit ist nachgewiesen, dass neu gelernte Inhalte im Hippokampus repräsentiert sind und dass diese Repräsentationen innerhalb von kurzer Zeit gebildet werden können.

Neuigkeitsdetektor

Wir sagten es bereits mehrfach: Wann immer wir etwas Besonderes lernen, ist der Hippokampus beteiligt. Er wird daher zuweilen auch als Neuigkeitsdetektor (engl.: *novelty detector*) bezeichnet, denn er ist auf eines ganz besonders aus: auf Neuigkeiten. Er identifiziert Neuigkeiten als solche, weil er ja bekannte Ereignisse gespeichert hat und daher die jeweils bei ihm eintreffenden Erfahrungen rasch danach beurteilen kann, ob er mit ihnen vertraut ist oder nicht. Ist eine Sache bekannt, braucht er sich nicht weiter darum zu kümmern. Ist sie jedoch unbekannt, dann bewertet er sie und stützt sich dabei auf zusätzliche Strukturen (mit den entsprechenden Funktionen) des Gehirns, die hierbei eine Rolle spielen (siehe hierzu die Kap. 8, 9 und 10).

Hat der Hippokampus eine Sache als neu und interessant bewertet, dann macht er sich an ihre Speicherung, d.h. bildet eine neuronale Repräsentation von ihr aus. Daraus folgt, dass eine Sache vergleichsweise neu und interessant sein muss, damit unsere schnell lernende Hirnstruktur sie aufnimmt bzw. ihre Aufnahme unterstützt.

Sollte man hieraus nicht ableiten, dass Lehrer sich im Event-Management üben sollten, also im Präsentieren von Fakten als neu, damit diese Fakten von den Hippokampi der Schüler rasch aufgenommen werden? – Ja und nein! In der Schule lernen wir weit mehr als nur einzelne Ereignisse. Es geht in der Schule keineswegs nur um Neuigkeiten, um einzelne Fakten, wie in den folgenden Kapiteln deutlich werden wird. Daher muss der Lehrer auch keineswegs von einem Event zum nächsten noch neueren Event hechten, um seine Arbeit gut zu machen.

Geschichten

Ein guter Lehrer wird Geschichten erzählen. Die Geschichte vom World Trade Center kennen wir alle, und wenn der Lehrer gut Geschichten erzählen kann, dann werden wir noch mehr Geschichten kennen und damit auch Geschichte. Jahreszahlen büffeln („753 kroch Rom aus dem Ei", „333 bei Issus Keilerei" etc.) ist sinnlos, solange man die Hintergründe nicht kennt. Erst die Geschichte des von einem Philosophen erzogenen Griechen, der mit einem kleinen Heer ein riesiges Reich bezwang und beherrschte, macht das Datum lebendig.

Geschichten treiben uns um, nicht *Fakten*. Geschichten enthalten Fakten, aber diese Fakten verhalten sich zu den Geschichten wie das Skelett zum ganzen Menschen. Wer glaubt, beim Lernen gehe es darum, Fakten zu büffeln, der liegt völlig falsch; Einzelheiten machen nur im Zusammenhang Sinn, und es ist dieser Zusammenhang und dieser Sinn, der die Einzelheiten interessant macht. Und nur dann, wenn die Fakten in diesem Sinne interessant sind, werden wir sie auch behalten.

Lernen ohne Hippokampus

So wichtig der Hippokampus für das Lernen ist - leben kann man auch ohne ihn, wie der eingangs geschilderte Fall des Patienten H.M. zeigt. Aber auch das Lernen kann ohne Hippokampus vonstatten gehen. In der internationalen hochrangigen wissenschaftlichen Zeitschrift *Science* werden normalerweise keine medizinischen Fallberichte abgedruckt. Wenn dies gelegentlich doch geschieht, so hat dies einen Grund: Ganz allgemeine, wesentliche Funktionsprinzipien des Körpers lassen sich manchmal an einem einzigen Patienten besser demonstrieren als durch das sonst übliche Arsenal wissenschaftlicher Erkenntnisgewinnung an großen Gruppen mit entsprechender statistischer Aufarbeitung vieler Daten und hierdurch möglicher Hypothesenprüfung. H.M. war ein solches Beispiel. Sein trauriges genauest dokumentiertes Schicksal führte der wissenschaftlichen Welt glasklar vor Augen, was es heißt, keine einzelnen Ereignisse mehr lernen zu können. Die Bedeutung des Hippokampus könnte man nicht deutlicher zeigen.

Wenn vor wenigen Jahren in *Science* drei Fälle von Jugendlichen publiziert wurden, die von früher Kindheit an ohne Hippokampus aufgewachsen waren, so hatte dies erneut den Grund, dass mit diesen drei Fällen eine wichtige Tatsache demonstriert werden konnte: Auch wenn man den Hippokampus nicht hat, kann man ein ansonsten fast normales Leben führen (Vargha-Khadem et al. 1997). Die Sprachentwicklung war beispielsweise bei den drei Jugendlichen nahezu normal verlaufen, und auch ansonsten zeigte ihr Verhalten wenig Auffälligkeiten. Sie gingen zur Schule wie andere Kinder auch. Allein auf dem Heimweg gab es gelegentlich Probleme, denn sie verliefen sich und fanden den Weg nach Hause nicht mehr, brauchten also jemanden, der sie begleitete und ihnen den Weg wies. Ganz offensichtlich war es den Kindern aber möglich, auch ohne Hippokampus zu lernen. Insbesondere lernten sie ein Kommunikationssystem, das zum komplexesten gehört, was Menschen überhaupt je lernen: die Muttersprache.

Neben vielen anderen Zentren für unterschiedlichste Funktionen sind auch die Sprachzentren in der menschlichen Großhirnrinde (dem Neokortex) lokalisiert. Diese lernt anders als der Hippokampus, wie in den folgenden Kapiteln dargestellt wird.

Fazit

Ein für das Lernen neuer Inhalte wichtiger Teil des Gehirns ist der Hippokampus, eine kleine Struktur, die tief im Temporallappen gelegen ist. Wenn Sie sich das nächste Mal in einer neuen Umgebung verfahren und vielleicht nach einigen Irrfahrten das Gefühl haben, dass Sie sich nun besser auskennen, dann waren Nervenzellen in dieser Gehirnstruktur aktiv.

Nervenzellen im Hippokampus lassen sich direkt dabei beobachten, wie sie neue Inhalte lernen. Wie man aus Tierexperimenten weiß, gibt es dort Zellen, die nur dann aktiv sind, wenn sich das Tier an einem bestimmten Ort befindet. Man hat diese Zellen daher auch Ortszellen genannt. Lernt ein Organismus, sich an neuen Orten zurechtzufinden, dann entstehen neue Repräsentationen dieser Orte in dessen Hippokampus. Beim Menschen konnte man zeigen, dass das Lernen von Vokabeln – ähnlich wie das Lernen von Orten beim Nagetier – von der Entstehung von Repräsentationen im Hippokampus abhängt. Ebenso, wie man beim Nager anhand der Aktivierung von Zellen im Hippokampus voraussagen konnte, wo sich das Tier gerade befindet, konnte man durch Ableitung von einzelnen Neuronen beim Menschen voraussagen, ob er sich eine Vokabel gemerkt hat oder nicht (Cameron et al. 2001).

Der Hippokampus lernt wichtige und neue Einzelheiten rasch; er ist zudem in der Lage, unvollständige Informationen zu ergänzen, denn er ist unter anderem sehr stark mit sich selbst verknüpft (Nakazawa et al. 2002). Solche Netzwerke vervollständigen unvollständigen Input anhand gespeicherter Informationen (vgl. Spitzer 1996).

Methodisches Postskript:
Funktionelles Neuroimaging

Nervenzellen kann man im Labor studieren. Wer jedoch wissen möchte, wo das Gehirn des Menschen welche Funktion ausführt, der muss in den Kopf hineinschauen. Wie in Kapitel 6 erwähnt wird, musste man hierzu früher den Kopf öffnen. Dies ist heute dank der Entwicklung einiger bahnbrechender Methoden der kognitiven Neurowissenschaft nicht mehr nötig. Man kann heute dem Gehirn bei der Arbeit zuschauen, ohne den Kopf zu öffnen. Dies geschieht heute vor allem mittels zweier Methoden des so genannten *funktionellen Neuroimaging*, d.h. des Erzeugens von Bildern des Gehirns, auf denen dessen Funktion zu sehen ist. Diese Methoden sind die Positronenemissionstomographie (PET) und die funktionelle Magnetresonanztomographie (fMRT). Im Prinzip funktionieren sie wie folgt.

PET: In einem Teilchenbeschleuniger (Zyklotron) werden radioaktive Atome (Isotope) produziert und dann chemisch beispielsweise an eine Zuckerart gebunden, die von Nervenzellen aufgenommen, aber nicht verarbeitet (und daher auch nicht wieder ausgeschieden) werden kann. Zellen, die besonders stark aktiv sind, nehmen vermehrt Zucker auf und damit auch vermehrt den radioaktiven Stoff. Bei dessen Zerfall werden Positronen freigesetzt. Aus der Physik ist bekannt, dass es sich hierbei um Antimaterie handelt, also um ein Teilchen, das dem Elektron (kleine Masse, negative Ladung) entspricht bis auf die Tatsache, dass es positiv geladen ist. Treffen Materie und Antimaterie zusammen, werden die Teilchen komplett in Energie in Form zweier Photonen umgewandelt, die in genau entgegengesetzte Richtungen wegfliegen. Diese beiden Photonen werden von sehr empfindlichen um den Kopf angeordneten Detektoren (Photomultipliern) registriert, und aus diesen Daten wird per Computer ein Bild der Strahlungsquelle berechnet. Diese Bilder sind meistens farbig, wobei nach einer willkürlichen, aber recht sinnvollen Konvention rote und gelbe Farben eher mehr, grüne und blaue hingegen eher weniger Aktivität anzeigen.

Aus der Tatsache, dass zur Bildgebung mit PET ein Teilchenbeschleuniger benötigt wird, ergeben sich u.a. der hohe technische Aufwand und der Preis der Methode. Die verwendeten Isotope (beispielsweise 15-Sauerstoff oder 18-Fluor) haben Halbwertszeiten von Minuten bis Stunden, die Belastung der untersuchten Personen mit Radioaktivität ist insgesamt gering, aber nicht Null. Da Aufnahme bzw. Verbrauch von Sauerstoff und Glukose von der Aktivität der Neuronen abhängt, kann man im Positronenemissionstomographen die neuronale Aktivität über deren Stoffwechsel sichtbar machen. Die Substanzen werden in eine Vene injiziert, während sich die Versuchsperson entweder in einem Ruhezustand befindet oder eine bestimmte geistige Tätigkeit ausführt. Aus dem Unterschied beider Bilder, von dem man wiederum ein Bild machen kann, ergeben sich Informationen darüber, wo genau eine bestimmte Leistung im Gehirn stattfindet.

fMRT: Befindet sich Wasserstoff in einem starken Magnetfeld, so richten sich dessen Atomkerne, die als winzige sich drehende Magnete aufgefasst werden können, nach dem äußeren Magnetfeld aus. Diese Ausrichtung kann durch ein zweites, sich rasch änderndes Magnetfeld gestört werden, wobei die Atomkerne durch Resonanz mit diesem zweiten schwingenden Magnetfeld Energie aufnehmen. Wird das zweite Magnetfeld wieder abgeschaltet, geben die Atome diese Energie in Form von Radiowellen wieder ab. Aus dieser Energieabgabe sowie aus deren zeitlichem Verlauf lässt sich berechnen, wie viel Wasserstoffkerne an einer bestimmten Stelle vorhanden sind.

Da jedes Körpergewebe mehr oder weniger Wasser enthält und Wasser bekanntermaßen aus zwei Wasserstoffatomen und einem Sauerstoffatom zusammengesetzt ist, können Unterschiede im Wassergehalt (und damit unterschiedliche Gewebetypen wie Nervenzellen und Nervenfasern) mittels bildverarbeitender Computer sichtbar gemacht werden. Mit der Magnetresonanztomographie (MRT) kann man auf diese Weise sehr genaue Schnittbilder des Gehirns herstellen. Da die Erzeugung von MRT-Bildern mit keinerlei Strahlenbelastung verbunden ist, können mit hoher Auflösung sehr viele „Schnitte" angefertigt werden, was die exakte Lokalisation anatomischer Strukturen beim lebenden Menschen erlaubt.

Um mit der MRT Funktionsbilder herzustellen, nutzt man die Tatsache aus, dass sauerstoffreiches Blut geringfügig andere magnetische Eigenschaften besitzt als sauerstoffarmes. Daher lässt sich das im Gehirn vorhandene Blut als „Kontrastmittel" verwenden, um Areale im Hinblick auf den Sauerstoffreichtum des durchfließenden Bluts zu unterscheiden. Da man bei der Entwicklung der fMRT gegen Ende der 80er und Anfang der 90er Jahre bereits aus Untersuchungen mittels PET wusste, dass das Blutgefäßsystem des Gehirns auf neuronale Aktivierung (und damit auf den Verbrauch von Sauerstoff) mit einer Weitstellung der Blutgefäße und dadurch mit einer Vermehrung des sauerstoffreichen Bluts in aktiven Gebieten reagiert, brauchte man nur Bilder in Ruhe und während einer bestimmten geistigen Leistung aufzunehmen. Durch Vergleich der Bilder im Computer kann man dann die aktiven Areale des Gehirns sichtbar machen. Es ist sicherlich nicht

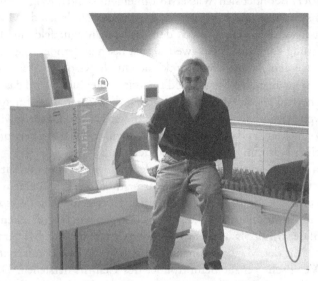

2.7 Der Psychiater und Neurowissenschaftler Jonathan Cohen, Princeton, vor einem Magnetresonanztomographen der neuesten Generation.

übertrieben zu behaupten, dass die funktionelle Magnetresonanztomographie zu den wichtigsten Fortschritten auf dem Gebiet der Hirnforschung im vergangenen Jahrzehnt zählt.

3 Neuronen

Im Herzen leisten die Herzmuskelzellen die Arbeit, in der Leber die Leberzellen, im Blut die Blutkörperchen und in der Haut die Hautzellen. Diese Zellen sind jeweils auf eine bestimmte Aufgabe (Bewegung, Entgiftung, Sauerstofftransport und Schutz) spezialisiert. Nervenzellen sind ebenfalls spezialisiert, und zwar auf die Speicherung und Verarbeitung von Information (siehe Abb. 3.1). Sie wurden vor gut einhundert Jahren entdeckt, aber erst in den 40er Jahren wurde der Begriff der Information in die Neurowissenschaft eingeführt. Erst damit wurde es möglich, wirklich zu verstehen, was Neuronen eigentlich tun und wofür sie gut sind (zur Geschichte vgl. Spitzer 1999).

Impulse und Synapsen

Sinneszellen in Auge, Ohr, Haut, Nase und Mund sind darauf spezialisiert, Licht, Schall, Druck und Stoß oder chemische Eigenschaften in Impulse umzuwandeln. Trifft Licht auf unsere Augen, werden auf der Netzhaut Impulse erzeugt; trifft Schall an das Ohr, werden im Innenohr Impulse erzeugt; wird unsere Körperoberfläche berührt, entstehen dort Impulse; und kommen bestimmte Chemikalien mit den Schleimhäuten von Mund oder Nase in Berührung, entstehen dort wiederum Impulse. Diese Impulse – man nennt sie auch *Aktionspotentiale* – haben keine Farbe, sie riechen nicht und schmecken nicht. Sie lassen sich mathematisch als Einsen (Impuls vorhanden) und Nullen (kein Impuls) beschreiben. Sie haben immer und überall die gleiche Form und werden von Nervenfasern – den Axonen – zu anderen Nervenzellen geleitet. An diesen wird ein Impuls auf chemischem Weg von der Nervenfaser auf das nächste Neuron übertragen.

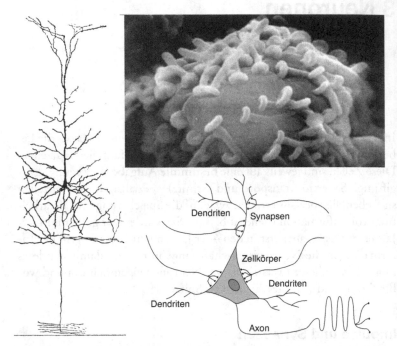

3.1 Lichtmikroskopische (links) und elektronenmikroskopische Aufnahme (oben rechts; zu sehen ist nur der Zellkörper, nicht aber die Dendriten) sowie schematische Darstellung eines Neurons (unten rechts). Es erhält über dünne Fasern Impulse von anderen Neuronen, verarbeitet diese und schickt dann über sein Axon (nur eines pro Neuron) entweder selbst einen Impuls weg oder nicht (vgl. Spitzer 1996). Um Neuronen im Lichtmikroskop zu sehen, muss man sie zuvor anfärben. Geschieht dies mit Silbersalzen, so sind nicht nur der Zellkörper, sondern auch die vielen feinen baumartigen Verzweigungen des Neurons zu sehen, die Dendriten genannt werden. In der elektronenmikroskopischen Aufnahme sieht man nur den Zellkörper und die dort ankommenden Fasern anderer Nervenzellen. Die meisten solcher eingehenden Fasern enden jedoch auf dem Dendritenbaum. Ihre Zahl beträgt nicht einige Dutzend (wie die elektronenmikroskopische Aufnahme nahelegt), sondern bis zu 10.000.

Die Übertragung eines Nervenimpulses von einem Neuron zum anderen geschieht an einer Synapse (vgl. Abb. 3.2). Sie kann mehr oder weniger stark sein, und es hängt von der Stärke der synaptischen Ver-

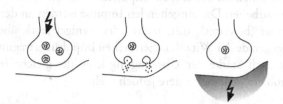

3.2 Die Übertragung von Nervenimpulsen findet an Synapsen statt. Dies geschieht dadurch, dass beim Eintreffen des Impulses (links) kleine Bläschen in der Synapse, die einen Überträgerstoff (Neurotransmitter) enthalten, mit der Wand der Synapse verschmelzen (Mitte), wodurch der Neurotransmitter freigesetzt wird und seinerseits die nachfolgende Zelle erregt (rechts).

bindung ab, ob ein Impuls einen großen oder einen kleinen Effekt auf die Erregung des nachfolgenden Neurons hat. Der gleiche Impuls kann also an verschiedenen Synapsen ganz unterschiedlich wirken: Ist die synaptische Verbindung stark, wird das nachfolgende Neuron stark erregt, ist die Verbindung schwach, geschieht am nachfolgenden Neuron wenig (siehe Abb. 3.3).

3.3 An dieser Synapse kommt wie in Abbildung 3.2 ein Impuls an, der jedoch zur Freisetzung von nur wenig Transmitter führt. Die Stärke der Synapse ist schwach, und der eingehende Impuls reicht nur aus, um das nachfolgende Neuron ein klein wenig zu erregen. Diese nur geringe Erregung führt nicht dazu, dass das Neuron selbst einen Impuls generiert, sodass letztlich gar nichts geschieht. Die Zeichnung vereinfacht die Verhältnisse insofern, als an diesen Prozessen sehr viele Synapsen und sehr viele Impulse beteiligt sind.

Die Information aus diesen Impulsen wird von Neuronen dann wie folgt verarbeitet: Die eingehenden Impulse werden an den Synapsen gewichtet (bewertet), d.h. mehr oder weniger stark übertragen. Hierin liegt gerade der Witz der chemischen Impulsübertragung an Synapsen. Je nach Stärke der Übertragung kann der gleiche Input das eine Neuron erregen, das andere jedoch nicht.

Repräsentation durch Synapsenstärken

Es wurde schon mehrfach erwähnt, *dass* Neuronen für etwas stehen können, etwas repräsentieren. Mit dem begrifflichen Rüstzeug der Synapsenstärke kann man verstehen, *wie* Neuronen dies bewerkstelligen. Erinnern wir uns - im vergangenen Kapitel wurde gezeigt, was man unter einer neuronalen Repräsentation versteht: Ein bestimmtes Neuron feuert immer genau dann, wenn ein ganz bestimmter Input (ein Ort oder eine Vokabel) vorliegt. Um zu verstehen, wie Neuronen dies bewerkstelligen, sei ein einfacher Fall betrachtet (vgl. Abb. 3.4).

Stellen wir uns einen einfachen Organismus vor, dessen Nervensystem aus nur sechs Neuronen besteht; drei sitzen auf der Netzhaut im Auge und drei im Gehirn, das seinerseits direkt mit zwei Muskeln und einer Drüse verbunden ist. Wenn Sie wollen, stellen Sie sich einen Frosch vor, der sich in Abhängigkeit von seiner Wahrnehmung sinnvoll verhalten sollte: Fliegt der Storch über ihm, muss er wegspringen, fliegt die Fliege vor ihm, muss er die Zunge herausstecken und die Fliege fangen. Sieht er einfach nur blauen Himmel, dann sollte er Drüsen zur Verdauung der Fliege aktivieren. Drei unterschiedliche Muster aus der Umgebung werden also von der Netzhaut des Auges ins Gehirn geliefert, und dieses muss in der Lage sein, eine Umsetzung der Eingangsmuster in Ausgangsmuster vorzunehmen.

Um zu verstehen, wie ein neuronales Netzwerk diese Mustererkennung leistet, sei ein einfaches Netz betrachtet (siehe Abb. 3.5). Im Netzwerk ist jedes Neuron der Inputschicht mit jedem Neuron der

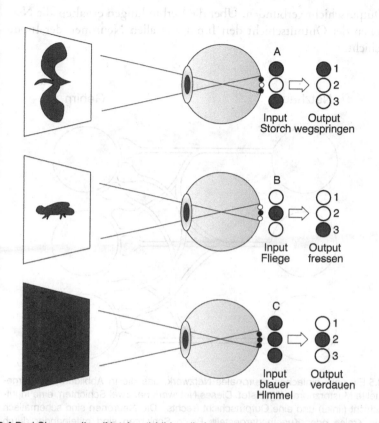

3.4 Drei Sinneszellen (Netzhaut) bilden die Inputneuronen des Netzwerks. In der Umgebung des Organismus kommen nur drei unterschiedliche Muster vor, auf die er jeweils anders reagieren muss. Das Sehen dieser Muster bewirkt die Aktivierung der drei Inputneuronen. Wir nennen diese Aktivierungsmuster der Netzhaut Muster A, B und C. Nehmen wir weiterhin an, dass die drei Outputneuronen drei mögliche Reaktionen des Organismus kodieren, z. B. Wegspringen (Strecken des Oberschenkelmuskels), Aufessen (Bewegen des Zungenmuskels) und Verdauen (Sekretion von Magensaft). Die Muster sollen jeweils erkannt werden, d. h. wenn Muster A (Storch) von der Netzhaut des Auges ins Gehirn übertragen wird, soll Outputneuron 1 aktiv sein, was den Oberschenkelstreckmuskel aktiviert und dafür sorgt, dass der Frosch wegspringt. Kommt Muster B (Fliege) vor die Netzhaut, soll Outputneuron 3, das den Zungenmuskel erregt, aktiviert sein. Ist Muster C beim Anblick des blauen Himmels in der Netzhaut aktiv, soll Neuron 2 aktiv sein und die Verdauung anregen (nach Spitzer 1996).

Outputschicht verbunden. Über die Verbindungen erhalten alle Neuronen der Outputschicht den Input von allen Neuronen der Inputschicht.

Netzhaut   Gehirn

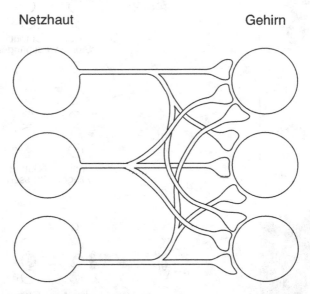

3.5 Ein sehr einfaches neuronales Netzwerk, das die in Abbildung 3.4 dargestellte Musterzuordnung leistet. Dieses Netzwerk hat zwei Schichten, eine Inputschicht (links) und eine Outputschicht (rechts). Die Neuronen sind schematisch als Kreise oder Kugeln dargestellt. Beide Schichten sind miteinander durch Fasern, die in Synapsen enden, verbunden. Das Netzwerk reduziert die biologischen Verhältnisse auf ein Minimum und macht gerade dadurch die Prinzipien der Verarbeitung deutlich.

Wir gehen weiterhin davon aus, dass alle drei Outputneuronen die gleiche Aktivierungsschwelle aufweisen und immer dann aktiviert werden, wenn acht oder mehr Neurotransmittermoleküle an den Synapsen freigesetzt werden. Ist dies der Fall, wird das Neuron aktiv, ist der Input geringer, dann verharrt es in Ruhe.

Entscheidend für das Funktionieren der gesamten Anordnung ist
die Stärke der synaptischen Verbindungen zwischen Input- und Outputschicht. Betrachten wir, was durch diese Gewichtung mit den Inputmustern A und B geschieht: Bei Muster A in der Inputschicht (d. h.
das obere und das untere Inputneuron sind aktiv, das mittlere nicht;
vgl. Abb. 3.6) erhält das obere Neuron der Outputschicht über die
Verbindung (Synapse) mit dem oberen Neuron der Inputschicht einen
Impuls.

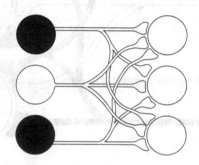

3.6 Inputmuster A ist in der Inputschicht aktiviert.

Die Synapse ist recht stark, d.h. beim Eintreffen des Impulses werden fünf Moleküle Neurotransmitter freigesetzt (Abb. 3.7). Vom mittleren Neuron kommt kein Impuls, vom unteren Neuron kommt
hingegen ein weiterer Impuls, der wieder über eine starke Synapse
übertragen wird. Dadurch erhält das obere Neuron insgesamt zehn
Moleküle Neurotransmitter und wird aktiviert. Die anderen Neuronen
der Outputschicht erhalten zwar ebenfalls die dem Muster A entsprechenden Impulse; deren Übertragung jedoch erfolgt an schwachen Synapsen, so dass ihr Effekt am nächsten Neuron gering ist. Da
Neuronen die Eigenschaft besitzen, entweder zu feuern oder nicht, ist
ein geringer Effekt identisch damit, dass überhaupt nichts passiert. Daher führt die Aktivierung des oberen und unteren Neurons der Inputschicht zur Aktivierung des oberen Neurons der Outputschicht.

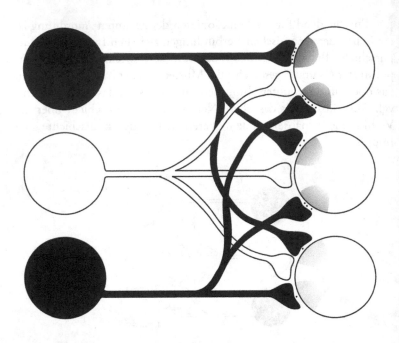

3.7 Die Impulse der Inputschicht gelangen zu jedem Neuron der Outputschicht. Die übertragenden Synapsen sind jedoch unterschiedlich stark, weswegen die gleichen Inputmuster an den drei Outputneuronen unterschiedliche Effekte haben. Oben führen die Impulse an starken Synapsen zur Aktivierung des Neurons, in der Mitte und unten nicht.

Es ergibt sich: Besteht der Input aus Muster A, ist somit in der Outputschicht nur das obere Neuron aktiv (Abb. 3.8). Dies ist nun nichts weiter als die genaue Bedeutung der Rede von der Repräsentation: Das obere Neuron der Outputschicht repräsentiert das Inputmuster A. Lebensweltlich gesprochen bedeutet dies: Beim Anblick des Storchs springt der Frosch weg. Die geforderte Beziehung zwischen Input und Output ist also durch das neuronale Netzwerk realisiert.

Wie steht es um die Fliege? Wie unschwer in Abbildung 3.9 zu erkennen ist, wird auch das Muster B (die Fliege) richtig erkannt. Wichtig ist, dass alle drei Outputneuronen gleichzeitig – *parallel* – arbeiten.

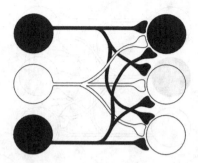

3.8 Beim Vorliegen des Inputmusters A wird das obere Neuron der Output-schicht (und nur dieses) aktiviert.

Diese Parallelverarbeitung hat Vorteile, denn das Erkennen des Musters erfolgt in *einem einzigen Verarbeitungsschritt*, also sehr schnell. Besteht das Muster nicht aus drei, sondern aus mehr Bildpunkten, bleibt diese Schnelligkeit erhalten. Das Erkennen komplexerer Muster erfordert lediglich mehr Neuronen, von denen wir ja mehr als genug im Kopf haben! Auch komplizierte Muster brauchen somit nicht mehr Zeit als einfache, da die Verarbeitung auch größerer Mengen von Eingangsdaten parallel erfolgt. Das Erkennen von Mustern kann damit sehr rasch geschehen, obwohl Neuronen sehr langsam arbeiten.

Halten wir fest: Neuronale Netzwerke sind informationsverarbeitende Systeme, die aus einer großen Zahl einfacher Schalteinheiten zusammengesetzt sind. In neuronalen Netzen wird Information durch Aktivierung (und durch Hemmung) von Neuronen verarbeitet. Abstrahiert man von biologischen Gegebenheiten wie Form, mikroskopischer Struktur, Zellphysiologie und Neurochemie, so lässt sich ein Neuron als Informationsverarbeitungselement verstehen. In dieser Hinsicht besteht die Funktion eines Neurons darin, Input zu erhalten und aktiviert zu werden oder nicht. Wird ein Neuron durch einen Input aktiviert, so *repräsentiert* es diesen Input. Damit hat die Rede von neuronaler Repräsentation eine ganz klare und einfache Bedeutung.

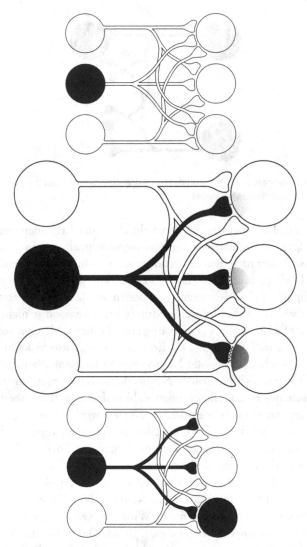

3.9 Das Muster B wird erkannt. Es liegt zunächst in der Inputschicht vor (oben), wird von dort an alle Neuronen der Outputschicht weitergeleitet und führt durch eine sehr starke Synapse (Mitte) zur Aktivierung des unteren Neurons (unten). Dieses repräsentiert das Muster B.

Anatomie in Zahlen

Das Gehirn besteht im Wesentlichen aus Nervenzellen, den Neuronen, sowie aus Faserverbindungen zwischen den Neuronen. Die genaue Zahl der Neuronen in der Großhirnrinde (dem Kortex) des Menschen beträgt bei der Frau etwa 19,3 Milliarden und beim Mann 22,8 Milliarden (Pakkenberg & Gundersen 1997). Da Männer im Durchschnitt größere Köpfe haben als Frauen, wundert dieser Unterschied von 3,5 Milliarden Neuronen (16 Prozent) einerseits kaum. Andererseits ist man jedoch überrascht, denn ihm entsprechen keine Unterschiede in der Leistung. Männer haben die größeren, Frauen die effizienteren Gehirne, so scheint es.

Neben dem Geschlecht hat das Alter einen Einfluss auf die Zahl der kortikalen Neuronen. Man fand eine Abnahme der Neuronenzahl von der Wiege bis zur Bahre von etwa 10 Prozent (wenn man nicht annehmen will, dass die Zahl der kortikalen Neuronen beim Menschen während der letzten zwei Generationen um 10 Prozent zugenommen hat, bleibt nur dieser Schluss). Wenn Sie möchten, können Sie die Anzahl der Neuronen (in Milliarden) Ihrer Großhirnrinde selbst berechnen (vgl. Pakkenberg & Gundersen 1997, S. 319). Die Formel lautet für Frauen ...

$$\text{Anzahl der Neuronen (in Milliarden)} = e^{3,05 - \text{Alter} \times 0,00145}$$

... und für Männer

$$\text{Anzahl der Neuronen (in Milliarden)} = e^{3,2 - \text{Alter} \times 0,00145}$$

Die genannten Zahlen zum Kortex lassen subkortikale Neuronen sowie die des gesamten Kleinhirns außer Acht, das allein mit nochmals etwa 100 Milliarden Zellen zu Buche schlägt. Die Neuronen sind hier im Mittel kleiner, so dass das kleine Kleinhirn tatsächlich mehr Neuronen enthalten kann als das große Großhirn. Auf jedes Neuron kommen etwa zehn sogenannte Gliazellen, von denen man bis vor wenigen Jahren annahm, dass sie nur zu Ernährungs- und Stützzwecken vorhanden seien. Mittlerweile verdichten sich aber die Hinweise darauf, dass sie ebenfalls einen (noch nicht ganz geklärten) Beitrag zur Informationsverarbeitung im Gehirn leisten.

Betrachten wir einmal nur die Neuronen in der Gehirnrinde (siehe Kapitel 5) und schätzen wir nur *Größenordnungen* ab, dann beträgt die Zahl der Neuronen 10^{10}. Jedes einzelne Neuron hat mit bis zu 10.000 (10^4) anderen Neuronen Verbindungen, woraus sich die Anzahl der Verbindungen mit 10^{10} x 10^4 = 10^{14} berechnet. Kein Wunder, dass Nervenfasern (ihre Zahl lautet ausgeschrieben 100.000.000.000.000) volumenmäßig den größten Teil unseres Gehirns ausmachen. So sind beispielsweise bei der Geburt alle Neuronen bereits vorhanden, der Kopf des Neugeborenen (sowie dessen Gehirn) ist jedoch nur halb so groß wie der des Erwachsenen. Was also wächst, wenn Kopf und Gehirn wachsen? – Die Dicke der Fasern! Wie unten (vgl. Kap. 11) noch genauer dargestellt, besteht die Entwicklung des Gehirns nach der Geburt (bis nach der Pubertät!) vor allem in Veränderungen der sogenannten „Verdrahtung" der Neuronen. Wesentlich hierfür ist unter anderem, dass dicke Nervenfasern die Impulse 30 bis 40 mal schneller leiten als dünne. Erst durch diese hohen Geschwindigkeiten können die Verbindungen richtig genutzt und damit ganze Bereiche des Gehirns überhaupt richtig in den Informationsverarbeitungsprozess einbezogen werden.

Bleiben wir kurz bei der Betrachtung von Größenordnungen: Die Zahl der eingehenden und ausgehenden Fasern (Input + Output) beträgt etwa 4 Millionen (siehe unten). Selbst wenn wir nun großzügig sind und hierfür einmal 10 Millionen (10^7) ansetzen, ergibt sich Folgendes: Die Zahl der internen Verbindungen des Gehirns (10^{14}) ist 10 Millionen mal so groß wie die Zahl der Eingänge und Ausgänge zusammen (10^{14} : 10^7 = 10^7). Die Zellen in unserem Gehirn sind somit vor allem untereinander verbunden und nur eine Verbindung von 10 Millionen geht in das Gehirn hinein oder aus ihm hinaus. Eine von 10 Millionen Fasern ist mit der Welt verbunden, die anderen verbinden das Gehirn mit sich selbst. Wenn also der Zen-Buddhist behauptet, dass wir im Grunde eigentlich vor allem und zumeist nur bei uns selbst sind, so hat er – neurobiologisch betrachtet – Recht!

Input und Output

Die zum Gehirn ziehenden Nervenfasern übertragen Impulse, die im Hinblick auf die Informationsverarbeitung den Input des Gehirns darstellen. Gewiss, im Hinblick auf den Stoffwechsel sind ca. 400 bis 500 Kilokalorien/Tag der Input; aber uns geht es ja nicht um das Gehirn als Energieumwandler und Wärmeproduzent, sondern um das Gehirn als Informationsverarbeiter. Auch der Computer, an dem ich schreibe, braucht Strom und wird warm; dies ist jedoch für das Verständnis seiner Funktion unwichtig.

Von jedem Auge zieht ein dickes Faserbündel mit jeweils etwa einer Million Nervenfasern zum Gehirn. Von jedem Ohr kommen nur einige Tausend Fasern, und zählt man auch noch die Fasern von Haut, Mund und Nase dazu, so ergibt sich als Gesamtinput des Gehirns eine Zahl von etwa 2,5 Millionen Fasern. Diese Eckdaten lassen sich verwenden, um die Informationsmenge, die unser Gehirn erreicht, in ihrer Größenordnung abzuschätzen. Dem Vorhandensein oder Nicht-Vorhandensein eines jeden Impulses entspricht die Informationsmenge von einem Bit. Ein Neuron bringt es auf Feuerraten von bis zu etwa 300 Impulsen pro Sekunde. Nehmen wir an, dass die Anwesenheit oder Abwesenheit jedes dieser Impulse die Informationsmenge von einem Bit trägt, dann verarbeitet unser Gehirn in jeder Sekunde etwa 2,5 Millionen mal 300 Bit = 750 Millionen Bit. Acht Bit entsprechen einem Byte und „Millionen" wird gern durch „Mega" abgekürzt. Die Informationsmenge, die unser Gehirn erreicht, beträgt daher knapp 100 Megabyte pro Sekunde.

Diese ungeheure Menge an Information wird vom Gehirn verarbeitet, d.h. in einen Strom von Impulsen umgesetzt, der das Gehirn wieder zum größten Teil über Fasern verlässt und Verhalten steuert. Man kann im Hinblick auf diesen Output in ähnlicher Weise verfahren wie beim Input. Man kann also zählen, wie viele Fasern das Gehirn verlassen und die Effektororgane (im Wesentlichen Muskeln und Drüsen) steuern. Es sind etwa 1,5 Millionen. Nehmen wir wieder die Feuerrate von maximal 300 Impulsen pro Sekunde an, so ergibt sich als Output des Gehirns die Informationsmenge von 450 Millionen Bit/Sekunde (entsprechend etwa 50 Megabyte pro Sekunde).

Was also leistet unser Gehirn? – Es setzt Input in der Größenordnung von 100 MB/s in Output der Größenordnung 50 MB/s um. Wie es diese Aufgabe bewältigt, war noch bis vor wenigen Jahren völlig unklar. Dies hat sich geändert. Man kann heute aus der Kenntnis des Aufbaus und der Funktion des Gehirns einige Prinzipien ableiten, wie höhere geistige Leistungen vollbracht werden, die in den Bereich des Verständlichen rücken.

Fazit

Das Gehirn des Menschen wiegt nur zwei Prozent seines Körpergewichts, verarbeitet jedoch ungeheure Mengen an Informationen, die über insgesamt vier Millionen Nervenfasern ein- oder ausgehen. Dieser großen Zahl von Verbindungen des Gehirns mit der Welt steht eine noch größere Zahl innerer Verbindungen gegenüber. Setzt man die Zahlen der Verbindungen der Neuronen des Gehirns und der Verbindungen des Gehirns zur Außenwelt ins Verhältnis, so ergibt sich, dass auf jede Faser, die in die Großhirnrinde hineingeht oder sie verlässt, 10 Millionen interne Verbindungen kommen. Kurz: Wir sind, neurobiologisch gesprochen, vor allem mit uns selbst beschäftigt.

In und mit diesen Verbindungen findet im Gehirn Informationsverarbeitung in Form von Wahrnehmen, Lernen und Denken statt. Wir merken davon nichts! Neuronen arbeiten nicht mit Symbolen, sondern *subsymbolisch*. Für Neuronen gibt es nur Aktivierung und Hemmung durch Impulse. Was wir erleben, wenn wir die Augen schließen, ist nicht diese neuronale Informationsverarbeitung, sondern ihre „Benutzeroberfläche".

Man kann sich die Unterschiede zwischen der Informationsverarbeitung in neuronalen Netzwerken einerseits und in regelgeleiteten sprachlogischen Systemen andererseits nicht deutlich genug vergegenwärtigen. Im Gegensatz zu Regeln des logischen Schließens und des sprachlichen Denkens, die den seriellen Regeln gehorchen, mit denen herkömmliche Computer arbeiten und das Mustererkennungsproblem lösen, enthält das Netzwerk weder Zuordnungsregeln noch Rechenvorschriften. Es beherrscht ganz einfach die richtige Zuordnung aufgrund der richtigen Stärken der Verbindungen zwischen Neuronen. Dieses Können steckt in der Vernetzung der Neuronen und insbesondere in den Stärken der synaptischen Verbindungen zwischen Neuronen.

Postskript für Fortgeschrittene:
Neuronale Vektorrechnung

Um zu verstehen, wie Neuronen Informationen verarbeiten, ist es nützlich, sie mathematisch zu betrachten. Das eingehende Signal, der Input, kann als eine Zahl (1 oder 0) und die Stärke der synaptischen Übertragung ebenfalls als Zahlenwert betrachtet werden. Je nach Stärke und Art der Verbindung liegt dieser Wert zwischen −1 und 1. Kommt ein Impuls zu einer Synapse, dann wird dort sein Wert (1 oder 0) mit der Stärke der Synapse multipliziert, das heißt, der Input wird durch die Synapsenverbindungsstärke gewichtet, weshalb man auch vom Synapsengewicht spricht. Wenn man Neuronen auf diese Weise betrachtet, lässt sich mit ihnen rechnen. Damit ist gemeint, dass man mathematisch beschreiben kann, wie sich Ansammlungen von Neuronen – neuronale Netzwerke – beim Eintreffen eines bestimmten Inputs verhalten.

Betrachten wir hierzu nochmals das Beispiel in Abbildung 3.4, in dem drei unterschiedliche Muster aus der Umgebung vom Auge ins Gehirn gemeldet werden, das in der Lage sein muss, eine Umsetzung der Eingangsmuster in die richtigen Ausgangsmuster vorzunehmen. Wie anderswo näher erläutert (vgl. Spitzer 1996, Kapitel 2), lassen sich solche Muster aus weißen und schwarzen Bildpunkten auch als Vektoren schreiben. Dem Inputmuster A entspricht der Vektor (1,0,1), dem Inputmuster B der Vektor (0,1,0) und dem Muster C der Vektor (1,1,1). Entsprechend lässt sich der Output oben (1,0,0), in der Mitte

(0,0,1) und unten (0,1,0) als Vektor darstellen. Die Neuronen des Gehirns betreiben damit nichts weiter als Vektorrechnung. Wie aber leisten sie, in mathematischer Hinsicht, die Umsetzung der Inputmuster in die Ausgangsmuster?

Ein Computer herkömmlicher Bauart würde wie folgt vorgehen: Er würde die Neuronen der Netzhaut einzeln abfragen und nacheinander (d.h. seriell) feststellen, ob sie aktiv (schwarz) oder inaktiv (weiß) sind. Dann würde er einer Regel folgen, die ihm einprogrammiert wurde und ihm sagt, bei welchen Kombinationen aktivierter Inputneuronen er welches Outputneuron einzuschalten (zu aktivieren) hat. Ein solches Vorgehen wird mit jedem Bildpunkt, d.h. mit jeder Zelle auf der Netzhaut komplizierter und braucht entsprechend mehr Zeit. Für die etwa eine Million Fasern des menschlichen Auges mit etwa 300 Bit pro Sekunde je Faser ist ein solches serielles Verfahren völlig ungeeignet.

Neuronale Netzwerke meistern solche Mustererkennungsleistungen ganz anders als Computer. In Abbildung 3.10 ist das oben bereits mehrfach abgebildete Netzwerk dargestellt, in das seine mathematischen Eigenschaften eingezeichnet wurden. Alle drei Outputneuronen weisen eine Aktivierungsschwelle von 0,8 auf: Ist ihr gewichteter Input größer als diese Schwelle, dann wird das Neuron aktiv, liegt der gewichtete Input unterhalb dieser Schwelle, dann verharrt es in Ruhe. Entscheidend für das Funktionieren der gesamten Anordnung ist die Stärke der synaptischen Verbindungen zwischen Input- und Outputschicht.

Betrachten wir, was durch diese Gewichtung mit den Inputmustern A, B und C geschieht: Bei Muster A in der Inputschicht erhält das obere Neuron der Outputschicht über die Verbindung (Stärke 0,5) mit dem oberen Neuron der Inputschicht den Input 1. Da die Stärke der Synapse 0,5 beträgt, errechnet sich der gewichtete Input des oberen Outputneurons vom oberen Inputneuron mit $1 \cdot 0,5 = 0,5$.

Der Input über die beiden anderen Synapsen ergibt sich entsprechend als $0 \cdot -0,5 = 0$ und als $1 \cdot 0,5 = 0,5$. Die Summe des gewichteten Input beträgt somit 1. Der Wert liegt über der Aktivierungsschwelle des Neurons von 0,8, d.h. das Neuron wird aktiv.

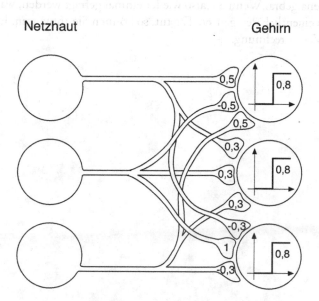

3.10 Das Netzwerk aus Abbildung 3.5 mit Synapsenstärken und Schwellenfunktionen. Das Netzwerk ist durch die Art und Stärke der Verbindungen – symbolisiert durch Linien und Zahlenwerte – sowie durch die Aktivierungsfunktion der Neuronen der Outputschicht vollständig charakterisiert (vgl. hierzu auch Spitzer 1996).

Der entsprechend berechnete gewichtete Input des mittleren Neurons beträgt 0,6, der des unteren Neurons −0,6, d. h. beide Neuronen sind nicht aktiv. Rechnen Sie bitte mit! Es ergibt sich: Besteht der Input aus Muster A, so ist in der Outputschicht nur das obere Neuron aktiv. Oder lebensweltlich: Beim Anblick des Storchs springt der Frosch weg. Die geforderte Beziehung zwischen Input und Output ist also durch das neuronale Netzwerk realisiert. Wie steht es um die Fliege und den blauen Himmel? Wie unschwer zu errechnen, werden auch sie (Muster B und C) richtig erkannt. In informationstheoretischer Hinsicht besteht die Funktion eines Neurons damit in Vektor- bzw.

Matrizenalgebra. Wenn Sie also wieder einmal gefragt werden, was Ihr Gehirn eigentlich den ganzen Tag tut, so können Sie antworten: Es betreibt Vektorrechnung.

4 Wissen und Können

Wussten Sie, dass die Verben, die auf „-ieren" enden, das Partizip Perfekt ohne „ge" bilden? Wir sind gestern gelaufen, sind aber nicht durch den Wald ge-spaziert, sondern nur spaziert. Auch habe ich mir die Barthaare gekürzt, mich aber nicht ge-rasiert, sondern nur rasiert; und was ich vorgestern nur verloren (und nicht ge-verloren) habe, das habe ich gestern wieder gefunden.

Kannten Sie die eingangs genannte Regel? Sofern Sie nicht „Deutsch für Ausländer" unterrichten, ist die Wahrscheinlichkeit äußerst gering, dass Sie diese und Tausende andere Regeln der deutschen Grammatik kennen. Und das ist auch in Ordnung so, denn Sie brauchen diese Regeln nicht zu wissen, um richtiges, d.h. grammatikalisch einwandfreies Deutsch zu sprechen.

Viel können und wenig wissen

Es mag eigenartig klingen, aber es ist dennoch so: Fast alles, was wir gelernt haben, wissen wir nicht. Aber wir *können* es. Weil's Spaß macht, noch ein Beispiel: Es ist verboten, den Schutzmann umzufahren. Es ist vielmehr geboten, den Schutzmann zu umfahren. – Warum? Weil nach der deutschen Grammatik „um" ein so genanntes Halbpräfix ist, das (wie die Grammatik mit weiteren Termini technici erklärt) fest und unfest vorkommen kann. „Um" kann also sowohl wie die unbetonten Präfixe „ver", „be", „ent", „er" und „zer" gebraucht werden und ist dann untrennbar mit dem Verb verbunden, dessen Partizip, dies sei angemerkt, ebenfalls ohne „ge" gebildet (also nicht ge-erzeugt) wird. Damit ist das Problem keineswegs umgangen, denn mit etwa der Hälfte der Fälle muss anders umgegangen werden. Hier ist das „um" betont und nicht fest mit dem Verb verbunden. Man muss jetzt umdenken: Nicht nur das Partizip wird mit „ge" umgedacht, sondern eben auch der Schutzmann verbotenerweise umgefahren, wie der Grammatikduden ganz klar darlegt. Offenbar können wir alle das „zu" in das Verb hineinnehmen, wenn das Präfix betont ist; andernfalls stellen wir es voran. – Hätten Sie's *gewusst*? Jedenfalls *können* Sie es mit links!

Im Vergleich zu unserem Können ist unser Wissen bei Licht betrachtet unglaublich bescheiden. Dies bezieht sich keineswegs nur auf die Sprache, sondern auf die unterschiedlichsten Lebensbereiche. Bei unserem sprachlichen Können wird die Sache lediglich besonders augenfällig, denn das Können bezieht sich ja gerade auf die Struktur, in der Wissen allgemein vermittelt wird, nämlich die Sprache. Es mag zunächst paradox erscheinen, aber selbst und gerade im Hinblick auf die Sprache ist das, was wir gelernt haben, nur zu einem ganz kleinen Teil sprachlich (als Wissen) vorhanden. Der größte Teil unserer sprachlichen Kompetenz ist vielmehr in uns gerade nicht sprachlich vorhanden, sondern besteht in Können, nicht aber in Wissen.

In anderen Bereichen unserer Kompetenz ist dies ohnehin klar. Sie können sich den Mantel anziehen und sich den Schuh binden. Wenn Sie aber etwa einem außerirdischen Wesen mitteilen wollten, wie Sie dies genau machen, so würden Sie sich wahrscheinlich ganz schön anstrengen müssen. Auch die in den Medien derzeit weit verbreitete Unsitte, Athleten nach einem Wettkampf zu interviewen, zeigt das Gleiche mit kaum überbietbarer Deutlichkeit: Da hat gerade jemand eine Sache so gut gekonnt wie kein anderer auf der Welt und dafür die Goldmedaille bekommen. Wird er jedoch danach befragt, wie er seine Leistung denn bewerkstelligt hat, kommt wenig Brauchbares aus seinem Mund. Gewiss, diese Interviews sind authentisch und manchmal sehr emotional. Aber schlau wird man durch sie nicht.

Ganz offensichtlich geht es dem Athleten mit seiner Fähigkeit wie uns mit dem Sprechen. Die Information ist prozedural gespeichert. Wir sind zwar in der Lage, mit viel Mühe manches von diesem prozedural gespeicherten Können zu versprachlichen, aber dies ist eine eigene, sehr mühevolle Leistung. Wenn Sie dem Außerirdischen erklären wollen, wie Sie Schuhe binden, so müssen Sie Ihr Können verwenden, um sich die Vorgänge bildhaft vorzustellen. Dann wiederum nehmen Sie die Sprache, um Ihre Vorstellungen zu beschreiben.

Wie viele Fenster hat Ihr Wohnzimmer? – Wenn Sie diese Frage beantworten, dann haben Sie gerade wieder nichtsprachlich gespeicherte Information in sprachliches Wissen umgewandelt. Und wie haben Sie das gemacht? – Nehmen wir an, Sie befinden sich gerade nicht in Ihrem Wohnzimmer. Dann haben Sie sich im Geist in Ihr Wohnzimmer gestellt und die Fenster gezählt (vgl. hierzu die ausführliche Darstellung in Spitzer 2002c). Bildhafte Information hat gegenüber Prozeduren den Vorteil, dass sie leichter zu versprachlichen ist. Unser Können im Bereich des Handelns ist jedoch nur selten so konkret wie bei den Schnürsenkeln, weswegen uns die Versprachlichung von Handlungen keineswegs leicht fällt. Manchmal gelingt sie gar nicht.

Schöne Beispiele hierfür finden sich im Musikunterricht: Wenn die Gesangslehrerin versucht, dem Schüler zu erklären, wie man richtig singt, so kann sie im Grunde nur bildhaft bzw. metaphorisch reden. Dies ist jedoch in Ordnung! Denn sie wird den Schüler durch allerlei eigenartige Aufforderungen („Singe, als müsstest du gähnen!", „Atme in den Rücken!") dazu bringen, mit seiner Stimme zu experimentieren, und dies wiederum wird ihm zeigen, welche Möglichkeiten in ihr stecken (vgl. hierzu die ausführliche Darstellung in Spitzer 2002a). Auch beim Erlernen von Instrumenten werden nicht selten eigenartige Dinge gesagt. Es geht ja auch gar nicht darum, ob das, was gesagt wird, stimmt, sondern darum, ob das Gerede den Lernenden dazu bringt, die richtigen Handlungen beim Atmen oder beim Halten des Körpers, der Hände und der Finger hervorzubringen.

Nicht nur in Sport und Musik wird Können vermittelt, und keineswegs nur in den Lehrberufen geht es vor allem um das Können. Ein guter Mathematiker „sieht es einer Gleichung schon an", wie er ihr beikommt. Er wird bei Nachfrage auch die Regeln, die seiner Auflösung zugrunde liegen, angeben können, aber für sein praktisches Handeln ist wichtig, dass er diese Regeln „beherrscht". Hierbei geht es wiederum um nichts weiter als um das Können, nicht um das Wissen. Wer eine

Fremdsprache kann, braucht deren Grammatik nicht zu wissen, wenn es auch beim Lernen durchaus sinnvoll sein kann, dieses Wissen einzusetzen (beispielsweise, um sich viele Beispiele selbsttätig zu generieren). Ganz allgemein gilt: Wir können sehr vieles. Man spricht hier auch von *implizitem Wissen*, d. h. von einem Wissen, das wir nicht als solches – explizit – haben, über das wir jedoch verfügen können, indem wir es nutzen. Man spricht auch vom Wissen, *dass* etwas soundso ist (explizit), und vom Wissen, *wie* etwas geht (implizit). Wenn daher von Wissen ganz allgemein die Rede ist, so sind nicht selten diese beiden Formen des Wissens gemeint: implizites Wissen und explizites Wissen. Mit Rücksicht auf Einfachheit und Klarheit bleiben wir jedoch bei den beiden Termini *Wissen* und *Können*, denn sie drücken genau das aus, worum es geht. Wer also beispielsweise Englisch *kann*, muss keineswegs *wissen*, dass man bei adverbialem Gebrauch von Adjektiven ein „ly" anhängen muss. Er tut es einfach.

Synapsenstärken können viel

Woran liegt es eigentlich, dass wir nicht alles, was wir können, auch explizit wissen? Erinnern wir uns an das vorhergehende Kapitel: Information ist im Gehirn in Form von Verbindungsstärken zwischen Neuronen gespeichert. Diese Verbindungsstärken bewirken, dass das Gehirn bei einem bestimmten Input einen bestimmten Output produziert. Das Ganze geschieht ohne jegliche explizite, sprachlich gefasste Regel. Der Affe, der je nach herannahender Raubtierart einen anderen Warnschrei ausstößt, kennt auch nicht die Regeln „wenn Raubvogel, dann Schrei A"; „wenn Löwe, dann Schrei B" etc., aber er verhält sich danach. Ein visueller Input sorgt bei ihm regelhaft für einen entsprechenden akustischen Output.

Kommt ein Löwe zur linken Tür herein, so erreicht eine schlechte Schwarzweißkopie des Bildes des Löwen auf unserer Netzhaut bereits nach weniger als 200 Millisekunden den Mandelkern (siehe Kap. 9), der dafür sorgt, dass Blutdruck, Puls und Muskelspannung ansteigen, lange bevor das Farbareal in unserer Gehirnrinde dessen Farbe mit beige-braun-gelblich herausgeknobelt hat. In dieser Zeit rennen wir bereits zur rechten Tür! (Und wer dieses Input-Output-Mapping nicht so rasch beherrschte, zählt nicht zu unseren Vorfahren!)

Das Gehirn bewerkstelligt die Produktion des Output durch die richtigen Synapsenstärken. In diesen ist unser Können gespeichert. Man kann zeigen, dass überhaupt nur dadurch, dass unser Gehirn auf diese Weise funktioniert, es auch so gut funktioniert. Verglichen mit Computerchips sind Nervenzellen langsam und unzuverlässig. Dass wir uns trotz dieser, wie die Amerikaner sagen, *lousy hardware* in unseren Köpfen so erfolgreich verhalten können, liegt genau daran, dass neuronale Informationsverarbeitung mittels Erregungsübertragung an sehr vielen Synapsen sehr vieler Neuronen geschieht (vgl. hierzu die ausführliche Darstellung in Spitzer 1996).

Wir haben allerdings keinen direkten Zugang zu dieser Ebene unserer Hirnfunktion. Ebenso wenig, wie wir den Zustand jeder Zelle unserer Magenschleimhaut oder unseres Herzmuskels kennen, kennen wir den Zustand unserer Neuronen. Die Maschinerie der im Gehirn ablaufenden Informationsverarbeitung ist uns ebenso wenig direkt zugänglich wie die Maschinerie der Informationsverarbeitung im Computer auf unseren Schreibtischen. Wir blicken auf den Farbbildschirm, sehen Symbole und hantieren mit ihnen, obwohl tief im Inneren des Computers „nur" Nullen und Einsen nach wenigen logischen Regeln miteinander verknüpft werden.

Wenn wir die Augen schließen, um in uns hinein zu hören, und unserem Geist bei der Arbeit zuschauen wollen, so geht es uns dennoch nicht viel anders als vor dem Computerbildschirm: Wir blicken keineswegs auf Neuronen und Synapsen, sondern auf das im Laufe der Evolution entstandene überwiegend graphische User-Interface unseres Gehirns in Form innerer Bilder und Töne sowie zuweilen Sprachbruchstücke. Die eigentliche Informationsverarbeitungsmaschinerie in unserem Gehirn jedoch erkennen wir nicht. Sie ist uns verborgen, und wenn wir sie erkennen wollen, bleibt nur der harte Weg wissenschaftlicher Untersuchungen.

Daher dauerte es recht lange, bis die Hirnforschung dieser Maschinerie zumindest teilweise auf die Schliche kam. Es bedurfte neuer Techniken und neuer Begriffe, um die Funktion von Nervenzellen erfahrbar zu machen und um aus diesen Erfahrungen (d.h. aus Daten) Funktionsprinzipien, Modelle und Theorien abzuleiten.

Konnten wir nicht auch schon lernen, ohne diese Maschinerie zu kennen? – Natürlich! Es ist ja gerade der Witz am Gehirn, dass es auch dann lernt, wenn der lernende Organismus keine Ahnung hat, was vor sich geht. Unser Herz schlägt ja auch ohne kardiologische Theorie und zum Atmen brauchen wir den Lungenfachmann nicht. Zum Arzt geht man nur, wenn etwas nicht bzw. nicht mehr geht. Weil der Arzt weiß, wie die Maschinerie funktioniert, kann er eingreifen und reparieren. Es ist wie beim Automechaniker, der den Motor reparieren kann, weil er ihn kennt. Beide, Arzt und Mechaniker, können sogar noch mehr: Wer Motoren kennt, der weiß, wie man mit ihnen umgehen muss, damit sie das Optimum leisten und lange halten. Er wird im Winter nach dem Start hohe Drehzahlen vermeiden oder beispielsweise den Wagen nicht im fünften Gang einen steilen Berg untertourig hinaufquälen. Wer das Herz kennt, der weiß um die Notwendigkeit gesunder Ernährung und körperlicher Ertüchtigung, und wer die Lunge kennt, hat über das Rauchen eine begründete Meinung.

Und was ist mit dem, der das Gehirn kennt? Nach dem Gesagten fällt die Antwort nicht schwer: Solange es mit dem Lernen und Denken klappt, ist das Wissen um die Funktion des Gehirns vielleicht interessant, es ist aber nicht unbedingt nötig. Wenn aber etwas schief geht (und auch ohne die PISA-Studie drängte sich der Gedanke im Hinblick auf unsere Schulen schon lange auf), dann wird das Wissen um die Gehirnfunktion besonders wichtig.

Synapsen lernen, aber langsam

Legen Sie bitte einmal Ihre rechte Hand auf den Tisch oder die Stuhllehne und tippen Sie mit den Fingern (Daumen = 1, Zeigefinger = 2, ... kleiner Finger = 5) in folgender Reihenfolge auf die Unterlage:

334554321123322334554321123211. Versuchen Sie es! Geben Sie nicht auf, und beginnen Sie, wenn Sie mit einem Durchgang fertig sind, wieder von vorne.

Sie werden sich anfangs schwer tun. Nach einer Weile jedoch hat Ihr Gehirn bestimmte regelhafte Eigenschaften der Zahlenfolge und damit der Fingerbewegungen registriert. Es benutzt dieses implizite Wissen bei der Programmierung der Bewegungen, weswegen man in entsprechenden Experimenten feststellt, dass die Bewegungsfolge mit den Fingern immer schneller ausgeführt werden kann (vgl. Abb. 4.1).

Unter diesen Bedingungen reagiert die Versuchsperson zunächst auf jede Zahl einzeln mit dem Drücken der entsprechenden Taste. Nach mehrfachem Wiederholen der gleichen Folge wird sie schneller, d.h. drückt die Tasten nicht erst dann, wenn sie die Zahl gesehen und die Reaktion vorbereitet hat, sondern beginnt mit der Programmierung der Bewegung bereits früher, unmittelbar nach der zuvor ausgeführten Bewegung. In dem Maße, wie sie zunehmend Bewegungen miteinander verknüpft, braucht sie sich immer weniger auf die Wahrnehmung zu stützen. Aus einzelnen Bewegungen werden so verknüpfte Bewegungen, organisch ineinander greifende Bewegungsabläufe.

Wie Abbildung 4.1 verdeutlicht, wird die Versuchsperson bereits deutlich schneller, wenn sie die Folge noch nicht als solche kennt (und auf Nachfrage explizit benennen kann). Sie verfügt also bereits über implizites Wissen um die Bewegungsabfolge, über motorische Fähigkeiten im Hinblick auf die Folge, wenn das explizite Wissen noch nicht vorhanden ist. Im Gegensatz zum expliziten Wissen, das sprunghaft einsetzt, entwickelt sich das implizite Können langsam und stetig.

Langsames Können-Lernen

Wenn wir eine Fähigkeit lernen, so können wir sie schrittchenweise immer besser. Dieses Lernen – man nennt es auch *Üben* – geht langsam voran, wie jeder weiß, der beispielsweise ein Instrument zu spielen gelernt hat. Man konnte zeigen, dass ein wirklich guter Musiker bis zum

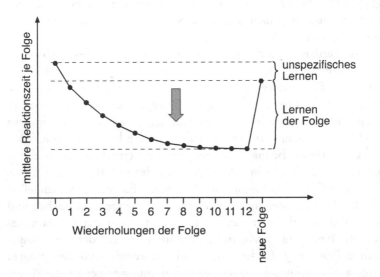

4.1 Lernen von Bewegungsabfolgen. Eine Folge besteht aus Einzelbewegungen der Finger einer Hand, die zunächst auf entsprechende Hinweisreize (in unserem Beispiel die Zahlen, die die Finger bezeichnen) einzeln ausgeführt werden. Wird eine 1 gezeigt, drückt der Daumen die Taste Nr. 1, wird eine 2 gezeigt, drückt der Zeigefinger die Taste Nr. 2 etc. Die mittlere Reaktionszeit der Tastendrucke einer gesamten Folge nimmt ab, je öfter die Folge wiederholt wird. Man kann solche Experimente so gestalten, dass die Versuchsperson überhaupt nicht weiß, dass sie eine Folge lernt. Man gibt einfach nur jeden Hinweisreiz einzeln vor. Auch unter diesen Bedingungen wird die Versuchsperson langsam schneller. Sie lernt die Folge implizit. Irgendwann wird aber die Folge auch von der Versuchsperson als Folge explizit bemerkt (grauer Pfeil). Sie hat jedoch bereits vorher die Folge implizit gelernt, wie man an den Reaktionszeiten sieht. Man könnte nun einwenden, dass die Versuchsperson einfach nur lernt, die Taste schneller zu drücken. Dies ist jedoch nur zu einem geringen Grad der Fall, wie sich genau nachweisen lässt. Man gibt der Versuchsperson nach erfolgtem Lernen eine neue Folge vor und bestimmt wieder die Reaktionszeiten. Diese sind dann etwas kürzer als ganz zu Beginn des Lernens der alten Folge (die Tasten werden insgesamt etwas schneller gedrückt; man spricht von unspezifischem Lernen), aber deutlich langsamer als bei bekannter Folge (aus Spitzer 2002a, S. 324).

etwa 20. Lebensjahr mindestens 10.000 Stunden mit seinem Instrument zugebracht hat (vgl. Abb. 4.2).

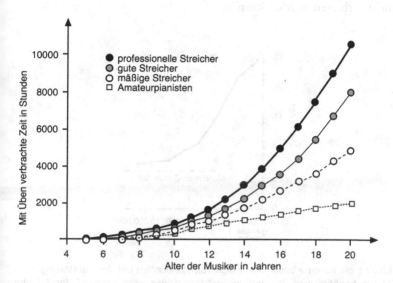

4.2 Zusammenhang zwischen der mit Üben am Instrument verbrachten Gesamtzeit und dem Alter der Musiker. Die vier Kurven entsprechen den Werten für vier Gruppen mit unterschiedlichem erreichten professionellen Niveau. Wer ein Profi-Geiger wird, der hat mit zehn Jahren schon 1.000 Stunden Geige gespielt, als Teenager (mit 15 Jahren) 4.000 Stunden und mit 20 Jahren mehr als 10.000 Stunden. Mäßige Streicher haben etwa halb so viel Zeit mit ihrem Instrument zugebracht und Amateurpianisten noch einmal die Hälfte davon (aus Spitzer 2002a, S. 317).

Auch bei Fließbandarbeitern wurde nachgewiesen, dass die Leistung langsam zunimmt, d.h. die Zeit, die für eine bestimmte Abfolge von Handgriffen benötigt wird, kontinuierlich mit der Anzahl der gemachten Handgriffe abnimmt und dass eine optimale Leistung erst nach 1-2 *Millionen* solcher Handgriffe erreicht wird (vgl. Abb. 4.3). Es dauert also ganz offensichtlich sehr lange, bis wir bestimmte Fähigkeiten können. Die beiden genannten Untersuchungen, so verschieden sie auch sind, stimmen im Hinblick auf die benötigte Zeit zur Perfektionierung komplexer Bewegungsabläufe gut überein: Es dauert jeweils Tausende von Stunden, bis eine Bewegung so gut abläuft, dass sie nicht mehr verbessert werden kann.

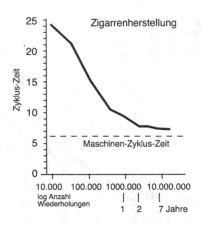

4.3 Zeit, die für eine bestimmte Folge von Handgriffen bei der Herstellung einer Zigarre benötigt wird, in Abhängigkeit davon, wie viele Zigarren der Arbeiter schon hergestellt hat. Man sieht, dass sich die Fähigkeit auch noch nach einer Million Wiederholungen verbessert (aus Spitzer 1999, S. 66).

Untersuchungen an Modellen neuronaler Netzwerke haben gezeigt, dass simulierte Nervenzellen nach entsprechendem Training mit den erforderlichen Beispielen praktisch jede Regel produzieren, d.h. anwenden, können. Betrachten wir das vielleicht bekannteste Beispiel.

Sprachentwicklung: Regeln an Beispielen lernen

Praktisch alle Menschen können sprechen. Schlägt man jedoch eine Grammatik auf, so glaubt man nicht, dass dies so ist: Hätten wir die Muttersprache in all ihrer Komplexität auf dem Gymnasium lernen müssen, würden die meisten von uns bis heute wahrscheinlich eher stammeln als sprechen.

Wie lernen wir sprechen? Kinder, genau genommen deren Gehirne, erkennen Regeln in jeglichem Input, der auf sie einstürmt. Zu diesem Input gehört die Sprache der anderen. Anhand der Vorgänge, die sich bei Kindern beobachten lassen, wenn sie sprechen lernen (man muss allerdings sehr genau und systematisch hinschauen), kann man Prozesse des Lernens sehr gut studieren. Betrachten wir also einige Beispiele aus der Sprachentwicklung, wie sie in sehr vielen Studien, die heute zum Standard der entwicklungspsychologischen Forschung gehören, untersucht wurden.

Es gibt etwa 8.000 Sprachen auf der Welt, die insgesamt mit etwa 70 kleinsten lautlichen Einheiten, den *Phonemen*, auskommen. Jede einzelne Sprache braucht weniger als 70 Phoneme, das Englische beispielsweise 44, das Deutsche etwa 40, das Italienische etwa 30. Bei der Geburt reagiert der Säugling noch auf alle 70 Phoneme, die es überhaupt gibt, gleich, bereits mit sechs Monaten jedoch lässt sich nachweisen, dass er einen Unterschied macht zwischen den Lauten, die er täglich mit seiner Muttersprache hört, und den Lauten, die er nicht hört.

In einer Untersuchung an sieben Monate alten Säuglingen konnte man weiterhin zeigen, dass Kinder dieses Alters bereits abstrakte Regeln lernen und anwenden können. Wie aber untersucht man die Sprachfähigkeiten sieben Monate alter Säuglinge experimentell? – Seit langem ist bekannt, dass Säuglinge sich mit dem, was sie schon kennen, langweilen und daher dazu neigen, ihre Aufmerksamkeit Neuem, Unbekanntem zuzuwenden. Kurz: Alle Babies sind von Natur aus neugierig. Man macht sich dieses natürlicherweise vorkommende Verhalten in Experimenten zunutze, wenn man herausfinden will, ob ein bestimmter Reiz (also beispielsweise eine Lautfolge) den Babies als neu erscheint oder nicht. Man dreht den Spieß dann um und schaut nach, ob das Baby Neugierverhalten an den Tag legt, wenn man ihm zunächst etwas und dann etwas geringfügig anderes zeigt. Ist das Baby beim zweiten Reiz neugierig, dann hat es offenbar mitbekommen, dass dieser anders ist als der erste. Man kann auf diese Weise herausfinden, welche Unterschiede Babies machen können und welche nicht.

Um nun herauszufinden, welche Laute für die Babies neu sind und welche nicht, konstruierte man Sätze einer künstlichen Sprache, die zwei unterschiedliche Strukturen aufwiesen. Die Sätze hatten entweder die Form ABA (Beispiele: „ga ti ga", „li na li", „ta na ta" etc.) oder die Form ABB (Beispiele: „ga ti ti", „li na na", „ta na na" etc.). Es handelte sich also um künstliche Sätze mit einer sehr einfachen Struktur, bestehend aus drei einsilbigen Wörtern.

Die konkrete Untersuchungssituation sah dann wie folgt aus (vgl. Abb. 4.4). Die Kinder saßen in einer Experimentierkabine auf dem Schoß der Mutter. In der Mitte vor ihnen befand sich ein gelbes Licht. Links und rechts davon befand sich je eine rote Lampe und dahinter ein Lautsprecher.

Die Säuglinge wurden zunächst für zwei Minuten entweder an die grammatische Form ABA oder an die grammatische Form ABB gewöhnt. Dann begann die eigentliche Testphase. Am Beginn eines Testversuchsdurchgangs blinkte die mittlere gelbe Lampe. Das Ganze wurde von einem Versuchsleiter beobachtet, der eine der beiden roten Lampen einschaltete, sobald das Kind die mittlere gelbe Lampe betrachtete. Daraufhin wandte sich das Kind natürlich der blinkenden roten Lampe rechts oder links zu. Nachdem dies geschehen war, wurde ein Dreiwort-Testsatz aus dem Lautsprecher hinter der blinkenden roten Lampe vorgespielt. Der Satz wurde so lange wiederholt, bis das Kind sich abwandte. Gemessen wurde die Zeit, die der Säugling auf das rote Blinklicht vor dem jeweiligen Lautsprecher schaute.

Wenn Säuglinge tatsächlich bereits mit sieben Monaten Regeln erworben haben, dann sollten sie diese Regeln auch beim Hören völlig neuer Sätze anwenden. Während der Testphase wurden den Babies Sätze vorgespielt, die entweder die Struktur aufwiesen, an die die Babies schon gewöhnt waren, oder die andere, neue Struktur. Wer also zuvor Sätze wie „ga ti ti", „li na na", „na ta ta" etc. gehört hatte, der bekam in der Testphase Sätze wie „wu fe wu" (neue Struktur) oder „wu fe fe" (bekannte Struktur) in zufälliger Reihenfolge vorgespielt. Der Grund-

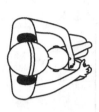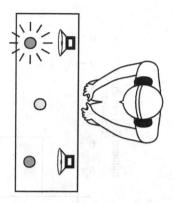

4.4 Versuchsaufbau bei einem so genannten Habituierungsexperiment in der Säuglingsforschung. Die Mutter hat den Säugling auf dem Schoß (links) und sitzt der Versuchsleiterin (rechts) gegenüber, die die Aufmerksamkeit des Säuglings zunächst auf das mittlere gelbe Blinklicht lenkt. Mutter und Versuchsleiterin tragen Kopfhörer, über die Rauschen eingespielt wird, so dass sie die über die Lautsprecher kommenden akustischen Reize nicht hören können und damit auch den Säugling nicht beeinflussen können. Für einen Testdurchgang wird eines der beiden roten Blinklichter eingeschaltet, und wenn der Säugling dann dorthin schaut, wird der Testsatz über den Lautsprecher hinter dem Blinklicht immer wieder abgespielt. Die Versuchsleiterin beobachtet die Reaktion des Säuglings, der zusätzlich gefilmt wird, sodass man ganz objektiv durch unabhängige Beobachter prüfen lassen kann, wie lange der Säugling genau wohin geschaut hat.

gedanke war, dass ein für das Kind strukturell neuer Satz seine Aufmerksamkeit länger fesselt und das Kind daher vergleichsweise länger in die entsprechende Richtung blickt. – Und so war es auch! 15 der 16 getesteten Säuglinge zeigten eine deutliche Präferenz für die Sätze der jeweils neuen Form. Sie blickten statistisch hochsignifikant länger auf das Blinklicht, das sich vor dem Lautsprecher befand, aus dem der Satz mit der jeweils neuen Form ertönte (siehe Abb. 4.5).

Mit diesem und zwei weiteren Kontrollexperimenten wurde erstmals eindeutig nachgewiesen, dass sieben Monate alte Säuglinge eine allgemeine Struktur der Form ABA oder ABB lernen können. Sie bilden also anhand von Beispielen bereits nach wenigen Lerndurchgän-

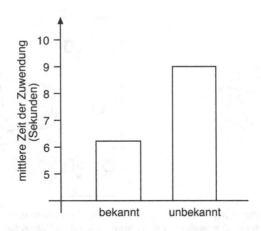

4.5 Zeit des Zuhörens (in Sekunden) auf Sätze bekannter und unbekannter Form (Mittelwerte) im Habituierungsexperiment. Den Sätzen der unbekannten Form hört der Säugling länger zu. Da beide Sätze an sich unbekannt waren, die Form des einen jedoch schon bekannt, muss man schließen, dass sieben Monate alte Babies schon die Form von Sätzen abstrahieren können.

gen selbstständig eine allgemeine innere Repräsentation aus, die auf völlig neues Stimulusmaterial übertragen und angewendet werden kann.

Um es nochmals hervorzuheben: Das Besondere an dieser Studie ist die Tatsache, dass erstmals völlig neue Stimuli verwendet wurden, um zu untersuchen, ob eine bestimmte allgemeine Struktur gelernt worden war: Säuglinge, die für zwei Minuten „ga ti ti", „li na na", „na ta ta" etc. gehört hatten, wurden von „wu fe fe" gelangweilt, von „wu fe wu" aber nicht. Dies lässt sich nur dadurch erklären, dass die Säuglinge die allgemeine Struktur des Input gelernt hatten – und nicht lediglich irgendwelche Silben nachplapperten und dann die einen für etwas interessanter hielten als die anderen.

Vergangenheitsbewältigung

Schreiten wir ein Stück weiter voran in der kindlichen Sprachentwicklung. Interessante Studien zum Erfassen grammatikalischer Regeln wurden unter anderem im Hinblick auf die Entwicklung der Fähigkeit, Verben in die Vergangenheit zu übertragen, durchgeführt.

Kinder lernen, die Vergangenheitsform von Verben zu bilden. Dies geschieht schrittweise. Zunächst benutzen sie vor allem häufige, starke Verben und lernen deren Vergangenheit durch Imitation (ich bin – ich war; ich gehe – ich ging). In einem zweiten Stadium scheinen die Kinder die Regel für die schwachen Verben erkannt zu haben, denn sie wenden diese Regel nun auf alle Verben an, unabhängig davon, ob deren Vergangenheitsform regelmäßig oder unregelmäßig gebildet wird. In diesem Stadium kann man Fehler der Form „laufte" und „singte" oder sogar der Form „sangte" beobachten. In diesem Stadium können die Kinder auch die Vergangenheitsform von Phantasieverben bilden: „quangen" – „quangte". Diese Fähigkeit ist ein Beleg dafür, dass die Kinder nicht nur Einzelnes auswendig gelernt, sondern vielmehr eine Regel gelernt haben und diese Regel anwenden können. Erst im dritten Stadium beherrschen die Kinder die regelmäßige und die unregelmäßige Bildung der Vergangenheit, also die Regel und die Ausnahmen: „kaufen – kaufte", aber „laufen – lief"; „spitzen – spitzte", aber „sitzen – saß" usw. Fängt man erst einmal an, darüber nachzudenken, wie eigenartig viele Formen gebildet werden, so beginnt man zu ahnen, welche enorme Lernleistung jedes Kind in seinen ersten Lebensjahren vollbringt.

Man konnte nun zeigen, dass sich neuronale Netzwerke bei entsprechendem Training mit Beispielen ebenso verhalten wie Kinder: Sie lernen zuerst die Ausnahmen, dann die Regel (und machen Fehler, indem sie überregularisieren) und können schließlich die Regel und die Ausnahmen. Allein dadurch also, dass Synapsenstärken im Netzwerk langsam in Abhängigkeit von den Lernerfahrungen verändert werden, kommt es dazu, dass das Netzwerk eine Regel kann. Es „weiß" um diese Regel ebenso wenig wie die Kinder. Dieses Wissen ist jedoch für das Können völlig unerheblich.

Besonders hervorzuheben war die Tatsache, dass die Lernkurven des Modells sowohl im Hinblick auf die regelmäßigen als auch die unregelmäßigen Verben mit den entsprechenden Lernkurven von Kindern übereinstimmten: Die Vergangenheitsform der regelmäßigen Verben wurde in stetiger Weise immer besser produziert, wohingegen die Produktion der Vergangenheitsform der unregelmäßigen Verben zunächst ebenfalls immer besser wurde. Danach kam es jedoch zu einem Einbruch der Fähigkeit (wohlgemerkt: bei kontinuierlichem Lernen), und erst später stellte sich wieder eine Verbesserung ein.

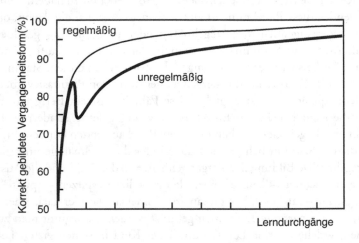

4.6 Wie Kinder und Netzwerke die Bildung der Vergangenheit lernen. Dargestellt ist das Ergebnis einer Netzwerksimulation. Deutlich zu erkennen ist der „Einbruch" bei den unregelmäßigen Verben, der bei Kindern auch nachgewiesen wurde (aus Spitzer 1996, S. 32).

Die Tatsache, dass das Modell nicht nur in ähnlicher Weise wie Kleinkinder seine Leistung über die Zeit verbessert, also lernt, sondern sogar in einer bestimmten Phase die gleichen Fehler macht wie Kinder, kann als starkes Argument dafür gewertet werden, dass Kinder und Netzwerke in ähnlicher Weise lernen. In beiden Fällen sollte ein ähnlicher Mechanismus am Werke sein, anders sind die verblüffenden Gemeinsamkeiten nicht zu erklären. Gesteht man dies jedoch zu, ergeben sich weitreichende Konsequenzen.

Zu keiner Zeit wurde eine Regel explizit vom simulierten Netzwerk oder vom Kind gelernt. Es gibt diese Regel streng genommen auch gar nicht, außer als Beschreibung dessen, was gelernt wurde. An Modellen neuronaler Netzwerke konnte man also zeigen, dass es für das Erfüllen einer bestimmten geistigen Leistung genügt, dass die Verbindungsstärken zwischen Hunderten von Neuronen optimal eingestellt sind. Es muss weder eine Regel einprogrammiert werden, noch muss das System diese Regel explizit irgendwo enthalten.

Wir folgen beim Sprechen keinen Regeln. Gewiss, wir können im Nachhinein solche Regeln formulieren (was keineswegs einfach ist! Versuchen Sie doch einmal, eine deutsche Grammatik zu schreiben, also einfach einmal die Regeln aufzuschreiben, die Sie ganz offensichtlich können). Wir folgen den Regeln aber ebenso wenig, wie wir beim Laufen einer Regel folgen (obwohl auch das Laufen nach physikalischen und physiologischen Regeln beschrieben werden kann).

Was bedeutet dies für andere anscheinend regelgeleitete Fähigkeiten und Tätigkeiten des Menschen?

Tomaten im Kopf

Gehirne sind Regelextraktionsmaschinen. Sie können gar nicht anders. Neuronen sind so aufgebaut, dass sich ihre synaptischen Verbindungen langsam ändern. Immer dann, wenn Lernen stattfindet, ändern sich die Stärken einiger Synapsen ein klein wenig. Daher vergehen die meisten unserer Eindrücke, ohne dass wir uns später wieder an sie erinnern können. Und das ist auch gut so!

Betrachten wir einen einfachen Fall. Sie haben sicherlich in Ihrem Leben schon Tausende von Tomaten gesehen bzw. gegessen, können sich jedoch keineswegs an jede einzelne Tomate erinnern. Warum sollten Sie auch? Ihr Gehirn wäre voller Tomaten! Diese wären zudem völlig nutzlos, denn wenn Sie der nächsten Tomate begegnen, dann nützt

Ihnen nur das, was Sie über *Tomaten im Allgemeinen* wissen, um mit dieser Tomate richtig umzugehen. Man kann sie essen, sie schmecken gut, man kann sie zu Ketchup verarbeiten, werfen etc. – All dies wissen Sie, gerade *weil* Sie schon sehr vielen Tomaten begegnet sind, von denen nichts hängen blieb als deren allgemeine Eigenschaften bzw. Strukturmerkmale.

Das Lernen von einzelnen Fakten oder Ereignissen ist daher meist nicht nur nicht notwendig, sondern auch ungünstig. Ausnahmen sind Orte und wichtige Ereignisse des persönlichen Lebens, d.h. Inhalte, die eben nicht allgemein, sondern speziell sind. Dieses Wissen von Einzelheiten ist ansonsten aber wenig hilfreich. Aber glücklicherweise lernen wir ja auch keineswegs jeden Kleinkram. Im Gegenteil: Unser Gehirn ist – abgesehen vom Hippokampus, der auf Einzelheiten spezialisiert ist – auf das Lernen von Allgemeinem aus.

Dieses Allgemeine wird aber nicht dadurch gelernt, dass wir allgemeine Regeln lernen. – Nein! Es wird dadurch gelernt, dass wir Beispiele verarbeiten (eben z.B. viele tausend Wörter in der Vergangenheit oder nicht weniger Tomaten) und aus diesen Beispielen die Regeln *selbst* produzieren.

Regelhafte Welt

Es ist daher wichtig, sich zu vergegenwärtigen, dass dies immer dann geschieht, wenn der Welt um uns herum irgendwelche Regeln zugrunde liegen. Auch wenn wir diese Regeln nicht kennen, findet sie unser Gehirn, denn dadurch wird erstens Speicherplatz für Einzelheiten gespart und zweitens das gespeicherte Wissen in den meisten Fällen überhaupt erst nutzbar gemacht.

Für den Erwerb der Sprache ist es wichtig, dass Kinder nicht nur jedes einzelne Wort lernen, sondern tatsächlich die Regel. Wie oben bereits angedeutet, kann man die Tatsache, dass Kinder eine Regel erlernt haben, dadurch nachweisen, dass man sie diese Regel auf neues Material anwenden lässt. So kann man ihnen eine Geschichte von Zwergen erzählen, die quangen und die sich am nächsten Tag erneut treffen, um über den Vortag zu plaudern. Was haben sie wohl gesagt? „Ach wie schön war das gestern; wir haben mal wieder so richtig schön ... gequangt." Falls sich die Zwerge am Vortage zum Schmuffieren getroffen hatten, so haben sie tags darauf so richtig schön schmuffiert, also nicht geschmuffiert, denn man weiß ja, wie es sich mit dem Partizip Perfekt der Verben auf „-ieren" verhält. Man kennt die *Regel* (und nicht nur einzelne Wörter), und man kann die Regel eben auch auf Wörter anwenden, die es gar nicht gibt. Gerade dadurch kann man zeigen, dass die Kinder die allgemeine Regel gelernt haben und nicht nur eine Art Tabelle (Look-up-Table) für Einzelheiten.

Fazit

Wir können viel und wissen wenig. Unser Können bezieht sich darauf, dass wir auf den unterschiedlichsten Input mit der sehr schnellen Produktion eines Output reagieren können, weil unser Gehirn Billionen synaptischer Verbindungen enthält, die es dazu befähigen. Nur diejenigen unserer Vorfahren haben überlebt, die dieses umweltgerechte Input-Output-Mapping schnell und zuverlässig beherrschten und es vor allem rasch anhand einiger Beispiele lernten.

Unsere Fähigkeit, die Welt zu meistern, steckt in den synaptischen Verbindungen zwischen den Nervenzellen in unserem Gehirn. Da die Welt regelhaft ist, brauchen und müssen wir nicht jede Einzelheit merken. Hätten Sie jede einzelne Tomate, die Ihnen je begegnete, als jeweils diese oder jene ganz bestimmte Tomate abgespeichert, dann hätten Sie den Kopf voller (einzelner) Tomaten. Dies würde Ihren Kopf nicht nur unnötig füllen, Sie hätten auch nichts von diesem einzelnen Wissen. Nur dadurch, dass wir von Einzelnem abstrahieren, dass wir verallgemeinern und eine allgemeine Vorstellung von einer Tomate aus vielen Einzelbegegnungen mit Tomaten formen, sind wir in der Lage, z.B. die nächste als solche zu erkennen und dann sofort zu wissen, welche allgemeinen Eigenschaften (Aussehen, Geruch, Geschmack, man kann sie essen, kochen, trocknen, werfen, zu Ketchup verarbeiten etc.) sie hat.

Soll das Lernen uns zum Leben befähigen, sollen wir also für das Leben lernen, geht es in aller Regel um solche *allgemeinen* Kenntnisse, um Fähigkeiten und Fertigkeiten. Unsere Sprache ist ein gutes Beispiel hierfür. Sie steckt voller Regeln, die wir nicht wissen, die wir aber können. Wir haben diese allgemeinen Regeln im Kopf, aber nicht als Regeln (die wir aufschreiben könnten), sondern als Fähigkeit der Beherrschung unserer Muttersprache.

Im Hinblick auf das Lernen in der Schule oder an der Universität folgt, dass es nicht darum gehen kann, stumpfsinnig Regeln auswendig zu lernen. Was Kinder brauchen, sind Beispiele. Sehr viele Beispiele und wenn möglich die richtigen und gute Beispiele. Auf die Regeln kommen sie dann schon selbst (vgl. hierzu auch Teil III).

Jedoch selbst dann, wenn es vermeintlich darum geht, eine Regel zu lernen, sind Beispiele wichtig. Nur dann, wenn die Regel immer wieder angewendet wird, geht sie vom expliziten und sehr flüchtigen Wissen im Arbeitsgedächtnis in Können über, das jederzeit wieder aktualisiert werden kann. Betrachten wir abschließend ein Beispiel: Schreiben Sie doch bitte einmal all das, was Sie während Ihrer gesamten Schulzeit in Mathematik gelernt haben, auf einen Zettel. – Ich wette, dass ein recht kleiner Zettel genügt. War also jahrelanger Mathematikunterricht völlig umsonst? – Keineswegs! Auch derjenige, der nicht einmal mehr die binomischen Formeln oder den Satz des Pythagoras auf seinem Zettel hat, weiß, wie man an einen Sachverhalt mathematisch herangeht, was es heißt, einen Sachverhalt zu quantifizieren oder eine Abhängigkeit zweier Variablen zu formalisieren. Selbst dann, wenn Sie jetzt sagen: „Das weiß ich aber gar nicht!", so *können* Sie es. Warum würden Sie sich sonst an der Tankstelle über Benzinpreiserhöhungen ärgern und das Argument: „Macht nichts, ich tanke immer nur für 20 Euro!" verwerfen?

5 Neuronale Repräsentationen

Für einen Organismus, der in einer Umgebung lebt, die einigermaßen stabil ist und bestimmten Gesetzmäßigkeiten gehorcht, stellt es einen entscheidenden Überlebensvorteil dar, ein inneres Abbild dieser Umgebung zur Verfügung zu haben. Wenn ich weiß, dass die grünen Beeren Übelkeit erzeugen, die roten hingegen satt machen, kann ich mich entsprechend verhalten. Wenn ich weder Rot noch Grün wahrnehmen und mir merken kann und zudem keine Möglichkeit habe, Zusammenhänge zu speichern, kann ich zwar noch immer jeden Busch abgrasen, bin aber deutlich weniger effektiv und verderbe mir oft den Magen.

Mehr als innere Bilder

Wir sagten es bereits: Ein inneres „Abbild" bestimmter äußerer, durch Reize vermittelter Charakteristika und Strukturen der Umwelt nennt man ganz allgemein eine Repräsentation. Im vorletzten Kapitel haben wir gesehen, was dies genau ist: Eine Repräsentation ist ein Neuron mit ganz bestimmten Synapsenstärken der eingehenden Verbindungen. Diese sorgen dafür, dass das Neuron nur dann aktiv wird, wenn ein ganz bestimmtes Muster als Input vorliegt.

Unser Gehirn steckt voller solcher Repräsentationen. Wir haben bereits gesehen, dass sowohl einzelne Ereignisse als auch allgemeine Regeln repräsentiert sein können. Wenn ich mir oft genug mit den grünen Beeren den Magen verdorben habe, dann bildet mein Gehirn die Regel „grüne Beeren bereiten Übelkeit" aus, und ich lasse zukünftig die Finger von ihnen. Da wir Menschen praktisch den gesamten Erdball bevölkern, ist es günstig, wenn solches Wissen nicht angeboren ist, sondern gelernt wird. In anderen Gegenden können die grünen Beeren ganz nahrhaft sein. Dort wird das Gehirn die Regel „grüne Beeren machen satt" ausbilden und in sich repräsentieren.

Hier sei gleich angemerkt: Ein ganz wichtiger Aspekt der Umgebung von Lebewesen, gleich ob Pflanze oder Tier, sind andere Lebewesen. Hatte sich erst einmal tierisches Leben mit einem Hauch von dieser Fähigkeit zur internen Repräsentation der Außenwelt gebildet, so folgte automatisch, dass die Evolution nicht nur die Muskeln und Gelenke, die Verdauung und den Blutkreislauf optimierte, sondern auch die innere Repräsentation. Nicht nur, wer die Beeren richtig beurteilt, sondern auch nur, wer den Löwen sah und sofort wusste, was er zu tun hatte, gab sein Erbgut an die Nachkommen weiter.

Rein subjektiv weiß jeder, was damit gemeint ist, wenn man sagt, man habe Aspekte der Welt in sich repräsentiert: Ich kann die Augen schließen und mir Johannisbeeren und Grizzlybären vorstellen. Diese Vorstellungen enthalten bestimmte Informationen über den Sachverhalt, die ich erst abrufen kann, sofern ich die Vorstellung mir tatsächlich vor mein geistiges Auge geführt habe. Wir wissen somit intuitiv, was eine Vorstellung ist, eine innere Repräsentation von etwas draußen in der Welt in unserem Geist.

Bei solchen Repräsentationen handelt es sich keineswegs nur um Bilder. Auch unsere Körperoberfläche und unser Körperinneres, Handlungen wie das Binden der Schuhe, regelhafte Zusammenhänge in der Welt sowie Werte, die unser Zusammenleben leiten und regeln, einschließlich unserer Kommunikationssysteme, sind in uns repräsentiert. Die Form all dieser Repräsentationen sind unterschiedliche Synapsenstärken an Neuronen.

In diesen Synapsenstärken ist beispielsweise mein Wortschatz in der Muttersprache gespeichert. Wenn ich nun ein bestimmtes Wort höre, denke oder sage, dann wird das entsprechende Neuron aktiviert, und aus der gleichsam „schlafenden Repräsentation" ist eine aktive geworden. Aktive, „feuernde" Neuronen repräsentieren damit diejenigen Inhalte, die gerade aktuell sind bzw. verarbeitet werden. An solchen Repräsentationen ist allerdings nicht nur ein Neuron beteiligt. Zu groß wäre das Risiko, dass gerade dieses Neuron aus irgendeinem Grunde einmal Schaden nimmt oder ganz abstirbt. Bestünden innere Repräsentationen aus einzelnen Neuronen, dann wären sie also nur wenig robust. Wir wissen jedoch, dass Repräsentationen – dem Himmel sei Dank! – sehr robust sind. Daraus folgt im Grunde schon, dass es mehrere Neuronen sein müssen, die irgendwie zu einer Repräsentation beitragen. Dies ist auch der Fall, wie wir sehen werden, auf ganz demokratische Weise.

Repräsentation in Neuronenpopulationen

Wenn wir die Hand auf die heiße Herdplatte legen, ziehen wir sie rasch zurück. Kommt ein Löwe von links, rennen wir ganz schnell nach rechts. Hängt vor uns ein roter Apfel am Baum, so greifen wir nach ihm. Der Input wird von unserem Gehirn also dazu benutzt, einen Output zu generieren, der jeweils passt. Wer beim Apfel rennt oder beim Löwen greift, macht Fehler.

Nervensysteme sind dafür da, eingehende Impulse (den Input) rasch und effektiv in ausgehende Impulse (den Output) umzusetzen. Wie dies prinzipiell geschehen kann, wurde in Kapitel 3 an einem kleinen Modell dargestellt. Erinnern wir uns: Der Frosch sollte beim Storch wegspringen, bei der Fliege die Zunge aktivieren und beim blauen Himmel die Verdauung. Genau dies wird ganz einfach dadurch bewirkt, dass Synapsen unterschiedliche Stärken aufweisen.

Nun ist die Art der Repräsentation der Umwelt keineswegs so einfach, wie das Beispiel unseres imaginären, stark vereinfachten Froschs nahelegt. An der Repräsentation eines Faktums, einer Eigenschaft, einer Regel oder einer Handlung sind viele Neuronen beteiligt, je mehr, desto besser. Um zu verstehen, wie dies geschehen kann und wozu dies gut ist, betrachten wir noch einmal das Beispiel der Ratte im Kasten aus Kapitel 2. Eine einzelne Ortszelle feuert in Abhängigkeit davon unterschiedlich stark, wie nahe sich das Tier an dem Ort befindet, der diese Zelle zur maximalen Erregung bringt. Aus der Aktivität einer einzelnen Ortszelle kann man jedoch den Ort, an dem sich das Tier befindet, meist nur sehr ungenau (oder gar nicht) ablesen. Kombiniert man jedoch die Aktivität mehrerer Ortszellen, wird die Genauigkeit der Vorhersage immer besser. Der Grund ist schematisch in Abbildung 5.1 dargestellt.

Zu einem bestimmten Zeitpunkt werden die meisten Neuronen gar nicht oder nur schwach feuern. Leitet man jedoch von vielen Neuronen zugleich ab, kann man aus ihrem Aktivitätsmuster sehr genau auf den Ort des Tieres schließen. Nicht anders macht es das Tier selbst. Es verwendet das ganze Aktivierungsmuster vieler Ortszellen, um den genauen Ort, an dem es sich gerade befindet, intern zu repräsentieren. Man nennt die Gruppe von Neuronen, die an einer solchen verteilten Repräsentation beteiligt sind, die den Ort repräsentierende *Neuronenpopulation*. Man spricht auch davon, dass Neuronen einen *Populationskode* zur Repräsentation verwenden. (Ein weiteres Beispiel hierfür ist in Spitzer 1996, S. 77ff diskutiert.)

Neuronale Aspekte und Perspektiven

In der primären Sehrinde, der ersten Verarbeitungsstation der visuellen Wahrnehmung im Kortex, feuern die Zellen keineswegs nur dann, wenn irgendwo Licht auf der Netzhaut ist. Vielmehr feuern sie zuweilen auch gerade dann, wenn es irgendwo dunkel ist oder wenn sich irgendwo eine Kante, also ein Übergang von Hell nach Dunkel, befindet. Auch die Repräsentation von Tönen im primären Hörkortex ist viel komplizierter als einfach nur „Ton an – Neuron feuert". Auf der Ebene einzelner Neuronen des Hörkortex lassen sich zwar durchaus solche finden, die bei einem Ton einer bestimmten Frequenz anfangen zu feuern und aufhören, wenn der Ton aufhört. Dies ist aber nur eine Möglichkeit der „Antwort" kortikaler Neuronen. Andere feuern dauernd mit einer bestimmten Rate und hören damit auf, wenn der Ton kommt. Wieder andere feuern nur dann, wenn sich gerade etwas ändert (Abb. 5.2). Wie diese Kodes dann miteinander im Einzelnen verrechnet werden, um zu einer einheitlichen Wahrnehmung zu führen, ist noch nicht völlig geklärt. Was wir jedoch sicher wissen, ist, dass dies geschieht.

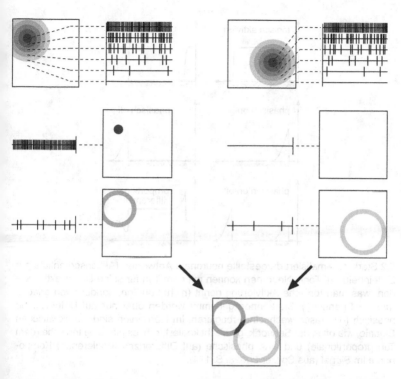

5.1 Oben sind zwei Ortszellen dargestellt (wie in Abb. 2.3), die linke kodiert einen Ort des Käfigs links oben, die rechte einen rechts, etwa in der Mitte. Die Grautöne geben an, wie stark die Zelle in Abhängigkeit vom Ort des Tieres im quadratischen Käfig feuert. Jeweils rechts ist die Aktivität der Zelle ortsabhängig aufgetragen (jeder kleine senkrechte Strich zeigt einen von der Zelle abgefeuerten Impuls an). Mit diesen Informationen kann man aus der Aktivität der Zellen auf den Ort der Tiere schließen. Feuert beispielsweise das linke Neuron sehr stark, so zeigt es an, dass das Tier sich in dem kleinen dunkelgrau markierten Bereich befindet. Das rechte Neuron feuert in diesem Fall gar nicht. Oft wird der darunter dargestellte Fall eintreten: Beide Neuronen feuern schwach. Jedes einzelne von ihnen zeigt damit lediglich einen Bereich an, in dem sich das Tier aufhält, nicht jedoch dessen genauen Ort. Kombiniert man aber die Information der beiden Neuronen (unten), lässt sich dessen Ort wieder einigermaßen genau berechnen. Der genaue Ort eines Tieres im Kasten wird also nicht von nur einem Neuron kodiert, sondern von einer ganzen Gruppe von Neuronen, die man auch als Neuronenpopulation bezeichnet.

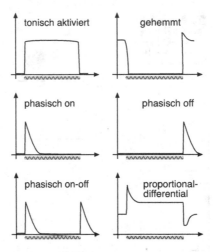

5.2 Stark schematisiert dargestellte neuronale Antworten (Aktionspotentiale pro Zeiteinheit) auf Töne. Neuronen können mit dem Ton für seine Dauer aktiv werden, was man tonische Aktivierung nennt (nicht von Ton, sondern von griech:. *tonus* = Spannung). Sie können gehemmt werden oder nur auf Unterschiede phasisch (d.h. rasch wechselnd) reagieren. Im Hörnerven sind die akustischen Signale, wie oft in der Sensorik, gemischt kodiert, d.h. es gibt eine tonische (dem Ton proportionale) und eine phasische (auf Differenzen reagierende) Komponente im Signal (aus Spitzer 2002a, S. 174).

Wie wir noch im Einzelnen sehen werden, befinden sich auf den unterschiedlichen Stufen der Verarbeitung wahrgenommener Reize jeweils Neuronen, die ganz bestimmte Aspekte des Reizes repräsentieren. So feuert ein Neuron im primären visuellen Kortex bei einer Kante, eines im Bewegungsverarbeitungskortex bei einer Bewegung und eines im Farbkortex bei einer Farbe. Sehen wir nun einen bewegten roten Balken, dann werden alle genannten Neuronen feuern und damit den Reiz durch ihre gemeinsame Aktivität repräsentieren. Sehen wir ein Feuerwehrauto vorbeifahren, wird noch mehr geschehen: Neuronen in höheren Verarbeitungszentren werden aktiv sein und Feuer repräsentieren, andere signalisieren durch ihre Aktivität vielleicht Gefahr oder Neugier, und wer schon viele Feuerwehrautos gesehen hat, in dessen

Gehirn werden vielleicht Neuronen, die den Wagentyp repräsentieren, aktiv. Bei einem Feuerwehrmann dagegen werden Routinen und Vorgänge, Erlebnisse und Situationen aktiviert werden, die durch jahrelange Berufsausübung in seinem Gehirn ihre Spuren hinterlassen haben. Wieder ist die Repräsentation des Feuerwehrautos nicht mit einem Neuron getan. Vielmehr besteht sie aus dem Feuern sehr vieler Neuronen auf sehr unterschiedlichen Ebenen (vgl. hierzu auch das folgende Kap. 6).

Von Kanten zu Regeln

Dass es Neuronen für Ecken und Kanten, Farben und Töne, Gerüche und Berührungen gibt, wissen wir seit längerer Zeit. Gibt es aber wirklich auch Neuronen für höherstufige, allgemeine, gelernte Sachverhalte wie Kategorien oder Regeln? Wie die Gehirnforschung gerade der jüngsten Vergangenheit zeigt, heißt die Antwort auf diese Frage eindeutig Ja.

Kategorien sind Kombinationen von Merkmalsausprägungen, die es erlauben, eine Sache eindeutig einer Klasse von Sachen zuzuordnen. Man kann sie als Grenzen in einem (meist mehrdimensionalen) Merkmalsraum auffassen, dessen Dimensionen durch relevante Merkmale repräsentiert sind. So ist beispielsweise die Kategorie „Junggeselle" durch die Merkmale männlich/weiblich sowie verheiratet/unverheiratet eindeutig bestimmt. Andere Merkmale wie Körpergröße oder Kopfbehaarung spielen hingegen keine Rolle.

Die neuronale Repräsentation von Kategorien in der Gehirnrinde wurde durch aufwendige tierexperimentelle Untersuchungen zumindest teilweise aufgeklärt (vgl. Sigala & Logothetis 2002). Man wusste aus früheren Experimenten, dass der inferiore Temporallappen beim Affen für die feine Analyse bei der visuellen Wahrnehmung zuständig ist. Hier gibt es Neuronen für grün gepunktete Quadrate, rosarote Kreise oder blaue Striche (Tanaka 1993), und man wunderte sich lange Zeit sehr über die eigenartigen Merkmalskombinationen, auf die einzelne Neuronen im temporalen Kortex spezialisiert sind. Man wusste auch bereits seit längerer Zeit, dass Läsionen in diesem Bereich zu einer Beeinträchtigung des Erkennens von Objekten führen, deren Größe, Orientierung oder Schattierung verändert wurde. Nicht umsonst ist gerade der untere Temporallappen Teil des „What-Pathway", also des Verarbeitungsstrangs der visuellen Wahrnehmung, in dem es um die Produktion von Invarianz und „Objekthaftigkeit" und damit die Identifizierung von Objekten geht. In einer Reihe von Studien konnten Logothetis und Mitarbeiter zudem eindrucksvoll nachweisen, dass die Aktivität von Neuronen im inferioren Temporallappen stärker mit dem subjektiven Erleben und weniger mit den objektiv präsentierten Stimuluseigenschaften kovariiert, als dies anderswo im Kortex der Fall ist (vgl. hierzu die zusammenfassende Darstellung in Spitzer 2002c).

Neuronen für Kategorien

Da man wusste, dass Neuronen im unteren temporalen Kortex beim Lernen visueller Unterscheidungsaufgaben beteiligt sind, wurde dieser Fähigkeit mittels Ableitung von einzelnen Neuronen in diesem Bereich nachgegangen. Zwei Affen wurden trainiert, auf einem Bildschirm dargebotene Stimuli (vgl. Abb. 5.3) in zwei Kategorien zu unterscheiden. Bei Stimuli aus der einen Kategorie war der eine Hebel zu betätigen, bei solchen der anderen Kategorie der andere Hebel. Die Stimuli unterschieden sich im Hinblick auf vier Eigenschaften, von denen jedoch nur zwei Eigenschaften für die Aufgabe der Kategorisierung relevant waren. Sie waren zudem so konstruiert, dass eine Eigenschaft allein zur Kategorisierung nicht ausreichte.

Während des Trainings wurden den Affen die zehn Stimuli in zufälliger Reihenfolge gezeigt. Bei den fünf Gesichtern der Kategorie 1 war einer der Hebel, bei den anderen fünf Gesichtern der andere Hebel zu betätigen, wofür die Affen jeweils mit Saft belohnt wurden (aber nur, wenn die Kategorienzugehörigkeit stimmte). Die Affen entwickelten so über die Zeit hinweg ein „Gefühl" dafür, welches Gesicht zu welcher Kategorie gehört. Später wurde das Training etwas geändert und

Kategorie 1

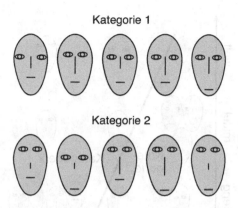

Kategorie 2

5.3 Visuell dargebotene Stimuli aus dem Experiment von Sigala und Logothetis (2002). Die oberen Gesichter gehörten zur ersten, die unteren zur zweiten Kategorie. Die Gesichter unterschieden sich im Hinblick auf die Merkmale Augenabstand, Augenhöhe, Nasenlänge und Mundhöhe, jedoch nur die Augenmerkmale waren für die Kategorienzugehörigkeit bedeutsam.

zusätzlich wurden neue Stimuli gezeigt (vgl. die weißen Gesichter in Abb. 5.4). Die Tiere wurden jedoch nur bei richtiger Kategorisierung der insgesamt zehn bekannten Stimuli belohnt.

Nach dem Training begann das eigentliche Experiment. Mittels feiner Elektroden wurde die Aktivität von 150 Neuronen im anterioren inferioren temporalen Kortex (vgl. Abb. 5.7) abgeleitet. Den Affen wurden wieder die gelernten Stimuli gezeigt. Diese wurden während des Experiments in 98 Prozent der Fälle innerhalb von etwa einer halben Sekunde Reaktionszeit korrekt kategorisiert. Von den 150 Neuronen zeigten 96 eine mehr oder weniger ausgeprägte Aktivierung durch Strichzeichnungen der Art, wie sie im Experiment verwendet wurden.

Man wollte nun herausfinden, ob und wie sich das Kategorisierungstraining auf die neuronalen Antworten im Hinblick auf einzelne Eigenschaften der Stimuli auswirkt. Hierzu wurde statistisch untersucht, auf welche Eigenschaften der Stimuli die Neuronen besonders stark reagierten. 44 der 96 Neuronen zeigten eine differentielle Reaktion auf mindestens eine der vier Stimuluseigenschaften, und von die-

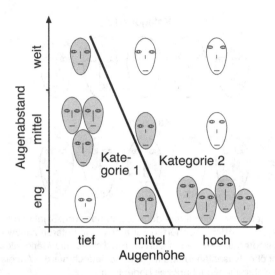

5.4 Die Kategorienzugehörigkeit der Stimuli ist nicht ganz einfach zu erkennen, sie wird jedoch dann deutlich, wenn man die Stimuli in einem Merkmalsraum aufträgt, der durch die Dimensionen Augenhöhe und Augenabstand aufgespannt wird. In diesem „Raum" (bei dem es sich keineswegs immer um eine Fläche handeln muss, der also auch drei oder noch mehr Dimensionen aufweisen kann) lassen sich die Vertreter beider Kategorien (grau gezeichnet) durch eine Linie trennen. Links von der Linie befinden sich alle Gesichter der Kategorie 1, rechts davon alle der Kategorie 2. Zusätzlich eingezeichnet sind Gesichter (weiß), die nicht zu den jeweils fünf Exemplaren der eintrainierten Kategorie gehören, sich aber auch in den Merkmalsraum einordnen lassen.

sen wiederum waren 32 *selektiv für eine der beiden für die Kategorisierung relevanten Eigenschaften* (Abb. 5.5). Insgesamt zeigte sich, dass die Neuronen präziser auf die relevanten Eigenschaften als auf die nicht relevanten Eigenschaften reagierten, obgleich sie zumindest prinzipiell auf eine Vielzahl von Stimuli und Eigenschaften reagierten. Das Training hatte also das Verhalten der Neuronenpopulation, die für die Kodierung visueller komplexer Stimuluseigenschaften zuständig war, geändert und zu einer genaueren Repräsentation der (verhaltens-)relevanten Eigenschaften geführt.

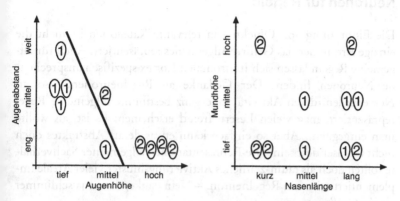

5.5 Links ist nochmals die Kategorisierung der zwei mal fünf Gesichter dargestellt, wobei die Gesichter durch Nummern den beiden Kategorien zugeordnet
sind. Rechts ist die Verteilung der gleichen Gesichter im Merkmalsraum, der
durch die Dimension Mundhöhe und Nasenlänge aufgespannt wird und für die
Kategorienzugehörigkeit irrelevant war, dargestellt. Man sieht, dass sich dieser
Merkmalsraum nicht durch eine Linie so teilen lässt, dass die Gesichter in zwei
Kategorien geteilt werden.

Damit wurde nachgewiesen, dass kategorial bedeutsame Eigenschaften visueller Reize durch die differentielle Aktivität einzelner
Neuronen des vorderen unteren temporalen Kortex repräsentiert sind.
Man kann dies auch nochmals anders formulieren: Die Affen könnten
ja für jedes der zehn Gesichter jeweils einzeln lernen, was zu tun ist, d.h.
den linken oder den rechten Hebel zu betätigen. Sie tun dies jedoch
nicht, sondern gehen sparsamer vor: *Das Gehirn extrahiert die für die
Aufgabe wesentlichen Merkmale* und repräsentiert diese so, dass nicht
Einzelheiten, sondern *das Allgemeine* und das Wichtige der wahrge-
nommenen Stimuli besonders klar und deutlich kodiert werden.

Am Rande sei erwähnt, dass das Experiment nicht nur mit Gesichtern, sondern in gleicher Weise auch mit anderen Stimuli (Strichzeichnungen von Fischen) mit praktisch gleichem Ergebnis durchgeführt
wurde. Zusätzlich konnte gezeigt werden, dass nicht nur Affen, sondern auch Menschen die Kategorisierungsaufgabe (mit den gleichen
Stimuli) lernen können und hierzu die gleichen Strategien benutzen.

Neuronen für Regeln

Die Einordnung von Objekten in relevante Kategorien ist nicht die einzige Art, in der das Gehirn Allgemeines repräsentiert. Auch für allgemeine Regeln lassen sich im frontalen Kortex spezifisch ansprechende Neuronen finden. Der Gedanke an Regelneuronen, also an Nervenzellen, deren Aktivität eine ganz bestimmte allgemeine Regel repräsentiert, mag vielen Lesern fremd erscheinen. Es ist, als wollte man entgegnen: „Aber so einfach kann etwas derart Abstraktes doch nicht repräsentiert sein! Die Repräsentationen allgemeiner Sachverhalte sollten doch als raum-zeitliches Aktivierungsmuster vieler Areale implementiert sein. Ein Regelneuron? – Nein danke, das ist ja schlimmer als ein Großmutterneuron!"

Vor diesem Hintergrund ist eine kürzlich erschienene Arbeit von Interesse, in der die Kodierung von abstrakten Regeln durch Neuronen des frontalen Kortex erstmals methodisch sehr sauber nachgewiesen wurde. Wallis und Mitarbeiter (2001) trainierten wiederum zwei Affen, bei einer bestimmten Aufgabe zwei Regeln anzuwenden: Die Aufgabe bestand in der Auswahl eines von zwei Bildern (siehe Abb. 5.6). Zuvor wurde jeweils eines der Bilder zusammen mit einem Hinweisreiz auf die in diesem Fall anzuwendende allgemeine Regel gezeigt. Die Regel bestand darin, entweder den gleichen Stimulus wie zuvor gezeigt auszuwählen (*Gleich-Regel*) oder den anderen (*Ungleich-Regel*). Ausgewertet wurden die Einzelzellableitungen von insgesamt 492 Neuronen des dorsolateralen präfrontalen, ventrolateralen oder orbitofrontalen Kortex (vgl. Abb. 5.7).

Wie aber teilt man einem Affen eine allgemeine Regel mit und stellt zugleich sicher, dass er tatsächlich dieser Regel folgt und nicht etwa auf irgendeine einfache Qualität des Stimulus reagiert? Die methodisch saubere Lösung dieses Problems stellt im Grunde die wesentliche innovative Leistung der Arbeit dar. Sie wird von den Autoren wie folgt beschrieben:

> „Um die mit den physikalischen Eigenschaften des Hinweisreizes verbundene neuronale Aktivität von der regelbezogenen neuronalen Aktivität, die der Hinweisreiz anzeigte, zu trennen, wurden zur

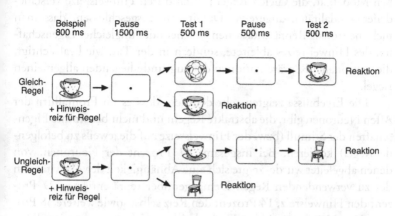

5.6 Beschreibung der von den Affen durchzuführenden Aufgabe. Die Affen hielten einen Hebel fest und fixierten einen Bildschirm, auf dem dann ein Bild für 800 Millisekunden erschien. Zugleich erhielten sie einen Hinweis, nach welcher Regel das folgende Bildpaar zu bearbeiten war. Danach folgte eine Pause von 1,5 Sekunden und dann wurde ein Bild für eine halbe Sekunde gezeigt, das entweder mit dem zuerst gezeigten Bild identisch war oder nicht. Je nach der zu befolgenden Regel musste der Affe den Hebel loslassen, wenn das Bild gleich war (Befolgen der Gleich-Regel) oder wenn das Bild anders war (Befolgen der Ungleich-Regel). Um sicherzustellen, dass der Affe bei der Sache blieb, wurde in der Hälfte der Fälle (immer dann, wenn keine Reaktion zu erfolgen hatte) nach einer weiteren kurzen Pause von einer halben Sekunde das jeweils andere Bild (auf das der Regel zufolge zu reagieren war) für eine halbe Sekunde gezeigt.

> Bezeichnung der Gleich-Regel jeweils einer von zwei Hinweisreizen aus je einer anderen Sinnesmodalität verwendet, wohingegen zur Bezeichnung der Ungleich-Regel zwei Hinweisreize aus derselben Modalität dienten." (Wallis et al. 2001, S. 954, Übersetzung durch den Autor)

Beim ersten Affen zeigte ein blauer Hintergrund oder ein Tropfen Saft an, dass die Gleich-Regel zu befolgen war, wohingegen bei grünem Hintergrund bzw. der Abwesenheit von Saft die Ungleich-Regel galt. Beim zweiten Affen wurde die Gleich-Regel durch Saft oder einen tiefen Ton, die Ungleich-Regel durch keinen Saft oder einen hohen Ton angezeigt. Die Ungleich-Regel wurde also durch Hinweisreize derselben Modalität, die Gleich-Regel jedoch durch Hinweisreize verschiedener Modalitäten angezeigt. Damit war ausgeschlossen, dass man nicht neuronale Repräsentationen gleicher oder ungleicher Eigenschaften des Hinweisreizes ableitete, sondern in der Tat, wie beabsichtigt, die neuronalen Repräsentationen der zugrunde liegenden allgemeinen Regel.

Die Ergebnisse zeigten sehr deutlich, dass es im Frontalhirn der Affen Neuronen gibt, die abstrakte Regeln und nicht bestimmte Eigenschaften der Stimuli (bzw. der Hinweisreize auf die jeweils zu befolgende Regel) kodieren. Bei insgesamt 41 Prozent der Neuronen, von denen abgeleitet wurde, zeigte sich eine Abhängigkeit der Aktivität von der zu verwendenden Regel. Demgegenüber repräsentierten 27 Prozent den Hinweisreiz, 14 Prozent den Reiz selbst sowie weitere 38 Prozent Kombinationen (d.h. Wechselwirkungen) jeweils zweier dieser Variablen. Der Ort der Neuronen war interessanterweise nicht auf einen bestimmten Bereich des Frontalhirns (also beispielsweise den dorsolateralen präfrontalen Kortex) beschränkt. Vielmehr fanden sich regelkodierende Neuronen im gesamten Gebiet des präfrontalen Kortex.

Aus diesen und weiteren Untersuchungen an Primaten ergibt sich ein Gesamtbild der neuronalen Repräsentation allgemeiner Eigenschaften, Kategorien und Regeln, das wie folgt charakterisiert werden kann (vgl. Hasegawa & Miyashita 2002).

Die gesehenen Reize werden zunächst im visuellen Kortex des Hinterhaupts und dann entlang einer ganzen Kaskade visueller Areale der Gehirnrinde verarbeitet. Diese reichen nach vorne bis in den unteren Schläfenlappen (anteriorer inferiorer temporaler Kortex). Dort sind nicht mehr Ecken und Kanten, Farben oder Bewegungen repräsentiert, sondern Objekteigenschaften.

Wie die Studie von Sigala und Logothetis (2002) zeigt, sind dies vor allem solche Eigenschaften, die wichtige und kategorial-allgemeine Merkmale repräsentieren. Der Kortex in diesem Bereich speichert also nicht jedes einzelne Gesicht und die entsprechende Reaktion, sondern filtert aus den einzelnen Gesichterbeispielen die dahinter steckende Regel heraus. Im temporalen Kortex ist dieses Allgemeine in Form der we-

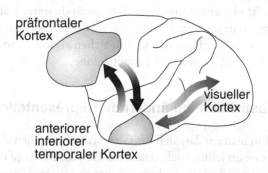

präfrontaler Kortex

visueller Kortex

anterior inferior temporaler Kortex

5.7 Ansicht eines Affengehirns von der linken Seite, d.h. links ist vorn, rechts ist hinten. Visueller Kortex im Hinterhaupt, unterer Schläfenlappen (anteriorer inferiorer temporaler Kortex) und Stirnhirn (präfrontaler Kortex) sind als solche markiert. Während im temporalen Kortex wesentliche Merkmale gespeichert sind, beinhaltet der präfrontale Kortex Regeln und Kategoriengrenzen. Über dichte Verbindungen zwischen präfrontalem und temporalem Kortex werden diese Regeln und Grenzen „nach unten" zum Temporalhirn übermittelt („top-down"). Im Gegenzug liefert das Temporalhirn den bereits gut vorverarbeiteten Input für das Frontalhirn („bottom-up"). In diesem Zusammenspiel von Frontalhirn und Temporalhirn sind Kategorien und Regeln letztlich repräsentiert.

sentlichen Merkmale gespeichert. Im frontalen Kortex werden demgegenüber die Grenzen der Kategorien bzw. die Zuordnungen einer Regel zu bestimmten Objekteigenschaften repräsentiert. Es ist dann das Zusammenspiel von Frontalhirn und Temporalhirn, das die Kategorien und Regeln der Welt tatsächlich repräsentiert.

Diese Art des Aufbaus, der Architektur und Funktion des Gehirns ist zugleich sparsam und effizient. Wie schon im vergangenen Kapitel diskutiert, wäre es wenig sinnvoll, jede Einzelheit oder gar jedes uns begegnende Objekt intern zu repräsentieren. Wir würden dann zwar auf genau diese Objekte richtig reagieren können, aber eben nicht auf ähnliche. Genau dies ist aber in den meisten Fällen notwendig, nämlich dann, wenn es sich um in der Natur vorkommende Objekte wie Nahrung oder Raubtiere oder Artgenossen handelt. Genau das Gleiche begegnet uns überhaupt erst mit größerer Häufigkeit seit Beginn der Industrialisierung und Massenproduktion. Und selbst unter diesen Bedingungen ist es meist sinnvoll, die Gegenstände unter Kategorien zu subsumieren, statt sie einzeln zu speichern. So kategorisieren wir nicht nur Tomaten, Äpfel, Hähnchen und Brötchen als solche, sondern auch Tische und Stühle, Tassen und Mobiltelefone.

Neuroplastizität: Sich ändernde Repräsentationen

Früher nahm man an, dass sich das Gehirn des Menschen ab dem Zeitpunkt der Geburt kaum noch verändert. Gewiss, der Kopf und sein Inhalt, im Wesentlichen das Gehirn, wachsen nach der Geburt noch auf etwa die doppelte Größe heran. Die Nervenzellen selbst jedoch sind kurz nach der Geburt bereits praktisch in voller Zahl vorhanden. Bis vor etwa 20 Jahren ging man daher davon aus, dass es sich beim Gehirn um ein relativ statisches Organ handelt.

Man wusste jedoch zu diesem Zeitpunkt ebenso wenig, wie das Gehirn eigentlich funktioniert. Hieran hat sich gerade im vergangenen Jahrzehnt, das nicht umsonst das Jahrzehnt des Gehirns genannt wird, einiges geändert. Das Gehirn ist nicht statisch, sondern vielmehr äußerst plastisch, d.h. es passt sich den Bedingungen und Gegebenheiten der Umgebung zeitlebens an. Es ist, wie wir heute wissen, die Lebenserfahrung eines jeden Menschen, die sein Gehirn zu etwas Einzigartigem macht (für eine ausführliche Darstellung dieses Sachverhalts und der beteiligten Prozesse siehe Spitzer 1996). Man bezeichnet die Anpassungsvorgänge im Zentralnervensystem an die Lebenserfahrung eines Organismus ganz allgemein als *Neuroplastizität*. Dabei handelt es sich um einen sehr allgemeinen Begriff, denn Neuroplastizität lässt sich auf verschiedenen Betrachtungsebenen des Nervensystems ausmachen (siehe Tab. 5.1). Am längsten bekannt ist die Ebene der Verbindungen (Synapsen) zwischen Nervenzellen. Wie bereits in Kapitel 3 näher ausgeführt, besteht Lernen neurobiologisch betrachtet in der Veränderung der Stärke der synaptischen Verbindungen zwischen Nervenzellen.

Betrachten wir als Beispiel die so genannte klassische Konditionierung. Ein Hund bekommt Futter, bei dessen Anblick ihm das Wasser im Munde zusammenläuft. Dies ist ein normaler Vorgang, der reflexhaft abläuft, d.h. ähnlich automatisch wie beispielsweise der Ausschlag des Beins nach vorn, wenn mit dem Reflexhammer auf die Sehne unterhalb der Kniescheibe geschlagen wird. Im Gegensatz zu diesem sehr einfachen Kniesehnenreflex ist der Reflex des Speichelflusses beim Anblick von Futter jedoch kompliziert und durch Lernen beeinflussbar. Läutet beispielsweise immer dann, wenn der Hund Futter sieht, eine Glocke, dann wird dem Tier irgendwann bereits der Mund wässrig, wenn nur die Glocke läutet – ganz ohne Futter. Man nennt diesen Reflex dann einen klassisch konditionierten bedingten Reflex. Ganz offensichtlich wurde durch die immer wieder erfolgte gleichzeitige Wahrnehmung von Glocke und Futter eine Kopplung des neuen Input „Glocke" mit dem Output „Speichelfluss" hergestellt. Es wurde, mit anderen Worten, etwas Neues, die Glocke, mit dem Speichelfluss assoziiert.

Tabelle 5.1 Ebenen der Neuroplastizität. Der molekularbiologisch beschreibbare Prozess der Langzeitpotenzierung an Synapsen findet innerhalb von Sekunden statt und kann Stunden überdauern. Er dient auch zur Markierung von Synapsen, an denen dann strukturelle Veränderungen stattfinden, die einer zusätzlichen und länger dauernden Verbesserung der neuronalen Verbindung dienen. Das Wachstum von Neuronen geschieht in Zeiträumen von Tagen, die nicht zuletzt für die Wanderung der neu entstandenen Zellen von der „Produktionsstätte" an ihren „Einsatzort" benötigt werden. Kortikale Karten ändern sich langsam innerhalb von Wochen, wobei besonders ausgeprägte Ausweitungen oder Verschiebungen von Repräsentationen (im Bereich eines Zentimeters und mehr) Jahre benötigen können (vgl. Spitzer 1996, 2002).

Ebene	Prozess	Größenordnung	Zeitraum
Synapse	Langzeit-potenzierung	Nanometer bis Mikrometer	Sekunden bis Stunden
Neuron	Wachstum	Mikrometer	Tage bis Wochen
Kortikale Karte	Veränderung von Repräsentationen	Millimeter bis Zentimeter	Monate bis Jahre

Wie Untersuchungen an einem sehr einfachen Tier, der Meeresschnecke *Aplysia*, zeigten, geht das Erlernen eines solchen bedingten Reflexes mit der Veränderung der Übertragungsstärke synaptischer Verbindungen einher (vgl. Kandel et al. 1996). Auf den Hund übertragen, bedeutet dies: Die Verbindung „Glocke – Speichelfluss" wird gelernt, indem Verbindungen zwischen dem Input „Glocke" und dem Output „Speichelfluss" neu geknüpft werden. Die Veränderung von Synapsenstärken war damit als Grundlage des Lernens nachgewiesen, wofür im Spätherbst 2000 dem New Yorker Psychiater österreichischer Abstammung Eric Kandel der Nobelpreis für Medizin verliehen wurde.

Weitere Experimente konnten zeigen, dass die Verbindung zwischen zwei Neuronen immer dann an Stärke zunimmt, wenn sie gleichzeitig aktiv sind. Dies wurde bereits vor über einhundert Jahren von dem amerikanischen Psychologen William James postuliert, vor etwa 50 Jahren von dem kanadischen Neurophysiologen Donald Hebb genauer formuliert und im Jahr 1973 erstmals direkt nachgewiesen. Der biochemische Vorgang ist unter dem Namen *Langzeitpotenzierung* (engl.: *long term potentiation, LTP*) bekannt und in sehr vielen Details intensiv erforscht. Diese Forschungsanstrengungen lohnen sich, denn sie sind auf nichts weniger gerichtet als auf die molekularen Grundlagen jeglichen Lernens und des Gedächtnisses.

Neben der Veränderbarkeit von Verbindungen zwischen Neuronen und dem Nachwachsen von Neuronen selbst kann man Neuroplastizität auch noch auf einer weiteren Ebene, nämlich der ganzer Bereiche der Großhirnrinde, beschreiben. Dies ist Thema des nächsten Kapitels (vgl. Kap. 6).

Fazit

Repräsentationen der Welt und des Körpers sind in unserem Gehirn nicht einfach nur so vorhanden, sondern haben im Grunde nur einen einzigen Zweck: Sie steuern unser Verhalten und machen dieses damit um so erfolgreicher, je besser sie dem, was tatsächlich in der Welt ist, nahekommen.

Ein Prinzip neuronaler Informationsverarbeitung besteht darin, dass Nervenzellen durch unterschiedliche Aspekte der Umgebung aktiviert werden. In der Gehirnrinde befinden sich bekanntermaßen unimodale primäre und sekundäre visuelle Areale, die Neuronen für Kanten, Winkel, Bewegungen, Farben, Gesichter oder Landschaften enthalten, und im auditorischen Bereich gibt es entsprechend Neuronen für Frequenzen, zeitliche Frequenzmuster oder die menschliche Stimme. Wir haben uns daran gewöhnt, dass einfache Eigenschaften eines Stimulus die Aktivierung bestimmter Neuronen zur Folge haben, und wir sagen, dass diese Eigenschaften durch die neuronale Aktivierung repräsentiert sind.

Die Art der Kodierung darf man sich nicht so vorstellen, dass *ein* Neuron (im Extremfall ein einziges) einen ganz bestimmten Aspekt repräsentiert. Vielmehr liegen die Verhältnisse ganz allgemein eher so, wie dies für die Ortsrepräsentation nachgewiesen ist: Neuronen kodieren durchaus bestimmte Orte, feuern jedoch auch noch dann (wenn auch deutlich schwächer), wenn dieser Ort nicht ganz genau gemeint ist. Durch gewichtete Mittelwertbildung der Aktivität aller Neuronen wird auf diese Weise gleich Mehrfaches erreicht: Zum einen ist ein solcher Kode genauer, viel genauer als ein einzelnes Neuron je sein kann; und zum zweiten ist es nicht weiter schlimm, wenn ein Neuron ausfällt. Man kann zeigen, dass selbst dann, wenn genau dasjenige Neuron ausfällt, das einen bestimmten Aspekt (z.B. einen Ort) am besten repräsentiert, die anderen praktisch nach wie vor dessen Arbeit ebenso gut erledigen. Dass der Kode ein verteilter ist, macht ihn also gerade so robust gegen Ausfälle.

Wie aber steht es um komplexe, allgemeine Sachverhalte? Wir sträuben uns sehr gegen den Gedanken an das Großmutterneuron, obgleich die Existenz von Großmuttergesichtneuronen (bzw. einer Neuronenpopulation mit entsprechenden Eigenschaften) so gut wie erwiesen ist (Kreiman et al. 2000). Dies lässt vermuten, dass auch sehr „hochstufige" Aspekte der Außenwelt, bis hin zu allgemeinen Regeln, in dieser Weise neuronal repräsentiert sind.

Die Neuronen kümmern sich dabei allerdings keineswegs um unsere Art und Weise, die Welt begrifflich zu sortierten. So haben wir nicht etwa Neuronen für Kreise oder Quadrate, für Gepunktetes oder Gestreiftes bzw. für Grünes oder Rotes. Bis zum vorderen Ende des Temporallappens geht die Spezialisierung vielmehr scheinbar ganz eigenartige Wege mit Neuronen für grün gepunktete Quadrate oder rosarote gestreifte Kreise (Tanaka 1993), also für spezielle, aber scheinbar unsystematische Eigenschaften von Dingen der Welt. (Angemerkt sei hier, dass dies nur dann wundert, wenn man das Gehirn zu sehr „begrifflich" und zu wenig als neuronales Netzwerk betrachtet. In den Zwischenschichten eines vielschichtigen neuronalen Netzwerks sind solche „eigenartig spezialisierten" Neuronen völlig normal und sogar die Regel.)

Bis zur Spitze des Temporallappens ist diese Zunahme der Spezialisierung der Repräsentationen einigermaßen nachvollzogen und von allen akzeptiert. Anders dagegen liegen die Verhältnisse beim Frontalhirn. Hier wird noch heftig über die Art der Funktion und Repräsentation gestritten. Von einem im Hinblick auf die Anzahl gemachter theoretischer Vorannahmen sparsamen Standpunkt aus betrachtet, kann man jedoch zumindest postulieren, dass auch hier die Dinge nicht völlig anders liegen. Hierzu mehr im Teil IV.

6 Plastische Karten

Die Großhirnrinde, der Kortex, besitzt eine ganz bestimmte innere Struktur und Funktionsweise, weswegen er gar nicht anders kann, als Repräsentationen von ihn erreichenden Eingangssignalen zu bilden (vgl. hierzu auch Spitzer 1996). Damit ist gemeint, dass Neuronen des Kortex immer dann aktiviert werden, wenn ein ganz bestimmter Input an den Sinnesorganen registriert wird. Neuronen, die auf ähnlichen Input ansprechen, liegen nicht irgendwie verteilt in dem etwa einen Viertel Quadratmeter ausgedehnten und fünf Millimeter dicken Geflecht aus etwa 20 Milliarden ihresgleichen. Im Kortex liegt vielmehr ein hohes Maß an Ordnung vor. Diese Ordnung ist das Ergebnis der Wechselwirkung bestimmter Struktur- und Funktionsprinzipien des Kortex einerseits und der Lebenserfahrung des Individuums andererseits. Aus meiner Sicht gehört es zu den bedeutendsten Leistungen der Neurobiologie der vergangenen 15 Jahre, dass man einige der Prinzipien, die hier am Werke sind, begonnen hat zu verstehen.

Die Großhirnrinde ist zu 96 Prozent gleich aufgebaut. Man bezeichnet diese 96 Prozent als Neokortex (im Kontrast zu entwicklungsgeschichtlich älteren Anteilen) oder auch als Isokortex (griechisch: *iso* = gleich) und schließt aus dem einförmigen Aufbau, dass es sich um eine Art Vielzweckbauteil handelt, das sich zur Implementierung der unterschiedlichsten Funktionen und Prozesse eignet (Nauta 1986). Im Gegensatz dazu sind andere, kleine Bereiche des Gehirns Special-Purpose-Prozessoren, die für eine ganz bestimmte Funktion optimiert wurden. Man kann zeigen, dass mit dem entwicklungsgeschichtlich zu beobachtenden Wachstum des Kortex im Rahmen der Entwicklung der Arten sogar Funktionen, die früher von „Spezialteilen" geleistet wurden, vom Kortex übernommen wurden (vgl. Alman 1999). Was ist das Besondere an der Großhirnrinde? Was macht sie so universell einsetzbar?

Karten

Wenn Neurochirurgen am Gehirn operieren, stehen sie vor dem Problem, dass sie einerseits so wenig Gewebe wie möglich zerstören, andererseits jedoch beispielsweise den Tumor oder Epilepsie-Fokus als ganzen entfernen wollen. Da nach der Eröffnung des Schädels der freiliegenden Gehirnrinde nicht anzusehen ist, welche Repräsentationen wo liegen, wurden seit den 20er Jahren des letzten Jahrhunderts systematische Reizversuche am Kortex durchgeführt, zunächst in Deutschland von Otto Förster (1929; Förster & Penfield 1930) und später vor allem in Kanada von dessen Schüler Wilder Penfield (Penfield 1938, Penfield & Rasmussen 1950, Penfield & Perot 1963; vgl. auch Schott 1993).

Das Gehirn des Menschen ist schmerzunempfindlich. Man kann daher (wie beim Zahnarzt) Eingriffe in Lokalanästhesie vornehmen – und dabei mit dem Patienten sprechen! Berührt man dann die Gehirnrinde mit einem kleinen Draht und schaltet einen schwachen Strom ein, so berichten die Patienten in Abhängigkeit vom Ort der elektrischen Reizung über subjektiv erlebte Phänomene, die sehr unterschiedlich und vielgestaltig sein können.

Dank dieser Technik wurde jedoch sehr bald deutlich, dass es einen Bereich im Kortex gibt, der die Körperoberfläche landkartenförmig repräsentiert. Durch die didaktisch geschickte Aufbereitung seiner Ergebnisse in Form eines über den Kortex abgebildeten Homunkulus erreichten die Zeichnungen landkartenförmiger Repräsentationen der Körperoberfläche im somatosensorischen und motorischen Kortex weltweite Bekanntheit und fehlen in keinem Lehrbuch der Neurologie oder Neurowissenschaft (Abb. 6.1).

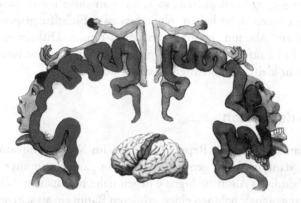

6.1 Motorischer (links) und sensorischer (rechts) Penfieldscher Homunkulus (modifiziert nach Posner & Raichle 1996).

Die Abbildung 6.1 ist also wie folgt zu lesen: Stimuliert man mit einer Elektrode die linksseitige Gehirnregion, die mit „Arm" bezeichnet ist, so berichtet der Patient über ein Kribbeln oder eine ähnliche Tastsensation am rechten Arm (bekanntermaßen kreuzen die Fasern). Wandert man mit der Elektrode entlang des Rindenwulstes abwärts, dann wandert die Empfindung vom Oberarm zum Unterarm und dann zu den einzelnen Fingern der Hand. Bei Stimulation noch weiter unten kribbelt es den Patienten plötzlich an der Stirn, dann im Gesicht abwärts und dann auf der Zunge.

Wie die Abbildung verdeutlicht, entspricht die Größe der kortikalen Repräsentation der Körperoberfläche nicht der Größe der Körperoberfläche: Für den flächenmäßig vergleichsweise großen Rücken ist nur ein kleines Stück Hirnrinde vorhanden, wohingegen für die kleinen Finger sehr viel Platz scheinbar verschwendet wird. Dennoch konnte man schon in den 30er und 40er Jahren nach der Entdeckung des sensorischen Homunkulus dessen eigenartiges Aussehen (daher übrigens auch dessen Name: Gezeichnet erinnert die Verteilung der somatosensorischen Repräsentationen eher an einen Zwerg als an einen Menschen) mit einer bekannten Tatsache aus der Neurologie in Verbindung bringen. Berührt man den Rücken eines Menschen gleichzeitig mit zwei spitzen Bleistiften, so kann man diese bis zu sieben (!) Zentimeter auseinander halten, ohne dass zwei Bleistifte gespürt werden. Diesen Abstand nennt man Zwei-Punkte-Diskriminationsschwelle. Er ist auf dem Rücken am größten und beispielsweise an den Fingern sehr klein. Am kleinsten ist er auf der Zunge.

Prinzip der Karten

Wenn man sagt, dass die Repräsentationen im Kortex landkartenförmig sind, dann ist damit gemeint, dass sie in ganz bestimmter Weise geordnet sind: (1) Ähnliche Signale liegen nahe beieinander. (2) Häufige Eingangssignale nehmen einen größeren Raum ein als seltene. Diese Ordnungsprinzipien kortikaler Repräsentationen – Ähnlichkeit und Häufigkeit – sind von sehr allgemeiner Natur. Wie kommen sie zustande? Wer sorgt in der Gehirnrinde für Ordnung?

Man könnte zunächst meinen, dass die Gehirnentwicklung genetisch bestimmt und daher auch die Kartenstruktur des Kortex entsprechend determiniert ist. Man findet sie übrigens auch bei Tieren, deren somatosensorische Karten je nach Lebensraum und Verhalten etwas anders aussehen: Ratten haben viel Platz für ihre Tasthaare (einen kleinen fassförmigen Flecken von Neuronen für jedes einzelne Haar), bei Affen haben Lippen und Hände besonders viel Platz auf der Gehirnrinde.

Durch Computersimulationen lässt sich zeigen, dass solche Karten ganz von allein dadurch entstehen, dass neuronale Netzwerke bestimmten Typs Muster verarbeiten (vgl. die ausführliche Darstellung in Spitzer 1996). Wichtig ist, dass diese Netzwerke ganz einfach gebaut sind und nur auf drei Funktionsprinzipien beruhen: (1) Synapsen sind plastisch, (2) im Gehirn herrscht hohe Konnektivität und (3) Neuronen sind mit ihren Nachbarn auf ganz bestimmte Weise verbunden, die dafür sorgt, dass bei Erregung an einer Stelle die nahe gelegenen Zellen mit erregt werden, weiter entfernt liegende Zellen hingegen aktiv gehemmt werden (man spricht vom Center-surround-Prinzip und nennt die Funktion ihrer Form wegen auch Mexikanerhut-Funktion).

Sobald man diese drei Prinzipien, von denen man weiß, dass sie in der Gehirnrinde implementiert sind, in ein Modell hineinsteckt und dieses Netzwerk dann mit irgendwelchem strukturierten Input füttert, entstehen Karten des Input, d.h. aus flüchtigen Aktivitätsmustern (Input) werden neuronale Repräsentationen dieser Muster (in Form unterschiedlich starker Synapsen an Neuronen der Outputschicht des Netzwerks). Die entstehenden Repräsentationen sind zudem *kartenförmig* auf der Outputschicht des Netzwerks angeordnet, d.h. nach den Prinzipien der *Häufigkeit* und *Ähnlichkeit*.

Es ist damit nicht gesagt, dass der Kortex auf genau die gleiche Weise funktioniert wie die Modelle. Wichtig ist vielmehr Folgendes: Die Modelle zeigen, dass es gar nicht viel bedarf, damit Karten entstehen – lediglich der Verarbeitung des Input nach den drei Funktionsprinzipien. Wo diese Prinzipien vorhanden sind (und das ist der gesamte Neokortex), dort sollten Karten existieren. Daher hat man allen Grund zur Annahme, dass neben den bekannten, kartenförmig strukturierten niederen kortikalen Arealen auch höherstufige Areale Repräsentationen in Form von Landkarten enthalten. Dafür sprechen zudem neuere empirische Befunde aus dem Bereich der multimodalen funktionellen Bildgebung.

Kartenförmige Repräsentationen sind für eine ganze Reihe primärer und sekundärer sensorischer Areale nachgewiesen: Der somatosensorische Kortex (S1) ist, wie bereits erwähnt, eine *somatotope Karte*. Im primären Hörkortex (A1) befindet sich eine sogenannte *tonotope Karte*, auf der die vom Ohr kommenden Signale nach ihrer Frequenz angeordnet repräsentiert werden (vgl. Abb. 6.2). Der primäre visuelle Kortex (V1) ist eine *retinotope Karte*, d.h. jedem Ort dieses Stücks Gehirnrinde ist ein Ort auf der Netzhaut zugeordnet. Auch für weitere visuelle Verarbeitungsareale wurde die Kartenstruktur mittlerweile eindeutig nachgewiesen. Je höher jedoch die Verarbeitungsstufe ist, desto schwieriger ist dieser Nachweis.

Dies hat einen ganz einfachen Grund: Primäre sensorische Areale erhalten ihren Input von außen. Man kennt daher den Input einigermaßen und kann seine statistischen Eigenschaften (Häufigkeit und Ähnlichkeit) beschreiben. Alle nicht-primären kortikalen Areale

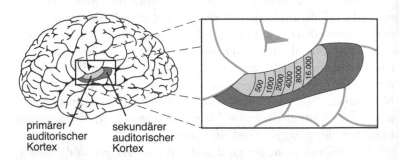

primärer
auditorischer
Kortex

sekundärer
auditorischer
Kortex

6.2 Der primäre auditorische Kortex (A1) enthält Neuronen, die Töne frequenz-
abhängig kartenförmig repräsentieren (aus Spitzer 2002a, S. 185).

hingegen erhalten ihren Input *von anderen kortikalen Arealen*. Man
kennt daher diesen Input längst nicht so genau und daher auch nicht
dessen Statistik. Da die höherstufigen Karten aber nichts weiter machen, als eben diese Statistik auf sich abzubilden und zu ordnen, sind
die Ordnungsprinzipien mit zunehmender Entfernung von der Außenwelt bzw. den primären Karten zunehmend schwierig auszuma-
chen. Hinweise auf derartige im weitesten Sinne „kognitive Karten"
liegen vor, sind jedoch insgesamt vergleichsweise eher spärlich und haben zum großen Teil Indiziencharakter (siehe unten).

Entstehung der Karten

Kortikale Karten entstehen, wenn der Kortex Inputmuster verarbeitet.
Die primäre Sehrinde (V1) ist ein gutes Beispiel. Auf ihr ist die Netzhaut landkartenförmig abgebildet, wie man seit 1982 durch Experimente an Affen eindeutig weiß (Tootel et al. 1982). Mit Hilfe der
neueren funktionellen bildgebenden Verfahren sind Karten in primären sowie sekundären visuellen Arealen auch beim Menschen nachgewiesen.

Seit Jahrzehnten ist aus Studien an Katzen bekannt, dass sich der visuelle Kortex erst unter dem Eindruck visueller Reize vollständig entwickelt. Damit beeinflussen frühe Seherfahrungen das spätere Sehen, weil durch sie überhaupt erst Repräsentationen des Gesehenen ausgebildet werden, die dann wieder benutzt werden, um neue Eindrücke zu strukturieren (Blakemore & Cooper 1970). Haben die Katzen von frühester Jugend an nur in einer Richtung verlaufende schräge Striche gesehen, sind sie nahezu blind für Linien anderer Orientierung, was auf einer plastischen Anpassung orientierungsspezifischer Neuronen des visuellen Kortex beruht (Sengpiel et al. 1999). Diese frühe Anpassung des visuellen Kortex an die Erfahrung erfolgt während einer kritischen Periode, d.h. kann ab einem bestimmten Alter der Katzen nicht mehr stattfinden.

Die Größe kortikaler Landkarten beim Menschen lässt sich besonders im visuellen System abschätzen, wo die größte Anzahl derartiger Landkarten bislang zweifelsfrei nachgewiesen wurde. Dividiert man nun die gesamte Kortexoberfläche durch die durchschnittliche Größe einzelner Landkarten, so erhält man die Zahl 735. Mit anderen Worten: Die Zahl der kortikalen Karten, die unterschiedliche Inputmuster kodieren und sich diese Muster gegenseitig in einer hierarchischen Weise zuspielen, um sie auf unterschiedlichen Komplexitätsstufen zu verarbeiten, liegt in der Größenordnung von einigen Hundert.

Plastische Karten

Seit etwa zwei Jahrzehnten ist bekannt, dass kortikale Landkarten nicht nur erfahrungsabhängig entstehen, sondern einer beständigen erfahrungsabhängigen Umorganisation unterliegen. Man spricht von *Neuroplastizität*. Damit wird der Sachverhalt ausgedrückt, dass Nervenzellen untereinander beständig Verbindungen knüpfen und entknüpfen und dass durch diese beständige Umformung von Verbindungen letztlich Informationen gespeichert werden. Beispiele hierfür wurden in den vergangenen Jahren immer häufiger publiziert.

Lernt ein Mensch die Blindenschrift (Braille), so vergrößert sich dadurch, dass der rechte Zeigefinger beim Lesen Millionen von kleinen Erhebungen ertasten muss, das kortikale Areal, das für die Fingerkuppe seines rechten Zeigefingers zuständig ist (Pascual-Leone & Torres 1993).

Wer das Gitarren- oder das Geigenspiel erlernt, verändert ebenfalls das für die Finger der linken Hand (die besonders genau greifen müssen) zuständige kortikale Areal (Elbert et al. 1995). Es wird um 1,5 bis zu 3,5 Zentimeter länger, letzteres allerdings nur dann, wenn vom frühen Kindesalter an viel geübt wird. Weiterhin wurde nachgewiesen, dass die akustische Landkarte (für Töne) bei Musikern um ca. 25 Prozent größer ist als bei Nichtmusikern (Pantev et al. 1988). Trompeter haben mehr Platz für Trompetentöne, Geiger mehr Platz für Geigentöne (Pantev et al. 2001).

Nach Amputation einer Hand wird infolge fehlender Eingangssignale von der Hand das kortikale Areal, das für die Hand zuständig ist, kleiner (vgl. die Übersicht bei Spitzer et al. 1995). Die nicht vorhandene Hand – man nennt sie daher Phantomhand – wird entsprechend als schrumpfend erlebt und schließlich nur noch so groß wie eine Briefmarke empfunden. Wird eine fremde Hand transplantiert (was in Einzelfällen seit einigen Jahren erfolgt), so konnte man zeigen, dass sich im Verlauf von vier Monaten die Bereiche im sensorischen Kortex wieder vergrößern (Giraux et al. 2001).

Wie kann dies geschehen? Betrachten wir zur Verdeutlichung ein Beispiel: Wenn Sie Ihren rechten Zeigefinger mit einer Bleistiftspitze berühren, dann werden Rezeptoren an der Oberfläche der Haut angesprochen, die Impulse über das Rückenmark zum Kortex senden. Der von der Haut kommende Reiz wird dabei zunächst über nur wenige Fasern weitergeleitet, die sich jedoch im Kortex bis zu 10.000fach verzweigen und dadurch mit sehr vielen Nervenzellen Kontakt haben können. Im Kortex selbst sind wiederum nicht alle Zellen, zu denen eine Verbindung von dem kleinen Fleck auf der Fingerspitze besteht, auch auf diesen Flecken spezialisiert, sondern nur eine Teilmenge. Die Stärke der Verbindungen vom Finger zu den Zellen dieser kleinen Teilmenge ist hoch, d.h. diese Zellen der Gehirnrinde werden durch den spitzen Bleistift aktiviert. Die Stärke der Verbindungen vom Finger zu den umgebenden Zellen ist gering oder gar nicht nachweisbar. Warum gibt es dann aber diese Verbindungen, die man wegen ihrer scheinbaren Funktionslosigkeit auch *stille Verbindungen* (*silent connections*; vgl. hierzu auch Kap. 12) nennt?

Diese stillen, d.h. schwachen oder gar nicht funktionierenden Verbindungen können aktiviert werden, wenn beispielsweise viel Input vom Zeigefinger genau analysiert werden muss. In diesem Fall sorgt der Input zusammen mit der Plastizität des Kortex dafür, dass die stillen Verbindungen aktiv werden und dadurch mehr Nervenzellen durch den (häufigen und wichtigen) Input aktiviert werden. Dadurch aber ändern sich die Verbindungen, sie werden stärker, wodurch sich wiederum die Repräsentationen im Kortex ändern.

Plastisches Sprachverstehen

Patienten mit Innenohrtaubheit können seit geraumer Zeit mit einem künstlichen Innenohr behandelt werden, das Töne und Geräusche aus der Umgebung aufnimmt, verstärkt, elektronisch in verschiedene Frequenzbänder zerlegt, die Signale in elektrische Impulse umwandelt und mittels Elektroden zur Stimulation des Hörnerven verwendet. Wird der Hörnerv über ein solches künstliches Innenohr stimuliert, so kommt es zunächst zu unangenehmen Empfindungen und rumpelnden Geräuschen, was nicht weiter verwundert, da die vom künstlichen Innenohr generierten Impulse von denen des natürlichen Innenohres völlig verschieden sind. Während das natürliche Innenohr jede Faser des Hörnerven mit bestimmten Informationen über einen bestimmten Frequenzbereich versorgt, erhält der Hörnerv vom elektronischen Innenohr nur an vier bis 20 Stellen (je nach Gerätetyp), die mehrere hundert bis mehrere tausend Nervenfasern stimulieren, irgendwelche Impulse. Auch die Art der Stimulationsimpulse ist verschieden vom natürlichen Ohr.

Es ist daher von kaum zu überschätzender Bedeutung, dass ca. 70 Prozent der Patienten nach etwa einem Jahr ein Telefongespräch führen können, also gesprochene Sprache verstehen, ohne von den Lippen zu lesen. Wie Merzenich und Mitarbeiter zeigen konnten, ist dies nur möglich, weil im Kortex Reorganisationsvorgänge stattfinden, die abhängig vom Eingangssignal sind und für eine Anpassung der Informationsverarbeitung an die Eingangsmuster sorgen.

Die entsprechenden Veränderungen und deren Determinanten lassen sich im Ansatz mittels künstlicher neuronaler Netzwerke simulieren und fallen unter den Begriff der Neuroplastizität. Das Gehirn lernt offenbar innerhalb etwa eines Jahres, die neuen Signale zu entziffern und ihnen die richtigen internen Kodes zuzuordnen. Das Einzige, was es hierfür benutzen kann, sind die in den Eingangssignalen zwar völlig anderen, jedoch nach wie vor vorhandenen raum-zeitlichen Regelmäßigkeiten. Was auch immer das künstliche Innenohr tut, es liefert dem Hörnerven irgendwelchen regelhaften Input.

Bei Patienten mit künstlichem Innenohr wird sich somit eine veränderte Tonkarte im primären auditiven Kortex bilden (vgl. White et al. 1990). Zum Verstehen von Sprache ist jedoch mehr nötig als die korrekte Identifikation von Frequenzen. Diese müssen an höhere kortikale Areale weitergeleitet werden, in denen aus Zusammenklang und Abfolge der Frequenzen sprachliche Laute – Phoneme – synthetisiert werden. Aus diesen Phonemen wiederum müssen Worte und Bedeutungen produziert werden, sodass letztlich das Verstehen von Sprache resultiert. Wie bereits gezeigt, erfolgt Sprachverstehen durch Analyse- und Syntheseprozesse, die parallel ablaufen und so verständlich machen, wie Gestaltbildungsprozesse die Wahrnehmung auf den verschiedensten Ebenen durchdringen.

Wird es eng im Kopf?

In Anbetracht der Befunde zur funktionellen Vergrößerung kortikaler Areale innerhalb von Landkarten durch entsprechendes Training stellt sich zwangsläufig die Frage, was mit den Nachbargebieten geschieht.

Da die Zahl der Zellen, d.h. die Gesamtgröße der Landkarte nicht zunimmt, liegt der Schluss nahe, dass beim Ausbreiten der Repräsentationen ganz bestimmter häufiger Erfahrungsmuster auf der Landkarte (also beispielsweise bei der Vergrößerung der kortikalen Repräsentationen der Zeigefingeroberfläche) die benachbarten Repräsentationen kleiner werden, mit entsprechenden funktionellen Folgen. Kurz: Was geschieht bei der erfahrungsbedingten Vergrößerung kortikaler Landkarten mit den Nachbargebieten?

Betrachtet man den Penfieldschen Homunkulus insgesamt, so könnte man beispielsweise folgern, dass man dem geigespielenden Sohn vom Fußballspielen abraten muss, da das vergrößerte Handareal zu einer notwendigen Verkleinerung des Kopfareals führt, was wiederum die Leistungen im Kopfballspiel verringern sollte. Umgekehrt würde intensives Kopfballtraining das Geigespielen beeinträchtigen. Bislang konnte man hierüber nur spekulieren. Eine kürzlich erschienene Arbeit von Kossut und Siucinska (1998) liefert jedoch experimentelle Hinweise darauf, dass man die Dinge nicht so pessimistisch zu sehen braucht.

Die Autoren benutzen das Modell der Tasthaare von Ratten, für die seit längerer Zeit bekannt ist, dass jedem einzelnen Haar ein bestimmtes kortikales Areal zugeordnet ist, dessen Größe von der Stimulation des Haares, d.h. von den Tasterfahrungen des Tieres, abhängig ist. Durch metabolisches Mapping der Größe der kortikalen Repräsentation einzelner Haare vor und nach selektiver Stimulation bestimmter Haare konnten die Autoren nachweisen, dass die erfahrungsbedingte (lernbedingte) Größenzunahme bestimmter Areale nicht auf Kosten der Nachbarareale geht. Es kommt vielmehr zu einer Vergrößerung des Überlappungsbereichs beider Areale.

Die Ergebnisse passen damit zu der klinischen Beschreibung von Patienten mit Phantomerleben nach Amputation. In einigen dieser Fälle wurde beispielsweise beobachtet, dass taktile Sinneseindrücke vom Gesicht auf den Phantomunterarm projiziert wurden, d.h. dass beispielsweise eine die Wange herunterlaufende Träne sowohl an der Wange als auch am Phantomunterarm gespürt wurde. Dies lässt sich nur dadurch erklären, dass kortikale Neuronen durch Umorganisationsvorgänge nach Deafferenzierung sowohl Wange als auch Unterarm repräsentieren. Es kommt mithin klinisch zu einem Überlappen von Repräsentationen. Die Studie von Kossut und Siucinska hat den entsprechenden neurobiologischen Nachweis von überlappenden Repräsentationen gebracht.

Ihr Ergebnis steht interessanterweise im Widerspruch zu Befunden an der Hörrinde von Ratten nach klassischer Konditionierung zu einem bestimmten Ton. Dort zeigte sich eine Zunahme des den Ton repräsentierenden kortikalen Areals bei gleichzeitiger Abnahme der Areale für benachbarte Töne (Cruikshank & Weinberger 1996). Offen ist somit, ob für den somatosensorischen Kortex bei Ratten der nachgewiesene und für den Menschen durch entsprechende klinische Erfahrungen naheliegende Befund der Überlappung sensorischer Repräsentanzen für alle kortikalen Areale gilt oder ob hier von landkartenspezifischen Prozessen auszugehen ist. Weiterhin offen ist auch, was geschieht, wenn beide Repräsentanzen gleichzeitig durch entsprechende Inputmuster angesprochen werden. Ob es hier zu wechselseitiger Hemmung im Sinne von Interferenz kommt oder zu Bahnungsphänomenen, stellt eine offene Frage für zukünftige neurobiologische und klinische Untersuchungen dar.

Vom Tasten zum Sprechen

Sensorische Karten sind für die verschiedenen Sinnesmodalitäten nachgewiesen. Karten für höherstufige Eigenschaften bis hin zu Bedeutungen sind nicht direkt nachgewiesen, es gibt jedoch Indizien, die ihre Existenz nahelegen.

Eines dieser Indizien ist die bereits erwähnte strukturelle Gleichförmigkeit des Neokortex. Ein anderes ist die funktionelle Gleichartigkeit der Plastizität, wie sie aus einer von Lundborg und Rosén (2001) publizierten Studie hervorgeht. Die Autoren untersuchten den Tastsinn von 54 Patienten, bei denen es zu einer Durchtrennung der sensiblen handversorgenden Nerven gekommen war. Man kann diese Nerven wieder zusammennähen, wonach allerdings keineswegs alles gleich wieder wie vorher funktioniert. Nervenfasern können nicht zusammenwachsen, es kommt vielmehr zum Aussprossen neuer Nervenfasern aus den alten Fasern vom Punkt der Durchtrennung aus in Richtung Hand und Fingerspitzen. Diese neuen Fasern wachsen entlang der alten Fasern mit einer Geschwindigkeit von etwa einem Millimeter pro Tag, brauchen also für eine Strecke vom Unterarm Nähe Ellenbogen bis in die Fingerspitzen gut ein Jahr.

Allein mit dem Nachwachsen ist es jedoch noch immer nicht getan. Stellen Sie sich einen Kabelbaum der Telekom vor, der 100.000 kleine dünne Telefondrähte enthält und den ein Bagger bei Tiefbauarbeiten durchtrennt hat. Was der Chirurg bei einer Nervennaht lediglich machen kann, entspricht etwa der folgenden Reparatur des dicken Telefonkabels: Man hält die beiden Enden zusammen und wickelt dick Klebeband um das ganze Kabel. Man hat damit das Kabel gewiss nicht repariert, denn dazu bedürfte es der Zusammenführung jedes einzelnen kleinen Drahts. Genau dies jedoch geht chirurgisch nicht, denn die einzelnen Nervenfasern (Drähte) sind viel zu klein und zudem ist nicht klar, welcher mit welchem zusammengefügt werden müsste.

Wenn also nun neue Nervenfasern entlang der alten wachsen und am Ende die Tastkörperchen an der Haut erreichen, ist der Tastsinn keineswegs repariert. Die Neuronen im sensorischen Tastkortex bekommen jetzt zwar wieder Impulse, diese kommen jedoch nicht von den gewohnten Punkten der Körperoberfläche, sondern von irgendwo her, je nachdem, welche Faser gerade in welcher weitergewachsen ist. (Dies kann auch bei Nerven geschehen, die nicht Empfindungen zum Gehirn leiten, sondern Impulse vom Gehirn zu Muskeln oder Drüsen. Wenn beispielsweise der Gesichtsnerv durchtrennt und wieder zusammengenäht wird, so kann es geschehen, dass die Fasern zur Speicheldrüse in den Fasern zur Tränendrüse aussprossen und weiter wachsen. Wenn der Patient dann gutes Essen riecht, läuft ihm nicht das Wasser im Munde zusammen, sondern er beginnt zu weinen.)

Interessanterweise kommt es aber dennoch zur Wiederherstellung des Tastsinns. Dies liegt daran, dass die Neuronen des Kortex *anhand der neuen statistischen Eigenschaften ihres Input* umlernen können. Sie entwickeln also langsam neue Repräsentationen, und ein Neuron, das vielleicht früher für den Daumenballen zuständig war, wird nun vielleicht bei Berührung der Kuppe des kleinen Fingers aktiviert. Dieser Vorgang braucht Zeit, denn zuerst müssen die Fasern ausgewachsen sein und dann muss Tastinput verarbeitet werden. Dieses Verarbeiten strukturiert dann die kortikalen Repräsentationen der zuvor sensibel abgetrennten Körperoberfläche neu.

Die Studie von Lundborg und Rosén zeigte nun sehr deutlich, dass die Zeit, die der somatosensorische Kortex zur Reorganisation braucht, vom Alter des Patienten abhängt (vgl. Abb. 6.3).

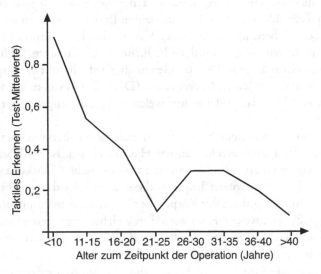

6.3 Durchschnittliche Besserung des Tastsinns bei 54 Patienten zwei Jahre nach der Verletzung und operativer Wiederherstellung wesentlicher Nerven des Unterarms (nach Lundborg & Rosén 2001, S. 809).

Man untersuchte den Tastsinn aller Patienten mit entsprechenden Aufgaben im zeitlichen Abstand von zwei Jahren nach der Nervennaht. Waren die Patienten im Alter von 10 Jahren operiert und im Alter von 12 Jahren untersucht worden, war der Tastsinn praktisch bereits wieder vollständig hergestellt. Waren Verletzung und Operation jedoch einige Jahre später erfolgt, zeigte die zwei Jahre danach durchgeführte Untersuchung noch deutliche Einbußen des Tastsinns. Dies schließt zwar keineswegs aus, dass im weiteren Verlauf noch eine Besserung eintritt, zeigt jedoch, dass das Umlernen des Kortex nicht mehr so rasch erfolgt wie in jüngeren Jahren. Wie man sieht, ist die durchschnittliche Besserung des Tastsinns bei über 40jährigen zwei Jahre nach der Operation noch recht bescheiden.

Szenenwechsel. Im Jahr 2000 wurde eine ganz ähnliche Kurve publiziert (vgl. Abb. 6.4), die auf völlig andere Weise zustande gekommen war.

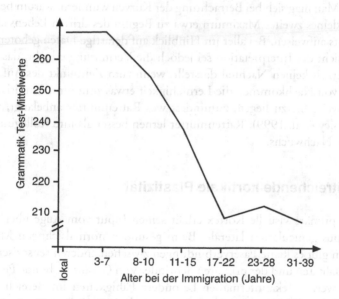

6.4 Abschneiden von Immigranten in einem Grammatiktest in Abhängigkeit vom Alter bei der Einwanderung (nach Barinaga 2000, S. 2119).

Man hatte insgesamt 46 New Yorker Immigranten aus China und Korea im Hinblick darauf untersucht, wie gut sie des Englischen mächtig waren in Abhängigkeit davon, in welchem Alter die Einwanderung erfolgt war. Man bediente sich hierzu eines Grammatiktests. Es zeigte sich, dass Personen, die vor dem 11. Lebensjahr ins Land gekommen waren, die Sprache praktisch fehlerfrei beherrschten. Mit zunehmendem Alter bei der Einwanderung jedoch nahmen die Sprachfertigkeiten ab, wobei die Form der Kurve der in Abbildung 6.3 sehr ähnelt.

Zufall? – Vielleicht. Die beiden Kurven können jedoch auch als Indiz dafür gewertet werden, dass ganz unterschiedlich spezialisierte Bereiche des Kortex im Laufe des Lebens eines Individuums eine gleichsinnige Änderung ihrer Plastizität erfahren: Das Ausmaß bzw. die Geschwindigkeit von inputgetriebener Reorganisation nimmt in ganz ähnlicher und charakteristischer Weise ab.

Man mag sich bei Betrachtung der Kurven wundern, warum beide ein kleines zweites Maximum etwa zu Beginn des dritten Lebensjahrzehnts aufweisen. Bei aller im Hinblick auf derartige Daten gebotenen Vorsicht der Interpretation sei jedoch die Vermutung erlaubt, dass es sicherlich keinen Nachteil darstellt, wenn zum Zeitpunkt des Auftretens von Nachkommen die Lernfähigkeit etwas zunimmt. Empirische Hinweise hierzu liegen, zumindest was Rattenmütter anbelangt, vor (Kinsley et al. 1999): Rattenmütter lernen besser als ihre Kolleginnen ohne Nachwuchs.

Weitreichende kortikale Plastizität

Der primäre visuelle Kortex erhält seinen Input vom Auge über das Corpus geniculatum laterale. Beim gesunden normalsichtigen Menschen gibt es keine Faserverbindungen zwischen anderen sensorischen Modalitäten und der primären Sehrinde. Von Geburt an blinde Personen weisen bekanntermaßen besondere Fähigkeiten im Bereich des Gehörs und des Tastsinns auf, von denen bisher mit Recht immer angenommen wurde, dass es sich um eine Kompensation des nicht vorhandenen Sehsinns handelt. Wie weit diese Kompensation auf neuronaler Ebene jedoch nachvollzogen werden kann, blieb bis vor wenigen Jahren im Unklaren.

Im Jahr 1996 jedoch wurde die erste hierfür wesentliche Untersuchung von Sadato et al. (1996) publiziert. Die Autoren konnten mittels Positronenemissionstomographie und funktioneller Magnetresonanztomographie nachweisen, dass bei kongenital blinden Versuchspersonen der visuelle Kortex durch das Lesen von Blindenschrift (d.h. durch das Betasten kleiner erhabener Punkte mit dem Zeigefinger der dominanten Hand) aktiviert wird. Auch konnte gezeigt werden, dass eine Tastaufgabe, die eine Diskrimination des betasteten Stimulus beinhaltete, den visuellen Kortex von blinden Personen aktiviert, nicht jedoch bloße Berührungsempfindungen. Mit anderen Worten: Der visuelle Kortex wird offensichtlich bei erblindeten Menschen nur dann für das Tasten rekrutiert, wenn es um mehr geht als das bloße Registrieren von Berührung, also beispielsweise um das Erledigen einer komplexen Tastaufgabe. In der gleichen Untersuchung konnte man weiterhin zeigen, dass – ganz im Gegensatz zu blinden Menschen – der visuelle Kortex von sehenden Personen bei der Durchführung einer Tastaufgabe deaktiviert wird.

Die funktionelle Relevanz der zusätzlichen Rekrutierung des visuellen Kortex bei der Erfüllung von Tastaufgaben durch kongenital blinde Versuchspersonen wurde im Rahmen einer weiteren Studie von Cohen et al. (1997) zweifelsfrei nachgewiesen.

Kognitive kortikale Karten bei Postbeamten

Ein schönes Beispiel für die Flexibilität kognitiver Karten wurde jüngst von Polk und Farah (1998) berichtet. Aus funktionellen Untersuchungen war bekannt, dass die Fähigkeit, mit Zahlen umzugehen, und die Fähigkeit, mit Buchstaben umzugehen, in unterschiedlichen kortikalen Arealen repräsentiert sind. Dies hat insofern Sinn, als wir beim Lesen nur mit Buchstaben hantieren, beim Rechnen hingegen nur mit Zahlen. Es geschieht eher selten, dass wir Buchstaben und Zahlen völlig durcheinander wahrnehmen und verarbeiten. Entsprechend dieser Getrenntheit des Input (entweder Zahlen oder Buchstaben, nicht jedoch beides zugleich) muss man davon ausgehen, dass die neuronale Repräsentation von Zahlen und Buchstaben ebenfalls getrennt ist.

Für bestimmte Menschen trifft diese Annahme jedoch nicht zu. Wer täglich Zahlen und Buchstaben zugleich und durcheinander zu verarbeiten hat, von dem sollte man annehmen, dass bei ihm Zahlen und Buchstaben in einer Landkarte repräsentiert sind und nicht in zwei getrennten Repräsentationssystemen vorliegen. Um diese Annahme experimentell zu überprüfen, untersuchten Polk und Farah kanadische Postbeamte. Wie man weiß, wird in Kanada, ähnlich wie in England, für Postleitzahlen ein alphanumerischer Code verwendet (z.B. „M5T 2S8"), d.h. es werden Buchstaben und Zahlen gleichzeitig in einer Postleitzahl eingesetzt. Menschen, die täglich entsprechende Briefe sortieren, verarbeiten damit Buchstaben und Zahlen für viele Stunden am Tag simultan, weswegen man annehmen sollte, dass bei diesen Menschen Buchstaben und Zahlen nicht auf unterschiedlichen Landkarten repräsentiert sind, sondern auf einer mehr oder weniger homogenen Karte.

Polk und Farah benutzten den perzeptuellen *Pop-out-Effekt*, um diese Hypothese zu überprüfen. Der Effekt besteht darin, dass in einer Suchaufgabe ein Buchstabe dann besser zu finden ist, wenn er innerhalb von Zahlen gesucht wird, als innerhalb anderer Buchstaben (siehe Abb. 6.5). Man spricht davon, dass der Buchstabe eher ins Auge sticht (englisch: *to pop out*), wenn er von Zahlen umgeben ist, und weniger ins Auge sticht, wenn er von anderen Buchstaben umgeben ist. Entsprechendes gilt umgekehrt für Zahlen.

Die Erklärung dieses Effektes besteht darin, dass das Erkennen von Buchstaben unter anderen Buchstaben dadurch erschwert wird, dass es zu Interferenzeffekten auf der Buchstabenlandkarte kommt. Soll jedoch eine Zahl unter Buchstaben erkannt werden, so treten diese Interferenzeffekte nicht auf, was das rasche, ungestörte Erkennen der Zahl erlaubt. Die Zahl sticht in diesem Falle regelrecht aus dem Wahrnehmungsfeld heraus. Letztlich zeigt der Pop-out-Effekt damit an, dass die entsprechenden Repräsentanzen kortikal getrennt vorliegen. Besteht der Pop-out-Effekt nicht, kann man davon ausgehen, dass die kortikalen Repräsentationen nicht getrennt sind.

384267362847
668021745325
783412453904
718273645441
384967362847
668021945395
78341B245304
918273645491

PDIEHDIAFGFO
QLSWFCEPJCVN
GTZPGRISHBPGI
CMIARCQNPZKL
EHDIAFGFOPR
WFCEPJCVNPS
PGR9ISHPGIMY
ARCQNPZKLEF

6.5 Visueller Pop-out-Effekt. Oben: Ein Buchstabe (B) ist unter Zahlen besser zu erkennen als eine Zahl (9) unter Zahlen. Unten: Eine Zahl (9) ist unter Buchstaben besser zu erkennen als ein Buchstabe (B) unter Buchstaben.

Zur Untersuchung wurden die kanadischen Postbeamten zunächst in zwei Gruppen eingeteilt: Die einen waren mit dem Sortieren von Briefen beschäftigt, die anderen nicht. Ansonsten bestand zwischen den Gruppen kein Unterschied. Wer täglich jedoch mehrere Stunden in Kanada Briefe sortiert, der verarbeitet während dieser Zeit Buchstaben und Zahlen gleichzeitig. Dies sollte dazu führen, dass bei denen, die Briefe sortieren, Buchstaben und Zahlen nicht (wie gewöhnlich der Fall) getrennt repräsentiert sind. Dies wiederum lässt die Hypothese zu, dass der Pop-out-Effekt bei den Briefesortierern nicht vorhanden sein sollte. Genau dies zeigt die entsprechende Untersuchung der Erkennungszeiten von Polk und Farah. Bei den Briefe sortierenden kanadischen Postbeamten wurde kein Pop-out-Effekt von Buchstaben unter Zahlen bzw. von Zahlen unter Buchstaben festgestellt.

Diese Studie zeigt damit an einem ungewöhnlichen Beispiel sehr deutlich, dass auch höhere kortikale Repräsentationen erfahrungsabhängig gespeichert sind. Sie kann damit in die Untersuchungen zu den funktionellen kortikalen Unterschieden zwischen Musikern und Nichtmusikern (Zusammenfassung bei Spitzer 2002a) oder zweisprachig aufgewachsenen Menschen einerseits und solchen Menschen andererseits, die zunächst die Muttersprache und erst später eine Fremdsprache erlernt haben, eingereiht werden (Kim et al. 1997). Weitere Studien dieser Art sind zu erwarten und werden noch deutlicher, als dies jetzt bereits abzusehen ist, zeigen, dass und wie die menschliche Großhirnrinde erfahrungsabhängig kognitive Karten anlegt und verwaltet.

Zusammenspiel der Karten

Man schätzt, dass bei jeder bestimmten geistigen Leistung (sprechen, zuhören, ein Lied aufmerksam studieren, musizieren etc.) zumindest einige Dutzend kortikaler Landkarten in spezifischer Weise aktiviert sind. Wie bereits oben erwähnt, gibt es im Kortex nicht *eine* Karte, sondern mehrere Hundert, und auf die enorme innere Konnektivität des Kortex wurde ebenfalls bereits verwiesen. Diese internen Verbindungen sind in hohem Maße nach bestimmten Prinzipien geordnet.

Eines dieser Prinzipien besagt, dass kortikale Areale so miteinander verschaltet sind, dass ein Areal, das Signale von einem „niedrigeren" Areal erhält, zu diesem auch Signale zurückschickt. Das „niedrigere" Areal liefert also nicht nur die Eingangssignale für das „höhere" Areal, es empfängt auch seinerseits Signale von diesem, die der Strukturierung und Gestaltbildung dienen (Mumford 1992).

Die Informationsverarbeitung läuft also nicht in einer Einbahnstraße, sondern im Gegenverkehr. Kortikale Areale spielen sich Informationen zu und verarbeiten sie dabei. Die meisten kortikalen Areale erhalten ihren Input daher nicht von der Außenwelt, sondern von anderen kortikalen Arealen. Daher ist auch die Kartenstruktur der auf ihnen vorhandenen Repräsentationen mit zunehmender Komplexität der Karten zunehmend schwerer nachweisbar.

Was jedoch in den vorangegangenen Kapiteln über Lernen, über die Verarbeitungstiefe, über die Plastizität synaptischer Verbindungen und über die Umsetzung von flüchtigen Erregungen in stabile Repräsentationen gesagt wurde, lässt sich am Modell eindrucksvoll zeigen (für ein Beispiel vgl. Thielscher et al. 2002) und anhand einer zunehmenden Zahl neurobiologischer Befunde immer besser durch Daten zur Funktion der Gehirnrinde belegen. Was kognitive Karten und deren erfahrungsabhängige Veränderungen anbelangt, stehen wir jedoch erst am Anfang. Aber immerhin leben wir in einer faszinierenden Zeit für (Neuro-)Wissenschaftler!

Fazit

Unter Neuroplastizität versteht man ganz allgemein neuronale Reorganisationsvorgänge, die in Abhängigkeit von den zu verarbeitenden Signalen sowie den internen Funktionszuständen vonstatten gehen. Wie Forschungsergebnisse insbesondere der vergangenen ca. 15 Jahre eindrucksvoll nachweisen konnten, baut sich das Gehirn in Abhängigkeit vom zu verarbeitenden Input ständig um, d.h. es werden neue neuronale Verbindungen geknüpft, um Eingangssignale besser verarbeiten zu können.

Zu den eindruckvollsten Demonstrationen von kortikaler Neuroplastizität beim Menschen gehören die Befunde, dass beim Erlernen der Blindenschrift das den rechten Zeigefinger im linken somatosensorischen Kortex repräsentierende Areal messbar größer wird, sowie der Befund, dass Gitarren- und Geigenspieler, die mit den Fingern der linken Hand besonders feinsensorisch diskriminieren müssen, im rechten somatosensorischen Kortex mehr Platz für eben diese Finger aufweisen. Weiterhin wurde nachgewiesen, dass die akustische Landkarte bei Musikern größer ist als bei Nichtmusikern und Trompeter mehr Platz für Trompetentöne haben, Geiger dagegen mehr Platz für Geigentöne.

7 Schlaf und Traum

Erinnern wir uns an die Experimente mit Ratten, die sich in einem Kasten zurechtfinden mussten, aus Kapitel 2. Ein Jahr, nachdem diese Experimente publiziert waren, kam aus der gleichen Forschergruppe eine weitere wichtige Arbeit. Das Experiment war im Grund ganz einfach: Man ließ die Ratten nach dem Erlernen des neuen Raums ein Nickerchen halten und leitete weiter Signale von Neuronen des Hippokampus ab. Hierbei zeigte sich, dass während des Schlafs genau diejenigen Neuronen, die unmittelbar zuvor neue Repräsentationen ausgebildet (sprich: gelernt) hatten, nochmals aktiviert wurden. Wozu sollte dies gut sein?

Konsolidierung und Schlafstadien

Vielleicht hat der eine oder andere Leser bei sich selbst schon beobachtet, dass man tagsüber eine Sache lernen möchte, sie aber trotz größter Anstrengung einfach nicht richtig fertig bringt. Enttäuscht vom Ergebnis der eigenen Bemühungen wendet man sich ab, um dann erstaunt festzustellen, dass am nächsten Tag alles „wie geschmiert" klappt. Ganz offensichtlich spielen sich *nach* dem Lernen noch weitere Verarbeitungsschritte des Gelernten ab, die zu einer Verbesserung der Lernleistung führen. Man bezeichnet diese seit gut einhundert Jahren bekannte Nachverarbeitung und Verfestigung von Inhalten im Gedächtnis als *Konsolidierung* (vgl. Lechner et al. 1999). Seit mehr als zehn Jahren bringt man diesen Vorgang mit dem Schlaf in Verbindung, da Schlafentzug nach dem Lernen das Behalten beeinträchtigt (vgl. Gais et al. 2000, Maquet 2000, Stickgold 1998, Stickgold et al. 2000a, b).

Schlaf ist jedoch nicht gleich Schlaf. Seit mehr als 50 Jahren ist bekannt, dass es unterschiedliche Phasen während des Schlafs gibt, die auch als *Schlafstadien* bezeichnet werden. Der schlafende Mensch selbst bemerkt im Grunde nichts davon, sondern ist abends müde, schläft mehr oder weniger ungestört und wacht morgens ausgeschlafen wieder auf. Leitet man jedoch Hirnströme ab und misst die Augenbewegungen sowie die Muskelanspannung, findet man ganz unterschiedliche Zustände im Verlauf einer äußerlich betrachtet ganz einheitlichen durchschlafenen Nacht (vgl. Abb. 7.1). Einen dieser Zustände bezeichnet man als Tiefschlaf, wobei verschiedene Tiefen dieses Schlafs unterschieden werden. Die elektrische Aktivität des Gehirns in diesem Zustand ist ganz anders als im Wachzustand, und man schläft (daher der Name) recht tief, d.h. ist nur schwer zu wecken.

Wenn man abends einschläft, so verändert sich die Hirnstromkurve zunächst immer mehr in Richtung Tiefschlaf. Nach einiger Zeit jedoch geschieht etwas Eigenartiges: Der Schlaf wird wieder leichter (also weniger tief) und man könnte meinen, der Schläfer wacht gleich wieder auf. Tatsächlich kommt nun eine Schlafphase, während der die Hirnstromkurve genauso aussieht, als sei man wach. Gleichzeitig jedoch ist man am allerschwersten weckbar (man schläft also sehr fest) und die Anspannung der Muskeln ist noch geringer als im Tiefschlaf: Man ist völlig schlaff. Nur die Augenmuskeln machen wilde Zuckungen und verursachen rasche Augenbewegungen. Dieser Schlaf ist so eigenartig, dass man ihn früher als *paradoxen Schlaf* bezeichnet hat. Das Gehirn ist elektrisch wach, lässt aber nichts hinein (höchste Weckschwelle) und nichts hinaus (geringste Muskelspannung). Der heute für dieses Schlafstadium allgemein verwendete Name ist von den schnellen Augenbewegungen (*Rapid Eye Movements*) abgeleitet: Man bezeichnet diesen Schlaf als *REM-Schlaf.*

REM-Schlaf und Tiefschlaf sind beide für das Wohlbefinden eines Menschen (d.h. für einen guten Schlaf) wichtig. Sie folgen im Verlauf einer normalen Nacht fünf- bis sechsmal aufeinander, was in einer Schlafaufzeichnung im Labor zu einer Kurve führt, die wie eine Achterbahn aussieht (vgl. Abb. 7.2).

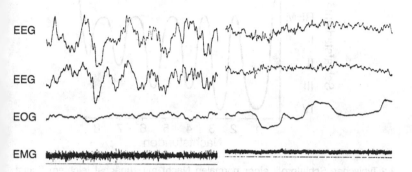

7.1 Aufzeichnung von Hirnstromkurve (Elektroenzephalogramm; EEG), Augenbewegungen (Elektrookulogramm, EOG) und Muskelspannung (Elektromyo-
gramm, EMG) im Tiefschlaf (links) und REM-Schlaf (rechts). Der Tiefschlaf ist
durch langsame hohe Wellen im EEG gekennzeichnet; der REM-Schlaf zeichnet
sich durch ein dem Wachzustand ähnelndes EEG, durch rasche Augenbewegungen und einen sehr niedrigen Muskeltonus aus (Kurven aus Spitzer 1984).
Weckt man schlafende Versuchspersonen aus verschiedenen Schlafphasen, so
berichten sie mit unterschiedlicher Wahrscheinlichkeit über Träume: Wer aus
dem REM-Schlaf geweckt wird, hat meist gerade geträumt (und erzählt davon),
wohingegen aus dem Tiefschlaf geweckte Versuchspersonen eher nicht über
Träume berichten.

Zurück zu unserer Frage: Nachdem die Ratten neue Orte ausge-
kundschaftet hatten, wurden im Tiefschlaf genau diejenigen neuronalen Verbindungen, die während des Lernens zuvor geknüpft worden
waren, erneut aktiviert. Wozu mag dies gut sein?

Lernen im Schlaf

Zwischen dem Hippokampus und der Gehirnrinde bestehen enge und
vielfältige Verbindungen. Wenn nun die gerade gelernten Inhalte im
Hippokampus während des nachfolgenden Tiefschlafs erneut aktiviert

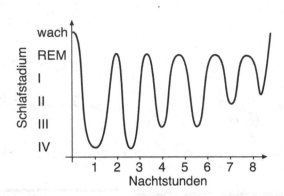

7.2 Typisches Schlafprofil einer normalen Nacht mit zunächst leichtem Schlaf (Stadium I und II), dann Tiefschlaf (Stadium III und IV) und dann REM-Schlaf, dann wieder Tiefschlaf, etc. Das Ganze geht fünf- bis sechsmal pro Nacht, wobei in der ersten Nachthälfte der Tiefschlaf überwiegt und man gegen Morgen vor allem REM-Schlaf durchmacht. Die geordnete Abfolge von Schlafstadien nennt man auch Schlafarchitektur.

werden, bewirkt dies für den Kortex praktisch eine erneute Darbietung dieser Inhalte. Anders ausgedrückt: Im Tiefschlaf findet *off-line* Nachverarbeitung *(postprocessing)* statt (Stickgold 1998).

Wie man sich dies im Einzelnen vorzustellen hat, wurde in weiteren Studien geklärt. Man konnte beispielsweise durch gleichzeitige Ableitung von einzelnen Zellen im Hippokampus und im Kortex an Ratten zeigen, dass die Aktivität von Neuronen in Kortex und Hippokampus zeitlich eng zusammenhängt. Daraus wiederum kann man schließen, dass Kortex und Hippokampus durch diesen Vorgang funktionell verbunden, also synchronisiert werden. Dies dient dazu, dass die Gedächtnisspuren vom Hippokampus in den Kortex übertragen werden. Hierdurch werden sie von dem kleinen und flüchtigen Speicher Hippokampus in den großen und sicheren Speicher Kortex überführt. Die Autoren kommentieren dies wie folgt:

„Auf diese Weise sind feuernde Neuronen im Hippokampus in der Lage, basierend auf Informationen, die vergangene Erfahrung in hippokampale Netzwerke platziert hat, Neuronen der Großhirnrinde zu aktivieren. Sie können damit auswählen, welche Neuronen der Gehirnrinde an einer bestimmten ... Episode beteiligt sind. Die wiederholte und selektive hippokampal beeinflusste Aktivierung zugleich aktivierter neuronaler Zustände in der gesamten Großhirnrinde während [des Tiefschlafs] dürfte ideale Bedingungen für die plastische Beeinflussung von Schaltkreisen herstellen, die für die Reorganisation bzw. Konsolidierung von Gedächtnisinhalten bedeutsam sind." (Siapas & Wilson 1994, S. 1126, Übersetzung durch den Autor)

Mit anderen Worten: *Der Hippokampus fungiert im Schlaf als Lehrer des Kortex.* Immer dann, wenn der Hippokampus etwas (vorläufig) gelernt hat, wird nachfolgend off-line das Gelernte zum Kortex übertragen. Dies geschieht im Tiefschlaf. Auf diese Weise lernt der prinzipiell sehr langsam lernende Kortex im Laufe der Zeit alles Wichtige, was zuvor eben im Hippokampus gespeichert worden war.

Zebrafinken lernen schlafend singen

Eine zweite Studie an Zebrafinken (Dave et al. 1998) klärte den Zusammenhang von Schlafen und Lernen noch weiter auf. Männliche Vertreter dieser Singvogelart lernen ihre Lieder von männlichen Artgenossen: Man(n) singt zunächst einmal, was man hört (im Innern von Großstädten lernen Singvögel daher zuweilen die Klingelzeichen von Handys). Später verfeinern die Männchen dann ihre Lieder zu den unverwechselbaren Brautgesängen, mit denen sie die Weibchen umwerben. Dies geschieht – so konnten Dave und Mitarbeiter zeigen – zumindest teilweise im Schlaf.

Man weiß seit Jahren, dass es bei Singvögeln gesangsspezifische Neuronen in mindestens zwei verschiedenen Gebieten des Gehirns („Singzentren") gibt, etwa entsprechend den Sprachzentren beim Menschen. Es gibt also ein sensorisches Singzentrum, das Fasern zum motorischen Singzentrum schickt. Die Neuronen in beiden Zentren sind immer dann aktiv, wenn der Vogel sein eigenes Lied singt. Verbindungen zwischen den beiden Zentren sind beim Erlernen des jeweils eigenen Liedes bedeutsam, denn Neuronen in den Zentren sind auch beim Hören des jeweils eigenen Gesangs am stärksten aktiviert. Die Autoren leiteten gleichzeitig von Neuronen in den Singzentren während Wach- und Tiefschlafphasen ab. Wurde den Vögeln „ihr Lied" vorgespielt, so tauschten die beiden Kerngebiete am Tage keine Informationen aus. Demgegenüber flossen während des nachfolgenden Schlafs gesangsspezifische Informationen ungehindert zwischen den Zentren hin und her. Die Wissenschaftler kommentieren:

> „Eine faszinierende Möglichkeit [der Interpretation dieser Befunde] besteht darin, dass das am Tage verarbeitete akustische Feedback die Aktivierungsmuster im sensorischen Singzentrum modifiziert, was dann während der Nacht an das motorische Singzentrum weitergegeben wird. ... Die in den Aktivierungssalven [des sensorischen Singzentrums] kodierten Informationen dürften die vokalen Motorprogramme [im motorischen Singzentrum] stabilisieren, die als Aktivierungsmuster von Neuronengruppen gespeichert sind." (Dave et al. 1998, S. 2252)

Die Autoren vergleichen diesen Vorgang ausdrücklich mit den oben beschriebenen Zusammenhängen von Hippokampus und Großhirnrinde. Beide Studien klären damit wesentliche Aspekte des Lernens im Schlaf auf. Wenn wir schlafen, geht es ganz offensichtlich darum, dass die gekoppelte geordnete Aktivierung unterschiedlicher Informationsspeicher (z.B. Hippokampus und Großhirnrinde) den Austausch zwischen diesen verbessert und damit zu einer Verfestigung und Ordnung von Gedächtnisinhalten führt, die während des Tages zunächst nur in einem Speicher gleichsam zwischengelagert wurden.

Lernen im Traum?

Wenn im Tiefschlaf die Informationen nach dem Lernen vom Hippokampus in die Großhirnrinde abgespeichert werden, so erhebt sich die Frage, was im Traumschlaf (REM-Schlaf) geschieht. Um dies herauszufinden, wurden wiederum Ratten mit Elektroden im Hippokampus in einen neuen Käfig gesetzt, in dem sie sich zu orientieren hatten

(Louie & Wilson 2001). Aus bestimmten methodisch-experimentellen Gründen war der Käfig diesmal rund und die Ratten wurden trainiert, den Käfig in einer bestimmten Richtung zu durchlaufen. Wieder wurden Schokoladenstückchen auf dem Boden des Käfigs ausgestreut, um die Ratten zu motivieren, den Käfig auch wirklich sehr gut auszukundschaften.

Die Ratten lernten, entlang des kreisförmigen Irrgartens zu laufen. Man fand wie erwartet Nervenzellen, die bestimmte Stellen des Irrgartens kodierten, also immer dann aktiv wurden, wenn die Ratte sich an einer bestimmten Stelle des Irrgartens befand (*place cells*). Die Aktivität solcher ortssensitiver Zellen wurde über dem gesamten der Ratte während des Experiments zur Verfügung stehenden Raum graphisch dargestellt (vgl. Abb. 7.3 Mitte rechts). Drehte die Ratte ihre Runden im Irrgarten (vgl. Abb. 7.3 oben und Mitte links), ging damit ein ganz bestimmtes Aktivierungsmuster einer ganzen Reihe solcher bestimmte Orte kodierender hippokampaler Neuronen einher. Diese periodischen Muster neuronaler Aktivität beim Durchlaufen des Irrgartens sind in Abbildung 7.3 unten zu sehen.

Durch kontinuierliche weitere Ableitung aus dem Hippokampus der Tiere bis in den Schlaf hinein stellte sich heraus, dass die ortssensitiven Neuronen auch in nachfolgenden Traumschlafphasen aktiv waren. Damit ergab sich die Frage, ob die Aktivierungsmuster während des Laufs im Labyrinth und die Aktivierungsmuster im REM-Schlaf miteinander zusammenhängen. Um dies herauszufinden, gingen die Autoren wie folgt vor. Sie entwickelten ein komplexes mathematisches Verfahren, das letztlich darauf hinausläuft, die Aktivität von Nervenzellen in einer bestimmten REM-Schlaf-Episode mit der Aktivität während des zuvor erlernten Verhaltens zu korrelieren.

Man kann sich die Funktion des Verfahrens wie folgt veranschaulichen (vgl. Abb. 7.4): Nach der Art eines sich bewegenden Fensters wurde die REM-Episode mit der neuronalen Aktivität während des zuvor aufgezeichneten Wachzustands verglichen. Anders ausgedrückt, ist es, als würde man die Aktivität während der REM-Episode auf eine Folie kopieren und diese Folie dann auf die Aktivierungsmuster legen, die während des Verhaltens registriert wurden. Wenn man die Folie dann

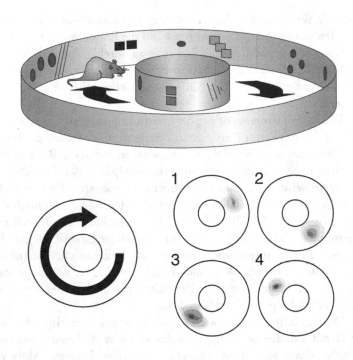

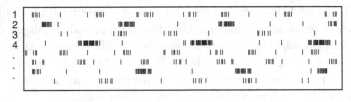

7.3 Oben und Mitte links: Schematische Darstellung des Irrgartens, in dem sich die Ratte zurechtfinden und im Kreis herumlaufen musste. In der Mitte ist rechts die Aktivität von vier Neuronen, jeweils über dem Irrgarten aufgetragen, dargestellt. Man sieht beispielsweise, dass Neuron Nummer 1 immer dann aktiv wird, wenn sich die Ratte gerade etwa in der Position 2 Uhr im Irrgarten befindet. Die Neuronen 2, 3 und 4 werden jeweils entsprechend beim Durchlaufen einer anderen Position aktiv. Unten ist schematisch die Aktivität dieser Neuronen über die Zeit hinweg aufgetragen. Man sieht deutlich die rhythmische Aktivierung einzelner Zellen, die durch den kreisförmigen Pfad der Ratte zustande kommt.

in kleinen Schritten von links nach rechts verschiebt, lassen sich so Verhaltenssequenzen bzw. deren elektrophysiologische Korrelate identifizieren, die mit den Aktivitätsmustern im Traum übereinstimmen. In diesem Fall passt plötzlich die Folie mit der REM-Aktivität auf das darunter liegende Muster.

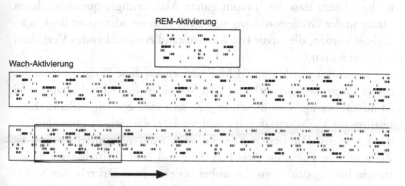

REM-Aktivierung

Wach-Aktivierung

7.4 Technik der Korrelationsanalyse mit bewegtem Fenster. Das während des REM-Schlafs aufgezeichnete Aktivierungsmuster (kleines Rechteck) wird von links nach rechts über die während der Explorationsphase aufgezeichnete Aktivierung bewegt, um auf diese Weise nach Übereinstimmungen zu suchen.

Man kann weiterhin vermuten, dass die Zeitachse im Traum und die Zeitachse im realen Verhalten möglicherweise nicht genau übereinstimmen, d.h. dass die Sequenzen im Traum langsamer oder schneller abgespielt werden. Deswegen wurde die beschriebene Methode des Vergleichs von REM-Schlaf-Aktivierung und Aktivierung während des Verhaltens noch dadurch ergänzt, dass man durch entsprechende Korrekturfaktoren die Zeit entweder dehnte oder stauchte.

Tagesreste im Traum

Der gewaltige Rechenaufwand hat sich gelohnt: Man fand tatsächlich Aktivierungsmuster im REM-Schlaf, die mit Aktivierungsmustern während vorheriger Lernepisoden im wachen Verhalten hoch korrelierten. Eine ganze Reihe von Kontrollexperimenten sowie Kontrollrechnungen stellte sicher, dass diese Korrelationen nicht durch Artefakte oder bestimmte triviale Ursachen zustande kamen, sondern sich in der Tat auf das gesamte Muster der neuronalen Aktivität im Wachzustand über längere Zeiträume bezogen. Damit war erstmals nachgewiesen, dass im Traum ganze Aktivierungssequenzen, deren Dauer in der Größenordnung von einer Minute oder mehr liegt, wiederholt werden, die zuvor im Wachzustand entsprechendes Verhalten begleitet hatten.

Insgesamt wurden 45 REM-Episoden auf diese Weise untersucht, deren Länge zwischen 60 und 250 Sekunden (im Mittel knapp zwei Minuten) betrug. Von diesen zeigten sehr viele eine signifikante Korrelation zur Verhaltensaktivität während des vorherigen Durchlaufens des Irrgartens. Die besten Korrelationen wurden ermittelt, wenn die Zeitachse um Faktoren zwischen 0,55 und 2,49 (Mittelwert 1,4) gestaucht bzw. gedehnt wurde, wobei bei etwa zwei Dritteln der REM-Episoden die Zeitachse gleich lang oder länger als beim Verhalten war. Die Zeit läuft also – zumindest im Rattentraum – verglichen mit der Wirklichkeit eher langsamer ab.

Man konnte weiterhin zeigen, dass durchaus eine gewisse Zeit zwischen dem Verhalten und den REM-Episoden verstreichen konnte, was zu der Beobachtung passt, dass vermehrt auftretende REM-Episoden nach Lerndurchgängen noch bis zu 24 Stunden später auftreten können und dass bestimmte zu lernende Aufgaben bzw. Inhalte nur dann tatsächlich gelernt werden, wenn REM-Schlaf Stunden oder sogar Tage nach dem Training erfolgen kann (Smith 1995).

Zu fragen ist, wie das komplexe raum-zeitliche Aktivierungsmuster, das während des Traums im Hippokampus auftritt, abgespeichert ist. In Frage kommen hier mehrere Mechanismen. Zum einen ist seit kurzem bekannt, dass ortssensible Zellen im Hippokampus auch eine bestimmte Richtungssensibilität haben können. Die Zelle feuert also ortsabhängig, aber anders in Abhängigkeit davon, ob sich die Ratte dem Ort von links oder von rechts nähert. Eine Reihe solcher nicht nur orts-, sondern auch annäherungsrichtungsabhängiger Zellen könnte die Aufgabe übernehmen, eine Sequenz von Orten zu kodieren (Mehta at al. 2000). Einzelheiten dieses Prozesses sind jedoch noch unklar.

In jedem Fall zeigt die Untersuchung, dass es heute prinzipiell möglich ist, Muster neuronaler Aktivität im Traum mit solchen Mustern während des wachen Verhaltens in Verbindung zu bringen und daraus abzuleiten, dass im Traum zuvor gelernte Informationen erneut aktiviert werden. Kurz: *Tagesreste* kommen auch bei Ratten in nachfolgenden Träumen vor. Da man zudem weiß, welches Aktivierungsmuster bei welchem Verhalten (bzw. Durchlaufen welchen Teils des Käfigs) auftritt, kann man aus dem Aktivierungsmuster im REM-Schlaf auf das Erleben schließen. Kurz: Man kann nicht nur sagen, dass die Ratte träumt, sondern auch, wovon.

Über den Zweck dieser erneuten Aktivierung kann man bisher nur Vermutungen anstellen. Die Autoren selbst nennen Gedächtniskonsolidierung und weitergehende Analyse der Gedächtnisinhalte als wahrscheinliche Ursachen und führen dies wie folgt aus:

> „Im Gedächtnis bereits gespeicherte Informationen, die [mit den neu gelernten Inhalten] Gemeinsamkeiten aufweisen, *beispielsweise auf einer emotionalen Dimension*, könnten diesen gegenübergestellt und im Hinblick auf gemeinsame kausale Verknüpfungen analysiert werden." (Louie & Wilson 2001, S. 154, Übersetzung und Hervorhebung durch den Autor)

Hierzu passt eine kürzlich publizierte Untersuchung an 300 Studenten, deren Situation im Hinblick auf persönliche Freundschaften und Bindungen im Zusammenhang mit deren Traumerleben untersucht wurden. Wie sich zeigte, träumten diejenigen Versuchspersonen mehr und lebhafter, die nur unsicher gebunden waren (McNamara et al. 2001). In jedem Fall wird durch Untersuchungen wie diese unser Verständnis der Funktionen von Schlaf und Traum vorangetrieben. So konnte beispielsweise auch im Tierversuch (an der Sehrinde von Küken) nachgewiesen werden, dass der Schlaf bei der Entwicklung des Gehirns eine wichtige Rolle spielt (Absell 2001).

Schlafhygiene für Leben und Lernen

Hygiene ist die Kunst der gesunden Lebensführung (und dreht sich keineswegs nur um das keimfreie Putzen). Unter Schlafhygiene versteht man entsprechend alle Maßnahmen, die dazu beitragen, dass sich ein natürlicher und ungestörter Schlaf einstellen kann. Nach den in diesem Kapitel dargestellten Erkenntnissen ist dies nicht nur wegen unseres subjektiven Wohlbefindens wichtig, sondern hat wichtige Konsequenzen für das Lernen.

Wer Fakten zu lernen hat, sollte auf seinen Schlaf achten. Keineswegs sollte er also die Nacht zum Tage machen in der irrigen Annahme, auf diese Weise noch mehr lernen zu können. Plakativ gewendet: Wer sich den Schlaf raubt, um zu lernen, der stört den im Kopf eingebauten Lehrmeister bei der Arbeit, d.h. beim nächtlichen Repetieren dessen, was tagsüber gelernt wurde. Jeder Lernende sollte durch einen vernünftigen Lebensrhythmus dafür Sorge tragen, dass der natürliche Schlaf, insbesondere die fein abgestimmte Abfolge der Schlafphasen – die Schlafarchitektur –, nicht gestört wird.

Leider sind gleich eine ganze Reihe gesellschaftlicher, ökonomischer und kultureller Faktoren permanent am Werk, unseren Schlaf zu sabotieren. Hierzu zählen nicht nur Schichtarbeit und Nachtlokale, die Sommerzeit und das elektrische Licht, sondern auch viele andere „Kleinigkeiten" des Alltags. Koffein hat eine Halbwertszeit von etwa sieben Stunden. Wer also nachmittags um vier drei Tassen Kaffee trinkt, darf sich nicht wundern, wenn er abends nicht einschlafen kann, denn schließlich hat er um 23 Uhr noch eineinhalb Tassen Kaffee (bzw. das entsprechende Koffein) im Blut. Wenn er dann zum weltweit ältesten und verbreitetsten Schlafmittel – Alkohol – greift, um einzuschlafen, verspürt er nicht nur aufgrund der begrenzten Abbaukapazität der Leber für Alkohol (etwa 7 Gramm pro Stunde) am anderen Morgen noch Alkoholwirkungen, die er natürlich erneut durch Kaffee bekämpfen kann. Er stört auch seine Schlafarchitektur, denn sowohl Koffein als auch Alkohol stören als zentralnervös aktive Psychopharmaka den natürlichen Schlaf.

Fazit

Wer gerne abends im Bett schmökert, der darf dieses Buch gerne danach unter's Kopfkissen legen. Die nachfolgenden Tiefschlafphasen sorgen dann für die Übertragung des Gelernten vom eher kleinen und flüchtigen Speicher Hippokampus in den großen Langzeitspeicher Großhirnrinde. – So oder so ähnlich wird die Funktion des Schlafens heute beurteilt (Maquet et al. 2001, Stickgold et al. 2001). Zwar ist diese Sicht keineswegs unumstritten (Siegel 2001), sie kristallisiert sich jedoch mit zunehmender Deutlichkeit gleichsam als Bodensatz einer Vielzahl von Untersuchungen an Tieren und Menschen heraus.

Das geordnete Wechselspiel von Tiefschlaf und Traumschlaf dient dem Transfer und der *Off-line*-Verarbeitung von neu erlernten Inhalten. Welcher Art diese Prozesse im Einzelnen sind, ist gegenwärtig noch Gegenstand heftiger Diskussionen. Aus der Sicht der Datenverarbeitung geht es sicherlich um das Kopieren, Komprimieren, Umkodieren, Sortieren, Assoziieren und Gruppieren von Daten. In psychologischer Hinsicht werden die Konsolidierung von Gedächtnisinhalten, deren emotionale Neubewertung sowie das Ausbilden neuer Verknüpfungen als Funktionen des Schlafs diskutiert.

Nach recht neuen Untersuchungen zum Traumschlaf werden in diesem neu gelernte Inhalte nochmals abgespielt (man spricht tatsächlich von *Replay*), um sie den genannten Off-line-Prozessen zuzuführen. Diese Untersuchungen zeigten erstmals, dass es nicht nur (wie schon seit etwa 50 Jahren) möglich ist, zu sagen, dass ein Organismus gerade träumt, sondern auch, wovon er träumt.

Postskript: Delphine, Vögel und die Frage Warum

Wie wichtig der Schlaf ist, sieht man daran, dass es ihn überhaupt gibt, obgleich „nature's soft nurse" (Shakespeare) allein in den USA für 56.000 Verkehrsunfälle und 1.500 Verkehrstote sorgt (Purves et al. 2001). Auch die Tiere schlafen, und auch ihnen macht es eigentlich Probleme. Wale, Delphine und Vögel besitzen daher die im Tierreich ansonsten nicht vorkommende Fähigkeit zum einseitigen Schlaf: Die Tiere schlafen mit einem offenen Auge und mit einer wachen Hirnhälfte, wohingegen das andere Auge geschlossen ist und die korrespondierende Hirnhälfte schläft. Gelegentlich wird dann einfach die schlafende Gehirnhälfte gewechselt.

Bei den im Meer lebenden Tieren hat diese eigentümliche Weise des Schlafs die Funktion, das Auftauchen und damit das Atmen zu sichern, wohingegen bei Vögeln die Funktion des einseitigen Schlafs offensichtlich darin besteht, feindliche Tiere früh genug zu erkennen und vor ihnen zu fliehen.

Wie eine kürzlich publizierte Untersuchung gezeigt hat (Rattenborg et al. 1999), sind Vögel in der Lage, den Anteil von einseitigem Schlaf je nach Gefährlichkeit der Situation zu variieren. Die Autoren gingen dabei so vor, dass sie die Vögel (eine Entenart) mt Videokameras beobachteten, um so objektiv festzustellen, ob die Vögel jeweils mit beiden Augen (d.h. mit beiden Hirnhälften) oder nur mit einem Auge schliefen. Wie sich hierbei zeigte, ist der Anteil des einseitigen Schlafs abhängig von dem Ort des Schlafs in der Gruppe: Schlafen die Tiere in der Mitte der Gruppe, so ist ihre Wahrscheinlichkeit, einem Räuber zum Opfer zu fallen, geringer. Entsprechend können sie es sich leisten, mit beiden Hirnhälften gleichzeitig zu schlafen. Befinden sich die Tiere jedoch eher am Rand der Gruppe, ist also ihre Chance, von einem Jäger erbeutet zu werden, größer, so schlafen die Tiere eher mit jeweils nur einer Gehirnhälfte, d.h. beobachten während des einseitigen Schlafs die Umgebung genauer. Es handelt sich bei dieser Untersuchung um die erste experimentelle Studie, die zweifelsfrei nachwies, dass bestimmte Tiere in der Lage sind, ihr Schlafverhalten (mit dem halben oder mit dem ganzen Gehirn) der Gefährlichkeit der Situation anzupassen.

Warum jedoch schlafen Menschen und höhere Tiere überhaupt? Niedere Tiere tun dies nicht. Irgendwann im Verlauf der Evolution ist Schlaf also entstanden. Dies geschah offensichtlich trotz der erheblichen Nachteile, die der Schlaf für den Schläfer bringt. Lebt er im Wasser, muss er trotz des Schlafs auftauchen und Luft holen, lebt er in einer Gruppe und ist Raubtieren ausgesetzt, muss er auf der Hut sein. So hat sich sogar, wie gerade gesehen, einseitiger Schlaf entwickelt. Dies zeigt jedoch überdeutlich, dass der Schlaf eine wichtige Funktion haben muss. Es gäbe ihn sonst nicht. Diese Funktion besteht, so zeigen die in diesem Kapitel zusammengefassten und keineswegs unkontrovers diskutierten Befunde (Stern 2001), möglicherweise in der Optimierung der Informationsverarbeitung.

Und warum sind die Träume, wie sie sind? – Stellen wir uns einen Computer vor. Vor zehn Jahren schaltete man ihn nach getaner Arbeit einfach aus. Heute „fährt man ihn herunter", was bedeutet, dass er noch eine ganze Reihe von Dingen selbsttätig erledigt, bevor er sich selbst ausschaltet. In zehn Jahren wird er noch komplizierter sein, noch mehr Daten verarbeiten und noch mehr erledigen müssen, wenn er ausgeschaltet wird. Aber vielleicht wird er auch gar nicht mehr ausgeschaltet. Sagen wir ihm, dass wir jetzt mit der Arbeit aufhören, dann fängt er erst so richtig an: Er versendet nachts die Post (die Miete von Datenleitungen ist günstiger), schaltet Spül- und Waschmaschine ein (Strom ist mittlerweile auch nachts billiger) und macht vor allem Ordnung in seinen diversen Speichern: Er komprimiert Daten, die am Tag davor neu abgespeichert wurden, legt Back-up-Dateien an, vernetzt die Daten neu zwecks schnelleren Zugriffs am nächsten Tag und löscht, was er nicht mehr braucht. All dies ist notwendig, damit nicht innerhalb kurzer Frist das Chaos entsteht, mit dem sich die meisten heute lebenden Menschen auf ihrer Festplatte herumplagen.

Nehmen wir nun weiter an, dass diese Routinen plötzlich unterbrochen werden. (Vielleicht weil der Computer über einen Detektor für Elektroschrott-Diebe verfügt, der alle Systeme sofort aktiviert; oder weil er bei plötzlichem Stromausfall über eine kleine Batterie verfügt, die ihn für fünf Minuten mit Strom versorgt, während dessen er sich per Internet um einen neuen Stromanbieter kümmern kann; oder einfach weil dem Benutzer noch eingefallen ist, dass er seiner Freundin die letzten Urlaubsfotos mailen wollte.) Wir brauchen jetzt nichts weiter zu tun, als zusätzlich anzunehmen, es gäbe ein kleines Prográmmchen (vielleicht als Bildschirmschoner vermarktet), das die gerade in dem Moment verarbeiteten Inhalte auf den Bildschirm wirft und dabei versucht, eine nette Collage zu erzeugen. Was würden wir sehen? – Wahrscheinlich ein rechtes Kauderwelsch aus Geschäftspost, Memos, Internetseiten, Fotos, E-Mails und Videoclips. Eben Teile dessen, was am Vortag am Computer geschah und gerade dabei war, off-line nachverarbeitet zu werden. Mit etwas Mühe würden wir es wahrscheinlich schaffen, aus dem Kauderwelsch Sinn zu erzeugen. Vielleicht würden uns sogar, wenn wir diese Unterbrechung spaßeshalber jede Nacht einmal durchführten, gelegentlich Dinge auffallen, die wir tagsüber vor lauter Arbeit und „Tagesgeschäft" nicht bemerkt haben. Vielleicht hat der Computer beispielsweise einen Ordner mit Dateien einer Kundin angelegt, deren Geschäftspost dort abgelegt und dann die Festplatte nach weiteren assoziierten Dateien abgesucht, diese komprimiert und ebenfalls dort abgelegt. Wir haben ihn jedoch dabei unterbrochen, schauen auf den Bildschirm und – werden zum ersten Mal gewahr, dass wir vielleicht mehr mit der Kundin verbinden als nur Geschäftsinteressen.

Vielleicht hatten wir auch gestern Kopfschmerzen, vorgestern Verdauungsprobleme, heute Herzklopfen, seit zwei Wochen Schlafstörungen und haben über eine Apotheke im Internet Medikamente eingekauft. Zudem hat der Computer registriert, dass wir seit fünf Tagen morgens weniger Anschläge pro Stunde auf der Tastatur ausführen und die On-line-Zeit am Netz sowie der Kontostand rückläufig sind. Sein cleveres Betriebssystem nutzt zum Ordnen neuer Daten das Internet, findet also über die Suchmaschine *Google* die Gemeinsamkeit der Auffälligkeiten der letzten Tage und informiert den Benutzer darüber, dass er mit 87 prozentiger Wahrscheinlichkeit an einer Depression, mit 4 prozentiger Wahrscheinlichkeit an einer Schilddrüsenunterfunktion, mit je 2 prozentiger Wahrscheinlichkeit an Vitaminmangel oder Blutarmut, mit einprozentiger Wahrscheinlichkeit an einem Hirntumor und mit jeweils sehr geringer Wahrscheinlichkeit an einer anderen seltenen Krankheit leidet. Auch diese Nachrichten werden vom Bildschirmschoner am nächsten Tag angezeigt - vielleicht in der Form: „Du wirst Dich zu einem Psychiater begeben." Kann der Computer deswegen die Zukunft vorhersagen? Wohl kaum! Wenn er jedoch Dinge neu verknüpfen, mit alten gespeicherten Informationen verbinden und daraus neue Bedeutungen generieren kann, dann wird man gelegentlich den Eindruck haben.

Selbst Träume sind also vielleicht gar nicht so mystisch, wie man zunächst denkt.

Teil II
Was Lernen
beeinflusst

Wer beim Lernen aufmerksam, motiviert und emotional dabei ist, der wird mehr behalten. Ganz offensichtlich gibt es Faktoren, die sich günstig oder ungünstig auf das Lernen auswirken. Diese Faktoren lassen sich untersuchen, bei Tier und Mensch, im Labor und in der Lebenswelt. Und das Gehirn lässt sich beobachten, wenn es aufmerksam ist oder nicht, motiviert oder unmotiviert, wenn es Freude oder Angst empfindet, wenn es sich bei einer Entscheidung sicher ist oder unsicher, wenn es die Dinge im Griff hat oder nicht, wenn alles klappt oder wenn es einen Fehler macht. Zunächst scheint es, als seien Aufmerksamkeit, Gefühle oder Bewertungen viel zu subjektiv-persönliche und vor allem auch viel zu flüchtige Phänomene, als dass man sie überhaupt neurobiologisch untersuchen könnte. Wie wir seit etwa zehn Jahren wissen, ist dies nicht der Fall. Skeptiker meinen jedoch bis heute, dass die Funktionsbilder von Gehirnen mit bunten Flecken darauf und darin nicht viel zu einem wirklichen, tiefgehenden Verständnis der genannten Sachverhalte beitragen können. Für sie sind die folgenden Kapitel geschrieben. Aber auch für alle anderen, die wissen wollen, wie unser Gehirn Aufmerksamkeit, Motivation und Emotionen hervorbringt und was hierdurch bewirkt wird. Wer dies weiß, der wird mit sich und seinen Mitmenschen vielleicht anders umgehen; vielleicht sogar besser ...

Teil II
Was Lernen
beeinflusst

8 Aufmerksamkeit

„Darf ich um Ihre geschätzte Aufmerksamkeit bitten?" – Wer so fragt, der möchte zweierlei: Zum einen sollten die Zuhörer wach werden, falls sie zuvor eher leicht dösend auf den Stühlen saßen. Zum zweiten sollten sie sich aber auch dem Redner zu- und sich von anderen Dingen, mit denen sie sich gerade beschäftigen, abwenden.

Diese beiden Bedeutungen von Aufmerksamkeit gibt es auch in der wissenschaftlichen Diskussion: Man spricht von Aufmerksamkeit im Sinne von *Vigilanz* und meint einen quantitativ angebbaren Zustand des Organismus, der von hellwach bis (im Extremfall) komatös reicht. Im Sinne von Vigilanz ist Aufmerksamkeit eine eindimensionale Variable.

Von der allgemeinen Vigilanzerhöhung (engl.: *alerting*) ist die selektive Aufmerksamkeit (engl.: *orienting*) zu unterscheiden. Diese Funktion hat man früher gerne mit einem Scheinwerfer verglichen, der im „Feld des Bewusstseins" bestimmte Dinge heller macht. Dieses Bild ist jedoch nur in erster Näherung korrekt. Wichtig ist, dass es bei der selektiven Aufmerksamkeit um die Zuwendung zu bestimmten Sachverhalten und das Ausblenden von anderen Sachverhalten geht.

Man kann vereinfachend sagen, dass die Vigilanz ein zeitlicher, die selektive Aufmerksamkeit hingegen ein räumlicher Prozess ist. Durch geschickte Experimente konnte man zeigen, dass beide Prozesse unabhängig voneinander operieren (Fernandez-Duque & Posner 1997). Die selektive Aufmerksamkeit wird also durch den Grad der Vigilanz nicht beeinflusst.

Vigilanz

Lernen setzt einen wachen Geist voraus. Dies ist zunächst trivial, jeder weiß es. Da dies Wissenschaftlern jedoch nicht genügt, gibt es seit etwa einhundert Jahren Studien zur Leistungsfähigkeit unter Bedingungen unterschiedlicher Vigilanz (vgl. Abb. 8.1).

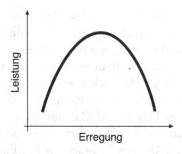

8.1 Gesetz von Yerkes und Dodson. Bei zunehmender Erregung nimmt die Leistungsfähigkeit zunächst zu, erreicht ein Optimum und nimmt dann wieder ab. Da introvertierte Menschen „von Hause aus" erregter sind, brauchen sie weniger zusätzliche Erregung zum Erreichen einer optimalen Leistung. Der Extravertierte hingegen hat weniger eigene Erregung und wird erst richtig gut mit viel „extra Kick" durch entsprechende äußere bzw. situative Erregung.

Von der unten diskutierten selektiven Aufmerksamkeit zu unterscheiden ist eine allgemeine Aufmerksamkeitserhöhung (Erhöhung der Vigilanz), die auf einen örtlich unbestimmten, zeitlich früheren Hinweisreiz erfolgt. So ist man bei einer Unterscheidungsaufgabe von großen und kleinen Buchstaben zum Beispiel auch dann schneller, wenn kurze Zeit vor dem Buchstaben ein Tonsignal ertönt. Das Tonsignal lenkt zwar nicht Verarbeitungsressourcen an einen bestimmten Ort, es führt aber zur generellen Bereitstellung von Informationsverarbeitungsressourcen in einem kurzen Zeitraum, wodurch die Bearbeitung der folgenden Stimuli beschleunigt wird.

Selektive Aufmerksamkeit

Wir nehmen die Welt um uns herum ohne jede Anstrengung wahr – ein scheinbar passiver Vorgang. Dennoch fällt die Welt nicht passiv in uns hinein, wir sind vielmehr aktiv dabei, das für uns Wesentliche aus den vielen uns erreichenden Stimuli herauszufiltern und weiter zu verarbeiten. Fahren wir beispielsweise mit dem Auto, so werden wir auf die rote Ampel rechts vorne, den Fußgänger links am Zebrastreifen oder die plötzliche Bewegung eines überholenden Fahrzeugs im Rückspiegel aufmerksam, d.h. wir achten vermehrt auf diese Reize der Außenwelt. Wir können dies sogar, ohne die Augen zu bewegen, d.h. allein dadurch, dass wir Informationen aus den entsprechenden Bereichen unseres Gesichtsfeldes bevorzugt verarbeiten. Diese Fähigkeit, bestimmte Stimuli bevorzugt zu behandeln und ihre Wahrnehmung dadurch überhaupt erst zu ermöglichen, wird als selektive Aufmerksamkeit bezeichnet.

Auf Michael Posner geht der Vergleich der selektiven Aufmerksamkeit mit einem *Scheinwerfer* zurück. Studien haben ergeben, dass die selektive Aufmerksamkeit zu einem gegebenen Zeitpunkt nur an einer bestimmten Stelle der gesehenen visuellen Szene liegen kann; sie ist nicht teilbar, es gibt nur *einen* Scheinwerfer. Wir können also zum Beispiel unseren Aufmerksamkeitsscheinwerfer nicht jeweils zur Hälfte auf eine Stelle rechts oben und auf eine zweite Stelle links unten verteilen. Wir können zwar rasch zwischen diesen beiden Stellen hin und her schalten, zu einem gegebenen Zeitpunkt sind die Verarbeitungsressourcen der selektiven räumlichen Aufmerksamkeit jedoch an einen bestimmten Ort geknüpft. Der Durchmesser des Scheinwerfers – um bei der Metapher zu bleiben – ist jedoch variabel und hängt von den Anforderungen an das System und damit von der Wahrnehmungsaufgabe ab.

Untersuchungen von Kastner und Mitarbeitern konnten zudem zeigen, dass die Größe des Scheinwerfers, d.h. des Effekts der Aufmerksamkeit, von dem kortikalen Areal abhängt, in dem das Signal verarbei-

tet wird (d.h. in dem der Scheinwerfer leuchtet). Je „höher" die
Verarbeitung, so zeigten die Experimente, desto „breiter" der Scheinwerfer.

In einem weiteren faszinierenden Experiment, das sowohl subjektives Erleben als auch funktionelle Bildgebung umfasste, konnte gezeigt werden, dass vom Hirnareal, welches Bewegung verarbeitet
(MT), Verarbeitungskapazität dadurch abgezogen werden kann, dass
die Aufmerksamkeit einer völlig anderen Aufgabe zugewandt wird.
Versuchspersonen betrachteten einen Bildschirm, auf dem Worte zu
sehen waren, bezüglich derer sie bestimmte sprachliche Aufgaben auszuführen hatten. Gleichzeitig waren auf dem Bildschirm eine große
Anzahl weißer Punkte zu sehen, die sich von innen nach außen auf
dem Bildschirm bewegten. Die Schwierigkeit der mit den Worten aus-
zuführenden sprachlichen Beurteilung wurde variiert und es wurde untersucht, ob sich die Schwierigkeit der Sprachaufgabe auf die
Verarbeitung der Bewegung auswirkt. Dies geschah zweifach: Zum einen wurde die Aktivität des Areals MT mittels funktioneller Bildgebung gemessen. Zum anderen bestimmte man die Stärke des
Bewegungsnachbildes (*motion aftereffect*, Abb. 8.2), d.h. die subjektiven Auswirkungen des Grades der „Erschöpfung" bewegungsverarbei-
tender Neuronen im Areal MT. Obgleich also die Sprachaufgabe und
die Bewegungsaufgabe nichts miteinander zu tun hatten, zeigte sich
folgender wichtiger Sachverhalt:

Sowohl die Aktivierung des Areals MT in der funktionellen Bildgebung als auch der Bewegungsnacheffekt waren dann am größten,
wenn die Sprachaufgabe wenig Verarbeitungsressourcen beanspruchte.
Umgekehrt waren sowohl die Aktivierung im MT als auch das subjektiv erlebte Bewegungsnachbild dann am geringsten, wenn die Anforderungen durch die Sprachaufgabe am größten waren. Die Autoren
konnten damit nachweisen, dass die Informationsverarbeitung von ir-
relevanten Stimuli davon abhängt, inwieweit die Aufmerksamkeit relevanten Stimuli zugewandt wird.

Dieses Resultat legt die Vermutung nahe, dass selektive Aufmerksamkeit eine bestimmte und begrenzte Menge an *Informationsverarbeitungskapazität* zur Verfügung hat und diese den jeweils anfallenden

8.2 Der *motion aftereffect* (Bewegungsnachbild) am Beispiel der *Wasserfalltäuschung.* Betrachtet man einen Wasserfall für 20 bis 30 Sekunden und schaut dann auf einen stationären Gegenstand (z.B. eine Baumgruppe am Horizont), bewegt sich dieser scheinbar nach oben. Dies liegt daran, dass sich Neuronen im Areal MT, das für die Verarbeitung von Bewegungsinformationen zuständig ist, für die Bewegungsrichtung des Wasserfalls nach unten ermüden. Daher überwiegt für kurze Zeit die Aktivität von Neuronen, die die Bewegungsrichtung nach oben kodieren.

Aufgaben zuweist. Je mehr Informationsverarbeitungskapazität einer bestimmten Aufgabe zugewiesen wird, desto mehr wird anderswo abgezogen. Die Gesamtmenge scheint konstant zu sein bzw. sich innerhalb bestimmter Grenzen zu bewegen. Das bedeutet aber auch umgekehrt, dass unsere Informationsverarbeitungsmaschinerie für gewöhnlich mit einer bestimmten Leistung fährt, da irrelevante Stimuli immer dann besser verarbeitet werden, wenn wir für relevante Stimuli nicht sehr viel Kapazität benötigen. Pointiert formuliert: Wir nehmen zwar nicht immer alles wahr, aber wir sind nicht in der Lage, unser Wahrnehmungssystem daran zu hindern, immer so viel wie möglich wahrzunehmen.

Aktivität für das Lernen

Lernen bedeutet Modifikation synaptischer Übertragungsstärke. Solche Modifikation findet nur an Synapsen statt, die aktiv sind. Je aktiver neuronales Gewebe in einem bestimmten Bereich der Gehirnrinde ist, desto eher findet in ihm Veränderung von Synapsenstärken und damit Lernen statt.

Dieser Zusammenhang ist ganz einfach und liegt unmittelbar auf der Hand. Im Grunde hatte man es schon immer gewusst: Wer aufmerksam ist, der lernt auch mehr. Seit gut zehn Jahren beginnen wir zu verstehen, warum dies so ist: Die Aufmerksamkeit auf einen bestimmten Ausschnitt dessen, was gerade unsere Sinne erregt, bewirkt die Aktivierung genau derjenigen neuronalen Strukturen, die für die Verarbeitung eben dieses Ausschnitts zuständig sind. Um ein Beispiel zu verwenden: Wer gerade auf die Farbe der ihn umgebenden Dinge achtet, der aktiviert Bereiche der Großhirnrinde, die für die Verarbeitung von Farbe zuständig sind. Wendet er sich demgegenüber den Bewegungen der Dinge in der Außenwelt zu, so aktiviert er Bereiche, die für die Analyse von Bewegung zuständig sind (vgl. z.B. Corbetta et al. 1991).

Diese Areale der Gehirnrinde kannte man bereits zuvor. Menschen, bei denen es zu einer Schädigung der Farbareale beidseits gekommen ist, sehen die Welt zwar, aber nur noch in Schwarzweiß. Bei Ausfall des Bewegungsareals beidseits resultiert entsprechend die Unfähigkeit, Bewegungen zu sehen. Die Patienten sehen nur noch eine Folge von Standbildern, nicht jedoch flüssige Abfolgen von Bewegungen. Derartige Untersuchungen von Patienten mit bestimmten ausgestanzten Gehirnschäden waren bis zu Beginn der 90er Jahre die einzige Möglichkeit, auf nichtinvasive Weise (d.h. ohne Öffnen des Kopfes) zu Erkenntnissen über die Lokalisation bestimmter Funktionen zu kommen. Die Grenzen dieser Arbeit liegen jedoch auf der Hand. Man kann zwar sagen, wo eine Funktion lokalisiert ist, Veränderungen der Funktion unter bestimmten Bedingungen bei normalem Erleben und Verhalten (also im Normalfall!) lassen sich nicht studieren.

Dies hat sich mit der Entwicklung der funktionellen Bildgebung grundlegend geändert (vgl. den Anhang in Kap. 2). Man kann nun nicht nur aktivierte und nicht aktivierte Bereich des Gehirns unterscheiden, sondern auch den *Grad* der Aktivierung unter bestimmten klar definierten Bedingungen messen.

Betrachten wir eine der mittlerweile zahlreichen Studien zur Aufmerksamkeit (vgl. Abb. 8.3). Die Versuchspersonen liegen im Scanner und betrachten Punkte. Sie haben die Aufgabe, auf die schwarzen Punkte besonders zu achten. Im Wechsel werden dann stillstehende schwarze Punkte gezeigt oder schwarze und weiße Punkte, wobei sich im Wechsel die weißen oder die schwarzen Punkte bewegen. Verglichen wird dann die Aktivität der Gehirnrinde während des Betrachtens ruhender Punkte mit der Aktivität während des Betrachtens bewegter Punkte. So erhält man das Areal, das für die Verarbeitung von Bewegung zuständig ist. Mit einer solchen Untersuchung war man also so weit, wie man bereits durch die Untersuchung von Ausfällen gekommen war.

Man konnte nun jedoch die Auswertung noch weiter treiben. Betrachtet man die Aktivität im Bewegungsareal über die Zeit des Experiments hinweg, so fällt nicht nur auf, dass erwartungsgemäß beim Betrachten bewegter Stimuli mehr Aktivierung vorliegt. Man sieht zudem, dass beim Zuwenden der Aufmerksamkeit auf die bewegten Punkte (was immer dann der Fall ist, wenn sich die schwarzen Punkte, auf die ja während des gesamten Experiments zu achten ist, bewegen) im Bewegungsareal mehr Aktivierung vorhanden ist.

Das Experiment zeigt also die Auswirkung der Zuwendung der Aufmerksamkeit auf das, was wir wahrnehmen. Bin ich aufmerksam, dann geschieht nicht nur ein „psychologischer" Prozess in mir, sondern auch ein messbarer neurobiologischer: Es werden genau diejenigen

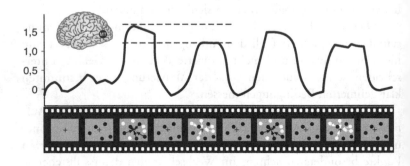

8.3 Einfluss der selektiven Aufmerksamkeit auf die kortikale Aktivierung eines Bereichs (Areal MT), der bekanntermaßen für die Verarbeitung von Bewegungsinformation zuständig ist (nach O'Craven et al. 1997). Mittels funktioneller Magnetresonanztomographie wurde die kortikale Aktivität beim Betrachten bewegter Punkte sichtbar gemacht. Aufgabe der Versuchsperson war es, die schwarzen Punkte aufmerksam zu betrachten. Im Wechsel wurden dann stillstehende schwarze Punkte gezeigt oder schwarze und weiße Punkte, wobei sich mal die weißen und mal die schwarzen Punkte bewegten. Die Abfolge der Stimuli ist unten im Bild schematisch als Film dargestellt. Beim statistischen Vergleich der kortikalen Aktivität während des Betrachtens ruhender Punkte mit der Aktivität während des Betrachtens bewegter Punkte fällt das Areal MT als durch den bewegten Stimulus signifikant aktiviert auf. Die Lage dieses Areals ist links im Schema der menschlichen Großhirnrinde schwarz dargestellt. Betrachtet man die Aktivität in diesem Areal über die Zeit hinweg, so fällt nicht nur auf, dass erwartungsgemäß beim Betrachten bewegter Stimuli mehr Aktivierung vorliegt, sondern vor allem auch, dass beim Zuwenden der Aufmerksamkeit auf die bewegten schwarzen Punkte (d.h. auf diejenigen Punkte, auf die während des gesamten Experiments zu achten ist) im Bewegungsareal mehr Aktivierung vorhanden ist (die gestrichelte Linie soll den Vergleich erleichtern). Das Experiment zeigt damit den Effekt der selektiven Aufmerksamkeit auf die kortikale Aktivierung.

Areale stärker aktiviert, die für die Verarbeitung der Aspekte oder Objekte der Außenwelt zuständig sind, auf die ich meine Aufmerksamkeit richte.

Betrachtet man nun die Abbildung 8.3 genau, so könnte man einwenden, dass der Aktivitätsunterschied, der durch Aufmerksamkeit zustande kommt, vielleicht statistisch signifikant, jedoch zahlenmäßig klein und daher funktionell unbedeutsam sei. Diesem Einwand war zum Zeitpunkt der Publikation der Studie auch nicht zu begegnen. Dies änderte sich jedoch nur kurze Zeit später.

Brewer und Mitarbeiter (1998) führten eine Untersuchung zum Behalten von Bildern durch, die diese Unklarheit beseitigen konnte. Gesunde Versuchspersonen hatten folgende Aufgabe zu bearbeiten, während bei ihnen im Magnetresonanztomographen funktionelle Bilder aufgenommen wurden. Man zeigte insgesamt 92 Fotografien, bei denen es sich entweder um Innenaufnahmen oder Außenaufnahmen handelte. Die Versuchspersonen sollten sich diese Fotografien jeweils zunächst anschauen und dann entscheiden, ob es sich um eine Innen- oder Außenaufnahme handelte. Diese Entscheidung war durch Drücken eines von zwei Knöpfen anzuzeigen.

Nach dem Experiment, als die Versuchspersonen etwa für eine halbe Stunde den Scanner wieder verlassen hatten, wurde ihnen überraschend eine Gedächtnisaufgabe (*surprise memory task*) gestellt: Sie sollten aus vielen dargebotenen Bilder diejenigen heraussuchen, die sie kurz zuvor im Scanner gesehen hatten. Wohlgemerkt war ihnen dies zuvor nicht mitgeteilt worden. Die Aufgabe im Scanner bestand nur im Betrachten und im Fällen einer einfachen Entscheidung (nicht zuletzt deswegen, um sicherzustellen, dass jedes Bild auch wirklich betrachtet wurde).

Da es sich bei den Bildern nicht um irgendwelche Besonderheiten gehandelt hatte (ihre Auswahl war entsprechend erfolgt), hatte sich jede Versuchsperson, wahrscheinlich in Abhängigkeit von Vorerfahrungen und jeweiliger Aufmerksamkeit, eine andere Teilmenge aller gezeigten Bilder gemerkt. Der Trick der Untersuchung bestand nun in Folgendem: Man hatte ja während des Betrachtens der Bilder (das ja zum Merken derselben geführt hatte oder auch nicht) Aktivitätsbilder des Gehirns der Versuchspersonen gemacht. Man war daher jetzt in der Lage, bei jeder Versuchsperson diejenigen Aktivitätsbilder herauszusuchen, die während der Betrachtung der behaltenen bzw. der nicht behaltenen Fotos gemacht wurden. Durch Vergleich dieser Aktivitätsbilder war es dann möglich, hinterher nachzuschauen, wo im Gehirn vermehrte Aktivität vorlag, wenn (aus welchen Gründen auch immer) ein Foto behalten wurde (vgl. Abb. 8.4).

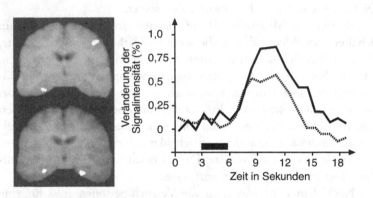

8.4 Lokalisation der Aktivierung beim Einspeichern von Fotografien auf zwei Gehirnschnitten (links). Wir sehen einerseits (unten) einen Bereich im und um den Hippokampus (beidseits) sowie zusätzlich (oben) ein rechts frontal gelegenes neokortikales Areal, das mit Bildverarbeitung in Verbindung gebracht wird. Bedeutsam ist der zeitliche Verlauf der Aktivierung in diesem Areal über alle Entscheidungen aller Versuchspersonen hinweg (rechts). Wurde (jeweils für knapp drei Sekunden; angedeutet durch den schwarzen Balken) ein Bild betrachtet, das hinterher wieder vergessen wurde (gestrichelte Linie), so war die Aktivierung geringer als bei Betrachtung von Bildern, die behalten und hinterher erinnert wurden (durchgezogene Linie).

Es ließen sich auf diese Weise nicht nur Bereiche zeigen, deren Aktivität plausibel mit dem Verarbeiten und Einspeichern neuer Bildinformationen in Verbindung gebracht werden konnte. Man konnte vor allem zeigen, dass die behaltenen Fotos während des Betrachtens in diesen Bereichen zu mehr Aktivität geführt hatten als die Fotos, die hinterher wieder vergessen waren. In weiteren Studien konnte gezeigt werden, dass dieser Effekt nicht nur für Bilder, sondern auch für andere zu behaltende Inhalte (wie beispielsweise Wörter) nachweisbar ist (Wagner et al. 1998).

Von besonderer Bedeutung ist die Tatsache, dass der Unterschied zwischen der Aktivierung bei nachfolgend behaltenen und nachfolgend vergessenen Bildern in Prozent recht genau dem Effekt der Aufmerksamkeit in Prozent entspricht. Mit anderen Worten: Nimmt man diese Studien zusammen, ergibt sich, dass die Zuwendung der Aufmerksamkeit zu einer Aktivitätszunahme in den jeweils relevanten Arealen führt, deren Ausmaß zumindest prinzipiell ausreicht, um das Behalten der Information zu bewirken.

Ort- versus Objektzentriertheit

Nach dem eingangs in diesem Kapitel diskutierten Scheinwerfermodell der selektiven Aufmerksamkeit ist die Verbesserung der Verarbeitung von eingehenden Informationen an einen bestimmten Ort des Gesichtfelds gebunden. Dies muss jedoch keineswegs so sein. Nach dem alternativen Modell der objektzentrierten Aufmerksamkeit ist die gesteigerte Verarbeitungskapazität nicht an einen *Ort* im Gesichtsfeld, sondern an ein Wahrnehmungs*objekt* geknüpft. Meine Aufmerksamkeit richtet sich diesem Modell zufolge also nicht auf einen Bereich des Gesichtsfeldes rechts vorne, sondern auf den Tisch oder den Stuhl, der sich rechts vorne befindet. Ganz offensichtlich gehen beide Modelle von verschiedenen Prozessen und Leistungen aus. Die Frage ist nun, wie man zwischen diesen Modellen experimentell unterscheiden kann.

Hierzu publizierten O'Craven und Mitarbeiter (1999) eine Studie, die zeigen konnte, dass Aufmerksamkeit auch an ein Objekt und nicht nur an einen Punkt im Raum gebunden sein kann. Die Studie zeigt zugleich beispielhaft die Stärke der neurowissenschaftlichen Methode des funktionellen Neuroimaging.

Versuchspersonen betrachteten im MR-Scanner zwei überlagerte Bilder, bestehend aus einem Haus und einem Gesicht, wobei sich jeweils entweder das Haus oder das Gesicht bewegte (vgl. Abb. 8.5). Die

Probanden hatten die Aufgabe, entweder auf die Gesichter, die Häuser oder auf die Bewegung zu achten. Zuvor hatte man jedem Probanden einzeln Häuser, Gesichter und einen Bewegungsreiz dargeboten, um zunächst für jede Versuchsperson zu ermitteln, wo genau sie diese Reize verarbeitet.

8.5 Beispiel eines Stimulus, wie sie im Experiment von O'Craven und Mitarbeitern verwendet wurden. Zunächst wurden Gesichter, Häuser und sich bewegende Punkte jeweils für sich gezeigt (oben). Hierdurch wurde für jeden Probanden ermittelt, wo genau in seinem Gehirn diese Reize verarbeitet werden. Danach wurden Stimuli am Computer generiert, die alle drei Qualitäten zugleich beinhalteten. Es wurde jeweils ein Gesicht mit einem Haus überlagert (unten), wobei sich zusätzlich entweder das Gesicht oder das Haus bewegte.

In dieser Untersuchung kam es zu den erwarteten Aufmerksamkeitseffekten: Achtete die Person auf die Bewegung, war das Bewegungsareal am stärksten aktiv. Achtete sie auf Häuser, war das Hausareal am stärksten aktiv, und achtete sie auf die Gesichter, so war das Gesichterareal am meisten aktiviert. Darüber hinaus konnte in dieser Studie erstmals gezeigt werden, dass die kortikale Aktivierung auch von anderen Attributen des jeweils beachteten Stimulus abhing: Achteten die Versuchspersonen beispielsweise auf die Bewegung und bewegte sich das Gesicht, so war das Gesichterareal im Vergleich zum Hausareal aktiver. Auch war das Bewegungsareal aktiver, wenn die Versuchspersonen auf die Häuser achten sollten und diese sich auch bewegten. Da sich die visuellen Stimuli jeweils am gleichen Ort befanden, können die Ergebnisse nur schwer mit einem rein räumlichen Aufmerksamkeitseffekt in Einklang gebracht werden. Es scheint vielmehr so zu sein, dass selektive Aufmerksamkeit auch an ein bestimmtes Objekt und dessen Weiterverarbeitung gebunden sein kann.

Darauf achten oder nicht

In einem mittlerweile als klassisch zu bezeichnenden Experiment zur Neuroplastizität des Kortex ging man wie folgt vor. Man trainierte einen Affen, mit dem zweiten, dritten und vierten Finger die Frequenzen der Schwingung eines kleinen Plättchens zu unterscheiden. Man wählte diese so (20 Hz versus 22 Hz, 24 Hz versus 26 Hz), dass der Affe dies zunächst nicht konnte, trainierte ihn dann jedoch für etwa zwei Wochen für zwei Stunden täglich. Immer, wenn er die Unterscheidung fühlen konnte, bekam der Affe, wie bei solchen Experimenten üblich, Saft. Wenn er falsch lag, gab es keinen Saft. Nach den zwei Wochen hatte der Affe diese Aufgabe gelernt.

Die Untersuchung der für die Finger der tastenden Hand zuständigen sensorischen Areale der Gehirnrinde zeigte eine Vergrößerung, die jedoch nur die trainierten Finger zwei, drei und vier betraf (vgl. Abb. 8.6).

Dieses Experiment war eines der ersten, mit dem die Plastizität des Kortex, d.h. die erfahrungsabhängige Veränderung kortikaler Repräsentationen, eindeutig nachgewiesen werden konnte. Es findet sich daher in sehr vielen Lehrbüchern der Neurowissenschaft. Kaum beachtet hingegen ist ein weiteres Experiment der gleichen Arbeitsgruppe aus dem gleichen Labor, das mindestens ebenso bedeutsam für ein Verständnis der Neurobiologie von Lernprozessen ist.

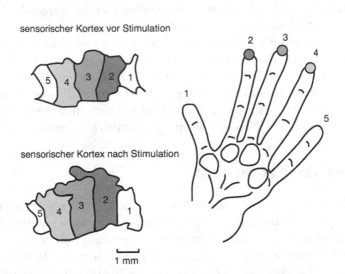

sensorischer Kortex vor Stimulation

sensorischer Kortex nach Stimulation

1 mm

8.6 Das klassische Experiment zur Neuroplastizität der Gehirnrinde. Die Bereiche der Großhirnrinde, die die Fingerspitzen der Finger zwei, drei und vier repräsentieren, nehmen bei erhöhtem Gebrauch dieser Finger an Größe zu. Links oben sind die der Verarbeitung von Tastempfindungen dienenden kortikalen Flächen der fünf Finger vor dem speziellen Training und links unten die kortikalen Flächen nach dem Training dargestellt. Rechts sind die Hand des Affen und die vermehrt gebrauchten Bereiche der Fingerspitzen zu sehen (modifiziert nach Jenkins et al. 1990).

Das eben beschriebene Experiment wurde bei gleichen Versuchsbedingungen wiederholt, jedoch mit folgender Veränderung: Der Affe bekam so oft und so viel Saft, wie er wollte. Alles andere blieb gleich: Auch seine Finger zwei, drei und vier lagen auf dem vibrierenden Plättchen und auch er wurde täglich zwei Stunden über etwa zwei Wochen trainiert. Das Ergebnis: Er lernte nichts und in seinem Kopf tat sich entsprechend auch nichts. Die Landkarten waren trotz häufigem und wiederholtem Input, der identisch war zu dem des anderen Affen, unverändert geblieben.

Wie konnte man das verstehen? Wenn die kortikalen Karten inputabhängig entstehen und sich verändern, dann hätte doch auch in diesem Experiment Neuroplastizität beobachtet werden sollen. Dies war aber nicht der Fall. Irgendetwas konnte also mit der einfachen Theorie, der zufolge Erfahrung das Gehirn formt, nicht stimmen.

Betrachtet man dieses Experiment im Lichte der in diesem Kapitel beschriebenen Auswirkungen der selektiven Aufmerksamkeit auf die kortikale Aktivität, fällt die Interpretation nicht schwer: Ohne die Hinwendung der Aufmerksamkeit zu den zu lernenden Reizen geschieht – auch bei massiver „Bombardierung" des Gehirns mit diesen Reizen – nichts. Der Grund hierfür liegt in mangelnder selektiver Aufmerksamkeit und damit in der geringeren Aktivierung derjenigen Areale, die für das Lernen der entsprechenden Inhalte zuständig gewesen wären. Das aufmerksame Verarbeiten von Informationen sorgt dafür, so könnte man zusammenfassend formulieren, dass in den entsprechenden Bereichen des Gehirns genügend Aktivität herrscht. Diese Aktivität ist ja nichts weiter als das Feuern von Neuronen, und wie bereits in den Kapiteln 2 bis 5 deutlich wurde, findet Lernen überhaupt nur an aktivierten, d.h. zugleich feuernden Neuronen statt.

Fazit

Das Ausmaß des Behaltens von dargebotenem Material ist abhängig davon, wie sehr wir uns diesem Material zuwenden, d.h. von Aufmerksamkeitsprozessen. Je aufmerksamer ein Mensch ist, desto besser wird er bestimmte Inhalte behalten. Der Grund ist aus neurobiologischer Sicht ein zweifacher, denn mit Aufmerksamkeit sind zwei Prozesse gemeint, erstens die allgemeine Wachheit oder Vigilanz und zweitens die selektive Aufmerksamkeit auf einen bestimmten Ort, Aspekt oder Gegenstand der Wahrnehmung. Während die Vigilanz die Aktivierung des Gehirns überhaupt betrifft, bewirkt die selektive Aufmerksamkeit eine Zunahme der Aktivierung genau derjenigen Gehirnareale, welche die jeweils aufmerksam und damit bevorzugt behandelte Information verarbeiten.

Achten wir auf die Bewegung, so wird unser Bewegungsverarbeitungsareal aktiver, als wenn wir nicht auf die Bewegung achten würden. Achten wir auf die Farbe, springt unser Farbareal besonders an. Interessiert uns ein Gesicht, dann arbeiten die Neuronen im Gesichterverarbeitungsareal besonders heftig. Diese zusätzliche Aktivität im jeweiligen Areal hat die gleiche Größe wie die zusätzliche Aktivität, die sich nachweisen lässt, wenn Wörter oder Bilder verarbeitet und gemerkt werden (im Vergleich zu verarbeiteten und nicht behaltenen Wörtern oder Bildern). Daraus lässt sich ableiten, dass der Effekt der zusätzlichen Aktivierung von Gehirnarealen durch die selektive Aufmerksamkeit eine wesentliche Rolle bei der Einspeicherung von Gedächtnisinhalten spielt.

Das Umsetzen dieser einfachen Einsichten zum Einfluss von Aufmerksamkeit auf den Lernerfolg ist alles andere als trivial und erfordert vom Lehrenden sehr viel Geschick. Wie schaffen wir es, die Aufmerksamkeit auf das zu richten, was gelernt werden soll? – Wir müssen uns immer wieder neu bemühen, müssen motiviert sein, die Dinge wahrzunehmen und zu durchdenken, und die richtigen Emotionen sollten auch dabei sein. – Hierzu mehr in den beiden folgenden Kapiteln.

9 Emotionen

Wer wollte es bezweifeln: Emotionen spielen beim Lernen eine wichtige Rolle. Aber wie genau sieht diese Rolle aus? Was sind Emotionen? Kann man Emotionen überhaupt (neuro-)wissenschaftlich untersuchen?

Die Antwort auf die letztgestellte Frage sei gleich vorweggenommen: Man kann! Emotionen werden heute ebenso untersucht wie Wahrnehmung, Denken, Sprache oder Aufmerksamkeit. Allerdings ist das Studium von Emotionen mit neurowissenschaftlichen Methoden keineswegs einfach, weswegen die Ergebnisse jünger und noch nicht so einheitlich sind wie in anderen Bereichen höherer geistiger Leistungen des Menschen.

Zu den Schwierigkeiten hat sicherlich auch beigetragen, dass es bis heute keine allgemein akzeptierte Theorie der Emotionen gibt. Dies ist deswegen so unbefriedigend und wissenschaftlich hinderlich, weil damit auch die Fragen nach der angemessenen Beschreibung von Emotionen oder beispielsweise die scheinbar ganz einfache Frage, wie viele Emotionen es denn überhaupt gibt, nicht abschließend beantwortet werden können.

Einigen wir uns daher zu Beginn zwecks besserer Verständigung auf einige halbwegs akzeptierte Voraussetzungen. Emotionen haben eine Stärke (viel – wenig) und eine Valenz (gut – schlecht bzw. positiv – negativ), lassen sich also auf mindestens zwei Dimensionen beschreiben. Sie haben einen kognitiven, einen qualitativ-gefühlsmäßigen und einen körperlichen Aspekt, bei dem sich wiederum (Ausdrucks-)Bewegung und Effekte des unwillkürlichen (autonomen) Nervensystems (einschließlich des Hormonsystems) unterscheiden lassen. Angemerkt sei hier noch, dass die Wörter „Stimmung", „Affekt", „Gefühl" und

„Emotion" in verschiedenen Sprachen (z.B. Deutsch und Englisch) andere Bedeutungshöfe haben und auch innerhalb einer Sprache leider uneinheitlich gebraucht werden. Daher weiß man so lange gut, was Emotionen sind, wie man über diese Frage nicht nachdenkt. Beginnen wir daher nicht beim Anfang, sondern vielmehr mitten drin.

Aufregung: Dabei sein

Akute emotionale Erregung kann dazu führen, dass wir bestimmte Dinge besser behalten. Wer einmal nachts überfallen wurde, wird sich an jedes Detail der Situation noch nach Jahren sehr genau erinnern können. Auch manche Episoden der ersten Liebschaft sind den meisten Menschen noch deutlich im Gedächtnis verhaftet. Die Wirkung dessen, was man gemeinhin etwas unscharf als „Aufregung" bezeichnet und was eine vermehrte Wachheit (vgl. die Ausführungen zur Vigilanz im vorangegangenen Kapitel) gekoppelt mit einer erhöhten emotionalen Beteiligung meint, ist zunächst einmal unabhängig von der Valenz der Emotion.

Um diesem Sachverhalt der emotionalen Beteiligung kontrolliert nachzugehen, wurde die Abhängigkeit der Gedächtnisleistung von emotionaler Beteiligung direkt in einem experimentellen Ansatz untersucht (Cahill et al. 1994). Insgesamt vier Gruppen von Versuchspersonen bekamen jeweils eine von zwei Geschichten vorgelesen, die sich bezüglich ihres emotionalen Gehalts unterschieden (vgl. Tab. 9.1).

Tabelle 9.1 Vorgelesene Geschichten im Experiment von Cahil und Mitarbeitern. Geschichte 1 ist weniger emotional geladen als Geschichte 2.

Geschichte 1:	Geschichte 2:
Ein Junge fährt mit seiner Mutter durch die Stadt, um den Vater, der im Krankenhaus arbeitet, zu besuchen. Dort zeigt man dem Jungen eine Reihe medizinischer Behandlungsverfahren.	Ein Junge fährt mit seiner Mutter durch die Stadt und wird bei einem Autounfall schwer verletzt. Er wird rasch in ein Krankenhaus gebracht, wo eine Reihe medizinischer Behandlungsverfahren durchgeführt werden.

Gruppe 1 bekam die erste Geschichte, Gruppe 2 die zweite Geschichte vorgelesen. Beiden Gruppen wurde danach eine Art Liste mit den Behandlungsmaßnahmen der Klinik vorgestellt und dann wurden die Leute nach Hause geschickt. Eine Woche später mussten sie wieder ins Labor kommen und man fragte sie nach diesen in der Klinik durchgeführten Behandlungsmaßnahmen.

Obgleich beide Geschichten gleich lang und gleich einfach waren sowie gleich begannen und endeten, ergab die Untersuchung der Behaltensleistung nach einer Woche, dass Details der medizinischen Behandlungsverfahren von denjenigen Versuchspersonen deutlich besser behalten worden waren, welche die emotionsgeladene Geschichte 2 gehört hatten.

Um den Mechanismus der Verbesserung des Lernens durch Emotionen weiter aufzuklären, wurde das Experiment mit den Gruppen 3 und 4 wiederholt. Alles war genauso wie zuvor, jedoch mit einem kleinen Unterschied: Alle Versuchspersonen erhielten vor dem Experiment einen Beta-Rezeptorenblocker (40 Milligram Propranolol), also ein Medikament, das die körperlichen Reaktionen des sympathischen Nervensystems dämpft. Musiker nehmen dieses Medikament bei Lampenfieber und Studenten vor schwierigen Prüfungen. Es macht nicht müde, denn es ist kein Beruhigungsmittel; aber es sorgt dafür, dass Puls und Blutdruck auch bei Aufregung nicht zu stark ansteigen, und es dämpft auch das damit oft einhergehende Zittern und Schwitzen.

Eine Woche später zeigte die Messung der Erinnerungsleistung Folgendes: Die Versuchspersonen der Gruppe 3, denen die Geschichte 1 vorgelesen worden war, erinnerten sich an ebenso viele (bzw. ebenso wenige) Behandlungsverfahren wie die der Gruppe 1. Die Versuchspersonen der Gruppe 4 waren hingegen nicht so gut wie die der Gruppe 2. Ganz offensichtlich hatte die medikamentöse Dämpfung ihrer emotionalen Reaktion auf die bewegende Geschichte zu einer Verminderung der Behaltensleistung geführt. Bei Gruppe 3 hingegen gab es nichts zu blockieren oder dämpfen, weswegen sich ihre Leistung von Gruppe 1 nicht unterschied.

Die Anwendung der mit dieser Studie eindeutig nachgewiesenen alten Erkenntnis, dass emotionale Beteiligung das Lernen erheblich verbessert, auf das Lernen in der Schule oder der Universität bedarf keiner großen Phantasie, zumal sie durch das von den Untersuchern gewählte Beispiel direkt nahegelegt wird: Die heute in Deutschland übliche strikte Trennung einzelner Naturwissenschaften nimmt dem Schüler systematisch das, was er zum Lernen braucht - die Verbindung des Stoffs zu seiner Welt, die nicht in Schubfächer nach Physik, Chemie und Biologie eingeteilt ist. Oder betrachten wir das Medizinstudium: Junge Menschen kommen an die Universität und wollen Heilen lernen. Aber man ärgert sie zunächst für zwei Jahre damit, dass sie Inhalte lernen müssen, die mit Heilen nur sehr indirekt (oder gar nicht) in Verbindung stehen. Damit nimmt man den Studenten systematisch genau das, was sie zum Lernen dringend brauchen: die emotionale Komponente der zu lernenden Daten und Fakten, das innere Beteiligt-Sein, die Spannung des Dabei-Seins (vgl. Spitzer 1999).

Ganz allgemein lässt sich Folgendes festhalten: Was den Menschen umtreibt, sind nicht Fakten und Daten, sondern Gefühle, Geschichten und vor allem andere Menschen. Gewiss, als vor nahezu 150 Jahren – angeregt durch große Geister wie Humboldt und Helmholtz – das deutsche Schulsystem konzipiert wurde, waren die Fortschritte in den Natur- und Geisteswissenschaften so überwältigend, dass von ihnen damals wahrscheinlich eine noch größere Faszination ausging als heute. So erfolgte dann die Trennung in eher praktische Ausbildungsgänge und die akademische Laufbahn, deren Grundstein das Gymnasium und sein Abschluss, die allgemeine Hochschulreife, bildete. Diese Trennung hatte damals ihren Sinn und ist historisch gut verständlich. Heute muss man sie ebenso hinterfragen wie die Trennung der Naturwissenschaften.

Ich möchte nicht falsch verstanden werden: Die Neurobiologie des Lernens verbietet keineswegs die drei Schultypen oder den naturwissenschaftlichen Unterricht in den getrennten Fächern Physik, Chemie und Biologie. Sie macht aber auf mögliche Schwachstellen aufmerksam, die beispielsweise in einer Überbetonung abfragbaren Wissens bei gleichzeitiger Vernachlässigung von Gruppenaktivitäten und Fertigkeiten liegen können oder in einer schlechten (oder gar nicht vorhanden) Abstimmung der Lerninhalte einzelner Fächer.

Um es einmal ganz plakativ zu sagen: Im Sportunterricht sollten nicht die Baseballregeln gelernt, sondern es sollte vor allem gemeinsam geschwitzt werden; im Kunstunterricht sollte gezeichnet, gemalt und gestaltet werden. Nur so wird die Wahrnehmung geschärft und die Kritikfähigkeit gegenüber den visuellen Medien wirklich gefördert. Reden (oder das Auswendiglernen von Stilepochen) ist hier völlig nutzlos. In der Musik geht es nicht um die Geburtsdaten von Bach oder Mozart, sondern um das Singen und Musizieren. Es ist im Grunde skandalös, dass wir die hiermit verbundenen äußerst positiven Emotionen (vgl. Spitzer 2002a, Kapitel 14) der Profitgier einer Unterhaltungsindustrie völlig widerstandlos überlassen haben.

Angst essen Seele auf

„Angst essen Seele auf" sagt der Titel eines 1973 produzierten deutschen Spielfilms von R.W. Fassbinder mit Recht. Sie ist auch dem Lernen nicht förderlich. Dabei ist das Verhältnis von Angst und Lernen durchaus kompliziert. Zum einen haben viele Menschen Angst vor dem Lernen und mögen daher auch nicht lernen. Angst hemmt zudem kreative Prozesse, weswegen man zum Brainstorming Kritik verbieten muss. Andererseits wissen wir alle, wie stark sich extreme Angst und die damit verbundenen Erlebnisse in unser Gehirn eingraben können. Patienten mit posttraumatischer Belastungsstörung leiden darunter, dass sie bestimmte mit starker Angst verbundene Erlebnisse *nicht vergessen* können. Sollte man dies nutzen, um mit Angst und Schrecken den Kindern die binomischen Formeln, den AcI oder das Bruttosozialprodukt von Nigeria einzubläuen?

Nein! – Große Angst bewirkt zwar rasches Lernen, ist jedoch kognitiven Prozessen insgesamt nicht förderlich und *verhindert* zudem genau das, was beim Lernen erreicht werden soll: Es geht nicht um ein einzelnes Faktum, sondern um die *Verknüpfung* des neu zu Lernenden mit bereits bekannten Inhalten und um die *Anwendung* des Gelernten auf viele Situationen und Beispiele.

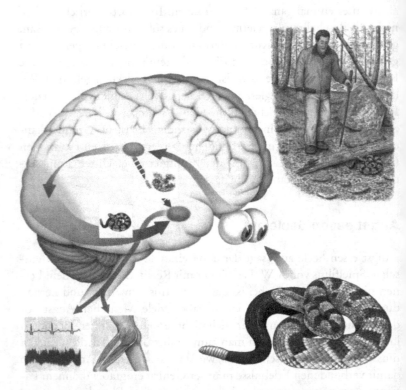

9.1 Ein Mann läuft durch den Wald und sieht eine Schlange (oben rechts). Die Information wird von der Netzhaut zunächst an das Corpus geniculatum laterale (ein Teil des Thalamus) weitergeleitet und von dort zum primären visuellen Kortex am hinteren Gehirnpol. Noch bevor jedoch die eingehende visuelle Verarbeitung des Stimulus abgeschlossen ist, wurde bereits eine Art schlechte Schwarzweißkopie vom Corpus geniculatum laterale an die Mandelkerne (in der Zeichnung ist nur der linke Mandelkern zu sehen) weitergereicht, der sofort für die Vorbereitung des Körpers für Flucht oder Abwehr sorgt: Puls, Blutdruck und Muskelspannung werden gesteigert (links unten). Diese Reaktion des Mandelkerns (lateinisch: *Amygdala*; Plural: *Amygdalae*) läuft automatisch ab und sichert das Überleben des Organismus (modifiziert aus LeDoux 1994, S. 38).

Seit langem ist bekannt, dass Furcht vor einer neutralen Sache gelernt werden kann. Hört eine Ratte beispielsweise einen Ton oder sieht eine Lampe aufleuchten, wenn sie zugleich einen leichten (aber dennoch schmerzhaften) elektrischen Schock über den Metalldrahtboden des Käfigs erhält, so lernt sie sehr rasch, sich vor dem Ton oder der Lampe zu fürchten. Bereits wenige Schocks zusammen mit Ton oder Licht genügen, um bei der Ratte allein durch Ton oder Licht körperliche Reaktionen auszulösen, die normalerweise nur nach dem schmerzhaften Schock auftreten. Hierzu gehören ein schnellerer Puls, ein höherer Blutdruck und eine verstärkte Muskelspannung. Diese Reaktionen erfolgen automatisch und sind im Normalfall, d.h. bei tatsächlich vorliegender Gefahr, günstig für den Organismus, der ihr rasch ausweichen (*flight*) oder optimal begegnen (*fight*) kann. Auch ist es sehr sinnvoll, dass der Organismus nicht nur vor direkten unangenehmen Erfahrungen Angst haben kann, sondern auch lernen kann, die damit in Zusammenhang stehenden Erfahrungen ebenfalls zu meiden. Im Alter von zehn Jahren wurde ich von einem scharfen Wachhund, der sich von der Kette losgerissen hatte, ziemlich übel zugerichtet. Danach bereitete mir bereits das entfernte Bellen eines Hundes Panik – vom Anblick eines Hundes, und war es ein noch so kleiner Dackel, einmal ganz zu schweigen. Offenbar hatte ich – leider – gelernt, auf zuvor neutrale visuelle und akustische Stimuli mit heftiger Angst zu reagieren.

Wie man heute weiß, waren hierfür meine Mandelkerne verantwortlich, zwei kleine (mandelförmige und -große) Ansammlungen von Neuronen, die tief im Temporalhirn gelegen sind, ganz in der Nähe des vorderen Endes des Hippokampus. Die Mandelkerne tragen dazu bei, dass wir unangenehme Erlebnisse sehr rasch lernen und in Zukunft vermeiden. Wird bei Ratten der Mandelkern beidseits operativ zerstört, kann die Ratte zwar noch lernen, sich in einem Irrgarten zurechtzufinden (sie benutzt hierfür ja ihren Hippokampus), nicht jedoch, sich vor etwas zu fürchten. Zum Fürchten-Lernen braucht man den Mandelkern.

Beim Menschen liegen die Dinge nicht anders (vgl. Abb. 9.1), wie man unter anderem durch die genaue Untersuchung von Patienten mit Läsionen entweder im Bereich des Hippokampus beidseits oder der Mandelkerne beidseits nachweisen konnte. Ohne Mandelkern kann ein Mensch zwar noch neue Fakten wie z.B. die Eigenschaften eines lauten Tons lernen, nicht aber die Angst vor dem Ton. Ohne Hippokampus hingegen ist es umgekehrt, man lernt die Angst, aber nicht die Fakten. Fehlt beides, lernt man gar nichts (Bechara et al. 1995). Mittlerweile wurde es durch die funktionelle Bildgebung sogar möglich, das rasche Ansprechen der Mandelkerne beim Lernen eines unangenehmen Tons direkt abzubilden (Büchel et al. 1998).

Die Auswirkungen von Angst beschränken sich keineswegs auf das Erlernen unangenehmer Erfahrungen. Angst verändert vielmehr nicht nur den *Körper* in Richtung auf (wie die Amerikaner so schön und kurz sagen) *flight or fight*, sondern auch den Geist. Kommt der Löwe von links, läuft man nach rechts. Wer in dieser Situation lange fackelt, kreative Problemlösungsstrategien entwirft oder gar die Dinge erst einmal auf sich wirken lässt, lebt nicht lange. Eine ganze Reihe von Befunden spricht dafür, dass Angst einen ganz bestimmten *kognitiven Stil* produziert, der das rasche Ausführen einfacher gelernter Routinen erleichtert und das lockere Assoziieren erschwert (Fiedler 1999). Dies war vor 100.000 Jahren sinnvoll, führt jedoch heutzutage meist zu Problemen. Wer Prüfungsangst hat, der kommt einfach nicht auf die einfache, aber etwas Kreativität erfordernde Lösung, die er normalerweise leicht gefunden hätte. Wer unter dauernder Angst lebt, der wird sich leicht in seiner Situation „festfahren", „verrennen", der ist „eingeengt" und kommt „aus seinem gedanklichen Käfig nicht heraus". Unsere Umgangssprache ist voller Metaphern, die den unfreien kognitiven Stil, der sich unter Angst einstellt, beschreiben.

Wenn gerade keine Angst da ist, werden die Gedanken freier, offener und weiter. Dies lässt sich nicht nur subjektiv erleben, sondern auch im Experiment messen. Eine positive Grundstimmung ist daher gut für das Lernen. Dies konnten wir erst kürzlich direkt zeigen und sogar im Gehirn mittels funktioneller Bildgebung darstellen.

Dem Gehirn beim emotionalen Lernen zuschauen

Im vorangegangenen Kapitel hatten wir eine recht neue Methode des Designs und der Auswertung funktioneller MRT-Bilder kennengelernt: Man misst die Aktivität des Gehirns während des Einspeicherns von Bildern oder Wörtern und fragt nachher ab, welche Wörter erinnert werden. Das spätere Erinnern nennt man in der englischsprachigen Literatur *subsequent memory effect*. Dann wertet man die Funktionsbilder des Gehirns dahingehend aus, dass man die Aktivierung bestimmter Hirnregionen während des Einspeicherns der Bilder oder Wörter, die später erinnert werden, mit der Aktivität der Hirnregionen während des Einspeicherns der Stimuli, die später nicht mehr erinnert werden, vergleicht. Die Arbeitsgruppe um Anthony Wagner in Harvard konnte 1998 nachweisen, dass Regionen im präfrontalen und im medialen temporalen Kortex für das erfolgreiche Einspeichern von Wörtern zuständig sind, dass also Aktivität in diesen Regionen während des Einspeicherns das spätere Erinnern vorhersagt.

Da wir in unserer Arbeitsgruppe für funktionelle Bildgebung bereits seit längerer Zeit den Auswirkungen emotionaler Prozesse nachgehen (vgl. Erk & Walter 2000, Walter 1998, Walter & Spitzer 2001), lag es nahe, diesen experimentellen Ansatz zu modifizieren und für die Untersuchung der Auswirkungen emotionaler Prozesse auf Gedächtnisleistungen fruchtbar zu machen (vgl. Erk et al. 2002).

Unsere Idee dabei war, herauszufinden, ob sich die spätere Erinnerungsleistung für neutrale Wörter unterscheidet, je nachdem, ob diese Wörter in einem positiven, negativen oder neutralen Gefühlszusammenhang eingespeichert werden, und ob hierfür unterschiedliche Hirnregionen zuständig sind. Dafür wurden den Versuchspersonen zunächst Bilder präsentiert, die entsprechend positive, negative oder neutrale Emotionen hervorrufen, bevor ihnen jeweils ein neutrales Wort, welches sie einspeichern sollten, gezeigt wurde. Nachher wurden die Versuchspersonen gebeten, sich an die Wörter frei zu erinnern.

Wir konnten nachweisen, dass der emotionale Kontext, in dem die Einspeicherung der Wörter geschieht, einen modulierenden Einfluss auf die spätere Erinnerungsleistung hat. So wurden diejenigen Wörter

am besten erinnert, die in einem positiven emotionalen Kontext eingespeichert wurden. Darüber hinaus konnten wir zeigen, dass unterschiedliche Hirnregionen ein späteres Erinnern vorhersagen, je
nachdem in welchem emotionalen Kontext die Wörter eingespeichert
wurden: Während das erfolgreiche Einspeichern von Wörtern in positivem emotionalem Kontext eine Aktivität im Bereich des Hippokampus und Parahippokampus zeigte, fand sich eine Aktivierung der
Amygdala während des erfolgreichen Einspeicherns in negativem emotionalem Kontext (vgl. Abb. 9.2). Erfolgreiches Einspeichern in neu-
tralem Kontext aktiviert den frontalen Kortex.

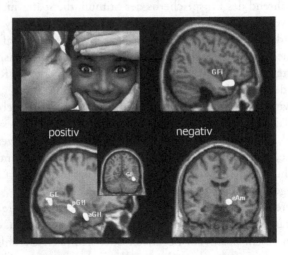

9.2 Schematische Darstellung der Ergebnisse der Studie von Erk et al. (2002).
Dargestellt ist ein Bild zur Erzeugung positiver Emotionen (oben links) sowie der
Effekt dieser Emotionen auf die Aktivierung des Gehirns beim erfolgreichen Einspeichern neutraler Wörter (unten links). Man aktiviert den Gyrus lingualis (GL),
den posterioren und anterioren Gyrus hippocampalis (pGH, aGH) sowie (im kleinen Schnittbild) den Gyrus fusiformis (GF). Neutrale Emotionen aktivieren beim
erfolgreichen Einspeichern den unteren Frontallappen (Gyrus frontalis inferior
GFi; rechts oben). Wenn dagegen neutrale Inhalte unter negativen Emotionen
eingespeichert werden, kommt es zur Aktivierung im Bereich des Mandelkerns
(eAm).

Diese Ergebnisse zeigen sehr deutlich, wie eng Emotion und Kognition, oder Gefühl und Denken, miteinander verbunden sind; das eine kann man nicht untersuchen, ohne das andere in Betracht zu ziehen. Sie zeigen auch, dass Lernen bei guter Laune am besten funktioniert, und sie zeigen sogar, warum.

Stress

Jeder weiß, was Stress ist. „Wieder mal viel Stress gehabt", sagen die einen, „bloß keinen Stress", die anderen. Versucht man jedoch eine Definition, gerät man in Schwierigkeiten: Das Wort Stress ist der englischen Sprache entnommen; es hat die Bedeutung Druck, Belastung bzw. Spannung. Der Ausdruck kann sowohl eine Situation als auch den Zustand eines Organismus meinen, weswegen man nicht selten Stressor (Situation) und Stress (Zustand) unterscheidet. Stressor und Stress sind zirkulär definiert: Ein Stressor verursacht Stress, und Stress ist das, was durch einen Stressor verursacht wird. Dieser scheinbare Unfug birgt einen wissenschaftlich nachgewiesenen tieferen Sinn: Stress ist in hohem Maße von der Bewertung des Organismus abhängig. Hierzu gibt es eine ganze Reihe instruktiver tierexperimenteller Studien, von denen zwei kurz dargestellt sein sollen.

(1) Eine Ratte sitzt in einem Käfig mit Drahtfußboden, der mit einem Gerät verbunden ist, das schmerzhafte Stromstöße produzieren kann. Das Gerät liefert zufällig verteilt für das Tier unangenehme Elektroschocks. Am gleichen Kabel hängt ein zweiter, im Nebenraum befindlicher Käfig, in dem ebenfalls eine Ratte sitzt. Im ersten Käfig befindet sich zudem eine Lampe und ein Hebel. Kurz vor dem Stromstoß leuchtet die Lampe auf, und die Ratte kann durch Drücken des Hebels den Schock vermeiden. Das Ganze ist jedoch so eingestellt, dass sie es nicht immer schafft. Beide Ratten bekommen damit die gleiche Anzahl schmerzhafter Schocks, die eine (im Nebenraum) einfach so und die andere bei gleichzeitiger aufmerksamer Betrachtung des Lämpchens und öfterem Drücken des Hebels. Man könnte nun meinen, dass dieses Tier „jede Menge Stress hat", das andere hingegen nicht. Tat-

sächlich ist es jedoch umgekehrt. Dasjenige Tier, das im Käfig sitzt und einfach ab und zu, ohne jegliche Kontrolle, einen Schock bekommt, wird langfristig stressbedingte Schäden wie ein Magengeschwür oder Bluthochdruck entwickeln. Beim anderen Tier hingegen, das die gleiche Menge an Schocks bekommt, seine Situation jedoch zumindest teilweise unter Kontrolle hat, treten keine stressbedingten Erkrankungen auf. Es ist also das subjektive Erleben der Situation durch das Tier (und nicht deren objektive Eigenschaften), was letztlich den Stress verursacht.

Beim Menschen ist dies nicht anders. Wer dem Unbill des Lebens hilflos ausgesetzt ist, reagiert mit chronischem Stress und den dadurch verursachten gesundheitlichen Schäden. Im Grunde weiß dies jeder: Kalkulierbare Widerwärtigkeiten sind erträglich, plötzlich hereinbrechende hingegen kaum. Die Psychiatrie kennt dies längst. Nicht nur verwendet man hier Entspannungstraining gegen chronischen Stress. Man nutzt gerade auch den Sachverhalt der Kontrolle vielfach therapeutisch aus. Seelische Störungen gehen oft mit einem realen oder einem vermeintlichen, vom Kranken erlebten Verlust an Kontrolle über seine Lebensumstände einher. Die unterschiedlichsten Psychotherapieverfahren gleichen sich daher auch in einer wesentlichen Hinsicht. Sie stärken die Kontrolle des Patienten (die erlebte und die reale) über sein Leben. (Dabei ist es gar nicht so wichtig, ob – wie in der Psychoanalyse – von „Stärkung der Ich-Funktionen" oder – wie in der Verhaltenstherapie – von „Kontingenzmanagement" gesprochen wird. Was jeweils zählt, ist die Tatsache, dass der Patient im Verlauf der Therapie mehr Kontrolle über sich und seine Lebenssituation gewinnt.)

(2) Zwei Affen, die sich zusammen mit sechs weiteren Affen in einem Käfig befinden, erhalten für mehrere Tage keine Nahrung. Die beiden fastenden Tiere können die anderen Tiere beim Fressen beobachten und zeigen hierbei deutliche Zeichen emotionaler Belastung. Während dieser Fastenperiode weisen die Tiere erhöhte Werte der Kortikosteroidausscheidung im Urin auf, d.h. deutliche Anzeichen von erhöhtem Stress. Es stellt sich hier jedoch die Frage, ob die erhöhte Sekretion von Stresshormonen durch den Hungerzustand oder durch die psychologischen bzw. emotionalen Begleitumstände verursacht ist.

Um dies zu beantworten, wird die mit dem Fasten einhergehende emotionale Belastung reduziert. Die beiden Affen werden allein im Käfig gehalten und erhallten nährstofflose, nach Früchten schmeckende Futterbällchen. Obgleich die Tiere ebenso fasten wie zuvor, zeigen sie unter offenbar stressloseren Bedingungen keine erhöhte Ausschüttung von Stresshormonen (17-Hydroxykortikosteroid). Hierdurch ist eindeutig nachgewiesen, dass nicht das Fasten, sondern die psychologische Situation der Tiere für die Kortikoidausschüttung verantwortlich ist (vgl. Mason et al. 1968, Mason 1968).

Akuter und chronischer Stress

Wie die Stressreaktion des Körpers aussieht, kann man sich am besten anhand eines Beispiels verdeutlichen: In der afrikanischen Savanne wurde eine Gazelle von einem Löwen gerissen, konnte jedoch entkommen. Der Löwe ist erneut hinter ihr her. Er hat seit Tagen keine Beute gefunden und ist hungrig. Dennoch muss er alle verfügbare Energie aufbringen, um die Gazelle zu erlegen. Diese wiederum muss alle Energie mobilisieren, um nicht Opfer des Löwen zu werden. Organismen, die bei akuter Gefahr ihren Körper an die Extremsituation anpassen konnten, waren ganz offensichtlich eher in der Lage zu überleben. Daher haben sich im Lauf der Evolution Mechanismen herausgebildet, die auf diese Notfallsituation exakt zugeschnitten sind. Diese Mechanismen fasst man als Stressreaktion zusammen.

In der akuten Situation sind diese Mechanismen sehr sinnvoll (siehe Tab. 9.2): Glukokortikoide – beim Menschen insbesondere Cortisol – führen zu einer Bereitstellung von Glukose durch eine Hemmung der Glukoseaufnahme in die Zellen und eine vermehrte Synthese von Glukose aus z.B. Muskeleiweiß. Akuter Stress führt zu einem erhöhten kardiovaskulären Tonus und zu erhöhter kognitiver Leistungsfähigkeit. Zugleich werden Verdauung, Wachstum, Reproduktion und Immunsystem gehemmt, da diese Funktionen in einer akuten

Notfallsituation ohne Schaden für den Organismus auf später verschoben werden können.

Tabelle 9.2 Akute und chronische Wirkungen der Stressreaktion (nach Sapolsky 1992).

Sinnvolle akute Stressreaktion	Pathologisches Äquivalent bei chronischem Stress
Energiemobilisation	Myopathie, Ermüdung, Steroiddiabetes
erhöhter kardiovaskulärer Tonus	stressinduzierter Hypertonus
erhöhte kognitive Leistungsfähigkeit	neuronaler Zelltod
gehemmte Verdauung	Ulzera
gehemmtes Wachstum	psychogener Zwergwuchs, Osteoporose
gehemmte Reproduktion	Amenorrhoe, Impotenz, Libidoverlust
gehemmtes Immunsystem	erhöhtes Erkrankungsrisiko

Die Kehrseite dieser für den Organismus positiven akuten Notfallreaktion sind stressbedingte Langzeitwirkungen der gleichen Art, die sich für den Organismus schädlich auswirken. Langfristiger Stress führt somit über die Energiemobilisation zu Myopathien, zu chronischer Müdigkeit und zum Steroiddiabetes; der chronisch erhöhte kardiovaskuläre Tonus wird zum chronischen Hypertonus, und der kurzfristig vermehrten kognitiven Leistungsfähigkeit entspricht langfristig der neuronale Zelltod. Den hemmenden Wirkungen der Glukokortikoide entsprechen direkt der psychogene Zwergwuchs bzw. die Osteoporose (aufgrund einer Hemmung der Wachstumshormonsekretion), gehemmte Sexualfunktionen mit Amenorrhoe, Impotenz und Libidoverlust (Hemmung der Ausschüttung von Luteinisierungshormon sowie verminderte periphere Antwort darauf), die gehemmte Verdauung mit resultierender Neigung zu Ulzerationen und das gehemmte Immunsystem mit einem erhöhten Risiko für Infektionskrankheiten und maligne Entartungen.

Fazit

Emotionen sind nicht der Widersacher des Verstandes. Sie können es sein, was ich gerade als Psychiater nur zu gut weiß. Die Neurobiologie der Emotionen hat jedoch im vergangenen Jahrzehnt das Bild der Gefühle als Gegenspieler vernünftigen Erlebens und Verhaltens umgekrempelt und praktisch auf den Kopf gestellt (vgl. Damasio 1994, Le Doux 1996, 2002). Emotionen helfen uns beim Zurechtfinden in einer komplizierten und immer komplizierter werdenden Welt. Unser Körper signalisiert Freude oder Unbehagen, lange bevor wir merken, warum. Er stellt sich auf Extremsituationen sehr rasch ein, wie insbesondere die Stressforschung zeigen konnte.

Akuter Stress ist eine biologisch sinnvolle Anpassung an Gefahr im Verzug. Chronischer Stress hingegen ist heute eine der wesentlichen Ursachen von Zivilisationskrankheiten. Während akuter Stress – wahrscheinlich über den Sympathikus vermittelt – zu verbessertem Lernen führen kann, haben extrem starker und insbesondere chronischer Stress negative Auswirkungen auf das Gedächtnis. Im Einzelnen ergab sich Folgendes:

Stresshormone wirken sich ungünstig auf Neuronen aus, insbesondere auf Neuronen des Hippokampus. Sie vermindern erstens die Glukoseaufnahme in das Gehirn und reduzieren somit das zur Verfügung stehende Energieangebot. Zweitens führen Glukokortikoide zwar nicht direkt zum Zelluntergang, erhöhen jedoch die Toxizität des Neurotransmitters Glutamat. Stresshormone führen damit zu einer erhöhten Beanspruchung und zugleich zu einer verminderten Energiezufuhr von Neuronen. Da der Hippokampus zu den aktivsten Strukturen des ZNS gehört, ist er besonders betroffen. Entsprechend konnte gezeigt werden, dass chronischer Stress oder chronisch erhöhte Glukokortikoidkonzentrationen zu hippokampalen Schäden und entsprechenden Leistungsminderungen hippokampal vermittelter Funktionen führen. Es scheint daher so zu sein, dass chronischer Stress die Neuronen des Hippokampus beständig „an den Rand" bringen und damit langfristig zum Zelluntergang führen kann. Stress ist damit ungünstig für das Lernen und das Behalten.

Es folgt, dass Lernen mit positiven Emotionen arbeiten sollte. Angst und Furcht können zwar kurzfristig das Einspeichern von neuen Inhalten fördern, führen jedoch langfristig zu den genannten negativen Effekten von chronischem Stress.

Postskript: Wo „Stress" herkommt

Man kann den Begriff Stress ohne seine Geschichte nicht verstehen. Im medizinischen Rahmen wurde der Begriff Stress erstmals von dem Neurologen und Physiologen Walter Bradford Cannon (1871 - 1945) verwendet, der von 1899 bis 1942 an der Harvard Universität lehrte. Cannon war nicht nur der Erste, der im ersten Jahrzehnt des letzten Jahrhunderts Röntgenstrahlung in physiologischen Studien zur Mechanik der Verdauung einsetzte, er untersuchte während des Ersten Weltkriegs auch blutungs- bzw. verletzungsbedingte Schockzustände. Dies führte ihn zu allgemeinen Untersuchungen von Gleichgewichtsmechanismen im Bereich des vegetativen Nervensystems von Organismen, die man heute unter dem Begriff der Homöostase (das griechische Wort für Gleichgewicht) zusammenfasst.

Cannon baute damit auf Gedanken von Claude Bernard (1813 - 1878) auf. Dieser vertrat die Idee, dass ein Organismus ein bestimmtes internes Milieu aufrechtzuerhalten sucht. Wird dieses interne Milieu von außen in seinem Gleichgewicht gestört, resultieren Gegenregulationsmechanismen. Hieraus wiederum leiteten sich Cannons weltweit bekannte Auffassungen zur Funktion von Stress ab. Diese sind in zwei Büchern niedergelegt, die die Titel *Körperliche Veränderungen bei Schmerz, Hunger, Angst und Wut* (1915) sowie *Die Weisheit des Körpers* (1932) tragen.

Auf Cannon geht die Auffassung der Stressreaktion als Kampf- bzw. Fluchtreaktion (engl.: *flight or fight*) zurück. Er hob vor allem die Bedeutung des sympathischen Nervensystems bei dieser Reaktion hervor. Damit waren die Hormone des Nebennieren*marks*, Adrenalin und Noradrenalin, als wesentliche Bestandteile des Kampf- und Fluchtverhaltens identifiziert.

Im Gegensatz dazu war die Arbeit von Hans Selye (1907 - 1982) eher auf die Hypophyse und vor allem die Hormone der Nebennieren-*rinde* (die man auch Kortikoide nennt) fokussiert. Selye fand heraus, dass eine Reihe ganz unterschiedlicher Reize – er benutzte als Erster den Begriff des Stressors – zum gleichen allgemeinen Adaptationssyndrom führen konnte, das durch die drei Stadien (1) Alarmreaktion, (2) Widerstand und (3) Erschöpfung charakterisiert ist. Mit dem dritten Stadium lenkte Selye erstmals die Aufmerksamkeit auf pathologische Aspekte der Stressreaktion bei chronischem Stress. Was der Duden heute zu Stress sagt – „starke körperliche und seelische Belastung, die zu Schädigungen führen kann" – meint also eher „Stressor" und geht im Wesentlichen auf Selye zurück.

Wurde die Stressreaktion bis in die 60er Jahre hinein als mechanisches, rein somatisches Geschehen betrachtet, so lieferten Studien aus den letzten drei bis vier Jahrzehnten den klaren Beweis dafür, dass die Stressreaktion starken psychologischen Einflüssen unterliegt. Kurz: Stress entsteht vor allem im Kopf.

Je besser die Methoden der Biochemiker, desto komplizierter wurde dann das Ganze. Man konnte über 1.400 physikalische oder chemische Veränderungen bei einem Organismus in einer Stressreaktion erfassen. Dies führte in den 70er und 80er Jahren zu einer weiteren Differenzierung der Auffassungen zum Phänomen Stress (vgl. Johnson & Anderson 1990), das sich damit innerhalb weniger Jahrzehnte von einem einfachen, maschinenartigen Reaktionsschema zu einem multifaktoriell bedingten komplexen psychophysischen Geschehen gewandelt hatte.

Angemerkt sei an dieser Stelle noch Folgendes: Man hört nicht selten die Meinung, es gäbe zwei Sorten von Stress, den guten Eu-Stress und den schlechten Dys-Stress. Dies ist nach dem Gesagten wenig sinnvoll. So sieht beispielsweise der Zusammenhang zwischen Rotweinkonsum und langem Leben etwa so aus wie die Kurve von Yerkes und Dodsen (vgl. Abb. 8.1), aber dennoch spricht niemand von Eu-Rotwein und Dys-Rotwein. Stress ist eine Frage der Bewertung und der Dosis. Seine Einteilung in gut und böse vereinfacht die Dinge zu stark.

10 Motivation

Wenn wir über Motivation und Belohnung nachdenken, dann fällt uns wahrscheinlich ein, was der Psychologe B.F. Skinner vor mehr als einem halben Jahrhundert hierzu gefunden und weithin publik gemacht hat. Erhält die Ratte Zucker, wenn sie einen Hebel drückt, dann wird sie den Hebel immer öfter drücken. Zucker hat einen belohnenden Effekt und verstärkt Verhaltensweisen, auf die Belohnung folgt. Wie im letzten Kapitel gesehen, hat Bestrafung (z.B. durch ein lautes Geräusch) den gegenteiligen Effekt.

Diese Gedanken stecken in den Köpfen von Lehrern und Managern, Politikern und Professoren, Müttern und Vätern. In der wissenschaftlichen Psychologie spricht man von *operantem Konditionieren* (im Zirkus von Dressur) und meint den altbekannten Sachverhalt der Beeinflussung des Verhaltens mit Zuckerbrot und Peitsche. Die Sache wird auf den Menschen übertragen, und sofort wird die Welt einfach: Man belohnt, was sein soll, und bestraft, was nicht sein soll. – Und alles funktioniert wie geschmiert.

Und warum funktioniert dann so vieles so schlecht? „Weil Menschen keine Ratten sind!", lautet die einfache, sehr kurz gefasste Antwort. Die längere Antwort zeigt unter anderem, dass selbst Ratten nicht so einfach funktionieren und Primaten (und damit auch wir Menschen) erst recht nicht. Wer sich für die Langfassung dieser Antwort interessiert und überhaupt schon immer gern gewusst hätte, was uns Menschen umtreibt (und was dabei im Kopf vorgeht), der lese weiter in diesem Kapitel.

Besser als gedacht

Unser Gehirn wird in jeder Sekunde von unzähligen Reizen geradezu bombardiert. Es kann daher nicht allein aufgrund von Filterungsprozessen, d.h. durch Informationsverarbeitungsprozesse, die „von unten nach oben" *(bottom-up processes)* ablaufen, auf diese Reize adäquat reagieren. Es bedarf auch der Steuerung „von oben nach unten" *(top-down processes)*, um die Flut des Materials vorzustrukturieren, um auszuwählen und nur Wichtiges zu verarbeiten. Wie aber geschieht dies?

Ein wesentlicher Aspekt dieser Leistung besteht darin, dass unser Gehirn kontinuierlich damit beschäftigt ist, das Geschehen um uns herum vorherzusagen. Wenn ich nach der Kaffeetasse greife, dann hat mein Gehirn die Berührungsempfindung der Kaffeetasse schon antizipiert, vielleicht schon den Kaffeeduft und möglicherweise sogar den Kaffeegeschmack. Wenn alles so läuft wie vorausberechnet, habe ich vielleicht einen Schluck Kaffee getrunken und die Kaffeetasse wieder abgestellt, ohne überhaupt je bewusst an den ganzen Vorgang gedacht zu haben. Er wird auch nicht im Gedächtnis als solcher festgehalten, sondern verschwindet – wie der Philosoph Edmund Husserl sagt – in den Abschattungen des Bewusstseins.

Ähnliches geschieht beispielsweise beim Verstehen von Sätzen. Je mehr sich ein Satz dem Satzende nähert, um so leichter kann unser Gehirn vorausberechnen, wie der Satz wohl enden wird. Entsprechend haben psychologische Untersuchungen gezeigt, dass das allgemeine Aufmerksamkeitsniveau am Beginn von Sätzen am höchsten und am Ende von Sätzen am geringsten ist (vgl. Maher & Spitzer 1993). Brauchen wir uns doch mit Fortschreiten des Satzes immer weniger um das Gehörte zu kümmern, weil wir in immer größerem Maße ohnehin schon wissen, was noch kommt.

Kurz, unser Gehirn berechnet kontinuierlich voraus, was demnächst eintreten wird, und wenn dies eintritt, was meist der Fall ist, wird das Geschehen als unbedeutend verbucht und nicht weiter verarbeitet. Es braucht auch nicht abgespeichert zu werden, denn wir haben das entsprechende implizite Wissen ja ganz offensichtlich bereits parat.

Gelegentlich geschieht jedoch etwas anderes. Manchmal treten Ereignisse ein, die sich von dem, was das Gehirn vorausberechnet hat, positiv abheben. Wir tun etwas, und das Resultat dieses Tuns ist *besser als erwartet*. Wenn dies der Fall ist, dann geschieht mehr als der beruhigende Abgleich von Vorausberechnetem und Eingetretenem. Es wird vielmehr im Gehirn ein Signal generiert, das das Folgende besagt: Das Resultat dieser oder jener Sequenz von Eindrücken oder Verhaltensweisen war besser als erwartet. Wenn dieses Signal im Gehirn produziert wird, sorgt es dafür, dass gelernt wird. Nur so kann ein Organismus im Laufe der Zeit sein Verhalten optimieren. Gelernt wird nicht einfach alles, was auf uns einstürmt, sondern das, was positive Konsequenzen hat.

Was ist dies für ein Signal? Wie liegt es im Kopf vor? Was weiß man über es?

Dopamin

Zum täglichen Brot des Psychiaters gehört der Neurotransmitter und Neuromodulator Dopamin. Dieser Stoff spielt im Gehirn in vier funktionellen Systemen eine wichtige Rolle (vgl. Abb. 10.1). Das eine System regelt die innere Sekretion von Prolaktin, einem Hormon, das das Wachstum der Brustdrüse, die Milchproduktion und zum Teil auch das Sexualverhalten regelt. Das zweite System spielt bei der Steuerung flüssiger Bewegungen eine wichtige Rolle; fehlt hier Dopamin, kommt es zur Parkinsonschen Krankheit (die man auch als Schüttellähmung bezeichnet), d.h. zu Zittern, Muskelsteifigkeit (bis hin zur Muskelstarre) und Bewegungsarmut.

Die weiteren Dopaminsysteme sind für Belohnung und Motivation zuständig. Deren Neuronen sitzen in der sogenannten Area A10, deren Fasern entweder direkt zum frontalen Kortex oder zum ventralen Striatum führen, insbesondere zu einem Kerngebiet, das man Nucleus accumbens nennt. Die Dopaminfreisetzung direkt im Kortex kann zu einer besseren Klarheit des Denkens führen. Im Nucleus accumbens dagegen aktivieren die dopaminergen Fasern wiederum Neuronen, die

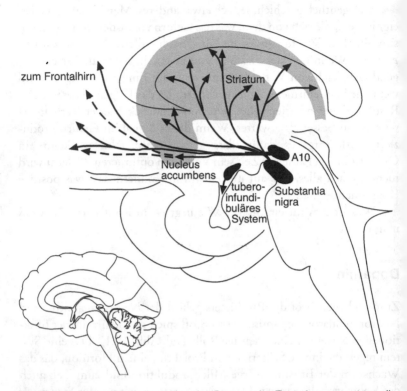

10.1 Schematische Darstellung der vier Systeme im Zentralnervensystem, die Dopamin als Botenstoff verwenden und ganz unterschiedliche Funktionen haben. Das tuberoinfundibuläre System (1) spielt im Hormonhaushalt, das nigro-striatale (2) bei der Bewegungssteuerung eine wichtige Rolle. Dies ist das bekannteste System, dessen Fasern von der Substantia nigra zum Striatum (grau dargestellt) ziehen. Das meso-limbische System (3) führt über die Aktivierung des Nucleus accumbens zu einer Ausschüttung von Neuropeptiden im frontalen Kortex (gestrichelte Linien), bei denen es sich vor allem um körpereigene Stoffe handelt, die opiatähnliche Wirkungen entfalten (man spricht daher auch von Opioiden) und uns ein positives Gefühl vermitteln. Das meso-kortikale System schließlich (4) hat den gleichen Ausgangspunkt wie das meso-limbische System (die dopaminergen Neuronen befinden sich in der Area A10 im ventralen Tegmentum), die Fasern gehen jedoch direkt zum frontalen Kortex, wo Dopamin ausgeschüttet wird. Die beiden letztgenannten Systeme aus Neuronen und Faserbündeln werden auch als Belohnungssystem bezeichnet und spielen bei Motivationsprozessen eine wichtige Rolle.

endogene Opioide produzieren und deren Fasern sich weit über den frontalen Kortex verzweigen. Werden dort die endogenen Opioide, d.h. vom Gehirn selbst produzierte opiatähnliche Stoffe ausgeschüttet, resultiert daraus ein gutes Gefühl. Opium belohnt und macht bekanntermaßen süchtig. Was soll das? Haben wir ein System im Kopf, das für nichts weiter da ist, als uns süchtig zu machen? Zunächst schien es so.

Kokain

Im Jahr 1997 publizierten der Bostoner Psychiater Hans Breiter und Mitarbeiter eine wichtige Studie zu den Wirkungen von Kokain bei Kokainsüchtigen im Entzug. Mit Hilfe der Positronenemissionstomographie (PET; vgl. Kap. 2) wurde die Aktivierung des Gehirns direkt nach der Injektion von Kokain mit der nach der Injektion von Salzlösung (verwendet als Placebo zur Kontrolle) verglichen. Das Ergebnis brachte es immerhin auf die Titelseite von *Neuron*, einer anerkannten neurowissenschaftlichen Zeitschrift (vgl. Abb. 10.2): Man fand das ventrale Striatum, ein tief im Innern des Gehirns gelegenes Gebiet, durch Kokain aktiviert. Nun ist Kokain für einen Kokainsüchtigen im Entzug etwa das, was Wasser für einen Verdurstenden darstellt: ein maximal belohnender Stimulus. Das ventrale Striatum war damit beim Menschen als Teil des inneren Systems, das ganz offensichtlich Belohnung signalisiert, identifiziert (*Belohnungssystem*, engl.: *reward system*).

Noch einmal: Besitzen wir Menschen dieses Zentrum, damit wir kokainsüchtig werden können? – Wohl kaum! Der belohnende Effekt ist lediglich bei suchtkranken Menschen sehr stark und war daher bereits vor Jahren mit den damals zur Verfügung stehenden Methoden nachweisbar. Dass das ventrale Striatum Teil eines gehirneigenen Belohnungssystems ist, wusste man bereits aus vielen Tierversuchen vor allem an Ratten. Wozu aber gibt es ein solches System? Betrachten wir die Sache einmal ganz objektiv und ohne Rücksicht auf den Spaß, den uns Belohnung macht. Wozu gibt es ein gehirneigenes Belohnungssystem?

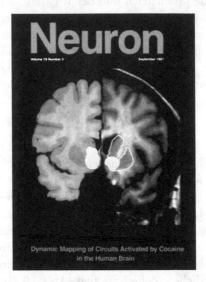

10.2 Titelseite der Zeitschrlft Neuron (Ausgabe vom September 1997, leicht modifiziert). Die Lage der Basalganglien ist in der rechten Bildhälfte durch eine weiße Linie umfahren. Die weißen Flächen sind die durch Kokain aktivierten Kerngebiete (Breiter et al. 1997).

Belohnung

Diese Frage war bis vor wenigen Jahren noch völlig ungeklärt. In jüngster Zeit gibt es jedoch erste Ansätze zu einem Verständnis des Belohnungssystems und der Rolle von Dopamin bei höheren geistigen Leistungen, insbesondere für Motivation und Lernen. Grob vereinfachend gesprochen, liegt folgender Sachverhalt vor:

Das Dopaminsignal der Neuronen der Area A10 führt zu einer Aktivierung des ventralen Striatums, was wiederum in einer Freisetzung endogener Opioide im Frontalhirn resultiert. Diese Freisetzung stellt subjektiv einen Belohnungseffekt dar und hat im Hinblick auf Informationsverarbeitung eine Art „Türöffner"- (engl.: *gating*) Funktion: Die Verhaltenssequenz bzw. das Ereignis, was zum besser-als-erwarteten Resultat geführt hat, wird weiterverarbeitet und dadurch mit höherer Wahrscheinlichkeit abgespeichert. Wir können auch sagen: Es wird etwas gelernt. Von Bedeutung ist, dass das Dopaminsystem nur bei Ereignissen oder Verhaltenssequenzen anspringt, die ein Resultat liefern, das besser als erwartet ausfällt. Das Dopaminsystem ist an Bestrafung nicht beteiligt, es ist allein für Belohnung zuständig.

Für das Lernen ist wichtig: Gelernt wird immer dann, wenn positive Erfahrungen gemacht werden. Dieser Mechanismus ist wesentlich für das Lernen der verschiedensten Dinge, wobei klar sein muss, dass für den Menschen die positive Erfahrung schlechthin in positiven Sozialkontakten besteht. Plakativ formuliert: Der lernende Mensch ist kein Nagetier, das reflexhaftes Verhalten produziert und um so mehr davon, je mehr Futterkügelchen es für ein bestimmtes Verhalten erhält. Selbst Ratten sind in dieser Hinsicht schlechte Ratten. Menschliches Lernen vollzieht sich immer schon in der Gemeinschaft, und gemeinschaftliche Aktivitäten bzw. gemeinschaftliches Handeln ist wahrscheinlich der bedeutsamste „Verstärker". Die biologischen Wurzeln der Gemeinschaft von Lehrenden und Lernenden werden so unmittelbar deutlich (und weiter unten nochmals experimentell verdeutlicht).

Neuigkeit und Bewertung

Experimente an Ratten zeigten, dass belohntes Verhalten durch Schäden des Dopamin-Belohnungssystems oder durch dessen Blockade mit bestimmten Medikamenten beeinträchtigt ist oder erst gar nicht gelernt wird. Umgekehrt ist von praktisch allen Suchtstoffen bekannt, dass sie zu einer Stimulation dieses Systems führen.

Man weiß weiterhin, dass die Begegnung mit Neuem zu einer Freisetzung von Dopamin in diesem System führt. Dopamin wurde daher als Substanz der Neugier und des Explorationsverhaltens, der Suche nach Neuigkeit (engl.: *novelty seeking behavior*) bezeichnet. Ein Dopaminmangel im Belohnungssystem wird daher mit Interesse- und Lustlosigkeit (der Psychiater spricht von Anhedonie), sozialem Rückzug und teilweise auch mit gedrückter Stimmung in Verbindung gebracht. Umgekehrt führt eine Überaktivität dieses Systems dazu, dass belanglose Ereignisse oder Dinge eine abnorme Bedeutung erlangen, als besonders hervortreten und einen nicht mehr loslassen (vgl. das Postskript). Beides, zu viel und zu wenig Dopamin in diesem System, führt also zu krankhaften seelischen Zuständen.

Wozu dient dieses System? – Diese Frage ist einfacher gestellt als beantwortet, denn sie setzt das Verständnis einiger Prinzipien assoziativen Lernens voraus. Hierbei handelt es sich zunächst um den bekannten Sachverhalt des operanten Konditionierens: Wird ein Stimulus mit einer Belohnung oder Bestrafung gekoppelt, so lernt der Organismus, diesen Stimulus mit der Belohnung oder der Bestrafung in Verbindung zu bringen und kann sein Verhalten entsprechend dem Vorhersagewert des Stimulus ausrichten. Reize mit negativen Konsequenzen werden vermieden, solche mit positiven Konsequenzen werden gesucht.

Wie die in diesem und dem vorangegangenen Kapitel diskutierten Untersuchungen zeigen, sind die gehirneigenen Systeme für Belohnung und Bestrafung völlig verschieden. Dopamin ist nur in den Mechanismen der Belohnung involviert. Zudem wurde nachgewiesen, dass für optimales Lernen nicht der Absolutwert der Belohnung von Bedeutung ist, sondern deren Unerwartetheit: Immer dann, wenn der Organismus eine bestimmte Erwartung hat und das Ergebnis des Verhaltens besser ist als die Erwartung, wird gelernt. Wie man durch experimentelle Untersuchungen herausfinden konnte (Waelti et al. 2001; vgl. auch die zusammenfassende Darstellung in Spitzer 2002a,b), trifft genau das Gleiche für das Verhalten dopaminerger Neuronen zu: Sie feuern als Antwort auf den Unterschied zwischen vorhergesagter und tatsächlicher Belohnung. Damit ist nachgewiesen, dass sowohl auf der Verhaltensebene als auch auf der Ebene der neuronalen Aktivierung dopaminerger Neuronen der *Vorhersagewert von Belohnung* eines Stimulus und nicht die bloße Paarung eines Stimulus mit Belohnung für das Lernen entscheidend ist.

Belohnung und Plastizität

Belohnung sorgt für Lernen. Lernen bedeutet langfristig die Änderung kortikaler Repräsentationen. Diese lässt sich dann am besten nachweisen, wenn die Repräsentationen Kartenstruktur aufweisen, sodass man die Änderung der Karten direkt beobachten kann. Genau dies wurde von der Arbeitsgruppe um Michael Merzenich gezeigt.

Im Gehirn von Ratten gibt es wie bei uns Menschen auch eine tonotope Karte, also ein kortikales Areal, in dem Neuronen liegen, die unterschiedliche Frequenzen repräsentieren und die je nach Tonhöhe nach Art einer Klaviertastatur nebeneinander angeordnet sind (vgl. Abb. 6.3). Im Gegensatz zur retinotopen Karte der Netzhaut oder zur somatotopen Karte der Körperoberfläche ist die tonotope Karte bei den meisten untersuchten Arten nicht verzerrt. Damit ist gemeint, dass es keine bevorzugten Frequenzen gibt, für die auf dieser Karte besonders viel Platz zur Verfügung stünde.

Die Einflussfaktoren auf erfahrungsabhängige Neuroplastizität lassen sich nun am Hörkortex dadurch untersuchen, dass man den Tieren einen Ton einer ganz bestimmten Frequenz sehr oft vorspielt. Wenn es zutrifft, dass die Kartenstruktur kortikaler Repräsentationen letztlich vom Input abhängt, dann sollte der häufig gehörte Ton dazu führen, dass es mittel- bis langfristig zu einer Vergrößerung desjenigen Teils der Karte kommt, der für die entsprechende Frequenz zuständig ist.

Dies ist beispielsweise bei Fledermäusen der Fall. Sie hören die zur Echolotung benutzte Frequenz sehr häufig und haben mehr Platz für sie auf ihrer tonotopen Karte (vgl. Spitzer 1996, S. 118ff). Bei Ratten, Affen oder auch beim Menschen könnte man zwar vermuten, dass beispielsweise die Frequenzen der von den Jungen bzw. den Babies produzierten Laute bevorzugt repräsentiert sei, aber dem ist nicht so, wie Untersuchungen ergaben. Vielleicht schreien Ratten-, Affen- und auch Menschenbabies einfach zu selten oder zu variabel.

Bereits vor einigen Jahren benutzten Merzenich und Mitarbeiter diesen experimentellen Ansatz zum Nachweis des Einflusses von Acetylcholin auf die kortikale Plastizität (vgl. Kilgard & Merzenich 1998).

Dieser Stoff wird von Neuronen produziert, die tief im Inneren des Gehirns (im sogenannten Nucleus basalis Meynert) liegen und ihn über weite Teile des Gehirns ausschütten. Man weiß seit langem, dass er an Lernprozessen beteiligt ist und dass seine Konzentration in der Gehirnrinde im Alter abnimmt (vgl. Kap. 15). Spielte man Ratten einen Ton häufig vor, so kam es zunächst nicht zu einer Vergrößerung von dessen kortikaler Repräsentation. (Wahrscheinlich geschieht das Lernen hier im Erwachsenenalter sehr langsam.) Wurden jedoch gleichzeitig mit dem Ton die Neuronen elektrisch stimuliert, die Acetylcholin ausschütten, kam es zur erwarteten Änderung der tonotopen Karte: Die Größe der kortikalen Repräsentation der Tonfrequenz nahm zu.

In ganz ähnlicher Weise konnten die Autoren an sieben Ratten zeigen, dass die direkte elektrische Stimulation dopaminerger Kerngebiete die kortikale Repräsentationen zu lernender Töne ändert (Bao et al. 2001). Mit anderen Worten: Der Kortex erwies sich bei entsprechender akustischer Stimulation nur dann als plastisch, wenn zugleich das Dopamin-Belohnungssystem aktiviert wurde.

Schokolade, Musik, Blickkontakt

Mittels funktioneller bildgebender Verfahren wurde es in der jüngsten Zeit möglich, die Aktivierung des Belohnungssystems beim Menschen direkt zu untersuchen, ohne auf extreme Reize – Kokain beim Süchtigen im Entzug – zurückzugreifen. Auch Schokolade, schöne Musik und Blickkontakt mit einem attraktiven Menschen aktivieren das Belohnungssystem.

Small und Mitarbeiter (2001) gingen den neurobiologischen Grundlagen des Naschens von Schokolade nach. Neun Versuchspersonen, die sich selbst am ehesten als „Chocoholic" einstuften, wurden siebenmal mittels Positronenemissionstomographie (PET) gescannt, während sie ein Stück Schokolade lutschten. Jeweils danach sollten sie auf einer Skala, die von -10 („scheußlich, mir wird es gleich übel") bis +10 („wunderbar, ich will unbedingt das nächste Stück") reichte, ihre

Bewertung der Schokolade sowie ihre Motivation zum Weiteressen angeben. Nach jedem Schokoladen-Scan mussten die Probanden so lange Schokolade essen, bis ihr Verlangen nach dem nächsten Stück um zwei Punkte auf dieser Bewertungsskala abgenommen hatte. Dann wurde der nächste PET-Scan (mit Lutschen eines Kästchens Schokolade) durchgeführt. Das Experiment war also so angelegt, dass im Verlauf der Untersuchung die Bewertung der Schokolade und die Motivation zum Essen von Schokolade vom positiven in den negativen Bereich sinken musste, was tatsächlich auch der Fall war (vgl. Abb. 10.3). Während des Experiments aßen die Versuchspersonen insgesamt eine halbe bis gut zwei Tafeln Schokolade.

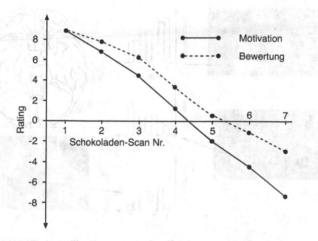

10.3 Selbstbeurteilung der Bewertung (Frage: Wie angenehm oder unangenehm fanden Sie dieses Stück Schokolade? – durchgezogene Linie) und der Motivation (Frage: Wie gern oder ungern möchten Sie ein weiteres Stück Schokolade haben? – gestrichelte Linie). Beide Variablen hatten einen möglichen Wertebereich von +10 bis -10. Die Motivation nahm rascher ab als die Bewertung.

Die Daten der Funktionsbilder wurden wie folgt analysiert: Man suchte nach Hirnregionen, deren Aktivität sich mit der Bewertung bzw. der Motivation systematisch änderte, um hierdurch Areale zu identifizieren, die nicht etwa mit dem Schmecken und Kauen von Schokolade (das war in allen Scans identisch), sondern mit Motivation und Bewertung in Verbindung stehen. Man fand tatsächlich Bereiche, die nach unserem an Ratten und Affen gewonnenen Wissen zu dem oben bereits skizzierten Motivations- bzw. Belohnungssystem zählen: den Bereich, in dem Dopamin produziert wird (Kerngebiete im Tegmentum) sowie einen Bereich des Kortex, der ziemlich in der Mitte und direkt über den Augen gelegen ist (medialer orbitofrontaler Kortex beidseits). Je besser den Versuchspersonen die Schokolade schmeckte und je mehr Lust sie auf ein weiteres Stück hatten, desto stärker war die Aktivierung in diesen Regionen (vgl. Abb. 10.4).

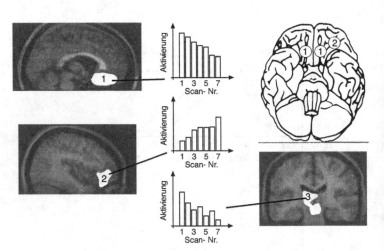

10.4 Schematische Darstellung der Ergebnisse von Small et al. (2001). Je besser die Schokolade schmeckt, desto stärker ist der orbitofrontale Kortex (Bild links oben, Bereich 1) aktiviert. Da während des Experiments der Appetit auf Schokolade abnimmt, nimmt auch die Aktivität in diesem Bereich im Verlauf des Experiments ab. Umgekehrt ist es etwa 2 cm daneben (Bild links unten, Bereich 2); hier nimmt die Aktivität mit abnehmendem Appetit auf Schokolade zu! In einem Bereich des Gehirns, der Dopaminneuronen enthält, die bei Belohnung feuern, nimmt die Aktivität mit abnehmendem Belohnungswert der Schokolade dagegen eindeutig ab (Bild rechts unten). Das Bild rechts oben zeigt die Unterseite des Gehirns. Die Lokalisation der Bereiche 1 und 2 sind schematisch eingezeichnet.

Schokolade aktiviert also unser Belohnungssystem, ganz ähnlich wie Kokain. Hierzu passt der Befund, dass Schokolade dasjenige Nahrungsmittel ist, nach dem die Menschen am ehesten und am häufigsten „süchtig" sind (Rozin et al. 1991), weswegen die Engländer für Naschkatzen ja auch den Ausdruck „Chocoholic" verwenden.

Es wurde jedoch auch ein Areal gefunden, dessen Aktivität mit *abnehmender* Bewertung und Motivation *zunahm* (rechter kaudolateraler orbitofrontaler Kortex, also ein Bereich der Gehirnrinde über den Augen rechts, jedoch weiter außen und etwas weiter hinten als das oben genannte positiv korrelierte Areal). Im orbitofrontalen Kortex (vgl. auch Abb. 17.5), der bekanntermaßen mit Bewertung und Motivation in Verbindung steht, gibt es somit zwei Areale, die gegenläufig reagieren: Die Aktivität in einem eher medialen Areal verhält sich gleichsinnig zu Motivation und Bewertung, die in einem eher lateral gelegenen Areal verhält sich gegensinnig. Dieser Befund deckt sich mit einer weiteren Studie zu einer emotionalen visuellen Lernaufgabe. Bei negativem Outcome wurde ebenfalls der laterale, bei positivem Outcome der mediale orbitofrontale Kortex aktiviert (O'Doherty et al. 2001). Es gibt damit erste Hinweise darauf, dass im orbitofrontalen Kortex Aspekte der Bewertung ähnlich repräsentiert sind wie in anderen kortikalen Arealen andere Aspekte der Außenwelt. Ohne dem Kapitel 18 vorgreifen zu wollen, sei an dieser Stelle bereits angemerkt: Wenn der orbitofrontale Kortex fehlt, dann fehlen die Werte. Solche Fälle gibt es durchaus.

Man muss jedoch keineswegs Kokain oder Schokolade zu sich nehmen, um sein Belohnungssystem zu aktivieren. Schöne Musik tut es auch (Blood & Zatorre 2001)! Zehn Probanden mit im Mittel acht Jahren musikalischer Ausbildung wurden zunächst danach ausgesucht, ob sie das Gefühl der den Rücken hinunterlaufenden Gänsehaut beim Hören mancher ganz bestimmter Musikstücke kennen. Jeder Einzelne musste dann dasjenige Musikstück auswählen, welches Gänsehaut verursacht, von dem dann eine jeweils 90 Sekunden lange „gänsehautträchtige" Passage für den Scanner ausgewählt wurde.

Da die einzelnen Versuchspersonen jeweils andere Stücke aus-
wählten, konnten diese Passagen wechselseitig als Kontrollbedingung
dienen: Was dem einen die Gänsehaut macht, bewirkt beim anderen
nichts. Jede Passage wurde auf diese Weise genau zweimal verwendet,
einmal als emotionale Stimulationsbedingung und einmal als Kontrollbedingung. Dadurch wurde sichergestellt, dass ein Unterschied in der
Aktivierung des Gehirns nicht auf bestimmte musikalische Eigenschaften der Stücke wie Tempo, Stilrichtung, Dynamik etc. zurückzuführen
waren, sondern auf deren emotionale Wirkungen auf die Versuchspersonen.

Im Scanner trat dann die Gänsehaut auch tatsächlich in 77 Prozent der Fälle auf, in denen sie erwartungsgemäß auftreten sollte. Die
Auswertung der PET-Daten ergab, dass mit zunehmender Gänsehaut
die Aktivität in einigen Arealen zunahm, in anderen dagegen abnahm
(vgl. Abb. 10.5). Eine Zunahme der Aktivität fand sich u.a. in einem
Bereich (ventrales Striatum links), der auch bei Kokain und Schokolade aktiv war. Auch im linken dorsomedialen Mittelhirn, dem rechten
orbitofrontalen Kortex sowie der Insel beidseits (ebenfalls bekanntermaßen in Bewertungsvorgänge bzw. emotionale Prozesse involviert)
sowie in Bereichen, die für Aufmerksamkeit (anteriorer Gyrus cinguli)
und Bewegungskontrolle (supplementär-motorisches Areal und Kleinhirn) zuständig sind, fand sich eine Zunahme der Aktivierung.

Eine Abnahme zeigten dagegen die Mandelkerne beidseits (die bei
Angst aktiviert werden) und der ventromediale präfrontale Kortex (der
bei unangenehmen Erfahrungen aktiviert wird).

Damit ergibt sich das folgende Bild: Musik bewirkt prinzipiell das
Gleiche wie andere biologisch außerordentlich wichtige Reize. Sie stimuliert das körpereigene Belohnungssystem, das auch durch Sex oder
Rauschdrogen stimuliert wird und das mit der Ausschüttung von Dopamin (aus Neuronen der *Area A10* in den Nucleus accumbens) und
von endogenen Opioiden (aus Neuronen des Nucleus accumbens in
weite Teile des Frontalhirns) einhergeht. Umgekehrt wird durch angenehm empfundene Musik die Aktivierung zentralnervöser Strukturen,
die unangenehme Emotionen wie Angst und Aversion signalisieren,

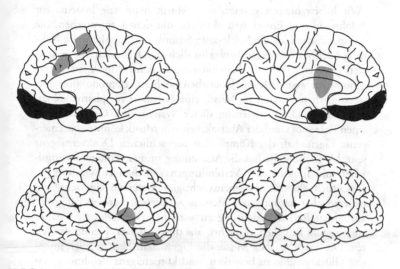

10.5 Schematische Darstellung einiger der von Blood und Zatorre (2001) berichteten, durch das Erleben musikbedingter Gänsehaut aktivierter (hellgrau) bzw. deaktivierter (schwarz) Areale des Gehirns. Eine Aktivierung war u.a. im linken ventralen Striatum (oben rechts), in der Insel beidseits (unten), im rechten orbitofrontalen Kortex (unten links), dem anterioren Gyrus cinguli, dem supplementär-motorischen Areal (oben links) sowie dem Kleinhirn (jeweils beidseits, nicht dargestellt) zu verzeichnen. Bei Gänsehaut vermindert war dagegen die Aktivierung des rechten Mandelkerns, des linken Hippokampus-Mandelkern-Bereichs und des ventralen medialen präfrontalen Kortex (oben).

gemindert. (Ganz nebenbei hat damit die Wissenschaft auch festgestellt, warum jemand, der in den dunklen Keller geht, singt oder pfeift).

Musik, die der Hörer mag, wirkt damit gleich auf doppelte Weise angenehm. Zusätzlich führt Musik zur Aktivierung von Strukturen, die für Wachheit und Aufmerksamkeit wichtig sind (Thalamus und anteriorer Gyrus cinguli), und könnte auf diese Weise weitere günstige Auswirkungen auf das Wohlbefinden und die Leistungsfähigkeit der Menschen haben. Die Autoren kommentieren ihre Befunde daher wie folgt:

„Wir haben hiermit gezeigt, dass Musik neuronale Systeme für Belohnung und Emotionen aktiviert, die denen entsprechen, die auf spezifische biologisch relevante Stimuli wie beispielsweise Nahrung oder Sex antworten bzw. künstlich durch Rauschdrogen aktiviert werden. Dies ist bemerkenswert, denn Musik ist streng genommen weder für das Überleben noch zur Reproduktion notwendig, ebenso wenig ist Musik eine Substanz im pharmakologischen Sinn. Die Aktivierung dieser Systeme des Gehirns durch einen Reiz vom Grad der Abstraktheit von Musik könnte eine emergente Eigenschaft der Komplexität menschlichen Denkvermögens sein. Möglicherweise hat die Ausbildung immer stärkerer anatomischer und funktioneller Verbindungen zwischen entwicklungsgeschichtlich älteren, überlebenswichtigen Systemen einerseits und neueren eher kognitiven Systemen andererseits unsere Fähigkeit, abstrakten Reizen Bedeutung zu verleihen, verstärkt, und damit auch unsere Fähigkeit vermehrt, aus diesen Reizen Freude abzuleiten. Die Tatsache, dass Musik die Eigenschaft besitzt, solch intensive Glücksgefühle zu bewirken, und körpereigene Belohnungssysteme stimuliert, legt nahe, dass Musik, wenn sie auch nicht für das Überleben der Art Mensch unbedingt notwendig ist, doch einen deutlichen Beitrag zu unserem geistigen und körperlichen Wohlbefinden leisten könnte." (Blood & Zatorre 2001, S. 11823)

Man braucht genau genommen nicht einmal Musik. Ein nettes Wort oder ein freundlicher Blick genügen auch. Und waren die Methoden noch vor fünf Jahren so gerade eben in der Lage, die überwältigenden Wirkungen von Kokain auf einen Süchtigen im Entzug darzustellen, so kann man heute von den Effekten eines Wortes oder Blicks auf das Belohnungssystem des Gehirns funktionelle Bilder machen.

Kampe et al. (2002) zeigten ihren Versuchspersonen im MR-Scanner Bilder von Menschen, die die Versuchspersonen entweder direkt oder mit leicht gewendetem Kopf anblickten oder (bei gleicher Kopfstellung) wegschauten (vgl. Abb. 10.6). Die Auswertung ergab weder einen Effekt der Attraktivität noch der Blickrichtung jeweils für sich; es zeigte sich jedoch eine signifikante Wechselwirkung zwischen beiden Variablen im ventralen Striatum (also demjenigen Abschnitt des Belohnungssystems, das auch bei Kokain und Musik anspringt). Diese

Wechselwirkung besagt Folgendes: Das Belohnungssystem wurde immer dann aktiv, wenn ein attraktives Gesicht die Versuchsperson angeschaut oder ein unattraktives Gesicht die Versuchsperson nicht angeschaut hat.

 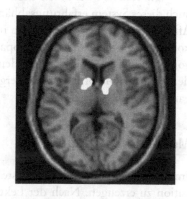

10.6 Illustration des Stimulationsmaterials, wie es von Kampe und Mitarbeitern verwendet wurde (links). Kopfstellung und Blickrichtung waren jeweils identisch; variiert wurde die Attraktivität der Gesichter. Rechts ist das wesentliche Ergebnis der Untersuchung, die Aktivierung (weiß) des ventralen Striatums, also eines wesentlichen Teils des Belohnungssystems des Menschen, durch die Blickzuwendung attraktiver Menschen bzw. die Blickabwendung unattraktiver Menschen, dargestellt.

Ein netter Blick aktiviert also unser Belohnungssystem. Ein nettes Wort übrigens auch, wie eine Studie an 14 gesunden männlichen Versuchspersonen zeigen konnte (Hamann & Mao 2002). Ihnen wurden jeweils 50 positive, negative und emotional neutrale Wörter dargeboten und sie mussten nichts weiter tun, als die Wörter und die durch sie hervorgerufenen Gedanken und Gefühle jeweils auf sich wirken zu lassen. Wie die Analyse der Bilder zeigte, hatten emotional positive Wörter eine Aktivitätssteigerung im Belohnungssystem zur Folge.

Fassen wir zusammen: Ein Teil des gehirneigenen Dopaminsystems versieht die Dinge und Ereignisse um uns herum mit Bedeutung. Relevante, interessante, neue und vor allem informationstragende Stimuli – ganz gleich welcher Art – führen zu dessen Aktivierung. Wenn wir uns belohnt fühlen, durch Kokain, Schokolade, Musik, einen netten Blick oder ein nettes Wort, ist jeweils das gleiche System im Organismus am Werk.

Wie kürzlich bei Affen nachgewiesen werden konnte, unterliegt auch dieses System erfahrungsabhängigen Veränderungen. Verbringen Affen beispielsweise drei Monate in einer Vierer-Wohngemeinschaft, kommt es zu Änderungen des Dopaminsystems, die unter anderem davon abhängen, wie sie sich mit den anderen vertragen bzw. wo sie in der sozialen Rangordnung im Vergleich zu den anderen liegen (Morgan et al. 2002).

Motivation erzeugen?

Immer wieder wird die Frage gestellt, wie man es denn schaffe, Motivation zu erzeugen. Nach der Lektüre dieses Kapitels sollte klar sein: Menschen sind von Natur aus motiviert, sie können gar nicht anders, denn sie haben ein äußerst effektives System hierfür im Gehirn eingebaut. Hätten wir dieses System nicht, dann hätten wir gar nicht überlebt. Dieses System ist immer in Aktion, man kann es gar nicht abschalten, es sei denn, man legt sich schlafen.

Die Frage danach, wie man Menschen motiviert, ist daher etwa so sinnvoll wie die Frage: „Wie erzeugt man Hunger?" Die einzig vernünftige Antwort lautet: „Gar nicht, denn er stellt sich von alleine ein." Mit unserer Motivation verhält es sich damit ähnlich wie mit unserem System der Regulierung der Nahrungsaufnahme (und beides ist sogar nicht ganz unabhängig voneinander).

Geht man den Gründen für die Frage zur Motivationserzeugung nach, so stellt sich heraus, dass es letztlich um Probleme geht, die jemand damit hat, dass ein anderer nicht das tun will, was er selbst will, dass es der andere tut. In solchen Fällen wird vermeintlich Motivation zum Problem. Jemand muss, so scheint es, einen anderen motivieren. Das ist etwa so, wie wenn man jemandem Hunger beibringen wollte. Gewiss, man kann jemandem Appetit machen, aber auch nur gleichsam auf dem Rücken von Hunger. Ganz ohne Hunger geht es nicht! Und der wiederum ist täglich mehrfach da, und bei Menschen, die chronisch zu wenig zu essen hatten (unter diesen Bedingungen entstand die Art Mensch) ist er immer da.

Denkt man weiter, so wird Folgendes klar. Die Frage lautet nicht: „Wie kann ich jemanden motivieren?" Es stellt sich vielmehr die Frage, warum viele Menschen so häufig *demotiviert* sind! Und hier kann man sehr effektiv ansetzen, denn wir führen – meist ohne es zu wissen und zu wollen – sehr oft regelrechte Demotivationskampagnen durch.

Unsere Gesellschaft ist voll davon: Nicht die Leistung und der Einsatz eines Menschen regelt sein Gehalt, sondern der (hoffnungslos unflexible) Bundesangestelltentarif. Wir verleihen Preise an den Besten (der ja ganz offensichtlich keine Motivationsprobleme hat) und demotivieren alle anderen Bewerber (Preise sollten nie durch Bewerbungsverfahren vergeben werden. Wenn dies geschieht, sind sie höchst demotivierend für alle bis auf einen; je mehr sich bewerben, desto mehr demotivieren sie. Die einzige Lösung: keine Bewerbungen bei Preisen!). An den Universitäten haben wir in vielen Fächern (vielleicht allen voran die Medizin) Curricula, die den primär sehr motivierten Studenten gerade nicht entgegenkommen, und in den Medien werden wir bombardiert mit Geschichten von Menschen, die ohne etwas zu tun reich werden.

Motivation in der Schule

In der Schule wird oft der Beste herausgehoben und gelobt. Damit wird dafür gesorgt, dass sich *alle anderen* mies fühlen. Man sollte dies vermeiden. Lob ist für jeden Schüler wichtig! Es darf aber keineswegs „über den grünen Klee" gelobt werden, sondern zeitnah, spezifisch und für den Schüler klar nachvollziehbar. Aber nicht nur das folgt aus den vorstehenden Überlegungen. Wenden wir sie also auf die Situation der Schule an.

Zunächst einmal folgt aus dem Gesagten, dass die Sachen, mit denen wir umgehen, selbst motivieren. Lebewesen, die Natur und deren Strukturen, Prinzipien überhaupt, unser Zusammenleben und wie alles entstanden ist und wo wir herkommen – das ist alles höchst spannend. Es bedarf im Grunde schon erheblicher Anstrengungen, um Kindern das Fragen nach diesen Inhalten abzugewöhnen. Eigentlich fragen sie ständig danach.

Wenn nun die Person, die auf solche Fragen reagiert, dies begeistert tut, dann wird sich diese Begeisterung auch auf die Fragenden übertragen. Daraus folgt: Nur wer von seinem Fach wirklich begeistert ist, wird es auch unterrichten können. Daraus wiederum folgt: Lehrer müssen vor allem eines können: *Ihr Fach*! Begeisterung lässt sich nicht spielen, man muss selbst begeistert sein, und nur dann besteht die Chance, dass – wie man so sagt – der Funke überspringt. Ist der Funke gar nicht da, kann er nicht springen.

Noch etwas folgt aus den obigen Ausführungen zur Motivation: Die Person des Lehrers ist dessen stärkstes Medium! Nicht der Overheadprojektor, die Tafel, die Kopien oder gar die PowerPoint-Präsentation. Nicht diese Medien, sondern ein vom Fach begeisterter Lehrer, der gelegentlich lobt und vielleicht auch mal einen netten Blick für die Schüler übrig hat, bringt deren Belohnungssystem auf Trab.

Daraus folgt für die Ausbildung der Lehrer: Das *Fach* muss im Mittelpunkt stehen, nicht irgendwelche Tricks zur „Vermittlung" von „Stoff" (vgl. Kap. 21), und schon gar nicht die Beherrschung von computergestütztem Kintopp und anderem bunten Ablenkungskrimskrams. Ein Lehrer muss in der Lage sein, über Sachverhalte seines Faches interessante Geschichten zu erzählen. Daraus folgt: Referendare sollten anders geprüft werden, als dies derzeit der Fall ist. Es kann nicht darum gehen, eine einzige Stunde wochenlang mit einem wahren Medien-Bombardement vorzubereiten. Viel besser wäre es, man gäbe dem Kandidaten eine Stunde vor der Prüfungsstunde ein Thema, zu dem er dann ohne jegliches Hilfsmittel eine Schulstunde halten muss. Wer dies kann, mit seiner Erfahrung, seiner Sachkenntnis und vor allem seiner Person, der dürfte ein guter Lehrer sein.

Fazit: Dopamin, Neuigkeit und Belohnung

Dopamin gehört zu den Botenstoffen des Gehirns. Es wird von eigens hierzu spezialisierten Zellen, den dopaminergen Neuronen, ausgeschüttet. Dies geschieht an unterschiedlichen Orten mit völlig unterschiedlichen Funktionen. Man unterscheidet daher seit langem mehrere Dopaminsysteme, die an der Steuerung bzw. Regelung erstens von Bewegungsabläufen, zweitens von bestimmten Hormonen und drittens von Erleben und Verhalten beteiligt sind.

Diese Funktionen wurden, wie vieles in Medizin und Physiologie, durch die Untersuchung von Krankheiten und Ausfällen entdeckt. Wird weniger Dopamin von einer Neuronengruppe produziert, die man schwarze Substanz (Substantia nigra) nennt, resultiert die auch als Schüttellähmung bekannte Parkinsonsche Krankheit mit Zittern, Steifigkeit und Bewegungslosigkeit. Zu viel Dopamin in diesem System verursacht dagegen unwillkürliche, einschießende Bewegungen. Im Bereich der Hirnanhangdrüse (Hypophyse) und des diese steuernden Hypothalamus hemmt Dopamin hingegen den Milchfluss und das Wachstum der Brustdrüse. Zum Abstillen gibt man daher Substanzen, die wie Dopamin wirken. Umgekehrt haben Medikamente, die Dopaminrezeptoren blockieren, Brustwachstum und Milchfluss als Nebenwirkung.

Das dritte wesentliche Dopaminsystem ist für die Bewertung von Reizen zuständig, die permanent millionenfach auf uns einprasseln. Dieses System verleiht den Dingen und Ereignissen um uns herum ihren Sinn, ihre Bedeutung-für-uns. Bedeutsam ist, was neu ist (wir kennen es noch nicht und sollten damit bekannt werden), was für uns gut ist und vor allem, was für uns besser ist, als wir das zuvor erwartet hatten. Dieses System treibt uns um, motiviert unsere Handlungen und bestimmt, was wir lernen. Studien zeigten, dass es uns süchtig machen kann, aber auch, dass ein netter Blick oder ein nettes Wort zu seiner Aktivierung führen. Vielleicht sollten wir öfters daran denken!

Psychiatrisches Postskript
Wahn: Wenn die Bewertung überkocht

Vielleicht hat der ein oder andere Leser den Film *A Beautiful Mind* gesehen. Wenn nicht, sollte er es nachholen, denn der Film lohnt sich (Abb. 10.7)!

> „Ein junger Mann studiert Volkswirtschaft in Princeton. Er wirkt auf seine Kommilitonen etwas eigenartig und ist zunächst eher erfolglos, liefert aber dann geniale Beiträge zum Verständnis des Verhaltens von Menschen in Situationen wirtschaftlicher Konkurrenz. Dies bringt ihm einen Job, in dessen Rahmen er zur Zeit des kalten Krieges gelegentlich das Verteidigungsministerium berät. Er hat den Auftrag, geheime Nachrichten des Feindes, die in den Medien kommuniziert werden, zu entschlüsseln, eine Arbeit, die ihn bald ganz einnimmt. Weder er noch seine Frau noch seine Freunde noch der Zuschauer im Kino merken, dass viele Aspekte seiner Welt nur für ihn wirklich sind, von einem Studienkollegen und dessen Nichte bis hin zu einem Verbindungsmann des Pentagon. Als er sich während eines Vortrags an der Harvard-Universität von Feinden umzingelt wähnt, kommt er zum ersten Mal in die Psychiatrie und wird medikamentös sowie mit Insulin-Schocks behandelt. Sein Zustand bessert sich und er kommt nach Hause, kann jedoch nicht arbeiten und leidet an Nebenwirkungen. Daher setzt er die Medikamente ab, gleitet erneut in die Psychose und wähnt sich wieder als Schlüsselfigur im kalten Krieg. Als seine Frau dies bemerkt, soll er erneut eingeliefert werden, man entscheidet sich aber für eine ambulante Weiterbehandlung, die in Medikamenten, psychosozialen Reintegrationsmaßnahmen sowie viel liebevoller Zuwendung und Verständnis seitens der Familie und Kollegen besteht. So gelingt es ihm langsam, mit seiner Krankheit zu leben und sie dadurch zumindest in gewisser Weise für sich selbst zu besiegen." (Spitzer 2002d)

Der Film bildet die Realität der Psychiatrie der 50er Jahre und des Lebens mit der Psychose gut ab, wenn er auch manches filmisch überhöht und dramatisiert. Die Wahnsysteme schizophrener Menschen sind bekanntermaßen weniger auf der Ausgestaltung szenischer optischer Halluzinationen begründet (wie der Film suggeriert), sondern eher Resultat eines impressiven Wahrnehmungsmodus, vor allem negativer affektiver Auslenkungen und der Verarbeitung von zumeist akustischen Halluzinationen. Erstrangsymptome lassen sich jedoch schwer filmen, und auch ein eigener Versuch, den Beginn einer Psychose filmisch darzustellen, bediente sich der in vielen Lehrbüchern immer wieder zitierten Angaben von Patienten zu Männern mit schwarzen Hüten und Autos, die bedrohlich um die Ecke fahren (Spitzer 2000).

10.7 Szenenfoto aus *A Beautiful Mind*, das den genialen Mathematiker und Ökonomen John Nash (gespielt von Russell Crowe) hinter den Fenstern einer Studierstube an der Princetoner Universität zeigt, wie er diese mit mathematisch symbolisierten Einsichten über Zusammenhänge von Bewertung, Belohnung, wirtschaftlicher Konkurrenz und gesellschaftlichen Zusammenlebens beschreibt.

Der Film zeigt jedoch sehr eindrücklich für den Zuschauer, was es heißt, sich in einer Realität zu befinden, die nicht von allen geteilt wird, und dies langsam und auf Kosten vieler Selbstzweifel und qualvoller

Enttäuschungen zu erfahren. Er zeigt auch, wie wichtig das einfühlsame Verständnis der Mitmenschen, insbesondere der unmittelbaren Verwandten und Freunde ist, und er zeigt deren Betroffenheit, Unsicherheit und Hilflosigkeit.

Auch die Verschränkung von Genie und Wahnsinn (so der deutsche Untertitel des Films) wird in *A Beautiful Mind* klarer als in anderen Filmen und ohne das übliche Abgleiten in Geschichten vom wahnsinnigen weltzerstörenden Wissenschaftler (den Helden wie James Bond ansonsten immer zu bekämpfen haben) abgehandelt. Wir Menschen suchen Sinn und besitzen (wie andere Säugetiere auch) ein System, das uns die Unerwartetheit und den Vorhersagewert von Reizen anzeigt: das Dopaminsystem. Ist dieses System krankhaft verändert, können Bedeutungen und Verbindungen zwischen Gegenständen gesehen und Beziehungen zwischen Gedanken hergestellt werden, die für andere nicht nachvollziehbar sind. Bei einem Wissenschaftler, der zum ersten Mal Zusammenhänge sieht und aufklärt, kann dies zu Einsichten führen, die mit dem Nobelpreis belohnt werden. Kocht das System jedoch über, kann der gleiche Wissenschaftler wahnkrank werden. Seine Intelligenz schützt ihn nicht davor, im Gegenteil: Nur wer über genügend kognitive Ressourcen verfügt, bekommt ein Wahnsystem überhaupt auf die Reihe. Je intelligenter ein Mensch ist, desto mehr verknüpft er seine Erfahrungen, spekuliert er über Gründe und Hintergründe, legt sich Erklärungen zurecht.

Genauso, wie wir blind werden können, weil wir Augen haben, und wie wir querschnittgelähmt werden können, weil wir laufen können, können wir auch wahnkrank werden, weil wir uns sinnstiftend in der Welt verhalten. Insofern ist Schizophrenie zwar vielleicht die furchtbarste Krankheit, denn sie trifft den Menschen in genau den Fähigkeiten, die ihn zum Menschen machen, sie ist jedoch damit auch die „menschlichste" Krankheit: Erzeugten wir nicht ständig Sinn, wären wir zum Wahnsinn gar nicht fähig.

Die Herkunft des deutschen Wortes Wahn ist in diesem Zusammenhang nicht uninteressant: Nach dem Wörterbuch der Deutschen Sprache der Brüder Grimm hat das Wort nicht eine, sondern zwei Wurzeln (vgl. auch Spitzer 1989). Es leitet sich zum einen von dem

Wort *wahn* (langes a) her, wie es in wähnen vorkommt, das so viel wie ahnen, vermuten, glauben oder meinen bedeutet. Die zweite Wurzel ist das Wort *wan* (kurzes a), das schlichtweg die Abwesenheit von etwas anzeigt. In der Kombination Wahnsinn bedeutet die Vorsilbe damit die Abwesenheit des (nachfolgenden) Sinns. Der Wahnsinnige vermutet oder glaubt damit Zusammenhänge, die der Gesunde nicht sieht, und produziert damit zugleich die Abwesenheit von Sinn.

Wahn muss keineswegs mit üblen Absichten des Kranken oder gar mit Gewalt gegen andere einhergehen. Er ist jedoch für den Betroffenen immer mit einem Verlust an Lebensfreude und Lebensbefähigung verbunden. Dass diese Möglichkeit der Entgleisung der Preis ist, den wir Menschen für Sinnstiftung bis hin zur Genialität bezahlen, ist jedem erfahrenen nachdenklichen Psychiater klar und wird durch den Film *A Beautiful Mind* vielleicht auch für den Mann (oder die Frau) auf der Straße so deutlich wie bislang noch in keinem Film. (Am Rande sei hier bemerkt: Dass die betroffenen Menschen in ihrer Verletzlichkeit und deren Angehörigen in ihrer Hilflosigkeit Unterstützung brauchen statt der oft geübten Ablehnung, sollte jedem klar werden, der den Film mit offenen Augen und Ohren, mit Verstand und mit Herz sieht.)

Anders formuliert: Ganz offensichtlich gibt es einen schmalen Grat zwischen funktionierender Bewertung und fehlfunktionierender Überbewertung, und ebenso offensichtlich kann es an dieser Grenze einmal schief gehen. Dann ist der betreffende Mensch krank und braucht Hilfe. Daran ist nichts Besonderes. Das letzte, was der Betreffende brauchen kann, ist Zurückweisung, Diskriminierung und Stigmatisierung.

11 Lernen vor und nach der Geburt

Lernen beginnt bereits vor der Geburt, wie man heute für das Tasten, Riechen, Schmecken und Hören durch entsprechende Untersuchungen eindeutig weiß. Dies bedeutet vor allem, dass man dem werdenden kleinen Lebewesen eine Umgebung (im Bauch und im Kinderzimmer) bereitstellen sollte, die sein natürliches Lernen, also das, was es ohnehin tut, so wenig wie möglich beeinträchtigt.

Und noch etwas: Skeptiker mögen einwenden, dass man die Tätigkeit des Säuglings doch nicht Lernen nennen könnte, sondern von Entwicklung oder Reifung sprechen müsste. Dies ist falsch. Zwar „büffeln" Säuglinge nicht, aber sie lernen dennoch sehr rasch und sehr viel (und wir sollten uns vor allem davor hüten, es ihnen abzugewöhnen). Des Weiteren steckt gerade in der Wechselwirkung von Reifung, Entwicklung und Lernen ein Potential, das wir erst beginnen zu begreifen (vgl. hierzu Kap. 12).

Lernen im Mutterleib

Bereits das ungeborene Kind im Mutterleib reagiert auf Reize, nimmt sie also auf und verarbeitet sie. Es tastet, riecht, schmeckt und hört; zu sehen gibt es außer vielleicht einem gelegentlichen rötlichen Lichtschein allerdings nichts.

Ich habe an anderer Stelle die Studien zum Hören des Ungeborenen ausführlich zusammengefasst (Spitzer 2002a) und kann mich daher diesbezüglich hier kurz fassen. Das Kind hört etwa ab der 20. Lebenswoche und kann ab der 28. Woche unterschiedlich auf bekannte und unbekannte akustische Reize reagieren. Weiterhin haben Untersuchungen ergeben, dass das Kind im Mutterleib Töne nicht nur hört, sondern sich diese auch merken kann (Lecanuet 1996).

Im Hinblick auf das Erlernen von Tastempfindungen wurde bereits in Kapitel 6 darauf verwiesen, dass der somatosensorische Kortex mit seinen Repräsentationen der Körperoberfläche in Form des Homunkulus (und nicht irgendwie anders) konfiguriert ist, weil das Kind auf ganz bestimmte Weise gleichsam zusammengefaltet im Mutterleib liegt und dabei Tastempfindungen verarbeitet.

Um herauszufinden, ob das Kind im Mutterleib bereits Geschmacksempfindungen wahrnehmen kann, wurden bereits vor Jahrzehnten recht heroische Experimente angestellt: De Snoo (1937) injizierte entweder nur blauen Farbstoff oder blauen Farbstoff zusammen mit Zucker in die Amnionflüssigkeit schwangerer Frauen und bestimmte die Menge des von den Frauen im Urin ausgeschiedenen blauen Farbstoffes. Es zeigte sich hierbei, dass bei gleichzeitiger Verabreichung von Zucker und Farbstoff deutlich mehr blauer Farbstoff ausgeschieden wurde. Diesen Befund muss man dahingehend interpretieren, dass der Säugling beim Anbieten von Farbstoff mit Zucker mehr Amnionflüssigkeit geschluckt und daher mehr blauen Farbstoff aufgenommen hat. Dadurch konnte ein größerer Anteil des blauen Farbstoffes über die Plazenta in den mütterlichen Kreislauf und damit den mütterlichen Urin gelangen. Daraus wiederum konnte man schließen, dass der Fetus den Zuckergeschmack offenbar wahrnahm und daraufhin mehr Amnionflüssigkeit schluckte. 35 Jahre später zeigte Liley (1972) das Umgekehrte: Die Injektion einer deutlich bitter schmeckenden Substanz in die Amnionflüssigkeit führte zu einer Verminderung des Saug- und Schluckverhaltens beim Feten.

Im Hinblick auf das Riechen weiß man seit einigen Jahren aus entsprechenden Tierversuchen an Ratten, Hasen und Schafen, dass in die Amnionflüssigkeit eingebrachte oder vom Muttertier oral aufgenommene Geruchsstoffe beim neugeborenen Tier im Vergleich zu anderen Geruchsstoffen differenzielle Wirkungen hervorrufen. Damit war nachgewiesen, dass der Säugetierfetus bereits chemosensorische Informationsverarbeitung leistet und dass diese ganz offenbar in Lerneffekten resultiert.

Beim Menschen wurde der Geruchssinn im Mutterleib erst vor kurzer Zeit genauer untersucht. Schaal und Mitarbeiter (2000) befragten 24 werdende Mütter aus dem Elsass, einer Gegend, in der Anis sehr häufig zum Würzen von Speisen und Getränken verwendet wird, nach ihrem Aniskonsum während der Schwangerschaft. Wie man schon seit den 30er Jahren aus Verhaltensbeobachtungen weiß, wird Anis bereits von Neugeborenen gerochen. Weiterhin ist bekannt, dass sich dieser Stoff nach der Aufnahme mit der Nahrung in alle Körperflüssigkeiten verteilt. Man teilte nun die Mütter in zwei gleich große Gruppen ein, die der Aniskonsumenten und die der Nicht-Aniskonsumenten (Kontrollgruppe). Während der letzten beiden Schwangerschaftswochen wurden den Frauen der Anisgruppe Süßigkeiten, Kekse und ein Sirup mit Anisgeschmack in unbegrenzter Menge zur Verfügung gestellt, und die Frauen wurden gebeten, entsprechend ihren normalen Essgewohnheiten hiervon Gebrauch zu machen. In der Kontrollgruppe dagegen wurde keine Nahrung mit Anisgeschmack konsumiert. In den vier Tagen nach der Geburt wurde darauf geachtet, dass keine der an der Studie beteiligten Mütter Anis zu sich nahm.

Den Babies wurde im Mittel knapp drei Stunden nach der Geburt und noch vor jeglicher Nahrungsaufnahme (sowie ein zweites Mal am vierten Tag nach der Geburt) in zufälliger Reihenfolge für jeweils zehn Sekunden ein Wattebausch mit geruchlosem Paraffinöl oder mit Anisöl unter die Nase gehalten. Dabei wurden sie mittels Video gefilmt, und diese Videos wurden später von einer unabhängigen Person ausgewertet. Dies geschah nach einem standardisierten Verfahren im Hinblick auf (a) negative Reaktionen im Bereich von Mund und Gesicht (Hochziehen der Oberlippe, Herabziehen der Mundwinkel, Herabziehen der Augenbrauen, Rümpfen der Nase etc.), (b) positive Reaktionen im Bereich des Mundes (saugen, lecken, kauen) und (c) Kopfwendereaktionen zum Stimulus hin oder von ihm weg.

Man konnte so nachweisen, dass diejenigen Neugeborenen, die im Mutterleib bereits Anis gerochen hatten, mehr positive Reaktionen im Mundbereich gegenüber Anis zeigten, wohingegen die Neugeborenen der Kontrollgruppe mehr negative Reaktionen zeigten. Kurz, wer Anis im Mutterleib schon gerochen hatte, der lächelte eher, wer es nicht kannte, verzog den Mund, wenn er Anis zu riechen bekam. Zudem drehten die Babies der Mütter der Anisgruppe ihren Kopf signifikant häufiger zum Anis hin (Abb. 11.1).

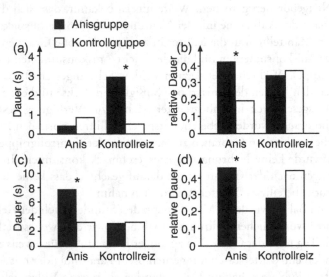

11.1 Mittlere Dauer der negativen Reaktionen im Bereich von Mund und Gesicht (a), der positiven Reaktionen im Mundbereich (b) sowie relative Dauer der Orientierung des Kopfes (c) bei den Neugeborenen der Anisgruppe (links) und der Kontrollgruppe (rechts) auf den Geruchsreiz Anisöl (dunkler Balken) und Paraffinöl (heller Balken) zum Testzeitpunkt 2,9 Stunden nach der Geburt. Unten rechts (d) ist die relative Dauer der Orientierung des Kopfes am 4. Tag nach der Geburt dargestellt. Die Daten wurden nach dem Verfahren von Ekman (Facial Action Coding System; FACS) in der an Säuglinge angepassten Version erhoben.

Vier Tage nach der Geburt waren die Unterschiede nur noch im Hinblick auf die Bewegung des Kopfes nachweisbar. Interessanterweise war die Korrelation bei den Daten zur Kopfwendung zwischen den ersten Stunden und dem vierten Tag nach der Geburt mit 0,59 recht hoch. Hieraus leiteten die Autoren eine über Tage stabile Beeinflussung der Bewertung (gut versus schlecht) der Neugeborenen im Hinblick auf chemische Reize in Abhängigkeit davon ab, ob sie im Mutterleib schon bekannt waren. Bewertungen sind also bereits beim Neugeborenen über Tage stabil.

Angeboren und/oder gelernt

Wachstum, Entwicklung, Reifung und Lernen gehen beim Säugling Hand in Hand. Es ist immer schwierig und nicht selten prinzipiell unmöglich, diese Prozesse im Hinblick auf die Entstehung beispielsweise einer bestimmten Fähigkeit oder eines bestimmtes Verhaltens zu unterscheiden. Sie bedingen einander. So wachsen beispielsweise das Nervensystem, die Knochen und die Muskeln, sodass das Kind mit etwa einem Jahr das Laufen „gelernt" hat. Man könnte auch sagen, dass sein ausreifendes motorisches System zusammen mit seinen immer wieder spontan erfolgenden Versuchen des aufrechten Gangs und den damit verbundenen Erfahrungen nach Monaten dazu führen, dass eine völlig neue Art der Fortbewegung möglich wird.

Der Mensch hat etwa 600 Muskeln, deren Ansteuerung zum Zwecke von weichen, fließenden und effizienten Bewegungen bis heute die schnellsten Elektronenrechner an den Rand ihrer Leistungsfähigkeit bringen würde. Allein die Entwicklung der entsprechenden Software bräuchte viele Mann-Jahre, wie Erfahrungen aus der Robotik mit vergleichsweise einfachen und wenig eleganten Bewegungen zeigen. (Wer dies nicht glaubt, der vergleiche einmal die Bilder einer Fußballweltmeisterschaft mit den Bildern einer Fußballweltmeisterschaft von Robotern. Dazwischen liegen Welten!) Das Gehirn des Kindes leistet diese Arbeit in ein paar Monaten mühelos und ohne explizite Kenntnis von Hebelgesetzen, Kräften, Massen, Geschwindigkeiten und Beschleunigungen, d.h. ohne explizite Repräsentation der notwendigen Differentialgleichungen. Das Gehirn des Einjährigen *kann* jedoch diese Mathematik, denn es leistet sie ganz offensichtlich. Es *weiß* nur ebenso wenig um sie, wie die Leber um Biochemie weiß.

Ganz nebenbei sei angemerkt: Beobachtet man ein Kind bei seinen Versuchen, laufen zu lernen, dann ist die unermüdliche Energie, die Freude am Ausprobieren und die schier unendliche Frustrationstoleranz (es klappt für Monate nicht!) nicht zu übersehen. Die Frage, wie man kleine Kinder zum Laufenlernen motiviert, stellt sich nicht!

Allein durch Wachstum und Reifung kommt Laufen nicht zustande. Es bedarf auch der Erfahrung, weswegen man zu Recht vom Laufen*lernen* spricht. Läuft der oder die Kleine erst einmal, so ist das Laufen selbst bis ins hohe Alter der beste Stimulus für das Wachstum von Knochen und Muskeln. Das einmal Gelernte wird also nicht nur benutzt, sondern seine Nutzung sorgt auch für seine Aufrechterhaltung und Weiterentwicklung beispielsweise zum Rennen, Sprinten, Skaten, Skifahren oder Tanzen.

Die Frage, ob Laufen beim Menschen angeboren oder erworben ist, kann daher nur wie folgt beantwortet werden: Die Möglichkeit, laufen zu lernen, ist angeboren. Sie wird dann zur Wirklichkeit des Laufenkönnens, wenn das Kind zur richtigen Zeit die richtigen Erfahrungen macht. Derjenige, der dafür sorgt, dass dies geschieht, ist vor allem das Kind selbst. Was wir tun können, beschränkt sich im Wesentlichen auf das Bereitstellen der geeigneten Randbedingungen, von genügend Nahrung und Vorbildern (wir laufen ja ständig um die Babies herum) bis hin zum Wegräumen von Stolpersteinen. Ich glaube nicht, dass es sich mit dem Lernen in anderen Bereichen wesentlich anders verhält.

Kritische Perioden

Bestimmte Vogelarten wie beispielsweise Sumpfmeisen (*Parus palustris*) überleben nur deswegen im Winter, weil sie Nüsse, Bucheckern und anderes essbares Material an bis zu 10.000 unterschiedlichen Orten verstecken, später dann diese Verstecke aufsuchen und so auch zu Zeiten Nahrung haben, wenn draußen nichts wächst. Der Hippokampus dieser Vögel ist, verglichen mit dem Hippokampus anderer Vögel, die dieses Verhalten nicht an den Tag legen, deutlich größer. Dies wundert nicht, brauchen doch die Vögel für dieses Verhalten ganz offensichtlich einen großen Speicherplatz für die vielen Orte. Interessanterweise jedoch ist der Hippokampus dieser Tiere zur Zeit des Schlüpfens klein, und zwar genauso klein wie bei anderen Spezies, die das Versteckverhalten nicht an den Tag legen. Irgendwann im Laufe des Heranwachsens dieser Tiere wächst also das Organ des Lernens und Speicherns neuer Informationen ganz offensichtlich rascher als bei anderen Arten.

Genaue Untersuchungen an den Gehirnen von Tieren verschiedenen Alters ergaben, dass der Hippokampus von Tieren, die Nahrung verstecken, zwischen dem 30. und etwa 50. Lebenstag explosionsartig wächst. Gleichzeitig zeigten Verhaltensbeobachtungen, dass die Tiere in dieser Zeit auch mit dem Versteckverhalten begannen.

Um zu untersuchen, unter welchen Bedingungen das Wachstum des Hippokampus stattfindet und wie die Beziehungen zwischen Verhalten und Gehirnentwicklung im Einzelnen sind, führten Clayton und Krebs (1994, 1995) ein genial-einfaches Experiment durch: Die jungen Vögel erhielten vom 30. Lebenstag an gemahlene Nüsse als Futter. Sie wurden daher problemlos satt, denn sie konnten so viel essen, wie sie wollten. Pulverisierte Nüsse lassen sich jedoch im Gegensatz zu gewöhnlichen Nüssen nicht verstecken. Die Tiere konnten also das Versteckverhalten nicht an den Tag legen. Es zeigte sich, dass unter diesen Bedingungen der Hippokampus der Tiere klein blieb. Die Ausbildung bzw. das Ausführen des entsprechenden Verhaltens war offensichtlich der Reiz für das Wachstum des Hippokampus, d.h. des Organs, das die entsprechenden Informationen verarbeitet. Ohne die Möglichkeit zum entsprechenden Verhalten stellte sich kein Wachstum ein.

Von besonderer Bedeutung ist folgender Befund: Bekamen die Vögel ab dem 50. Lebenstag wieder ganz normale Nüsse zu fressen, blieb der Hippokampus dennoch klein! Es gibt also ein Zeitfenster, innerhalb dessen das Verhalten produziert werden muss und in dem das Wachstum der hierfür verantwortlichen Gehirnstruktur stattfinden kann. Ist dieses Zeitfenster verstrichen, kann das Verhalten nicht mehr erlernt werden. Man bezeichnet ein derartiges Zeitfenster in der Entwicklungsbiologie als *kritische Periode*.

Dieses Ergebnis legt nahe, dass der Hippokampus aufgrund der hohen Anforderungen an das Ortsgedächtnis beim Verstecken und Auffinden von Futter wächst, *sich also plastisch aufgrund seines Gebrauchs entwickelt*. Eine genaue Analyse des zeitlichen Verlaufs des hippokampalen Wachstums einerseits und des Verhaltens andererseits machte zudem deutlich, dass es etwa eine Woche, nachdem die Tiere mit dem Versteckverhalten (wenn auch nur in kurzen Episoden) begonnen hatten, zu einem deutlichen Wachstum des Hippokampus kam. Drei Tage nach diesem Wachtumsschub wurde wiederum eine massive Verhaltensänderung der Tiere in Richtung deutlich mehr Versteckverhalten beobachtet. Dies legt den Schluss nahe, dass die Möglichkeit zu einem bestimmten Verhalten und dessen gelegentliche Ausführung genügen, um das Wachstum der beteiligten neuronalen Struktur zu stimulieren, wodurch es dann wiederum zu massiven Verhaltensänderungen kommt.

Erfahrung und Gehirnreifung bedingen sich damit gegenseitig: Damit die Reifung angestoßen wird, bedarf es einiger entsprechender Erfahrungsepisoden; sind diese Erfahrungen erst einmal gemacht und hat daraufhin die Entwicklung der betreffenden Gehirnareale einen Sprung gemacht, sind weitere entsprechende Erfahrungen um so eher möglich. Es liegt somit ein klassischer positiver Feedbackmechanismus vor.

Kritische Perioden gibt es auch beim Menschen. Die effektive Verbindung der von beiden Augen in den visuellen Kortex ziehenden Fasern geschieht beispielsweise während der ersten fünf Jahre nach der Geburt in Abhängigkeit von den Seheindrücken, die von beiden Augen an das Gehirn geliefert werden. Wer mit einem etwas schlechter sehenden Auge geboren wird, bekommt daher das gesunde Auge zeitweise verschlossen, damit die Verbindungen auch vom schlechter sehenden Auge zum Gehirn eine Chance haben, sich ausbilden zu können. Geschieht dies bis etwa zum fünften Lebensjahr nicht, so wird das gesunde Auge die Ausbildung der Verbindungen vom schlechteren Auge aktiv behindern, wodurch selbst ein bei Geburt beispielsweise 80 Prozent sehendes Auge funktionell blind werden kann.

Frühes Tuning für Laute

Auf der Erde gibt es etwa 8.000 Sprachen, die (was manchen erstaunen mag) aus nicht mehr als insgesamt etwa 70 kleinsten lautlichen Einheiten, den Phonemen, gebildet werden. Jeweils *eine* Sprache besteht aus weniger als 70 solcher kleinster lautlicher Bestandteile, Englisch beispielsweise aus 44.

Die Laute der Muttersprache werden vom Säugling nach der Geburt gelernt. Dies bedeutet, dass er zunehmend sensibler für die lautlichen Unterschiede seiner Muttersprache wird. Dies geht allerdings auf Kosten der Laute, die er nicht hört. Wie Untersuchungen zeigten, können Säuglinge im Alter von vier bis sechs Monaten die Laute der Muttersprache ebenso gut (oder ebenso schlecht) unterscheiden wie die Laute anderer Sprachen. Später werden die Laute der Muttersprache zunehmend besser, die Laute anderer Sprachen hingegen schlechter unterschieden. Säuglinge im Alter von zehn bis zwölf Monaten können nur noch Laute ihrer Muttersprache voneinander unterscheiden (Cheour et al. 1998, Kuhl et al. 1992).

Dies bedeutet nicht, dass die Fähigkeit zum Lernen dieser Unterschiede ein für alle Mal verloren wäre, wie Untersuchungen an Japanern zeigten. In deren Sprache werden die Laute R und L nicht unterschieden, weswegen Japaner keinen Unterschied zwischen diesen Lauten *hören* können (und daher bekannterweise diesen Unterschied beim Sprechen auch nicht machen). Trainiert man erwachsene Japaner jedoch mit diesem Unterschied über eine sehr lange Zeit, beginnen sie damit, diesen Unterschied wahrzunehmen. Sie können es also prinzipiell, wenn auch mit sehr viel Aufwand.

Mit dem Erwerb der Muttersprache kommt es also unter anderem auch zu einer Einschränkung. Lernen in der Kindheit heißt damit Aktualisierung von Möglichkeiten bei gleichzeitiger Nichtverwirklichung anderer Möglichkeiten. Lernen erweitert weniger den Horizont des Säuglings, als dass es vielmehr überhaupt erst einmal für einen Horizont sorgt. Jeder von uns hat seinen eigenen, trägt ihn mit sich herum. Wie groß der Spielraum für Horizonterweiterung in diesem Alter tatsächlich ist, weiß zum gegenwärtigen Zeitpunkt niemand. Klar ist nur, dass – man verzeihe mir diese Metapher – eine Festplatte vor Gebrauch formatiert werden muss. Genau damit ist der Säugling stark beschäftigt, wobei man sich darüber im Klaren sein muss, dass die Kategorien „Hardware", „Konfiguration", „Betriebssystem", „Anwendersoftware" und „Anwendung" in unserem Gehirn nicht getrennt sind wie beim Computer. Was tatsächlich geschieht, ist immer wieder das Gleiche: Es werden Verknüpfungen erfahrungsabhängig geschaffen oder gelöst, wobei sich das Gesamtsystem zugleich (und das ist der Witz am Entwicklungsaspekt) verändert, d.h. wächst und stabiler wird.

Kritische Perioden sind mehr oder weniger fest. Jeder kennt die Bilder des Nobelpreisträgers Konrad Lorenz, dem die Entenküken hinterher schwammen, weil sie ihn für ihre Mutter hielten. Er entdeckte das Phänomen der *Prägung*, also des raschen und unwiederholbaren Erlernens beispielsweise des Bezugsorganismus nach der Geburt bei vielen Vögeln. Prägung erfolgt innerhalb einer bestimmten Zeit, unterliegt bestimmten Gesetzen und ist in dieser Hinsicht sehr fest. Nicht viel anders ist es mit dem oben diskutierten Wachstum des Hippokampus. Im Hinblick auf die „Verdrahtung" der Augen liegen die Dinge ähnlich fest, obwohl erst kürzlich von kleinen Verbesserungen durch intensives Training nach dem fünften Lebensjahr berichtet wurde.

Wählt man das Kriterium etwas weicher, so gibt es sehr viel mehr kritische Perioden, die man vielleicht besser als sensible Perioden oder als *Tuning-Perioden* bezeichnen sollte. Während solcher Phasen ist das Erlernen bestimmter Sachverhalte oder Fähigkeiten besonders leicht und erschließt gleichsam einen bestimmten Raum für weiteres Lernen, der jedoch nicht völlig festgelegt ist, wie das oben angeführte Beispiel des Erlernens von Mutersprachlauten zeigte.

Prototypen für Gesichter

Betrachten wir als ein weiteres Beispiel das Gesichtererkennen. Diese Fähigkeit ist für uns Menschen sehr wichtig: Wir erkennen die Züge von Familie, Freund oder Feind, lesen die (vielleicht sonst nicht mitgeteilten) Emotionen des Gegenüber und finden uns in unserer sozialen Welt zurecht. Man weiß (vgl. Spitzer 2002c) seit längerer Zeit, dass Neugeborene bereits auf Gesichter reagieren, die Fähigkeit zur Gruppierung bestimmter Wahrnehmungsinhalte zur Ganzheit Gesicht also wahrscheinlich angeboren ist. (Ebenso zeigen die Reflexe des Neugeborenen, dass er nicht lernen muss, bestimmte Muskelgruppen aufeinander abgestimmt zu bewegen. Er kann es schon, was das Erlernen komplexer Bewegungsabläufe wie z.B. des Laufens sicherlich wesentlich erleichtert.) Nicht angeboren hingegen ist das, was dem Säugling als Wahrnehmungsgehalt „Gesicht" im Leben begegnet. Dies jedoch bestimmt ganz wesentlich die Art, wie Gesichter wahrgenommen werden.

Um dies zu verstehen, muss kurz auf die Neurobiologie und Psychologie des Gesichtererkennens eingegangen werden. Menschen (Primaten) haben hierfür ein besonderes Areal, das in der rechten Gehirnhälfte unten hinten seitlich gelegen ist (vgl. Abb. 11.2). Wenn dieses Areal durch eine Krankheit außer Funktion gesetzt ist, kann der Patient zwar noch alles sehen, also beispielsweise auch den Pickel auf der Nase der Ehefrau, nicht jedoch Gesichter als Gesichter wahrnehmen. Er wird also beispielsweise seine Frau erst dann als seine Frau erkennen, wenn sie zu ihm spricht und er ihre Stimme erkennt. Es verhält sich also mit Gesichtern wie mit anderen spezialisierten Arealen: Fällt das Farbareal aus, sieht man noch alles, aber nur in Schwarzweiß; fällt das Bewegungsareal aus, sieht man alles, aber nur noch als Folge von Standbildern (vgl. auch hierzu Spitzer 2002c). Fällt das Gesichterareal aus, so sieht man alles, aber nicht mehr in der Gestalt von Gesichtern. Ebenso, wie man den Ausfall der Sprachwahrnehmung oder der Sprachproduktion als sensorische bzw. motorische Aphasie

bezeichnet, nennt man den Ausfall der Leistung des Gesichtererkennens *Prosopagnosie* (griech.: *prosopon* = Gesicht; *a-gnosia* = Unkenntnis).

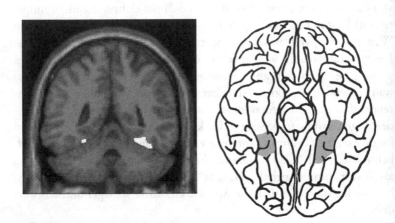

11.2 Lokalisation des Gesichtererkennungsareals. Dargestellt ist links ein Aktivierungsbild (schematisch), das rechts deutlich mehr Aktivität zeigt als links.
Rechts ist das Gehirn von unten ohne Kleinhirn zu sehen, in dem die Lage des
Bereichs der Gehirnrinde grau markiert ist, der für das Erkennen von Gesichtern
zuständig ist. Dieser Bereich ist ein Teil des so genannten fusiformen Kortex, der
für die Verarbeitung visueller Information zuständig ist. Ist dieser Bereich
erkrankt, resultiert das Ausfallssymptom der Prosopagnosie.

Das Gesichterareal ist sehr spezialisiert. Es gibt allerdings in Abhängigkeit von der Erfahrung des betreffenden Menschen auch bestimmte Bereiche der Wahrnehmung, für das es gleichsam
mitverwendet wird, weil diese Bereiche gesichterhafte (physiognomi-
sche) Wahrnehmungen betreffen. Ein Gebrauchtwagenhändler mit
Prosopagnosie beispielsweise hat Schwierigkeiten im Beruf, weil er die
Autos (mit den Scheinwerferaugen und dem lachenden Kühlergrill)
nicht mehr so gut wahrnehmen kann. Ein Farmer mit Prosopagnosie
kann seine Kühe nicht mehr unterscheiden.

Bei den meisten Menschen ist das Gesichterareal jedoch für Gesichter zuständig, und zwar für die Gesichter von Menschen. Anhand des (wahrscheinlich angeborenen) „Punkt-Punkt-Komma-Strich-Gestaltprinzips" werden dort Wahrnehmungen von Gesichtern weiterverarbeitet und führen zu einer zunehmenden Spezialisierung des Areals. Wir erwerben den *Prototypen* eines Gesichts und brauchen uns dann nur noch die Abweichungen vom Prototypen zu merken (lange Nase, schmale Augen etc.), um uns ein bestimmtes Gesicht zu merken. Diese Art der Informationsspeicherung ist sehr effizient. Da sich Gesichter ja vor allem gleichen, wäre es eine große Verschwendung, all das, was gleich ist, bei jedem einzelnen Gesicht mit abzuspeichern. Viel ökonomischer ist es, aus den vielen Wahrnehmungen einen Prototypen zu bilden, diesen abzuspeichern und dann bei einzelnen Gesichtern nur noch die Abweichungen vom Prototypen zu speichern (Valentine 1991; vgl. auch Bruce 1988).

Jeder kennt das Resultat: Für einen Durchschnittseuropäer sehen alle Japaner oder Chinesen zunächst einmal gleich aus. Dies liegt daran, dass deren Gesichter so weit von unserem Prototypen entfernt liegen, und dazu noch alle etwa in der gleichen Richtung, dass sie im Raum der Abweichungen vom Prototypen alle etwa an der gleichen Stelle liegen. Wenn man sich jedoch eine Weile in Japan aufhält, wird sich dies ändern. Japanern geht es übrigens umgekehrt mit uns Rundäugigen genau so.

Noch deutlicher wird der Effekt, wenn wir uns Gesichter bei Tieren anschauen. Alle Affen einer bestimmten Art haben für uns das gleiche Gesicht. Studien an Affen zeigen, dass es ihnen mit uns nicht anders geht (Pascalis & Bachevalier 1998): Sie können verschiedene Affengesichter (die für uns völlig gleich aussehen) viel besser unterscheiden als Menschengesichter (die wir wiederum für sehr verschieden halten).

Erst kürzlich wurde der Frage nachgegangen, wie es sich mit der Entwicklung der Fähigkeit zum Erkennen von Gesichtern im ersten Lebensjahr verhält (Pascalis et al. 2002). Wenn der Prototyp des menschlichen Gesichts, d.h. die konkrete Ausformung der Punkt-Punkt-Komma-Strich-Gestalt in unserer sozialen oder personellen

Wahrnehmungsumgebung, im Laufe der ersten Lebensmonate erst gelernt wird, dann sollte dies Konsequenzen haben. Menschliche Gesichter müssten dann im Laufe der Zeit immer *besser* unterschieden werden können. Umgekehrt müsste die Fähigkeit zur Unterscheidung anderer Gesichter immer *schlechter* werden.

Um dies herauszufinden, wurden elf Erwachsene und jeweils 30 Säuglinge im Alter von sechs bzw. neun Monaten mittels eines Gesichtervergleichstests untersucht. Hierbei wurden zunächst eine Reihe von Gesichtern und danach jeweils gleichzeitig ein bekanntes Gesicht und ein neues Gesicht für insgesamt fünf Sekunden (Erwachsene) bzw. zehn Sekunden (Babies) gezeigt. Gemessen wurden per Video die Bewegungen von Kopf und Augen, um auf diese Weise ein Maß für die Zuwendung der Aufmerksamkeit zu gewinnen.

Weil Säuglinge, erwachsene Menschen und Affen die Tendenz aufweisen, von Neuem fasziniert zu sein, kann man die Unterschiede in der Betrachtungszeit der beiden Bilder als Maß von deren Neuheit und damit auch als Maß für das Erkennen von Bekanntheit interpretieren. Entsprechend schauten die elf Erwachsenen die bekannten menschlichen Gesichter nicht so lange an (1,63 s) wie die unbekannten (2,79 s), machten jedoch bei den Affengesichtern keinen Unterschied (2,42 s versus 2,31 s; vgl. Abb. 11.3). Ebenso verhielten sich die neun Monate alten Säuglinge. In deutlichem Gegensatz dazu machten die sechs Monate alten Säuglinge bei den Gesichtern von Menschen *und Affen* einen Unterschied zwischen Bekannt und Unbekannt.

Weitere elektrophysiologische Studien zum Thatcher-Effekt (vgl. Abb. 11.4) hatten prinzipiell das gleiche Ergebnis (de Haan et al. 2002): Sechs Monate alte Säuglinge haben noch keine erfahrungsabhängige feingetunte „Brille" für Gesichter, sie können daher auch auf dem Kopf stehende Gesichter besser verarbeiten als Erwachsene. Die Autoren kommentieren ihre Ergebnisse daher wie folgt: „Unsere Experimente stützen die Hypothese, dass sich das Fenster der Wahrnehmung mit zunehmendem Alter verengt und dass das System zur Verarbeitung von Gesichtern während des ersten Lebensjahres einem menschlichen Prototypen angepasst wird." (Pascalis et al. 2002, S. 1322)

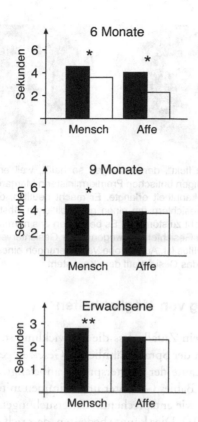

11.3 Sechs Monate alte Säuglinge betrachten neue, unbekannte Gesichter (schwarze Säulen) signifikant (*: p<0,05) länger als bekannte Gesichter (weiße Säulen), unabhängig davon, ob es sich um die Gesichter von Menschen (links) oder von Affen (rechts) handelt (oben). Bereits drei Monate später (Mitte) und bis ins Erwachsenenalter (unten) werden Affengesichter weniger gut unterschieden als Menschengesichter (**: p<0,01) (nach Daten aus Pascalis et al. 2002, S. 1322).

11.4 Der „Thatcher-Effekt", der deswegen so heißt, weil er am Beispiel des Gesichts der ehemaligen britischen Premierministerin Margaret Thatcher dargestellt wurde und Bekanntheit erlangte. Er macht deutlich, dass es sich beim Wahrnehmen von Gesichtern um einen ganzheitlichen Gestalterkennungsprozess handelt, der leicht zu stören ist. Es begegnen uns normalerweise keine auf dem Kopf stehenden Gesichter, weswegen unser Gesichterverarbeitungssystem diesen gegenüber hilflos ist. Auch grobe Veränderungen eines Gesichts werden nicht erkannt, wenn das Gesicht auf dem Kopf steht.

Verwirklichung von Möglichkeiten

Vielleicht ist es kein Zufall, dass die Entwicklung sowohl der Wahrnehmung als auch der Sprache ähnlichen Gesetzen gehorcht, was Gesichter bzw. die Laute der Muttersprache anbelangt. Bereits mit drei Monaten können Babies Gesichter und Stimmen miteinander in Verbindung bringen, wie entsprechende Untersuchungen zeigen konnten (Brookes et al. 2001). Dies könnte bedeuten, dass sich die Systeme zum Verarbeiten der entsprechenden visuellen und akustischen Informationen zugleich entwickeln und daher auch deren Spezialisierung etwa im gleichen Zeitraum erfolgt.

Die Ursachen kritischer bzw. sensibler Perioden sind zum gegenwärtigen Zeitpunkt noch wenig geklärt. Dies liegt nicht zuletzt an der Komplexität des noch sehr jungen Gebietes der kognitiven Entwicklungsneurobiologie (*developmental cognitive neuroscience*). So sind kritische Perioden selber ein gutes Beispiel für die Wechselwirkungen von Erfahrung und Reifung, da die Bildung und Freisetzung neuronaler

Wachstumsfaktoren, die bei kritischen Perioden sicherlich eine Rolle spielen, ihrerseits von der Erfahrung des Organismus abhängig zu sein scheinen.

Merzenich und Mitarbeiter (2002, persönliche Mitteilung) haben beispielsweise die kritische Periode für die Entwicklung einer tonotopen Karte auf dem Hörkortex experimentell dadurch verlängern können, dass sie dem Areal nur Rauschen, d.h. völlig strukturlosen Input, zur Verarbeitung angeboten haben. Daraus schließen die Autoren, dass es gerade die Strukturierung eines kortikalen Areals durch Erfahrung ist, die letztlich Prozesse zu deren Verfestigung veranlasst. Es könnte sich also mit dem Kortex ähnlich wie mit einem Fotopapier verhalten. Einzelne Erfahrungen stellen die „Belichtung" dar, die (im Unterschied zur Arbeit in der Dunkelkammer) immer wieder mit ganz schwachem Licht erfolgt. Jede einzelne Belichtung hat daher nur einen sehr schwachen Effekt. Sofern jedoch viele Bilder Gemeinsamkeiten aufweisen, werden sich diese auf dem Papier abbilden. (Auf genau diese Weise stellte übrigens schon vor über 130 Jahren Sir Francis Galton Photographien von Durchschnittsgesichtern her; vgl. Abb. 11.5). Der Entwicklung des Fotopapiers entsprechen biochemische Vorgänge der Stabilisierung von Synapsenstärken. Der Fixierung des Bildes schließlich entsprechen Prozesse, die dafür sorgen, dass sich diese Synapsenstärken in Zukunft gar nicht mehr (wie bei der Prägung) oder nur noch sehr langsam (wie bei den sensiblen Perioden) ändern.

Stille Verbindungen

Von stillen Verbindungen war bereits in Kapitel 6 die Rede. Dass dieser Begriff gerade im Hinblick auf die Entwicklung von großer Bedeutung ist, soll das folgende Beispiel des räumlichen Hörens bei der Schleiereule (*Tyto alba*) zeigen.

Wie auch wir Menschen nutzt die Schleiereule im Wesentlichen zwei Eigenschaften des Schalls, um räumlich zu hören: Lautstärke- und Laufzeitunterschiede zwischen beiden Ohren. Kommt Schall von links, erreicht er das linke Ohr *früher* als das rechte und ist dort auch

11.5 Das Verfahren der Durchschnittsbildung durch Überlagerung einzelner Bilder zu einem „Durchschnittsgesicht" wurde bereits 1883 von Sir Francis Galton angewendet. Dargestellt ist ein aus drei Photographien erstelltes Gesicht (aus Galton 1883, S. 344).

lauter (vgl. Abb. 11.6). Um hieraus den Ort der Schallquelle zu berechnen, muss das Gehirn wissen, welche Unterschiede welchen Orten entsprechen. Diese Unterschiede können sich bei jüngeren Tieren mit dem Wachstum des Kopfes und im Alter mit eventuell auftretender und beide Ohren unterschiedlich stark betreffender Hörminderung verändern. Die Zuordnung der Unterschiede zu Orten im Raum muss also flexibel sein und, wie der Ingenieur sagen würde, kalibriert werden. Dies geschieht anhand der Erfahrung der Tiere, also durch Lernen. Da die Eule erstens sehr gut räumlich lokalisieren kann (sie lebt buchstäblich davon, denn sie jagt nachts in völliger Dunkelheit ihre Beute), da zweitens die beteiligten neuronalen Strukturen bzw. Syste-

me sehr genau bekannt sind und da drittens das räumliche Hören
erfahrungsabhängigen Lernprozessen unterliegt, eignet es sich sehr gut
für entsprechende neurobiologische Untersuchungen.

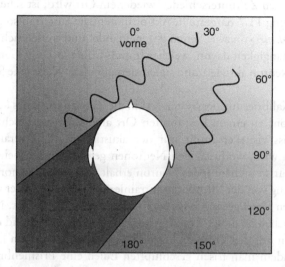

11.6 Aus Unterschieden der Lautstärke und der Laufzeit des Schalls zwischen
beiden Ohren wird der Ort einer Schallquelle berechnet. Kommt der Schall von
rechts, dann wird er rechts lauter und früher gehört. Menschen und Schleireu-
len bewerkstelligen dies prinzipiell auf die gleiche Weise (modifiziert nach Spitzer 2002a).

Verstopft man beispielsweise eines der beiden Ohren der Schleiereule, so hat dies den gleichen Effekt wie einseitiges Ohropax beim
Menschen: Die Schallquelle wird in die Richtung des freien Ohres verschoben wahrgenommen. Nach Wochen lässt sich jedoch im Rahmen
entsprechender Experimente an der Eule feststellen, dass diese Fehlor-
tung im Raum wieder abnimmt und schließlich ganz verschwindet.
Die Eule hat gelernt, die Schallsignale neu zu interpretieren, oder anders ausgedrückt: Sie hat die Zuordnung von Lautstärkeunterschieden
zu Orten neu kalibriert. Wird der Ohrstöpsel dann wieder entfernt,

kommt es zunächst wieder zu einer Fehllokalisation des Schalls (in Richtung des zuvor verschlossenen Ohres), die bei weiterer normaler Schallerfahrung wieder verschwindet.

Wie aus dem Ort einer Schallquelle Zeitunterschiede werden und wie aus diesen Zeitunterschieden wieder ein Ort wird, ist schematisch in Abbildung 11.7 dargestellt. Aktionspotentiale laufen in so genannten *Delay-Lines* von zwei Seiten gegeneinander und treffen sich irgendwo in Abhängigkeit davon, welcher Impuls früher losläuft. Genau dort wird ein Neuron aktiviert und signalisiert auf diese Weise eine Stelle im Raum.

Die Kalibrierung des Systems, d.h. die Zuordnung eines bestimmten Neurons zu einem bestimmten Ort am Horizont, geschieht dadurch, dass visueller Input mit der akustischen Raumverarbeitung verglichen wird, wodurch den Neuronen gewissermaßen beigebracht wird, wofür sie stehen: Jedes Neuron erhält vom Auge die horizontale Abweichung von der Mittellinie antrainiert, die dem Grad der von ihm gemeldeten Verzögerung zwischen beiden Ohren entspricht. Nach einigen Wochen ist dieser Trainingsvorgang abgeschlossen und die Eule kann allein mit den Ohren sehr gut Richtungen orten. Man fand dies heraus, indem man frisch geschlüpften Eulen eine Prismenbrille aufsetzte, die die Welt um 23 Grad zur Seite verschob. Sie gewöhnten sich daran (wie auch wir Menschen uns an so etwas gewöhnen können; vgl. Spitzer 2002c). Die Eulen trainierten damit jedoch auch ihr Hörsystem mit um 23 Grad verschobenen Signalen. Untersucht man nach einigen Wochen Training mit der Prismenbrille die Kopfdrehung der Tiere auf *akustische* Signale aus verschiedenen Richtungen, so zeigt sich deutlich, dass die Tiere bei den Versuchen, die Schallquelle zu orten, jeweils entsprechend der Verschiebung durch das Prisma um etwa 23 Grad daneben lagen. Das Sehen hatte dem Hören diese Verschiebung beigebracht.

Dies gelang jedoch nur bei Jungtieren. Setzte man einer erwachsenen Eule ein Prisma auf, so wurde das Hören nicht neu kalibriert. Jungtiere konnten allerdings auch umlernen. Setzte man ihnen das Prisma nach etwa vier Wochen wieder ab, so kam es nicht nur für das Sehen, sondern auch für das Hören zu einer neuen Kalibrierung: Die

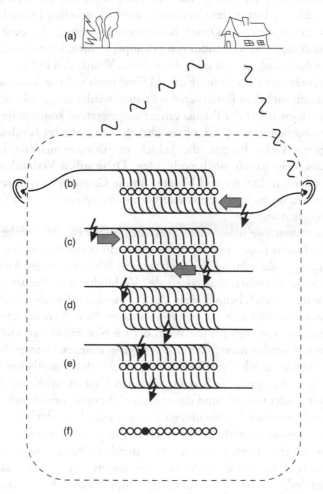

11.7 Räumliche Lokalisation mit Hilfe von Zeitunterschieden und Neuronenketten. Dieses System ist bei Schleiereulen zwar bereits nach dem Schlüpfen vorhanden, muss aber noch kalibriert werden. Damit ist gemeint, dass den einzelnen Neuronen der Neuronenkette noch ein Ort in der Welt zugewiesen werden muss, für den sie stehen (aus Spitzer 2002a).

Tiere sahen die Welt richtig und nach einer Weile hörten sie sie auch richtig, d.h. sie hatten den Neuronen ihrer akustischen Delay-Lines neue Orte zugewiesen. Dieser Kalibrierungsvorgang, bei dem bestimmte synaptische Verbindungen geknüpft werden, kann also nur in der Kindheit erfolgen. Mit einer Ausnahme: Wurde den Eulen, die im jungen Alter eine Verschiebung um 23 Grad nach rechts gelernt hatten und die sich nach dem Entfernen des Prismas wieder umgestellt hatten, im Erwachsenenalter das Prisma erneut aufgesetzt, so konnten sie sich wieder umorientieren. Ganz offensichtlich waren die im Kindesalter geknüpften Verbindungen, die jedoch im Erwachsenenalter keine Funktion mehr hatten, noch vorhanden. Diese stillen Verbindungen wurden dann reaktiviert und bildeten so die Grundlage des erneuten Lernens, das bei nicht entsprechend vortrainierten erwachsenen Eulen nicht möglich war.

Interessanterweise können Eulen, die bis ins Erwachsenenalter hinein das Prisma tragen und denen es erst dann entfernt wird, die normale, richtige Zuordnung dennoch lernen. Wie man zeigen konnte, geht dies damit einher, dass „normale" Verbindungen offenbar angeboren sind und auch beim Tragen der Prismenbrille bestehen bleiben. Das System kommt also mit einem voreingestellten Wert der Ortszuweisung (Kalibrierung) auf die Welt, der im Normalfall nur sehr fein nachjustiert werden muss, jedoch sehr flexibel angepasst werden kann. Diese Anpassung führt zur Ausbildung *zusätzlicher* synaptischer Verbindungen, die später auch dann bestehen bleiben, wenn sie nicht mehr verwendet werden (und daher auch nicht mehr funktionell aktiv sind). Solche stillen Verbindungen können jedoch wieder aktiv werden, wenn entsprechende Erfahrungen erneut gemacht werden.

Diese Experimente passen gut zu naturalistischen Beobachtungen beim Menschen: Wer als Kind in einem anderen Sprachraum aufgewachsen, jedoch relativ früh umgezogen ist, der kann als Erwachsener die zunächst erworbene und dann oft wieder völlig vergessene Sprache sehr rasch und vor allem auch akzentfrei lernen. Der Mechanismus ist wahrscheinlich ein ähnlicher wie eben beschrieben: Durch das Lernen im Erwachsenenalter werden vorhandene, in früher Kindheit geknüpfte, aber nicht mehr benutzte stille Verbindungen reaktiviert.

Man braucht nicht viel Phantasie, um sich die Bedeutung dieses Sachverhaltes klar zu machen: Vielleicht sollten wir darauf achten, dass unsere Kinder bereits früh mit vielen interessanten Dingen Kontakt haben, sodass sich eine größtmögliche Menge synaptischer Verbindungen in der Kindheit ausbilden kann. Je nachdem, wie das Kind dann weiter aufwächst, wird es zu einer Spezialisierung und damit zu einer Spezifizierung von Verbindungen kommen, was auch heißt, dass aus manchen Verbindungen stille Verbindungen werden. Diese sind jedoch bei Bedarf, d.h. bei entsprechender Erfahrung, im Erwachsenenalter reaktivierbar.

Computer im Kinderzimmer?

Immer wieder hört man die Meinung, dass man Kinder nicht früh genug an den Computer als die Universalmaschine des Lernens und des Wissens heranführen kann. Sie müssten von klein an mit dem Computer aufwachsen, um ihn als Selbstverständlichkeit des täglichen Lebens zu erfahren und vor allem nutzen zu lernen. Brauchen wir also den Computer für Babies und Kleinkinder? Brauchen wir ihn für Grundschulkinder? Oder erst ab der fünften, siebten oder neunten Klasse?

Stellen Sie sich bitte eine Schleiereulenfamilie vor, in der die Eltern auf die Idee kommen, ihren Kindern etwas Gutes zu tun, und sie mit einem Computer im Nest versorgen. Bald lernen die Kleinen, die Maus zu bedienen, und aus dem Lautsprecher kommen Töne und auf dem Bildschirm sind bunte Bilder. Nehmen wir an (was ich persönlich für unwahrscheinlich halte), die Kleinen hätten ihren Spaß. Was würde geschehen?

1. Die Kinder würden erstens verspätet fliegen lernen, denn ihre Muskulatur und ihre Knochen wären nicht so gut entwickelt wie die anderer Eulenkinder. Das Sitzen am Computer ist nicht der richtige Stimulus für die Entwicklung des Bewegungsapparats.

2. Nehmen wir an, die Kleinen hätten dennoch irgendwann das Fliegen gelernt. Nun hätten sie massive Probleme mit der Orientierung. Erinnern wir uns: Das Sehen kalibriert das Hören, was es den

Tieren dann erlaubt, nachtaktiv zu sein und allein durch das Hören
Beute zu lokalisieren. Die vom Computer bereitgestellte Realität erweist sich jetzt als unglaublich verarmt. Zwar war der Bildschirm bunt
und die Lautsprecher voller Klänge. Aber eine wesentliche Eigenschaft
hatten diese Reize nicht: Sie waren nicht in der Weise miteinander korreliert wie die Töne und die Bilder aus der wirklichen Realität. Wenn
in der Wirklichkeit sich links vorne etwas bewegt, dann raschelt es auch
links vorne. Das Gehirn kann dann gar nicht anders, als anhand solcherlei regelhafter Zusammenhänge seine Wahrnehmungssysteme zu
strukturieren. Der Computer bietet demgegenüber nur eine Art „Bildsoße", die von einer „Klangsoße" begleitet wird. Beides hat wenig miteinander zu tun, ist schlecht korreliert und bietet den Gehirnen der
kleinen Eulen keine Möglichkeiten, die den Reizen zugrunde liegenden Regelhaftigkeiten der Umgebung zu extrahieren. Die normale
Entwicklung des Sehens und des Hörens wäre also beeinträchtigt.

3. Da sich die Bedeutung der Dinge um uns durch den Umgang
mit ihnen ergibt, hätten die kleinen Eulen zudem größte Schwierigkeiten beim Sich-Zurechtfinden in der Welt: Eine Maus wäre für die Kleinen ein *pointing device*, nicht aber potentielles Futter.

4. Schließlich ist nicht klar, wie die Kleinen soziale Fertigkeiten
lernen. Auch diese lernt man nicht dadurch, dass man andere Eulen auf
einem Bildschirm betrachtet, sondern dadurch, dass man mit anderen
Eulen umgeht.

5. Noch gar nicht gesprochen wurde über die schädlichen Folgen
des Alleinseins, des Spielens von Kampfspielen ohne die Möglichkeiten
des Verbrennens der mobilisierten Energie (führt langfristig zu vielerlei
medizinischen Problemen) oder gar die katastrophalen Folgen des
Trainierens von Gewalt in diesen Spielen für das spätere Zusammenleben der dann erwachsen gewordenen kleinen Eulen.

Zumindest Eulen würden wir also wahrscheinlich von einem
Computer im Nest abraten. Warum eigentlich nur den Eulen?

Im Laufe etwa der ersten drei Lebensjahre lernt das Kind sehr viele
sehr grundlegende Dinge. Hierzu gehört nicht nur das ganz offensicht-
liche Lernen von Laufen oder Sprechen, sondern auch weniger offen-
sichtliche Dinge wie die Wärme und Verlässlichkeit der Mutter, die

Konstanz von Objekten, die Invarianz von bestimmten Größen, die Möglichkeiten des Manipulierens von Objekten und von anderen Menschen und des Sich-Verschaffens von Lust und Unlust, um nur Beispiele zu nennen. Die Voraussetzung dafür, dass dies geschehen kann, ist die Möglichkeit, mit der Welt in Wechselwirkung zu treten. Die Sache ist im Grunde ganz einfach: Nur dadurch, dass ich Wasser anfasse, kann ich lernen, was es heißt, dass Wasser nass ist. Zugleich höre ich es glucksen oder tropfen, sehe ich Wellen und Reflexe, rieche vielleicht das Meer oder das Gras am Seeufer und erhalte so einen Gesamteindruck, der in mir – zusammen mit vielen anderen solcher Erfahrungen – zu einer komplexen und differenzierten Repräsentation von Wasser führen wird.

Wenn ich diese innere Repräsentation (noch) nicht habe, kann ich auch die buntesten Bilder und die schrillsten Töne aus dem Computer gar nicht verstehen. Die bereits stattgefundene Wechselwirkung mit der wirklichen Realität ist also Voraussetzung dafür, dass ich mit der virtuellen Realität des Computers auch nur im Ansatz umgehen kann. Aus all dem folgt meiner Ansicht nach sehr klar: Computer haben im Kinderzimmer, in Kindergärten und in der Vorschule absolut nichts zu suchen. Auch in der Schule ist deren Einsatz wesentlich kritischer zu beurteilen, als dies in der gegenwärtigen Trichter-Euphorie (vgl. Kap. 1) der Fall ist. Hiervon wird später noch die Rede sein (vgl. hierzu Kap. 21).

Fazit

In dem Maße, wie Tastsinn, Sehen, Hören, Riechen und Schmecken im Mutterleib heranreifen und funktionstüchtig werden, bilden sie auch die Grundlage für erstes Lernen, das bereits im Mutterleib stattfindet. Bereits im Mutterleib hört, tastet, schmeckt und riecht der Säugling. Neugeborene, die im Mutterleib bereits Anis gerochen hatten, mochten den Geruch, wohingegen sich Neugeborene, die den Geruch nicht vom Mutterleib her kannten, dem Geruch gegenüber ablehnend verhielten. Man konnte so nachweisen, dass diese Lernerfahrungen über den maximalen Stress der Geburt hinweg, gleichsam ins Leben hinein, getragen werden, das Kind also nach der Geburt einfach weitermacht mit dem Lernen.

Die Zusammenhänge von Erfahrung und Reifung wurden bei der Entwicklung des Hippokampus von Sumpfmeisen im Detail untersucht. Diese legen Verstecke für gesammelte Nahrung an, aus denen diese in knappen Zeiten Monate später wieder hervorgeholt und verzehrt wird. Man hat beobachtet, dass ein einziger Vogel im Jahr wahrscheinlich mehr als 10.000 Nahrungspartikel irgendwo versteckt und dabei selten ein Versteck mehrfach benutzt. Dieses Verhalten setzt ein erstaunliches Ortsgedächtnis voraus, und da die Speicherung von Ortskoordinaten zu den wesentlichen Aufgaben des Hippokampus gehört, wurden Untersuchungen der Hippokampusformation bei Vögeln durchgeführt. Hierbei zeigte sich, dass Arten, die Futter in Verstecken speichern, einen bezogen auf Körper- bzw. Gehirngröße insgesamt größeren Hippokampus besitzen als Arten, die ihre Nahrung nicht verstecken. Vergleichende Studien zum Volumen des Hippokampus konnten weiterhin nachweisen, dass die Unterschiede zu Beginn des Lebens der Tiere noch nicht vorhanden sind, sich also erst während der Entwicklung herausbilden (Clayton & Krebs 1995).

Aus Tierexperimenten sind ferner sogenannte stille Verbindungen bekannt, die frühkindlich entstehen und später nicht mehr gebraucht werden, jedoch wieder reaktivierbar sind. Es ist sehr schwer, die Konsequenzen dieser Befunde für den Menschen zu untersuchen oder gar experimentell nachzuweisen. Dass Kinder jedoch eine interessante Umgebung brauchen, dass ihre Neugier befriedigt werden sollte und dass sie vielfältigen Erfahrungen ausgesetzt sein sollten, liegt auf der Hand.

Zum Schluss wurde einem häufigen Missverständnis begegnet, das darin besteht, man könne Kindern die Lernumgebung am besten per Computer darbieten. Dagegen wurde argumentiert, dass die vom Computer produzierten Bilder und Töne für Säugling und Kleinkind eine *verarmte* Umgebung darstellen, weil die Signale sehr schlecht korreliert sind. Eine „Klangsoße" und eine „Bildsoße" nützen dem Kind nichts, um zu lernen, die Welt zu begreifen.

Teil III
Lebenslang lernen

Kinder lernen sehr rasch, ältere Menschen hingegen langsamer: *Was Hänschen nicht lernt, lernt Hans nimmermehr* lautet eine alte Volksweisheit. Dies ist zwar in gewisser Weise richtig, in anderer Hinsicht jedoch auch wieder nicht. Wir lernen ein Leben lang, von der Wiege bis zur Bahre. Aber wir lernen nicht immer gleich! Bei Kindern ist die Lerngeschwindigkeit groß, dafür jedoch haben ältere Menschen Möglichkeiten des Lernens durch Analogie zu bekanntem Material zur Verfügung, die Säuglinge und Kinder nicht haben.

Es geht in den folgenden Kapiteln um einige Prinzipien, die aus neurobiologischer Sicht das Lernen in unterschiedlichen Lebensphasen charakterisieren, wie beispielsweise Phänomene der Wechselwirkung von Reifung und Lernen, kritische Perioden, die verringerte Lernkonstante und das verfeinerte Expertenwissen im Alter. Es geht aber auch um die Anwendung dieser Prinzipien beim Erwerb von Grundkompetenzen wie Lesen und Rechnen sowie ganz allgemein von Bildung. Gelernt wird im Laufe des ganzen Lebens, erst in der Schule und später der Schule des Lebens, der Gesellschaft. Wie wir schon sagten, geht es dabei keineswegs nur um Fakten, sondern vor allem um Routinen und Handlungen, Sicht- und Reaktionsweisen, Wissensinhalte und Werte. An Beispielen wird gezeigt, dass die Neurobiologie zum Verständnis dieser Prozesse und ihrer Auswirkungen auf unsere Gesellschaft beitragen kann.

12 Kindheit

Aus den meisten Kindern werden halbwegs vernünftige Erwachsene, trotz aller gegenteiligen Bemühungen im Rahmen dessen, was man im allgemeinen Erziehung nennt. Dies hat seinen Grund vor allem darin, dass Kinder zwar äußerst vulnerabel sind (der Säugling braucht sehr lange die Fürsorge der Mutter), aber zugleich, wie noch zu zeigen sein wird, auch äußerst robust. Wir haben bereits gesehen: Junge Gehirne sind wahre Lernmaschinen, Informationsaufsauger, Regelgeneratoren und zudem Motivationskünstler. Sie sind jedoch noch mehr: Sie haben Sicherheitssysteme eingebaut, die dafür sorgen, dass immer genau das Richtige gelernt wird, auch wenn gerade kein Lehrer da ist; und sie verfügen über ein so gewaltiges Ausmaß an Plastizität, dass es der Art Mensch besser als jeder anderen Spezies möglich ist, sich auf dem ganzen Erdball auszubreiten und zurechtzufinden. – Wenn es sein muss, geht das sogar mit nur einem halben Gehirn, wie wir schon gesehen haben.

Verbindungen reifen

Der Kopf eines Neugeborenen ist etwa halb so groß wie der eines Erwachsenen. Die Neuronen im Gehirn sind jedoch bei der Geburt zahlenmäßig vollständig. Auf ihr Konto kann also die Größenzunahme des Gehirns nach der Geburt nicht gehen. Vor etwa einhundert Jahren beschäftigte sich der deutsche Neurologe Paul Flechsig (Abb. 12.1) mit diesem Problem und fand durch Untersuchungen an den Gehirnen verstorbener Kinder unterschiedlichen Alters heraus, dass die Größenzunahme des Gehirns vor allem auf der Zunahme der Dicke der Faserverbindungen zwischen Neuronen beruht.

12.1 Paul Flechsig (1847 - 1929) war Professor für Psychiatrie in Leipzig und habilitierte sich bereits 1874 mit dem Thema „Die Leitungsbahnen im Gehirn und Rückenmark des Menschen" (vgl. www.uni-leipzig.de).

Nervenfasern können von isolierenden Myelinscheiden umgeben sein oder nicht. Sind sie es nicht, leiten sie Aktionspotentiale mit maximal etwa drei Metern pro Sekunde, also recht langsam. (Man stelle sich einen zwei Meter großen Menschen vor, der nur mit solchen Nervenfasern ausgestattet ist. Wenn er mit dem Fuß auf einen spitzen Gegenstand tritt, würde eine korrigierende Bewegung mehr als eine Sekunde später erfolgen, da die Signale vom Fuß ins Gehirn und wieder zurück zu den Muskeln im Bein entsprechend lange Zeit benötigen würden.) Die Isolierung von Nervenfasern mit Myelin (und damit deren Dickenzunahme) führt zur Zunahme der Geschwindigkeit der Nervenleitung auf bis zu 110 Meter pro Sekunde.

Hieraus erklärt sich die enorme Bedeutung der Myelinisierung der Verbindungsfasern. Dies gilt nicht nur für die „langen Bahnen" und die Nerven in Armen und Beinen, sondern auch für die Verbindungsfasern innerhalb des Gehirns. Die Zeit, die Impulse von einem kortikalen Areal zu einem anderen, sagen wir zehn Zentimeter entfernten, Areal benötigen, beträgt bei einer Nervenleitgeschwindigkeit von drei

Metern pro Sekunde etwa 30 Millisekunden. Dies mag sich kurz anhören, ist jedoch sehr lang, wenn man einmal bedenkt, dass kortikale Informationsverarbeitung vor allem in einem Wechselspiel der Information zwischen kortikalen Arealen besteht (vgl. Kap. 6). Dieser rasche Austausch zwischen kortikalen Arealen setzt rasche Leitung voraus, woraus sich wiederum ergibt, dass ein Areal, dessen Verbindungsfasern noch nicht myelinisiert sind, nur wenig zur Informationsverarbeitung beitragen kann. Damit ist eine nichtmyelinisierte Nervenfaserverbindung im Kortex so etwas wie eine tote Telefonleitung; die Verbindung ist physikalisch zwar vorhanden, sie ist jedoch zu langsam, um eine Funktion gut zu erfüllen.

Vor mehr als einhundert Jahren begann Flechsig damit, detaillierte Karten des Gehirns zu erstellen, auf denen verzeichnet war, wann bzw. in welcher Reihenfolge die zu einzelnen kortikalen Arealen ziehenden Fasern zur Ausreifung kommen (Flechsig 1920). Zum Zeitpunkt der Geburt sind die primären sensorischen und motorischen Areale myelinisiert, also diejenigen Hirnrindenbezirke, die für die primäre Verarbeitung von Sehen, Hören und Tasten verantwortlich sind sowie zum Ausführen von Bewegungen gebraucht werden. Damit kann der Säugling erste Erfahrungen machen, die Information jedoch noch nicht sehr tief verarbeiten. Danach werden sekundäre Areale myelinisiert, und erst gegen Ende der Entwicklung um die Zeit der Pubertät herum (bzw. noch danach!) werden die Verbindungen zu den höchsten kortikalen Arealen im Frontalhirn mit Myelinscheiden versehen (vgl. Abb. 12.2). Teile des Frontallappens des Menschen sind aufgrund dieser Entwicklung erst zur Zeit der Pubertät funktionell voll mit dem Rest des Gehirns verbunden (Fuster 1995).

Diese verglichen mit anderen Primaten sehr stark verzögerte Gehirnreifung beim Menschen wurde lange als Nachteil interpretiert und der Mensch beispielsweise als Mängelwesen (Gehlen 1978) oder als Nesthocker charakterisiert, jeweils mit Blick auf den unausgereiften Säugling. Kern dieser Unausgereiftheit ist das unausgereifte Gehirn, und Kern dieser Unausgereiftheit bei der Geburt ist die noch nicht erfolgte funktionelle Verdrahtung kortikaler Areale, insbesondere des Frontallappens.

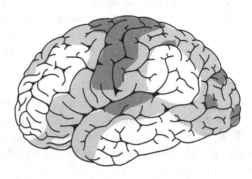

12.2 Reihenfolge der Myelinisierung der Faserverbindungen kortikaler Areale (nach Flechsig 1920). Die dunklen Areale werden früh, die hellgrauen später und die weißen sehr spät (bis in die Zeit der Pubertät hinein und wahrscheinlich sogar noch danach) myelinisiert (aus Spitzer 1996). Als letztes myelinisiert der hier nicht zu sehende orbitofrontale Kortex, der vorne unten gelegen ist (vgl. Abb. 17.5).

Computersimulationen neuronaler Netzwerke, die sich eigens mit den Wechselwirkungen von Gehirnreifung und Lernen beschäftigten, warfen ein ganz neues Licht auf den Sachverhalt der Gehirnreifung nach der Geburt (vgl. Elman 1991, 1994, 1995). Man konnte zeigen, *dass die Reifung des Gehirns letztlich den Lehrer ersetzt.* Der Gedanke ist im Grunde ganz einfach: Wenn wir in der Schule oder an der Universität ein kompliziertes Stoffgebiet lernen (sagen wir: Latein oder Mathematik), dann sorgt der Lehrer oder Professor dafür, dass wir mit einfachen Beispielen beginnen und uns daraus zunächst einfache Strukturen erschließen. Sind diese erst einmal gefestigt, kommen im nächsten Schritt etwas kompliziertere Strukturen „oben drauf", die man nur dann richtig verstehen kann, wenn man zunächst die einfachen gelernt hat. Und so geht es weiter, Schritt für Schritt, bis wir ausgehend vom Einfachen hin zum Komplizierten einen insgesamt komplexen Stoff beherrschen.

So lernen wir in der Schule und im Studium. Im Leben jedoch ist die Sache anders: Wir kommen auf die Welt und sind verschiedensten Reizen ausgesetzt, deren Struktur und Statistik von ganz einfach bis ganz kompliziert reicht. Die Tatsache nun, dass sich das Gehirn entwickelt und zunächst nur einfache Strukturen überhaupt verarbeiten kann, stellt sicher, dass es zunächst auch nur Einfaches lernen kann. (Erinnern wir uns: Verarbeiten ist immer auch Lernen; vgl. Teil I.) Am Beispiel der Sprachentwicklung sei dieser Gedanke etwas genauer ausgeführt.

Areale gehen on-line

Untersuchungen dazu, wie Erwachsene mit Babies und Kleinkindern sprechen, konnten zwar zeigen, dass wir uns einerseits auf den kleinen „Gesprächspartner" etwas einstellen, dass dies jedoch nicht sehr weit geht. Wenn wir mit Babies reden, verwenden wir Lautmalerei und eine übertriebene Sprachmelodie (wir sprechen modulierter und höher; vgl. Spitzer 2002a, S. 157), aber schon mit Kleinkindern reden wir fast wie mit Erwachsenen. Wir gehen keinesfalls systematisch wie ein Lehrer im Sprachunterricht vor. Während des Spracherwerbs ist ein Kind damit einer sprachlichen Umgebung ausgesetzt, die wenig oder gar keine Rücksicht auf seine jeweiligen Lernbedürfnisse nimmt. Wären Kinder auf eine lerngerechte Reihenfolge sprachlicher Erfahrungen angewiesen, so hätte wahrscheinlich keiner von uns je Sprechen gelernt. Warum haben wir dann trotzdem Sprechen gelernt, ganz ohne einen den Stoff systematisch darbietenden Lehrer?

Die Antwort auf diese Frage besteht darin, dass „im Leben" der Lehrer durch ein reifendes Gehirn ersetzt wird. Noch einmal: Das Problem beim Erlernen komplizierter Strukturen wie beispielsweise der Grammatik besteht darin, dass man sicherstellen muss, dass zunächst einfache Strukturen gelernt werden, dann etwas komplexere und dann noch komplexere. Andernfalls wird nichts gelernt, wie man nicht nur aus der Schule weiß, sondern auch durch Simulationen lernender Netzwerke nachweisen konnte (vgl. die ausführliche Darstellung in Spitzer 1996). Kleine neuronale Netzwerke können nur einfache Strukturen in sich repräsentieren, große Netzwerke dagegen auch komplizierte. Ist ein kleines Netzwerk mit einer komplizierten Struktur konfrontiert, dann geht es ihm wie einem mit Integralrechnung konfrontierten Erstklässler: Es wird einfach gar nichts gelernt.

Stellen wir uns nun vor, der Erstklässler erhält im Wechsel jeweils eine Stunde Integralrechnung und dann wieder eine Stunde das kleine Einmaleins. Dann wird er eben das kleine Einmaleins lernen, wahrscheinlich langsamer (denn in jeder zweiten Stunde ist alles so durcheinander), aber eben doch. Ganz allgemein gilt: Wird ein einfaches System mit komplexem Input konfrontiert, so bemerkt es diese Komplexität gar nicht, sondern behandelt den Input, als wäre er völlig zufällig. Gelernt wird unter solchen Umständen – nichts.

Wenn wir mit einem Kind sprechen, dann liefern wir ihm letztlich eine Spracherfahrung, die etwa so aussieht wie der oben dargestellte etwas eigenartige Mathematikunterricht aus Integralrechnung und Einmaleins. Wir benutzen Zweiwortsätze und Zehnwortsätze, Aussagesätze von Subjekt-Prädikat-Objekt-Struktur und Schachtelsätze beliebig komplexer Struktur, kurz, Einfaches und Kompliziertes. Das Kleinkind bekommt davon genau dasjenige mit, was es verarbeiten kann. Alles andere rauscht an ihm vorbei (was man sehr wörtlich nehmen kann: Im statistischen Sinne ist hohe Komplexität für ein kleines System nichts als strukturloses Rauschen.) Da gelernt wird, was verarbeitet wird, lernt das Kleinkind zunächst einfache sprachliche Strukturen. Noch einmal: Dies geschieht *nicht*, weil ihm zuerst einfache Strukturen beigebracht werden, sondern weil es zunächst nur einfache Strukturen verarbeiten kann. Es sucht sich dadurch automatisch aus dem variantenreichen Input heraus, was es lernen kann.

Hat es erst einmal einfache Strukturen gelernt und reift danach zu etwas mehr Verarbeitungskapazität heran, dann wird es neben diesen einfachen Strukturen zusätzlich etwas komplexere Strukturen als solche auch erkennen, verarbeiten und daher auch lernen. Da nach wie vor auch einfache Strukturen im Input vorhanden sind, verarbeitet und weiter gelernt werden, kommt es nicht zu deren Vergessen. Es wird vielmehr das Komplexere *dazu* gelernt und das Einfache gerade nicht vergessen, sondern behalten. Und so geht es weiter mit zunehmend komplexen Inhalten. Die Tatsache der Reifung während des Lernens ist damit nicht hinderlich, sondern überaus sinnvoll: *Gerade weil das Gehirn reift und gleichzeitig lernt, ist gewährleistet, dass es in der richtigen Reihenfolge lernt.* Dies wiederum gewährleistet, dass es *überhaupt* komplexe Zusammenhänge lernen kann und auch lernt.

Hieraus wiederum ergibt sich (und man konnte es in entsprechenden Computersimulationen nachweisen - vgl. das Postskript am Ende dieses Kapitels), dass nur dann, wenn das Gehirn lernt, während es sich entwickelt, überhaupt komplexe Informationsverarbeitung gelernt werden kann. Mit anderen Worten: Hätten Sie das Gehirn, das Sie jetzt haben, bereits bei Ihrer Geburt gehabt, hätten Sie wahrscheinlich nie sprechen gelernt!

Die Tatsache, dass unser Gehirn bei der Geburt noch wenig entwickelt ist, erscheint damit aus informationstheoretischer Sicht in einem völlig neuen Licht. Die Gehirnentwicklung nach der Geburt ist kein Mangel, sondern eine *notwendige Bedingung* höherer geistiger Leistungen. „It's not a bug, it's a feature", wie die Ingenieure sagen würden.

Robuste Kinder und Spracherwerb

Fassen wir zunächst zusammen: Das Gehirn des Säuglings ist noch sehr unausgereift. Die beim Menschen im Gegensatz zu anderen Arten daher so auffällige Nachreifung des Gehirns nach der Geburt betrifft insbesondere den frontalen Kortex, in dem bekanntermaßen die höchsten geistigen Fähigkeiten des Menschen (komplexe Strukturen, abstrakte Regeln) repräsentiert sind. Der frontale Kortex ist in die Informationsverarbeitung anderer Hirnteile auf ganz bestimmte Weise eingebunden. Er sitzt über den einfacheren Arealen, hat deren Output zum Input und bildet auf diese Weise interne Regelhaftigkeiten der neuronalen Aktivität einfacherer Areale noch einmal im Gehirn ab. Er bildet das Arbeitsgedächtnis, d.h. in ihm ist Information repräsentiert, die unmittelbar relevant ist für das, was jetzt und hier geschieht. Er kann sehr rasch auf Veränderungen reagieren, indem er von Augenblick zu

Augenblick neue Erwartungen bildet und diese mit dem, was geschieht, vergleicht.

Erst im Schulalter werden die verbindenden Fasern vollständig myelinisiert und damit dieser Hirnteil in die zerebrale Informationsverarbeitung vollständig integriert. Hierdurch wird verständlich, warum es den so genannten Wolfskindern, die ihre Kindheit ohne Sprache verbringen und von denen es leider bis heute immer wieder Beispiele gibt, zeitlebens nicht gelingt, richtig sprechen zu lernen. Es scheint somit im Hinblick auf die Sprachentwicklung eine *kritische Periode* zu geben, während der sie durch Auseinandersetzung mit und Verarbeitung von Sprachinput erfolgen muss. Geschieht dies bis zum etwa 12. oder 13. Lebensjahr nicht, kann Sprache nie mehr vollends gelernt werden. Das amerikanische Mädchen Genie beispielsweise, das von ihrem Vater bis zu ihrer Entdeckung im Alter von 13 Jahren in völliger Isolation gehalten wurde, lernte trotz intensiver Bemühungen nie richtig sprechen (Mestel 1995, Rymer 1992).

Diese Überlegungen zum Zusammenhang von Reifung und Lernen klären nicht nur die Beobachtung einer kritischen Periode für den Spracherwerb, sondern auch die Tatsache, dass Kinder neue Sprachen erfinden können, Erwachsene dagegen nicht (vgl. Pinker 1994).

Pidgin- und Kreolsprachen sind Formen der Kommunikation, die dann entstehen, wenn Menschen verschiedener sprachlicher Herkunft miteinander kommunizieren müssen, ohne des anderen Sprache richtig zu erlernen. Eine Pidginsprache hat ein stark reduziertes Vokabular (meist zwischen 700 und 1.500 Wörtern) und ist auch strukturell extrem simplifiziert. Pidginsprachen werden definitionsgemäß von niemandem als Muttersprache gesprochen. Ist dies der Fall, nennt man die Sprache ein Kreol (Katzner 1995).

Man nahm lange Zeit an, dass der Übergang einer Pidgin- in eine Kreolsprache langsam und graduell geschieht. Detaillierte linguistische Untersuchungen haben jedoch gezeigt, dass es zum Hervorbringen einer Kreolsprache lediglich Kinder braucht, die unter bestimmten Bedingungen aufwachsen. Wenn diese Kinder zum Zeitpunkt des Spracherwerbs (also des Erwerbs ihrer Muttersprache) keine andere Sprache hören als eine Pidginsprache, so kommt es spontan zur Bildung komplexer Strukturen und Sprachformen, vor allem durch den subtilen Gebrauch der Pidginsprache. Wie Wittgenstein in den *Logischen Untersuchungen* (241) richtig sagt, ist Sprache immer auch eine Lebensform und schließt das Sich-Verhalten zur Umwelt und insbesondere zu anderen mit ein. Diese Verhaltensmuster sind komplex, auch dann, wenn die Sprachlaute (wie im Falle des Pidgin) einfach sind.

Pinker (1994) beschreibt linguistische Untersuchungen an Kindern, die um die Jahrhundertwende in Zuckerplantagen auf Hawaii arbeiten mussten und zum Teil nur von Aufsehern betreut wurden, die mit ihnen Pidgin-Englisch sprachen. Diese Kinder entwickelten spontan eine komplexe Sprache nicht nur im Hinblick auf den Wortschatz, sondern auch im Hinblick auf grammatische Strukturen. Erwachsene sind hierzu nicht in der Lage (sie bleiben beim Pidgin), da sie nicht die Fähigkeit haben, ohne Lehrer komplexe Strukturen aus einem Sprach- und Verhaltensgewühl zu extrahieren.

Gebärdensprache

Man ging früher davon aus, dass man taubstumm geborene Kinder am besten dadurch fördert, dass man ihnen das Lippenlesen und irgendwie mühsam auch einige Laute beibringt, damit sie sich in der Welt der Sprechenden und Hörenden zurechtfinden können. Diese Annahme ist jedoch eindeutig falsch. Taubstumme Kinder benötigen ebenso wie hörende Kinder Sprachinput, und zwar früh im Leben, um *Sprachkompetenz überhaupt* entwickeln zu können. Entgegen verbreiteten Vorurteilen sind solche Zeichensprachen kein pantomimisches Gestensammelsurium aus einigen wenigen Zeichen für Dinge und Wörter. Bei Gebärdensprachen (es gibt eine ganze Reihe davon, und man braucht durchaus Dolmetscher für die Verständigung) handelt es sich vielmehr um vollwertige Sprachen mit Vokabular, Grammatik und allem anderen, was zu einer Sprache gehört. Ein taubstummes Kind kann durch Interaktion mit anderen taubstummen Kindern und

Erwachsenen Sprachkompetenz ausbilden. Zwingt man es zu einem Leben unter Hörenden und Sprechenden, beraubt man es dieser Chance.

Als Beispiel seien linguistische Beobachtungen in Nicaragua angeführt, wo es bis zur Reform des Schulsystems durch die seit 1979 im Amt befindliche damalige sandinistische Regierung keine offizielle Zeichensprache für Taubstumme gab. Bis zum Ende der 70er Jahre wurden in Nicaragua taube Kinder in Lippenlesen gedrillt, mit wenig Erfolg. Diese Kinder benutzten jedoch Zeichen zur Verständigung, die allerdings jeweils von ihrem vereinzelten familiären Hintergrund geprägt waren. Die Kinder hatten praktisch keinen adäquaten sprachlichen Input, weswegen man die von ihnen verwendeten Zeichen allenfalls als Pidgin-Zeichensprache (mit sehr eingeschränktem Vokabular und eingeschränkter Struktur) bezeichnen kann. Durch die Schulreformen wurden taube Kinder zusammengebracht, was dazu führte, dass jüngere Kinder in einer sprachlich wesentlich reicheren Umgebung aufwuchsen (dem bereits vorliegenden Zeichen-Pidgin). Wie die dem Pidgin-Englisch ausgesetzten Kinder auf Hawaii produzierten diese Kinder nun ihre eigene, reiche Version der Zeichensprache spontan. Heute verständigen sich taube Kinder in Nicaragua mit dieser im Hinblick auf Vokabular und Struktur einer Kreolsprache entsprechenden Zeichensprache (vgl. Pinker 1994).

Es ist unwahrscheinlich, dass die Zusammenhänge zwischen Gehirnreifung und Lernen nur für den Bereich der Sprachentwicklung gelten. Vielmehr ist der Erwerb jeder komplexen Fähigkeit mit großer Wahrscheinlichkeit abhängig vom Wechselspiel von Entwicklung (Gehirnreifung) und Lernen. Wir hatten bereits darauf hingewiesen, dass Sprache nicht isoliert von der alltäglichen Lebenswelt gelernt wird, sondern vielmehr in und mit ihr. Andere komplexe Strukturen in dieser Welt, wie beispielsweise soziale Beziehungen, Verhältnisse in der Welt selbst (die Bereiche der uns umgebenden belebten und unbelebten Natur) oder komplexe Zusammenhänge in den Bereichen Kunst und Musik werden, wie die Sprache, von Kindern-in-Entwicklung geernt. Ganz besonders wichtig werden diese Zusammenhänge bei der moralischen Entwicklung der Persönlichkeit (vgl. hierzu die Kap. 16-19).

Evolution: Fit sein versus fit werden

Halten wir fest: Durch die Gehirnentwicklung werden unübersichtliche Sachverhalte jeweils in dem Sinne gefiltert, dass zunächst nur einfache, aber grundlegende Aspekte gelernt werden, wohingegen später auch komplexe Strukturen verarbeitet und gelernt werden können. Ein sich entwickelndes Gehirn kann daher auf einen Lehrer verzichten. Es „nimmt" sich nur die Lernerfahrungen, die es gerade „gebrauchen" kann – ohne Unterweisung.

Unter evolutionärem Gesichtspunkt stellt damit das erst lange nach der Geburt zur vollständigen Ausreifung kommende Gehirn einen Kompromiss dar: Sicherlich gibt es einen Evolutionsdruck dahingehend, dass Organismen „so fertig wie möglich" das Licht der Welt erblicken. Menschliche Neugeborene schneiden unter diesem Gesichtspunkt sehr schlecht ab, und man muss fragen, worin wohl der Vorteil einer stark verzögerten Gehirnentwicklung besteht. Dieser Vorteil, so können wir formulieren, besteht in der Fähigkeit, komplexere Inputmuster zu verarbeiten. Je besser dies ein Organismus kann, um so besser wird er sich in der Welt (von der wir annehmen können, sie sei sehr komplex) zurechtfinden, d.h. überleben. Babies sind damit das Resultat eines Kompromisses zwischen *fit sein von Anfang an* und *fit werden*. Im Vergleich zu anderen Arten liegt die Betonung beim Menschen ganz eindeutig auf dem Werden, auf Potenz und Möglichkeit.

Man braucht nicht viel Phantasie, um sich die Konsequenzen der hier diskutierten Sachverhalte zu vergegenwärtigen: Kinder sind verschieden. Die Evolution bringt Mittelwerte und Varianz von Eigenschaften hervor. Das einzelne Individuum in seiner jeweiligen Besonderheit hat jedoch eine bestimmte Entwicklung und eine bestimmte Lerngeschichte. Dies bedeutet, dass nicht alles für alle gleich gut ist. Gewiss, sich entwickelnde Gehirne sorgen in gewisser Weise selbst für geeigneten Input, aber durch Synchronisation von Reifung und angebotener Lernerfahrung ist im Einzelfall sicherlich noch viel zu verbessern, von Menschen mit spezifischen Behinderungen einmal gar nicht zu reden.

Fazit: Was Hänschen nicht lernt ...

Das Größenwachstum des Gehirns nach der Geburt geht vor allem auf das Konto reifender Fasern, deren Dickenzunahme eine bessere Isolierung und damit eine schnellere Erregungsleitung bewirkt. Damit nimmt die Leistungsfähigkeit des Gehirns im Laufe seiner Entwicklung nach der Geburt zu. Dies wiederum bedeutet, dass das Gehirn zugleich lernt und sich entwickelt, und hieraus wiederum ergeben sich bedeutsame Konsequenzen.

Aus dem Zusammenspiel von Reifung und Lernen lassen sich unter anderem die so genannten kritischen oder sensitiven Perioden ableiten. Mit diesem in der Entwicklungsneurobiologie sehr wichtigen Begriff werden Zeitabschnitte bezeichnet, in denen bestimmte Erfahrungen gemacht werden müssen, damit bestimmte Fertigkeiten bzw. Fähigkeiten erworben werden. Kommt es nicht dazu, werden diese Fertigkeiten bzw. Fähigkeiten zeitlebens nicht mehr gelernt.

Auch im Hinblick auf die Sprachentwicklung gibt es kritische Perioden oder zumindest sensible Phasen (*tuning periods*), was den Erwerb von Lauten und Regeln bis hin zur komplexen Grammatik anbelangt.

Die Wissenschaft der kognitiven Entwicklungsneurobiologie ist noch sehr jung. Bis vor wenigen Jahrzehnten herrschten Spekulation und Ideologie, wenn es darum ging, was Kinder sind, wozu sie in der Lage sind und wie man mit ihnen umgehen sollte. Soweit diese Spekulationen und Ideologien in unser Erziehungssystem Eingang fanden, wirkten sie sich keineswegs immer günstig auf die Kinder aus. Dass die meisten dennoch ihre Kindheit mitsamt Erziehung und Schule halbwegs überstehen, liegt daran, dass Kinder erstaunlich robust sind. Sie suchen sich einfach selbst, was sie gerade am besten lernen können. Ihr sich entwickelndes Gehirn stellt einen eingebauten Lehrer dar. Daraus folgt leider auch in vieler Hinsicht: Was Hänschen nicht lernt, lernt Hans nimmermehr. In neurobiologischer Hinsicht ist diese Volksweisheit längst eingeholt und auf vielfache Weise bestätigt!

13 Lesen

Unser Gehirn ist für das Lesen nicht gebaut. Es entstand lange vor der Erfindung der Schrift und aufgrund von Lebensbedingungen, die mit den heutigen wenig gemeinsam haben. Eines zeichnete diese Lebensbedingungen ganz gewiss nicht aus: Schrift auf Schritt und Tritt. Wer liest, der missbraucht also zunächst einmal seinen Wahrnehmungsapparat für eine nicht artgerechte Tätigkeit, etwa wie ein Fliesenleger seine Knie missbraucht, um in Bädern herumzukriechen, oder wie ein Tennisspieler, der seinem Ellenbogen das Aufnehmen von mehr Kräften zumutet, als dieser verkraften kann. Noch einmal anders ausgedrückt: Das Gehirn verhält sich zum Lesen wie ein Traktor zu einem Formel-1-Rennen, für dessen Tuning man kurz vor dem Rennen zwei Stunden Zeit bekommt.

Dass das Lesen bei den meisten Menschen so reibungslos klappt, ist das Resultat tausender Stunden Übung und zeigt einmal mehr, wie flexibel das menschliche Gehirn ist. Es kann Tätigkeiten lernen, die ihm nicht in die Wiege gelegt sind. Lesen ist ein Spezialfall der visuellen Wahrnehmung (vgl. die ausführliche Darstellung in Spitzer 2002c). Es ist gelernt und kulturell geprägt, gleichzeitig jedoch so elementar, dass wir gar nicht anders können, als ein Wort zu lesen, wenn wir es betrachten (vgl. Abb. 13.1). Anders gesagt: Wir können einfach nicht ein Wort betrachten und es *nicht* lesen!

Wer täglich etwa zehn Seiten liest, hat in zehn Jahren etwa einhundert Millionen Buchstaben wahrgenommen. Diese Buchstaben sind zwar Kunstprodukte, weil sie aber zu unseren häufigsten Wahrnehmungsobjekten gehören, führen sie seit mittlerweile 500 Jahren ein Eigenleben.

13.1 Benennen Sie bitte die Farbe der Wörter erst auf der linken Seite, dann auf der rechten. Hierbei kommt es auf der rechten Seite zur so genannten Farb-Wort-Interferenz, d.h. wir haben Schwierigkeiten, das Wort nicht zu lesen und nur seine Farbe zu nennen. Dieser von John Ridley Stroop im Jahre 1935 erstmals beschriebene Effekt (mit Farben geht es noch schöner!) trägt heute seinen Namen und zeigt sehr eindrucksvoll den hohen Grad der Automatizität des Lesens von Wörtern.

Erkenntnis

Die Tätigkeit des Lesens ist unmittelbar mit Erkenntnisgewinn verknüpft: Wenn wir lesen, sind wir nicht passiv, sondern produzieren – augenfälliger als bei anderen Wahrnehmungsvorgängen – Bedeutung. Entsprechend ist das Lesen selbst wieder Metaphorik für Erkenntnisgewinn in der Wahrnehmung: Wir lesen im Buch der Natur, im Gesicht des Gegenüber, in einem Bild. Hier wird das Lesen metaphorisch verstanden als Erkennen des Sinns, als Erfassen von Bedeutung.

Untersuchungen der Schädelgröße bei prähistorischen Knochenfunden lassen Rückschlüsse auf die Gehirngröße zu, aus denen man wiederum auf das Vorhandensein von Gehirnarealen schließen kann, die für Sprache und Sprechen wichtig sind. Daraus lässt sich ableiten, dass es Sprache, wie wir sie heute kennen, schon seit mindestens einhunderttausend Jahren gibt. Das Festhalten von Sprache mittels graphischer Zeichen ist dagegen eine relativ junge, etwa fünf- bis sechstausend Jahre alte kulturelle Errungenschaft. Im Vergleich zur Zeit der Hirnentwicklung sind dies kurze Momente. Wir konnten uns also biologisch nicht an das Lesen anpassen.

Erst seitdem es Schrift gibt, muss das Sehen mit dem Sprechen verbunden werden, um den Prozess des Lesens – besonders beim lauten Vorlesen – rasch und mühelos zu gewährleisten. Wie geschieht diese Umformung von Graphik in Symbolik, von Buchstaben in Bedeutungen, von geschriebenen Wörtern in gesprochene Laute? Wie genau ist das Sprachverstehen dem Wahrnehmen aufgepfropft, um das rasche Aufnehmen sprachlicher Information über den zunächst hierfür nicht konstruierten Kanal zu gewährleisten?

Verdrahtung

Beim Lesen wird der Input nach Vorverarbeitung in den primären visuellen Arealen in einem Areal verarbeitet, das *visual word form area* genannt wurde und für die Gestalt von Wörtern zuständig ist. Dieses Areal liegt in der Nähe des Gesichterareals (vgl. Abb. 11.2) und hat auch eine ähnliche Funktion: Es ist auf eine ganz bestimmte Klasse von Wahrnehmungsobjekten spezialisiert.

Danach geht die Information im Temporallappen nach vorn (wie weit, hängt vom Wort ab: Namen gelangen bis ganz nach vorn an die Spitze des Temporallappens, den so genannten Temporalpol). Man versteht, was man liest, unter anderem im Wernicke-Sprachzentrum. Dieses ist durch ein dickes Faserbündel mit dem motorischen Sprachzentrum verbunden, sodass Informationen zum Verstehen und Sprechen von Sprache auf einem Breitbandkanal ausgetauscht werden können (Abb. 13.2).

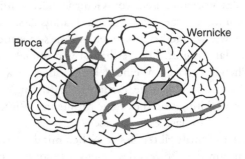

13.2 Gehirn von links betrachtet mit schematischer Darstellung des Informationsflusses beim Lesen. Das Auge liefert Muster an den primären visuellen Kortex am hinteren Okzipitalpol. Von dort geht es dann über sekundäre visuelle Areale und das Wortform-Areal (das nur bei Betrachtung des Gehirns von unten zu sehen ist) in den Temporallappen (zur Objekterkennung und zum Verstehen). Vom sensorischen Sprachzentrum (Wernicke) geht die Information in einem dicken Faserbündel zum motorischen Sprachzentrum (Broca) und von dort über eine Hierarchie von Motorprogrammen (nicht alle Areale sind zu sehen bzw. eigens markiert) zum primären motorischen Kortex. Von dort werden die Effektororgane des Sprechens (Zwerchfell, Kehlkopfmuskulatur, Zunge, Lippen) gesteuert.

Dies ist notwendig, denn beim Sprechen und Sprachverstehen handelt es sich mit um die schnellsten und rechenintensivsten on-line ablaufenden Prozesse, die es in den Bereichen Wahrnehmung und Motorik gibt. Der zeitliche Unterschied der Laute b und p, g und k sowie d und t beträgt etwa 20 Millisekunden – wenig Zeit für die Programmierung der Bewegungen von Zunge, Kiefer und Lippen einerseits sowie für eingehende akustische Analysen andererseits.

Beim Lesen geht die Information dann vom motorischen Sprachzentrum in so genannte supplementär- (d.h. unterstützende) motorische Areale sowie in prämotorische und motorische Areale. In diesen
Zentren werden auf verschiedenen Ebenen der Abstraktion Bewe-
gungsprogramme ausgewählt, aktiviert und fein aufeinander abgestimmt. Das Resultat ist ein vorgelesener gesprochener Text, der
praktisch so klingt, als würde er einfach nur so spontan gesprochen.
Das Ganze ist eine Höchstleistung neuronaler Informationsverarbeitung, für die wir, das sei nochmals betont, etwa so gut konstruiert sind
wie ein Traktor für das Formel-1-Rennen. Der Traktor kann mehr und
kann vieles besser als ein Rennwagen. Und unser Gehirn kann mehr als
nur lesen und vieles kann es eigentlich besser.

Diagnose von Mikroverdrahtungsstörungen

Fünf bis acht Prozent aller Kinder leiden unter Sprachverständnisstörungen akustischer Art, die im weiteren Verlauf der kindlichen Entwicklung oft in Leseschwierigkeiten übergehen. Man dachte für lange
Zeit, dass es sich bei Lesestörungen um komplizierte Störungen der
hochstufigen kognitiven Verarbeitung handele, fand jedoch durch ge-
schicktes Experimentieren etwas ganz anderes: Die Kinder sind nicht
bockig und auch nicht schwer „von Begriff", sie leiden vielmehr an einer etwas langsameren kortikalen Verarbeitung akustischer Signale.
Dies wird oft nicht bemerkt, macht den Kindern aber bei den oben bereits genannten schnellen Verschlusslauten Schwierigkeiten. Die beiden Silben „ba" und „pa" unterscheiden sich nur durch die
Anfangskonsonanten (Verschlusslaute), die wiederum nur wenige Millisekunden dauern. Können diese kurzen Konsonanten nicht rasch
analysiert werden, so ist dies gleichbedeutend damit, dass das Kind
Verständnisschwierigkeiten für gesprochene Sprache aufweist.

Wie aber lässt sich dieses Defizit näher charakterisieren? Worum
genau handelt es sich? Wegweisend für eine Beantwortung dieser Frage
war eine bereits vor längerer Zeit durchgeführte Studie von Galaburda
und Mitarbeitern, die Gehirne von Personen mit Leseschwäche nach

deren Tod untersuchten (Galaburda et al. 1985). Hierbei zeigten sich Auffälligkeiten im linken Temporalhirn als Hinweis darauf, dass es sich bei der Leseschwäche um eine neurobiologisch zu charakterisierende psychopathologische Erscheinung handelt. Diese Auffälligkeiten waren nicht grob, sondern nur unter dem Mikroskop zu sehen und bestanden in Veränderungen der Faserzüge.

Hierzu passen auch die Befunde pathologischer Aktivierungsmuster beim Lesen in funktionellen Bildgebungsstudien (Paulescu et al. 1996, Shaywitz et al. 1998). Bei Personen mit Leseschwäche wurde zudem ein verminderter Zusammenhang der Aktivierung von beim Lesen beteiligten Arealen gefunden (Horwitz et al. 1998). Aufgrund dieser Studien liegt nahe, dass es sich bei der Leseschwäche um eine Störung der „Verdrahtung" zwischen den Sprachzentren der linken Hirnhälfte handelt.

Eine kürzlich publizierte Untersuchung von Klingberg und Mitarbeitern (2000) an sechs Probanden mit Leseschwäche und einer Kontrollgruppe von elf Personen ohne Leseschwäche ergab eine weitere Bestätigung dieser Überlegung. Man verwendete hierzu eine neue Technik der Magnetresonanztomographie, die so genannte *Diffusions-Tensor-Magnetresonanztomographie*. Diese unaussprechliche Technik verlangt nach einer Abkürzung, die sie auch bekam: Man spricht von DTI (als Kürzel für *Diffusion Tensor magnetic resonance Imaging*). Mit dieser Technik wird letztlich gemessen, ob, wie weit und wohin Wassermoleküle im Gewebe diffundieren können. Da Stärke und Richtung der Diffusion von der Gewebestruktur abhängen, kann man mittels DTI Faserzüge darstellen (vgl. Basser 1995; Conturo et al. 1999).

Mit Hilfe des DTI gingen Klingberg et al. der Frage nach, ob sich in der Feinstruktur der Faserzüge bei Probanden mit Leseschwäche Abweichungen von der Norm finden lassen. Ein Gruppenvergleich der im gesamten Gehirn gemessenen Werte für die Gerichtetheit der Verbindungsfasern ergab deutlich geringere Werte bei den Probanden mit Leseschwäche. Diese Störung trat am deutlichsten in einem Bereich der linken Hirnhälfte auf, wo Fasern verlaufen, die beide Sprachzentren miteinander verbinden. Die Korrelation zwischen Mikroverdrahtungsstörung (gemessen als Verminderung der Gerichtetheit im DTI-Bild)

und Leseschwäche betrug in diesem Bereich für die Gesamtgruppe
0,84 (vgl. Abb. 13.3). Dieser Wert ist beeindruckend, handelt es sich
doch um den Zusammenhang zwischen einem Maß für Fasermikro-
struktur einerseits und einem Lesetest andererseits. Beides sind sehr
verschiedene Messgrößen. Dass sie derart hoch miteinander korrelieren, ist bemerkenswert.

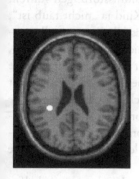
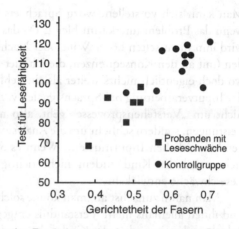

13.3 Zusammenhang zwischen den Ergebnissen des Lesetests und der Gerichtetheit der Fasern in einem kleinen Teil der Fasern der linken Gehirnhälfte (links
durch den weißen Punkt angedeutet). Probanden mit Leseschwäche sind durch
kleine Quadrate, Kontrollpersonen durch Punkte symbolisiert (rechts). Berechnet man die Korrelation der beiden Variablen für die Gruppen getrennt, bleiben
signifikante Werte für beide Gruppen bestehen (Probanden mit Leseschwäche: r
= 0,74; p < 0,05; Kontrollgruppe: r = 0,53; p < 0,05).

Durch weitere statistische Untersuchungen konnte zudem gezeigt
werden, dass dieser Zusammenhang nicht auf andere Variablen wie
z.B. Intelligenz zurückzuführen war und unabhängig war vom Alter
und Geschlecht der Probanden. Der Faserverlauf in dem gefundenen
Areal, dessen deformierte Mikrostruktur mit der Lesefähigkeit korreliert, ist von vorne nach hinten ausgerichtet, was zusätzlich dafür
spricht, dass Leseschwäche mit der Fehlfunktion von Verbindungsfa-

sern zwischen Sprachzentren einhergeht. Wie man schließlich weiß, führen Läsionen in dem Gebiet der gestörten Mikroverdrahtung zur so genannten erworbenen Dyslexie, also zu einer Lesestörung, die nicht von Geburt an vorhanden ist.

Therapie und Neuroplastizität

Man kann sich vorstellen, wozu Sprachverständnisstörungen führen, wenn das Problem unerkannt bleibt: Da das Kind ja „nicht taub ist", wird ihm nicht selten böser Wille oder Nachlässigkeit unterstellt wer-den (mit all den Konsequenzen, die ich hier nicht ausmalen möchte), wo doch eigentlich nichts weiter als ein Fehler auf einer frühen Stufe der Inputverarbeitung bei Sprachsignalen vorliegt. „Früh", weil es hier nicht um „Verstehensprozesse" geht, also nicht um höhere geistige Leistungen, sondern schlicht um die Analyse von rasch aufeinander fol-genden zeitlichen Inputmustern. Wenn es Sprache nicht richtig ver-steht, wird das Kind zudem nicht richtig lesen lernen, also eine Leseschwäche entwickeln.

Man nahm zunächst an, man könne solchen Kindern wenig helfen und ihnen allenfalls mehr Verständnis entgegenbringen. Man konnte jedoch nachweisen, dass die Kinder „ba" und „pa" unterscheiden kön-nen, wenn man die Konsonanten künstlich im akustischen Laborato-rium verlängert (Merzenich et al. 1996, Tallal et al. 1996). Die Kinder konnten somit prinzipiell wenigstens die relevanten Inputmuster deko-dieren. Sie benötigten dafür lediglich mehr Zeit. Trainierte man die Kinder mit zeitlich gestreckten sprachlichen Inputmustern, hatten sie nach nur vier Wochen nicht nur gelernt, die neuen Trainingsmuster besser zu verarbeiten, sondern zeigten auch eine deutliche Verbesse-rung ihrer Fähigkeit zum Verstehen normaler Sprache. Wenn das Spre-chen erst einmal klappt, dann kann das Lesen auch leichter gelernt werden.

Man konnte weiterhin zeigen, dass sich die Störung der Verdrah-tung auch elektrophysiologisch nachweisen lässt: Spielt man 2jährigen zwei kurze Klicklaute über Kopfhörer vor, so lässt sich normalerweise für jeden Klick eine „Signatur" (d.h. eine Zacke in der mehrfach gemittelten Hirnstromkurve) im EEG (Elektroenzephalogramm) ableiten. Bringt man diese Klicklaute zeitlich immer näher zusammen, kann man feststellen, wann ihre Verarbeitung verschmilzt. Dies ist im Normalfall bei zeitlichen Abständen zwischen den Klicks von weniger als 20 Millisekunden der Fall. Hat das Kind jedoch Probleme mit der raschen akustischen Signalverarbeitung, sind die Signaturen schon bei weiter auseinander liegenden Klicklauten nicht mehr deutlich getrennt. Man kann also das der Sprachentwicklung zugrunde liegende Defizit bereits bei 2jährigen diagnostizieren, d.h. *vor* der Sprachentwicklung. Was man dann noch braucht, sind digitale Hörgeräte, die den Sprachinput nicht lauter machen, sondern ihn zeitlich auseinanderziehen, sodass er verarbeitet werden kann. Damit wäre eine Sprachentwicklungsstörung behandelt, noch bevor sie auftritt.

Beim gegenwärtigen Stand der Forschung ist dies noch Zukunftsmusik. Man kann jedoch davon ausgehen, dass aus dieser neurobiologischen Grundlagenforschung in wenigen Jahren diagnostische und therapeutische Strategien folgen werden.

Fazit

Das Sprechen und Verstehen von Sprache sind äußerst komplexe Fähigkeiten: Man versteht den Dialog, die Sprachmelodie sowie deren Phonologie, d.h. die Art, wie aus der raschen Abfolge unterschiedlicher Laute die kleinsten Bauteile der Sprache, die Phoneme, synthetisiert werden und wie daraus Worte entstehen. Auch verstehen wir Bedeutungen (Semantik; d.h. für welche Objekte oder Ereignisse die Worte stehen), und wir verstehen Sprache auf einer formalen syntaktischen Ebene (d.h. wir können die Grammatik der Sprache, die Regeln, die Beziehungen zwischen den Wörtern einer Sprache festlegen).

Viele Bereiche des Gehirns sind daher mit Sprache beschäftigt. Daraus folgt, dass sich Sprache nicht einheitlich und zu einem Zeitpunkt entwickelt, sondern über viele Jahre. Es folgt auch, dass Sprache sehr gute Verbindungen zwischen den verschiedensten Bereichen des

Gehirns voraussetzt. Beim Lesen ist dies gewissermaßen auf die Spitze getrieben. Daher kann das Lesen beeinträchtigt sein, wenn Faserverbindungen zwischen wichtigen Spracharealen nicht optimal ausgebildet sind.

Es steht zu hoffen, dass es die Verfahren der Bildgebung und der Elektrophysiologie in naher Zukunft erlauben, solche Verbindungsstörungen zu diagnostizieren, zumal man weiß, dass Therapieverfahren, die auf Üben und Neuroplastizität beruhen, zur Verfügung stehen. Am besten wäre es, die Diagnostik erfolgte vor der Sprachentwicklung. Dann könnte man in Zukunft möglicherweise Sprachentwicklungs- und Lesestörungen diagnostizieren und prophylaktisch behandeln, noch bevor sie auftreten.

14 Bildung: Mathematik, Natur- und Geisteswissenschaft

Dieses Kapitel trägt den Titel eines bekannten Bestsellers. Es scheint also, als sei uns Bildung wichtig. – Wirklich? Es geht im Folgenden nicht um eine Liste dessen, was man wissen muss oder sollte. Es geht vielmehr darum, was man aus der Sicht der Gehirnforschung über das Lernen der Inhalte von Mathematik sowie der Natur- und Geisteswissenschaften sagen kann. Dass die Darstellung hier nur skizzenhaft sein kann, weiß jeder, der dickere Bücher zum Thema verdaut hat.

Mathematik

Wohl kein Schulfach spaltet Schüler, Lehrer und Eltern mehr als die Mathematik. Für die einen ist das Lösen mathematischer Aufgaben Zeichen reinster Begabung und Intelligenz. Mathematik sei eben kein „Lernfach" wie Biologie oder Erdkunde, sondern ein Fach, in dem es „nur auf den Grips im Kopf" ankommt. Für die anderen ist Mathematik nichts weiter als Zeitverschwendung mit künstlichen Fragen und weltfremden Problemen; eine Art geistiger Selbstbefriedigung - und wie die körperliche ebenso einsam und unfruchtbar.

In dem Film *Good Will Hunting* spielt Matt Damon einen Putzgehilfen, der am *Massachusetts Institute of Technology* (MIT) arbeitet, also der vielleicht besten technischen Universität der Welt. Ein Mathematikprofessor stellt den Studenten eine Aufgabe für die Ferien. Nachdem die Studenten den Hörsaal verlassen haben, geht Will zur Tafel und schreibt die Lösung hin. Am nächsten Tag ist der Professor erstaunt und fragt die Studenten, wer auf die Lösung gekommen sei, es meldet sich aber keiner. Später findet der Professor das Genie – und wieder einmal sind wir frustriert darüber, dass es so etwas Ungerechtes gibt, mathematische Begabung, ohne etwas dafür tun zu müssen.

Geschichten wie diese werfen die Frage auf, ob mathematische Begabung angeboren ist oder ob sie gelernt wird. Wenn wir wüssten, wie die Dinge wirklich liegen, könnten wir den Unterricht verbessern: Wenn alles ohnehin nur angeboren wäre, könnten wir vielen Menschen den Frust ersparen. Den Unbegabten Mathematik beibringen zu wollen, wäre ja dann etwa so sinnvoll, wie mit Farbenblinden zu malen oder mit Taubstummen zu musizieren. Wenn Mathematik aber gelernt wird, dann wäre es noch wichtiger, hier genauer Bescheid zu wissen: Was bei einigen wenigen offenbar gut klappt – vielleicht aus Zufall oder aufgrund glücklicher Umstände – ließe sich auf alle übertragen. Wie ist das also mit der Mathematik: Angeboren oder gelernt?

Butterworth (1999) führt gewichtige Argumente dafür an, dass die Idee, Mathematik sei im Grunde nur eine Frage der Begabung, unzutreffend ist. Er macht hierzu unter anderem das folgende Gedankenexperiment: Stellen Sie sich vor, Sie begegneten Archimedes, zweifellos einem der größten mathematischen Genies, das je unter der Sonne gewandelt ist, und stellten ihm das Problem, die folgende Gleichung zu lösen:

$$2a^2 + 3ab - 4b^2 = 0$$

Jeder Achtklässler kann das, Archimedes jedoch würde kläglich versagen. Nicht nur, dass er die Zahlensymbole nicht kannte, er kannte auch weder „+" noch „–", zwei deutsche Erfindungen aus dem 15. Jahrhundert, und schon gar nicht „=", eine englische Erfindung des 16. Jahrhunderts. Nicht genug mit den Zeichen, Archimedes wusste auch nichts von negativen Quadratwurzeln, ganz zu schweigen von höheren Rechenarten.

Die große Rolle von Erfahrung und Übung beim Lernen mathematischer Fähigkeiten und Fertigkeiten wird auch bei internationalen Vergleichsstudien deutlich. Zu den bekanntesten zählt die TIMSS-Studie, wobei das Akronym für *Third International Mathematics and Science Survey* steht. Schüler im Alter von 13 bis 14 Jahren aus 25 Län-

lern wurden hier hinsichtlich ihrer mathematischen Fähigkeiten verglichen. Es zeigte sich, dass es eine große Varianz im Hinblick auf die
Länder gab: Die besten Schüler fanden sich in Singapur, die schlechtesten im Iran, wobei hervorzuheben ist, dass es nicht bloß um die
Schulen geht, sondern natürlich auch um die Einstellung gegenüber
Lernen, der Bedeutung von Mathematik und Wissenschaft sowie um
den Stellenwert von Schule in der Gesellschaft überhaupt. All dies ist
in Singapur dem Erlernen von Mathematik förderlicher.

Besonders interessant ist die Tatsache, dass der Unterschied bei
den Schülern in Singapur und im Iran nicht nur den Mittelwert betraf,
sondern bei den jeweils guten Schülern noch größer war. Mit anderen
Worten: Je mehr die Schüler einem guten Schulsystem ausgesetzt waren, desto größer wurde der Unterschied zwischen den guten Schülern
im einen im Vergleich zum anderen System. Entsprechend waren die
Unterschiede beim Vergleich der mathematischen Fähigkeiten von
9jährigen geringer als bei den 13- und 14jährigen. Hieraus folgt: In der
Mathematik ist es nicht anders als beim Schach, Geige- oder Fußballspielen - Übung macht den Meister.

Einsteins Gehirn

Wer wollte bezweifeln, dass Albert Einstein (geboren 1879 in Ulm, ge-
storben 1955 in Princeton, New Jersey) zu den genialsten Menschen
des 20. Jahrhunderts gehört. Das Wochenblatt *TIME* wählte den kleinen Mann mit schütterem Haar, der auch schon mal frech die Zunge
herausstreckt, zum Mann des Jahrhunderts. Jeder kennt ihn, mehr ein
Symbol als eine Person. Nach seinem Tode wurde die Leiche Einsteins
verbrannt, sein Gehirn jedoch wurde bei der Autopsie durch Herrn Dr.
Harvey entnommen und auf Wunsch von Einsteins Sohn Hans weiteren wissenschaftlichen Studien zugänglich gemacht.

Einsteins Gehirn wog bei der Autopsie 1.230 Gramm, lag also völlig im normalen Bereich. Auch sonst konnte man keine wesentlichen
Auffälligkeiten mit bloßem Auge sehen, weswegen es um so bedeutsamer war, das Gehirn mikroskopisch aufzuarbeiten. Dünne mikrosko-

pisch untersuchbare Schnitte des Gehirns wurden daher an eine Reihe weltberühmter Neuroanatomen verschickt, die jedoch ganz offensichtlich nicht fündig wurden. Bis heute sind die angefertigten Proben und Schnitte von Einsteins Gehirn (mehrere Hundert) über alle Welt verteilt; der Hauptteil befindet sich in einem Schuhkarton im Wohnzimmer des mittlerweile berenteten Pathologen, weitere Teile finden sich in Kalifornien sowie in Japan, Australien und Deutschland (Rachlin 1996).

Erst Mitte der 80er Jahre kam es durch einen Zufall dazu, dass die Wissenschaftlerin Marian Diamond an der Universität von Berkeley, Kalifornien, den Pathologen Harvey kontaktierte und sich einige Gehirnschnitte besorgte. Auf ihre Untersuchung geht letztlich der Befund zurück, dass Einsteins Gehirn sowohl im rechten und linken superioren Frontalhirn als auch im rechten und linken inferioren Parietallappen ein größeres Verhältnis von Gliazellen zu Neuronen aufwies als normal. Dieser Unterschied war besonders groß im linken inferioren Parietalhirn (vgl. Abb. 1.2), dem Bereich des Gehirns, dem auch in anderen Studien eine besondere Bedeutung für mathematische Begabung zugewiesen wird (Diamond et al. 1985). Da es sich bei Gliazellen um Gewebe handelt, das die Neuronen stützt und ernährt (sowie möglicherweise beim Rechnen der Neuronen mithilft), lässt sich hieraus zumindest die Vermutung ableiten, dass dieser Befund mit der außerordentlichen Begabung Einsteins in Verbindung steht.

Dies bedeutet aber keineswegs, dass mathematische Begabung angeboren ist. Im Gegenteil: Wie wir aus Untersuchungen des letzten Jahrzehnts wissen, ändert sich das Gehirn mit der Erfahrung auch in strukturell anatomischer Hinsicht (siehe Teil I). Es könnte also auch die Beschäftigung mit Mathematik bei Einstein gewesen sein, die die Veränderungen in seinem Parietalhirn bewirkt hat (und nicht umgekehrt).

Mathematik ≠ Mathematik: Module

Auf den Lindauer Psychotherapiewochen hat man seit Jahren gute Gelegenheit, eine Legende der Psychotherapie kennen zu lernen: Der Psychiater Otto Kernberg ist österreichischer Herkunft, emigrierte als Jude in den 30er Jahren in die USA und leistete dort (und leistet noch immer) wichtige Arbeiten zu einer Form der Persönlichkeitsstörung, die man etwas unglücklich gemeinhin als Borderline-Störung bezeichnet. Kernberg spricht längst besser Englisch als Deutsch (mit einem wunderbaren österreichischen Akzent), aber er zählt und rechnet nach wie vor auf Deutsch. Er ist in dieser Hinsicht keine Ausnahme. Studien haben gezeigt, dass das einfache Rechnen mit Zahlen lebenslang in derjenigen Sprache erfolgt, in der es in der Schule erlernt wurde. Dort wird es nämlich nicht einfach nur gelernt, sondern auf eine Weise überlernt, die es ganz offensichtlich nicht erlaubt, dass später auf eine andere Sprache umgeschaltet wird.

Das Beispiel macht deutlich, wie sehr Rechnen und Sprechen miteinander verknüpft sind. Allerdings handelt es sich hier nur um einen Teil des Rechnens, nämlich den, der sprachlich vermittelt ist. Bewegt man sich in diesem Teil, benutzt man diese Teilfunktion des Rechnens, so gehorcht das Rechnen dann ganz ähnlichen Gesetzen wie die Sprache.

In der Sprache lässt sich vieles durch ein Verständnis von Wortassoziationen erklären: Was fällt Ihnen ein bei dem Wort „Tisch"? – Wahrscheinlich „Stuhl" und bei „heiß" wird Ihnen „kalt" einfallen, bei „Sonne" der „Mond" und bei „weiß" „schwarz". Warum kenne ich Ihre Gedanken? Weil es hierzu seit über hundert Jahren viele Arbeiten gibt, die zeigen konnten, dass die meisten Menschen bei Zuruf eines bestimmten Wortes damit reagieren, dass ihnen ein bestimmtes anderes Wort einfällt (vgl. hierzu Spitzer 1993).

In der Mathematik kann dies auch so sein. „5 x 6 = 56" ist ein häufiger Fehler, der einfach durch Assoziation von 5 und 6 zu der Zahl 56 entsteht. „3 x 6 = 36" kommt ebenfalls vor oder auch „2 x 8 = 28" (vgl. Dehaene 1997, S. 131). Wir haben Zahlen gelernt *wie Wörter* und wir behandeln sie teilweise auch so. Andererseits kommen schwere Fehler vom Typ „6 x 2 = 62" praktisch nicht vor. Wir haben also ganz offensichtlich noch einen anderen Zugang zu Zahlen, einen, der nicht sprachlich vermittelt ist und der uns vor allzu großen Fehlern schützt.

Strahl, Sinn und Modul

Neben dem verbalen Gedächtnis für Zahlen und Additions- oder Multiplikationstabellen gibt es zusätzlich ein Verständnis von Zahlen, das nicht sprachlicher Natur ist. Wir „sehen es einem Ergebnis an", ob es stimmen könnte oder nicht, noch bevor wir das Ergebnis im Einzelnen ausgerechnet haben. Wir schätzen Größenordnungen ab und können uns auf einem gedachten Zahlenstrahl vorwärts und rückwärts bewegen. In rudimentärer Form können dies die Tiere übrigens auch, wie entsprechende clevere Experimente nachweisen konnten (vgl. Butterworth 1999, Kapitel 3; Dehaene 1997, Kapitel 1). Der Maßstab des Zahlenstrahls in unserem Kopf ist allerdings nicht überall gleich, sondern verändert sich mit zunehmender Größe der Zahl logarithmisch, gehorcht also dem Weberschen Gesetz der Wahrnehmung (vgl. Butterworth 1999, Dehaene 1997).

Ebenso wie sich die Existenz der sprachlichen Repräsentation von Zahlen beispielsweise in bestimmten Fehlern zeigt, so zeigt sich auch die Existenz des *Zahlenstrahls* im Kopf (den Dehaene *Zahlensinn* und Butterworth *Zahlenmodul* nennt) an der Verteilung von bestimmten Leistungen und Fehlern. Betrachten wir beispielsweise das folgende Problem (vgl. Abb. 14.1). Welche von den beiden Zahlen ist größer, 2 oder 7 bzw. 8 oder 9?

Zunächst einmal scheint es, als seien beide Probleme gleich schwer (bzw. gleich leicht) zu lösen. Misst man jedoch die Antwortlatenz in Millisekunden, so zeigt sich in vielen solcher Experimente, dass die Reaktionszeit mit zunehmendem Unterschied der Zahlen abnimmt. Der Effekt ist in der psychologischen Literatur als *Distanzeffekt* bekannt (vgl. Abb. 14.2).

14.1 Beispiele für die Stimuluspräsentation zur Messung des Distanzeffekts. Man zeigt zwei Zahlen und bittet die Versuchsperson, den Unterschied anzugeben. Sie kann dies beispielsweise dadurch tun, dass sie eine von zwei Tasten drückt und damit anzeigt, auf welcher Seite die größere Zahl steht. Die korrekte Reihenfolge der Antwort in den dargestellten Aufgaben wäre also rechts-links-rechts.

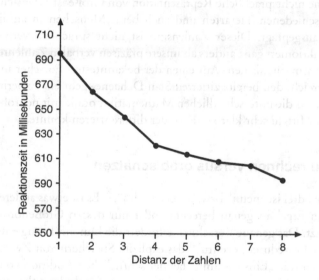

14.2 Der Distanzeffekt (nach Butterworth 1999, S. 230). Je näher die Zahlen beieinander sind, desto länger dauert die Reaktion beim Abschätzen, welche größer ist.

Man sieht deutlich, dass die Reaktionszeit abnimmt, je unterschiedlicher die zu beurteilenden Zahlen sind. Andersherum formuliert: Versuchspersonen brauchen länger, die größere von zwei Zahlen zu wählen, wenn der Unterschied nicht so groß ist.

Hinweise auf solch einen Zahlensinn finden sich auch schon bei Untersuchungen an Kindern. Sogar Tiere haben so etwas wie einen Zahlenbegriff, d.h. sie können die Anzahl von Objekten oder Ereignissen aus unterschiedlichen Modalitäten abstrakt generieren. So lässt sich beispielsweise ein Affe so dressieren, dass er den linken Knopf drückt, wenn er zwei Lichter oder zwei Töne wahrnimmt, und den rechten Knopf, wenn er vier Lichter oder vier Töne wahrnimmt. Präsentiert man dann nacheinander zwei Töne und zwei Lichter, so drückt der Affe spontan den rechten Knopf, d.h. er reagiert auf die Anzahl der dargebotenen Ereignisse unabhängig von deren Modalität (Dehaene et al. 1998).

Eine nichtsprachliche Repräsentation von Größe ist offensichtlich bei verschiedenen Tierarten und auch beim Menschen in ähnlicher Weise ausgeprägt. Dieser Zahlensinn ist nicht sprachlich vermittelt und funktioniert ganz anders als unsere präzisen verbalen Zahlenrepräsentationsmechanismen. Auf einen der bekanntesten Forscher in diesem Bereich, den bereits zitierten Stan Dehaene, geht ein Experiment zurück, das die unterschiedlichen Mathematikmodule mit neurobiologischen Mitteln sehr klar voneinander differenzieren konnte.

Genau rechnen versus grob schätzen

Drei mal drei ist „neun" bzw. „so etwa zehn". – Es ist etwas anderes, ob man ein Ergebnis genau berechnet oder nur dessen Größenordnung abschätzt. Das genaue Berechnen erfordert die Durchführung entsprechender Prozeduren, eventuell das explizite Speichern von Zwischenresultaten (die „Eins im Sinn" bei der schriftlichen Addition von 106 und 17), wohingegen das grobe Schätzen eines Ergebnisses eher auf der Funktion des intuitiven Erfassens von Größe zu beruhen scheint. Wer jemals mit dem Rechenschieber gearbeitet hat, der weiß, dass die richtige Zehnerpotenz intuitiv abgeschätzt werden muss, da der Rechenstab nur das (einigermaßen) genaue numerische Ergebnis liefert. Einstein hat über den geistigen Prozess seiner Entdeckungen gesagt, er sehe bestimmte Zusammenhänge intuitiv vor sich und habe dann oft große Mühe, die Dinge in mathematischer Sprache auf den Punkt zu bringen.

Eine kürzlich erschienene Arbeit von Dehaene und Mitarbeitern geht dieser Intuition, wonach das genaue Berechnen von Werten einerseits und deren überschlagsmäßiges Schätzen andererseits zwei unterschiedliche geistige Prozesse darstellen, genauer nach. Die Arbeit liefert nicht nur interessante Einsichten, wie unser Gehirn Mathematik treibt, sondern ist auch beispielhaft dafür, wie, aufbauend auf Ergebnissen der experimentellen Psychologie, die Methoden der modernen kognitiven Neurowissenschaft zur Aufklärung der neurobiologischen Grundlagen höherer geistiger Prozesse eingesetzt werden können.

In einem ersten Verhaltensexperiment lernten drei weibliche und fünf männliche zweisprachige Versuchspersonen (Russisch-Englisch) im Alter von 18-32 Jahren zwölf Additionsaufgaben jeweils zweistelliger Zahlen. In jedem Versuchsdurchgang wurden zunächst die Additionsaufgabe (z.B. „siebenundfünfzig + einundsechzig") und dann zwei mögliche Ergebnisse auf einem Computerbildschirm in Wortform entweder in Russisch oder in Englisch dargeboten. Die Versuchspersonen lösten die Aufgabe dadurch, dass sie mit der rechten oder linken Hand durch Drücken einer Taste auf der Tastatur des Computers anzeigen mussten, welches der beiden Ergebnisse, die rechts oder links von der Mitte des Bildschirms erschienen, zutraf. Das Experiment enthielt zwei Bedingungen:

(1) In der *exakten* Bedingung bestanden die beiden vorgegebenen Antworten zum einen in dem (richtigen) exakten Ergebnis und zum anderen in einer (falschen) Zahl, die durch Abwandlung der Zehnerstelle um eine Eins nach oben oder unten gebildet wurde (vgl. Abb. 14.3).

(2) In der *ungefähren* Bedingung wurde als richtiges Ergebnis eine auf den nächsten Zehner auf- oder abgerundete Zahl dargeboten sowie eine Zahl, die von diesem einigermaßen korrekten Ergebnis um dreißig nach oben oder unten abwich. Es reichte also zur Lösung der Aufgabe aus, eine ungefähre Vorstellung von der Größe des exakten Resultats zu haben (vgl. Abb. 14.4).

Exakte Bedingung

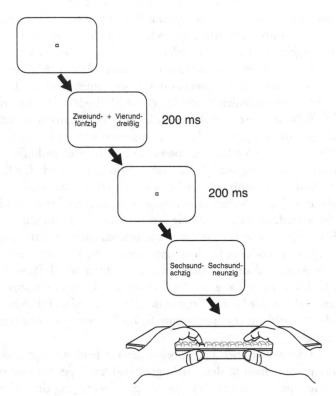

14.3 Versuchsdesign und -aufbau der genauen Berechnung von Summen (vgl. Dehaene et al. 1999). Nach Zeigen eines Fixationskästchens werden zwei zu addierende Zahlen in Worten (in einer von zwei Sprachen) für 200 Millisekunden dargeboten. Dann erscheint erneut für 200 Millisekunden das Fixationskästchen, wonach eine richtige und eine falsche Lösung auf dem Bildschirm dargeboten werden. Die Versuchsperson soll dann durch Tastendruck angeben, auf welcher Seite (rechts oder links) die richtige Lösung steht.

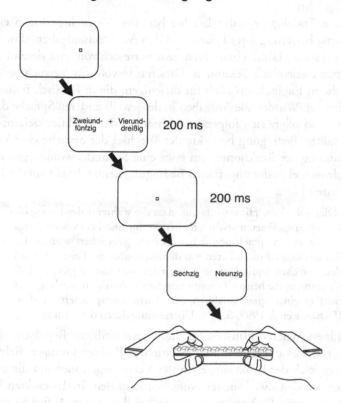

Ungefähre Bedingung

Zweiund-   +   Vierund-   200 ms
fünfzig   dreißig

200 ms

Sechzig   Neunzig

14.4 Wie Abbildung 14.3, jedoch ist die unexakte Bedingung dargestellt.

Jede Versuchsperson wurde zwei Tage lang in einer der beiden Sprachen (entweder Russisch oder Englisch) und in einer der beiden Bedingungen (entweder exakt oder ungefähr) durch sechs Wiederholungen der zwölf Additionen pro Tag trainiert. Drei Tage später wurden die Versuchspersonen jeweils zweimal erneut mit den gleichen Aufgaben untersucht und die Reaktionszeiten gemessen. Zudem wurden ihnen zwölf ähnliche, jedoch neue Aufgaben gestellt, und diese wurden ebenfalls zweimal durchgeführt. Darüber hinaus wurden die Tests in der Sprache des Trainings sowie in der jeweils anderen Sprache durchgeführt.

Die Trainingsprozedur brachte bei allen Versuchspersonen eine deutliche Besserung ihrer Leistung in den Additionsaufgaben, d.h. die Zeit, die sie zur Lösung brauchten, reduzierte sich von etwa viereinhalb auf etwa zweieinhalb Sekunden. Dies traf sowohl für Versuchspersonen, die in Englisch, als auch für diejenigen, die in Russisch trainiert wurden, zu. Wurden die Aufgaben in der jeweils anderen Sprache dargeboten, so zeigte sich folgendes Muster bei den Reaktionszeiten: In der exakten Bedingung bewirkte der Wechsel der Sprache eine Verlangsamung der Reaktionen um etwa eine Sekunde, wohingegen der Sprachwechsel in der ungefähren Bedingung keinen Effekt auf die Reaktionszeit hatte.

> „Dies gab einen Hinweis darauf, dass die während der Übungssitzungen angeeigneten arithmetischen Kenntnisse bei exakten Aufgaben in einem sprachspezifischen Format gespeichert wurden [...] Für das ungefähre Addieren war demgegenüber die Leistung in beiden Sprachen äquivalent, was einen Hinweis darauf gibt, dass die Kenntnisse, die beim Üben von ungefähren Additionen erlangt werden, in einer sprachunabhängigen Form abgespeichert wurden." (Dehaene et al. 1999, S. 971, Übersetzung durch den Autor)

Einen weiteren Hinweis für die unterschiedliche Repräsentation exakter versus ungefährer mathematischer Problemlösungen lieferte der Vergleich der Reaktionszeiten der Versuchspersonen auf die trainierten mit den jeweils neuen Aufgabenbeispielen: In der exakten Bedingung waren die Versuchspersonen bei den neuen Aufgaben etwa eine Sekunde langsamer als bei den bereits bekannten Aufgaben, wohingegen in der ungefähren Bedingung neue und alte Aufgaben etwa gleich schnell beantwortet wurden. Es liegt nahe, dass beim exakten Aufgabenlösen die Ergebnisse diskret, möglicherweise sogar als Worte abgespeichert werden, unabhängig von der Größe, die durch das Zahlwort jeweils repräsentiert wird, wohingegen in der ungefähren Bedingung das Training auf Größenverhältnisse gerichtet ist, die nicht sprachlich gespeichert sind, sondern möglicherweise räumlich.

Den Hinweisen auf das unterschiedliche Format der Repräsentation von Zahlen – zum einen genau und sprachlich und zum anderen ungefähr und in Form einer räumlich-abstrakten Größe – wurde in einem zweiten Schritt mit Hilfe der funktionellen Magnetresonanztomographie nachgegangen. Sieben rechtshändige Studenten im Alter von 22 bis 28 Jahren mussten im Scanner entweder exakte oder ungefähre Additionsaufgaben lösen, prinzipiell auf die gleiche Weise wie bei dem oben beschriebenen Verhaltensexperiment.

Wie in Abbildung 14.5 dargestellt, wurde bei den exakten Rechenaufgaben eine eindeutig links lateralisierte Aktivierung des inferioren Frontalhirns beobachtet, d.h. einer Region, von der aus früheren Studien bekannt ist, dass sie auch bei verbalen Assoziationsaufgaben sowie anderen sprachlichen Aufgaben aktiviert wird. Dies lieferte einen klaren Hinweis darauf, dass die Kodierung exakter Rechenaufgaben sprachlich erfolgt. Das ungefähre Lösen von Rechenaufgaben führt dagegen zu einer Aktivierung des Parietalhirns beidseits, d.h. von Arealen, die bei visuo-spatialen Leistungen (wie beispielsweise der mentalen Rotation von Gegenständen), visuell geführten Handbewegungen, Fingerbewegungen (zählen Kinder nicht auch mit den Fingern? – vgl. Butterworth 1999) oder räumlichen Orientierungsaufgaben ebenfalls aktiviert werden. Dadurch wurde gezeigt, dass die ungefähre Größe von Zahlen in einer räumlichen Form kodiert vorliegt.

Es scheint zunächst, als sei durch die Verhaltensexperimente und die zusätzlichen Brain-Imaging-Studien die Frage der Repräsentation von Zahlen gelöst. Man könnte jedoch einwenden, dass die Unterschiede in der funktionellen Aktivierung nicht auf eine unterschiedliche Repräsentation von Zahlen bei genauem versus geschätztem mathematischen Problemlösen zurückgehen, sondern auf unterschiedliche Entscheidungsprozesse, die erst nach dem Lösen der Aufgabe erfolgen. Um diesem Argument (die unterschiedliche Gehirnaktivierung spiegele nur unterschiedliche Antwortstrategien, nicht jedoch unterschiedliche Lösungswege und Zahlenformate wider) zu begegnen, wurde eine dritte Methode verwendet, die zwar keine gute räumliche Auflösung, aber dafür eine sehr gute zeitliche Auflösung bietet, die Methode der ereigniskorrelierten Potentiale (EKP). Verglich man die bei

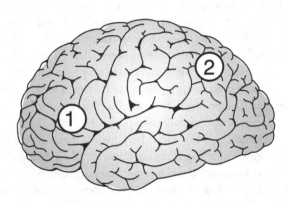

14.5 Schematische Darstellung der Ergebnisse von Dehaene et al. 1999 (vgl. auch Butterworth 1999). Links frontal (Bereich 1) sind Zahlen genau und sprachlich repräsentiert, wohingegen sie parietal beidseits (Bereich 2, hier nur links dargestellt) approximativ und räumlich repräsentiert sind.

entsprechenden Aufgaben abgeleiteten Potentiale der Versuchspersonen, die exakte Berechnungen gelernt hatten, mit denen, die ungefähres Abschätzen gelernt hatten, so zeigte sich, dass sich das elektrische Signal über linksfrontalen Elektroden bereits 216 Millisekunden nach der Darbietung der Additionsaufgabe unterschied. 272 Millisekunden nach dem Beginn der Darbietung der Additionsaufgabe gab es weiterhin einen Unterschied bei beidseits parietal gelegenen Elektroden. Zu beiden Zeitpunkten konnten die Versuchspersonen jedoch noch keine Antwortentscheidung vorbereiten, da die Lösungsalternativen erst nach 400 Millisekunden dargeboten wurden (wie aus den Abb. 14.3 und 14.4 klar ersichtlich ist). Der zeitliche Verlauf der ERP-Signale und das frühe Abweichen der beiden Kurven machten damit deutlich, dass es sich bei den in der funktionellen Bildgebung gemessenen Unterschieden um Effekte der Problembearbeitung und nicht um Effekte der anschließenden Entscheidung handelte (vgl. hierzu auch die Untersuchung zu Multiplikationsaufgaben von Kiefer und Dehaene, 1997).

Mathematikunterricht

Die Untersuchungen von Dehaene und Mitarbeitern zeigen deutlich, dass unser Gehirn Zahlen in unterschiedlichen Formaten repräsentiert: Zum einen diskret und sprachlich und zum anderen approximativ und räumlich. Da unser approximativ-räumliches Zahlenverständnis entwicklungsgeschichtlich sicherlich wesentlich älter ist als unser exakt-sprachliches, lassen sich aus den Ergebnissen von Dehaene auch Konsequenzen für einen vernünftigen Mathematikunterricht ziehen. Dieser sollte – wie die Autoren betonen – in der Integration beider mathematischen Zugangsweisen bestehen.

In der Praxis des Mathematikunterrichts neigen wir hingegen dazu, jeweils einzelne Regeln und Verfahren zu lernen, ohne sie mit anderem in Verbindung zu setzen. Dabei zeichnet sich die Mathematik gerade dadurch aus, dass es sich um die Wissenschaft von Strukturen handelt, die so allgemein sind, dass sie praktisch überall anwendbar sind. Wir verstehen ein Gutteil der Welt nur dann, wenn wir ihn mathematisch verstehen.

Beim Lernen von Mathematik kommt es darauf an, Beispiele aus Lebensbereichen auszuwählen, die jeweils zu den zu lernenden Inhalten passen. Wer Bruchrechnung lernt, beschäftigt sich am besten mit Kuchen oder Pizza. Nur so wird er vermeiden, dass er beim Addieren von Brüchen Zähler zu Zähler und Nenner zu Nenner addiert (ein weit verbreiteter Fehler). Wer negative Zahlen verstehen will, der tut sich mit Kuchen oder Pizza schwer (was sind schon minus drei Pizzastücke?), findet aber vielleicht die richtigen Gedanken beim Nachdenken über die Temperaturen im Winter. Wenn es minus 7° ist und es wird 4° wärmer, wie warm oder kalt ist es dann? So wird intuitiv klar, wie man auch im negativen Zahlenraum auf dem Zahlenstrahl hin und her hüpfen kann.

Möglicherweise übertreiben wir es beim Einführen der Multiplikation und Division mit ganz bestimmten Regeln. Stan Dehaene hat beispielsweise darauf hingewiesen, dass Kinder ganz bestimmte Fehler machen, wenn sie ganz bestimmte Regeln schematisch anwenden und nicht darüber nachdenken, was sie eigentlich tun. Wenn im Mathematikunterricht das sklavische Folgen von Regeln betont wird (und nicht das Nachdenken über die Resultate), so kann es zu solchen Fehlern kommen. Wer meint, das schriftliche Multiplizieren und Dividieren gehöre zum Nonplusultra des Mathematikunterrichts, der vergegenwärtige sich, dass solche Regeln keineswegs die einzige Art sind, mit Zahlen in dieser Weise umzugehen. Japaner beispielsweise lernen, mit dem Abakus zu rechnen, und sind hierbei erstaunlich schnell. Nach einer Weile benutzen sie den Abakus im Kopf, d. h. benutzen einen vorgestellten Abakus, um einfache Grundrechnungen auch mit großen Zahlen auszuführen. In einer Zeit, in der kaum noch ein Erwachsener schriftlich große Zahlen multipliziert oder dividiert (sondern zum Taschenrechner greift), ist fraglich, wie bedeutsam der Unterricht in entsprechenden mechanischen Routinen noch ist.

Dehaene macht weiterhin mit Recht darauf aufmerksam, dass ein Taschenrechner für kleine Kinder im Alter von 5 oder 6 Jahren eine unendliche Quelle des Spaßes und der befriedigten Neugier darstellt. Haben sie erst einmal Zahlen begriffen, so bemerken sie deren eigenartige Eigenschaften durch Umgang mit dem Zahlenrechner. Multiplikation mit 10 hängt der Zahl eine 0 an, multipliziert man eine Zahl mit 11, so stehen zwei gleiche Zahlen nebeneinander. Multipliziert man eine Zahl erst mit 3 und dann mit 37, dann hat man plötzlich drei gleiche Zahlen auf dem Display. Es kommt in den Schulen darauf an, dass man Kindern diese natürliche Neugierde im Hinblick auf die Zahlen nicht austreibt, sondern dass man mit ihr arbeitet. Kinder kommen mitunter auf eigenartige Lösungswege für einfache mathematische Aufgaben. So etwas ist zu belohnen und nicht zu bestrafen. Es geht nicht darum, die Lösung zu finden, die auch der Lehrer gefunden hat, sondern darum, durch Anwendung allgemeiner Prinzipien überhaupt eine Lösung zu finden. Hierin zeigt sich mathematisches Denken. Manchmal liegen die Dinge sogar unerwartet ganz einfach, wie ein erst kürzlich publizierter Algorithmus zur Beantwortung der Frage zeigt, ob eine gegebene Zahl eine Primzahl ist (Dixon 2002). Das Programm hat eine Länge von gerade mal 13 Zeilen!

Gerade im Mathematikunterricht ist es besonders wichtig, von dem „Durchgehen von Stoff" abzusehen und immer wieder Probleme anzupacken, um den Schülern zu vermitteln, was es heißt, ein Problem mathematisch anzugehen. Betrachten wir hierzu noch ein Beispiel (vgl. Butterworth 1999, Seite 256). Man stellte Studenten anderer Fächer sowie Mathematikstudenten die folgenden vier Fragen, bei denen man nicht rechnen sollte, um die Antwort zu finden, sondern lediglich überlegen:

1. Der Parkplatz in der Alpenstraße hat 690 Reihen und 64 Plätze pro Reihe. Der Parkplatz in der Schwarzwaldstraße hat 680 Reihen und 74 Plätze pro Reihe.
a) In der Alpenstraße gibt es mehr Parkplätze als in der Schwarzwaldstraße
b) In der Schwarzwaldstraße gibt es mehr Parkplätze als in der Alpenstraße
c) Die Anzahl der Parkplätze ist gleich
d) Ohne zu berechnen kann man die Antwort nicht geben

2. Max und Moritz müssen Orangensaft auf einer Geburtstagsparty ausschenken. Max füllt 230 Gläser mit jeweils 38 cl, Moritz füllt 220 Gläser mit jeweils 48 cl.
a) Max schenkt mehr Orangensaft aus
b) Moritz schenkt mehr Orangensaft aus
c) Beide schenken die gleiche Menge Orangensaft aus
d) Ohne zu rechnen findet man keine Antwort

3. Peter verdient 380 Euro pro Monat für insgesamt 170 Monate, David 370 Euro pro Monat für 180 Monate.
a) Insgesamt verdient Peter mehr als David
b) Insgesamt verdient David mehr als Peter
c) Insgesamt verdienen David und Peter gleich viel
d) Ohne zu rechnen kann man die Antwort nicht wissen

4. I. 568 x 257   II. 567 x 258
a) I ist größer als II
b) II ist größer als I
c) I = II
d) Ohne zu rechnen kann man die Antwort nicht wissen

Die Sache ist immer die gleiche und im Grunde ganz einfach, denn wir haben sie in der 8. Klasse in Mathematik gelernt. Für die Multiplikation gelten sowohl das Kommutativ- als auch das Distributivgesetz, d. h.:

$$a \times b = b \times a$$

sowie

$$(a + b) \times n = (a \times n) + (b \times n).$$

Betrachten wir also beispielsweise Max und Moritz:

$$230 \times 38 = (220 + 10) \times 38 = 220 \times 38 + 10 \times 38.$$
$$220 \times 48 = 220 \times (10 + 38) = 220 \times 38 + 10 \times 220.$$

Die Anwendung dieser Gesetze auf die vier Fragen macht offensichtlich Schwierigkeiten: Die Studenten anderer Fächer kamen daher nur etwa in einem Drittel der Fälle zur richtigen Lösung. Die wenigsten bemerkten, dass es sich bei allen vier Aufgaben letztlich um das gleiche Problem handelt. Aber selbst die Mathematikstudenten lagen nur bei 60 Prozent der Aufgaben richtig, obgleich viele von ihnen bemerkten, dass die Aufgaben im Grunde gleicher Natur sind. Mathematikstudenten kamen somit nicht nur besser zur richtigen Antwort, sie erkannten auch die Allgemeinheit des Problems. Dennoch lagen sie in immerhin 40 Prozent der Fälle falsch!

Es ist sehr wichtig, dass wir gerade im Mathematikunterricht den Kindern den Spaß an der Mathematik nicht systematisch abgewöhnen. Wie Butterworth mit Recht hervorhebt, gibt es hier einen Teufelskreis aus Frustration, Angst, Vermeidung, fehlendem Lernen, fehlender Kompetenz, schlechter Leistung, Bestrafung und erneuter Frustration (vgl. Abb. 14.6).

Dieser Teufelskreis ist – für jeden Schüler auf jeweils seinem eigenen Niveau der Kompetenz – durch einen anderen Kreis zu ersetzen, den Butterworth den *virtuosen Kreis* nennt (Abb. 14.7). Er beginnt bei Belohnung, was zur Freude an der Mathematik führt und was wiederum dazu führt, dass mehr Mathematik getrieben wird. Daraus folgt ein besseres Verstehen und daraus wiederum eine Verbesserung der Fä-

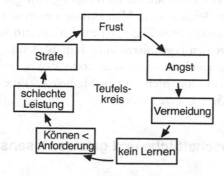

14.6 Teufelskreis (nach Butterworth 1999) im Mathematikunterricht.

nigkeiten. Dies führt zu besseren Leistungen, was wiederum zu äußerer Belohnung und damit zum Gefühl der inneren Belohnung und noch mehr Motivation führt.

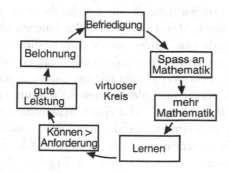

14.7 Virtuoser Kreis des Lernens (nach Butterworth 1999), der sicherlich nicht nur für die Mathematik gilt!

Wie oben bereits betont, ist es in der Mathematik nicht anders als beim Schach, der Musik oder im Fußball: Nur derjenige, der sehr viel übt, wird im Laufe der Zeit sehr gut. Untersuchungen haben ergeben, dass das freiwillige Üben, ohne Druck von außen und auch ohne einen

Lehrer, der daneben steht, am besten vorhersagt, wie gut jemand in einem bestimmten Bereich wird. Man konnte weiterhin zeigen, dass es etwa 10.000 Stunden freiwilligen Übens bedarf, um in einer Sache richtig gut zu werden (vgl. hierzu auch Kap. 6). Es liegt an uns, die Randbedingungen im Unterricht so zu setzen, dass bei jedem einzelnen Schüler (und weiß Gott nicht nur in Mathematik) die Teufelskreise durch *virtuose Kreise* ersetzt werden.

Naturwissenschaftliche und geisteswissenschaftliche Bildung

Nicht erst seit der PISA-Studie (vgl. Kap. 21) ist bekannt, dass es bei den 14jährigen bzw. Neuntklässlern im Hinblick auf das naturwissenschaftliche Verständnis hierzulande mangelt. Hand aufs Herz: Glauben wir wirklich, dass dies nur die Neuntklässler betrifft?

Neulich berichtete eine Patientin, dass sie beim Arzt war und dieser ihr zunächst einmal mittels Kupferplatten und Strom die vielen Schwermetalle entzogen habe, die ihr ihre Beschwerden verursachten. Dies würde bei ihrem Mann auch helfen, der daneben saß und fleißig nickte. Die Medizin (und leider noch viel mehr die Paramedizin) ist voll von Unfug, der bei auch nur einigermaßen naturwissenschaftlicher Bildung als solcher entlarvt werden könnte. Dennoch sind gerade wir Deutschen Weltmeister im Geldausgeben für obskure Heilverfahren, die gar nicht wirken können. (Um einem Missverständnis vorzubeugen: Es geht hier nicht um Heilverfahren, von denen noch nicht gezeigt ist, dass sie nicht funktionieren, oder um Heilverfahren, deren Wirkungsmechanismus wir noch nicht kennen. Es geht vielmehr um Hokuspokus, von dem jeder vernünftige und gebildete Mensch sofort einsieht, dass er gar nicht funktionieren kann. Leider befinden sich kranke Menschen in psychologischen Extremsituationen, die es ihnen oft schwer machen, klar über die Dinge nachzudenken. Um so mehr ist es wichtig, dass Mediziner als Berufsstand diesen Zustand der Kranken nicht ausnutzen und wachsam gegenüber Kollegen sind, die man nur als schwarze Schafe bezeichnen kann.)

Früher gehörte es zum guten Ton, *nicht* naturwissenschaftlich gebildet zu sein. Man wusste über Musik, Theater, Stilepochen der bildenden Kunst und klassische sowie moderne Literatur Bescheid. Was einen Ester von einem Äther unterscheidet, was Moleküle sind, welche Formen von Strahlung es gibt oder wie Genetik funktioniert, überließ man den Experten. Solange die Welt um uns herum vor allem durch die Natur und nicht durch die Wissenschaft geprägt war, war dies auch halbwegs in Ordnung. Solch einen Snobismus können wir uns jedoch gegenwärtig nicht mehr leisten. Viele politische Debatten (man denke nur an den Treibhauseffekt und die jüngsten Überschwemmungen in Österreich und den neuen Bundesländern) sind auf naturwissenschaftliche Erkenntnisse geradezu fokussiert: Wer Naturwissenschaft nicht versteht, der kann hier auch politisch nicht mitreden.

Damit ist keineswegs gesagt, dass wir uns die Geisteswissenschaften schenken können. Im Gegenteil! Wir müssen jedoch darauf achten, dass hier Prinzipien oder Modellfälle gelernt werden und nicht „Stoff gepaukt" wird. Einzelheiten findet man im Internet, dafür ist es optimal geeignet (vgl. Tab. 14.1). Ein Grundverständnis sowohl der Naturwissenschaften als auch der Geisteswissenschaften findet man jedoch im Internet nicht! Es ist dieses Grundverständnis, das in der Schule erworben werden muss.

Faktenwissen ist für einen Menschen heute nicht wichtig, denn man kann Fakten zu jeder Zeit und nahezu an allen Orten aus dem Netz abrufen. Wenn man jedoch nach *Gentechnik* sucht, dann sollte man schon etwas wissen. Wie könnte man sonst aus den von der Suchmaschine *Google* in 0,15 Sekunden gefundenen „ungefähr 135.000" Einträgen schlau werden? Nicht anders steht es um die in 0,26 Sekunden gefundenen „ungefähr" 91.800 Einträge zum *Klimaschutz* oder die 108.000 Einträge (in 0,22 Sekunden) zum Stichwort *Ökologie*. Auch bei Hildegard von Bingen hat man es mit 53.400 Einträgen (gefunden in 0,18 Sekunden) nicht gerade leicht und selbst dann, wenn das allumspannende Datennetz in einer fünftel Sekunde nur 1.450 Einträge zu *Immanuel Kant* ausspuckt, kann das einen Schüler schon hoffnungslos überfordern, wie eine Lehrerin schmerzhaft beklagt.

„Eine Schülerin gibt eine Facharbeit über Kant ab. Das Thema hat sie sich selbst ausgesucht, der Mann interessiere sie, sagt sie. Alle Informationen für diese Arbeit zieht sie aus dem Internet. Bei ihren Recherchen stößt sie unter anderem auf die Seminararbeit eines Studenten aus Hamburg mit dem Titel Kants Rassenlehre aus der Sicht seiner Ethiktheorie. Hier erfährt sie, dass Kant ein übler Rassist und Antisemit war. Mit solch einem A[...] möchte sie sich nun eigentlich nicht beschäftigen. Lustlos schreibt sie die Thesen des Studenten ab und trägt sie im Kurs vor. [...]
Meine Schülerin, ein aufgewecktes Mädchen, hätte vielleicht doch besser daran getan, den altmodischen Weg der Informationsbeschaffung zu wählen. Sie wäre in die Bibliothek gegangen und hätte dort ein paar ruhige Stunden mit dem Lesen einer schönen Kant-Monographie verbracht. Dann hätte sie jetzt ein paar gute und intelligente Gedanken im Kopf, und den alten Kant hätte sie immer noch gern." (Bayerwaltes 2002, S. 284f)

Man sollte die Anzahl der Hits bei der Suche im Netz nicht zu wichtig nehmen, sonst müsste man schließen, dass *Thomas Gottschalk* (41.800 Einträge in nur 0,08 Sekunden) etwa dreißigmal so bedeutend ist wie der genannte große Philosoph des deutschen Idealismus. *Karl der Große* war mit einer knappen halben Million Einträgen (0,17 Sekunden) sicherlich wichtig, das Musical *My Fair Lady* (827.000 Einträge in 0,06 Sekunden) aber vielleicht nicht so sehr.

Fazit

Auch die komplexe Fähigkeit zum Rechnen lässt sich neurobiologisch untersuchen. Sie wird nicht von einem bestimmten Teil des Gehirns bewerkstelligt, sondern von unterschiedlichen Teilen, denn Mathematik selbst ist unterschiedlich. Zahlen können sprachlich oder räumlich im Gehirn repräsentiert sein, das eine geschieht vor allem links frontal, das andere beidseits parietal. Wie sehr viele andere Fähigkeiten und Fertigkeiten ist mathematisches Können eine Funktion von Begabung *und* von Übung. Man kann zeigen, dass es vor allem das freiwillige und durch die Sache selbst motivierte Üben ist, das uns auch in der Mathematik weiterbringt.

Mathematik ist abstrakt, genau das ist ihre Stärke. Es ist daher wichtig, Probleme der verschiedensten Art mathematisch zu behandeln. Gerade in der Mathematik ist also die so viel zitierte Vernetzung der zu lernenden Inhalte von größter Bedeutung. Man sieht überhaupt nur, was Mathematik kann und wofür sie gut ist, wenn man ihre Allgemeinheit einmal verstanden hat. Sie ist nicht sinnlos und weltfremd, sondern eher wie ein Schweizer Taschenmesser: immer und überall für alles Mögliche zu gebrauchen.

Fakten stehen uns in nahezu jeder Hinsicht und für praktische Zwecke tatsächlich oft unbegrenzt zur Verfügung. Man muss sie also nicht lernen. (Dennoch kann ein gebildeter Mensch die meisten Fragen zum Einmaleins *auswendig* beantworten, und je eher er das kann, desto besser ist er auch in der Mathematik überhaupt. Er hatte offenbar mehr Spaß an der Mathematik!) Um mit den vielen Fakten aus dem Internet umgehen zu können, braucht man jedoch ein Grundverständnis, das man am einfachsten in der Schule erwirbt. Eine gute natur- und geisteswissenschaftliche Bildung sind Gold wert. Wir sollten nicht daran sparen.

Tabelle 14.1 Einiges, was man nicht zu wissen braucht, weil man es im Internet (am 19.8.2002 bei der Suchmaschine *Google*) findet.

Beschreibung	Was	Suchzeit bei www.google.de in Sekunden
Geburtstag von Mozart	27.1.1756	0,42
Geburtstag von Goethe	28.8.1749	0,24
Die Väter des Grundgesetzes	Carlo Schmid et al. (insgesamt 61)	0,16
... dessen Mütter	Friederike Nadig, Elisabeth Selbert, Helene Weber, Helene Wessel (es gab nur 4)	0,17
Bruttosozialprodukt von Nigeria 1997	33,35 Milliarden US$	0,19
Basketballregeln	z.B. unter www.uni-giessen.de	0,27
Karl der Große	742-814	0,17
König der Hunnen	Attila	0,15
Komponist von *My Fair Lady*	Cameron Mackintosh	0,06

15 Schnelle Jugend, weises Alter

Für Kinder ist das Lernen buchstäblich kinderleicht. Ältere Menschen dagegen lernen meist langsam. Die Geschwindigkeit des Lernens neuer Sachverhalte nimmt mit zunehmendem Alter ab, was gut mit den bekannten Daten zur Abnahme der Neuroplastizität im Laufe des Lebens übereinstimmt. Man ist geneigt, diese Tatsache prinzipiell negativ zu bewerten.

Im Folgenden wird jedoch zunächst gezeigt, dass die Abnahme der Lernfähigkeit im Alter nicht das Resultat von Pathologien, sondern vielmehr das Ergebnis eines prinzipiell sinnvollen Anpassungsprozesses darstellt. Unter bestimmten Randbedingungen jedoch – und diese herrschen in der modernen Gesellschaft vor – ist die Abnahme des Lernens nicht sinnvoll bzw. führt zu Problemen. Die Kenntnis der Mechanismen zeigt zumindest zum Teil Lösungsansätze dafür auf. Weiterhin können ältere Menschen Mechanismen beim Lernen verwenden, die jungen Menschen noch nicht zur Verfügung stehen. Das Alter bietet also für das Lernen auch Vorteile.

Endliche Existenz und angepasste Langsamkeit

Die Abnahme der Lerngeschwindigkeit mit zunehmendem Alter ist sinnvoll, d.h. das Resultat eines Anpassungsprozesses lernender Systeme an die allgemeine Randbedingung endlicher Existenz, wie die folgende Überlegung zeigt: Wie in Teil I dargestellt, besteht jegliches Lernen neurobiologisch betrachtet in der Veränderung der Stärke synaptischer Übertragung. Immer dann, wenn gelernt wird, nimmt die Stärke der Verbindung zwischen Neuronen zu. Dies geschieht bei jedem einzelnen Lernschritt nur „ein kleines Stück weit", und die Größe dieses Schritts lässt sich in Netzwerkmodellen des Lernens durch eine Zahl, die sogenannte *Lernkonstante*, ausdrücken. Durch Lernen in kleinen Schritten ist sichergestellt, dass nicht beständig Neues ganz schnell gelernt und alles Alte dabei vergessen wird. Auch wird dadurch vermieden, dass beim Lernen über das Ziel hinausgeschossen wird. Schließlich sorgt das kleinschrittige Lernen auch dafür, dass sich jede einzelne Erfahrung nur gering niederschlägt, dafür aber die *allgemeinen Strukturen* dieser Erfahrungen durch häufige Wiederholung gelernt werden.

Das langsame Lernen steht im Widerspruch zur allgemeinen Forderung nach raschem Lernen. Die Gründe, warum Lernen rasch erfolgen soll, liegen für jeden Organismus auf der Hand, wenn es etwa um Nahrungsquellen oder überlebenswichtige Reaktionen in gefährlichen Situationen geht. Organismen sollen also langsam lernen (um nicht zu vergessen, um zu verallgemeinern und um präzise zu sein) und schnell lernen (um nicht zu verhungern oder gefressen zu werden).

Dieser Widerspruch wird in lebendigen Systemen dadurch aufgelöst, dass zunächst rasch und dann immer langsamer gelernt wird. Die folgende Überlegung soll dies verdeutlichen: Die Umweltbedingungen eines jeden Organismus lassen sich als die Gesamtheit möglicher Ereignisse, d.h. als die Grundgesamtheit der möglichen Erfahrungen dieses Organismus verstehen. Die jeweils vom Organismus gemachten bestimmten Erfahrungen können als eine Teilmenge dieser Grundgesamtheit bzw. als Stichprobe aus der Grundgesamtheit betrachtet werden.

Aus dieser Sicht lässt sich das Gehirn eines jeden Organismus als System verstehen, das allgemeine Strukturen der Umgebung aus einer begrenzten Menge an Daten schätzt, d.h. aufgrund einer mehr oder weniger großen empirischen Basis vorhersagt. Gegeben ist jeweils die Erfahrung (also eine Teilmenge aller möglichen Erfahrungen der Realität) und gesucht (d.h. für den Organismus zu lernen) ist die für den Organismus beste allgemeine Abbildung (Struktur) der Realität.

Statistik: Zur Genauigkeit von Mittelwerten

Aus der Statistik ist der Zusammenhang zwischen der Größe einer Stichprobe und der Genauigkeit einer Schätzung bekannt, der besagt, dass die Genauigkeit einer Schätzung mit der Quadratwurzel des Stichprobenumfangs zunimmt. Hierzu ein Beispiel: Wenn ich schätzen will, wie groß Männer im Durchschnitt sind, so kann ich beispielsweise 25 Männer messen und den Mittelwert bilden. Meine Schätzung wird nicht ganz schlecht ausfallen, aber auch nicht ganz genau zutreffen. Messe ich statt dessen 100 Männer, so wird diese Schätzung besser ausfallen, d.h. der Fehler in meiner Schätzung des Mittelwertes wird geringer.

Man kann zeigen (z.B. indem man 10 mal 25 Männer misst und dann 10 mal 100 und die Werte mit dem wahren Wert, also z.B. dem Mittelwert von einigen hunderttausend Messungen vergleicht), dass der Fehler in der Schätzung des wahren Wertes bei der Messung von 25 Männern etwa doppelt so groß ist wie bei der Messung von 100 Männern. Kurz: Zur doppelten Genauigkeit braucht man viermal mehr Messungen.

Dies bedeutet für unser Beispiel, dass die ersten 25 von insgesamt 100 Männern, die gemessen werden, im Hinblick auf den Fehler, der gemacht wird, zur Annäherung an den wahren Wert so viel beitragen wie die anderen 75! Wenn ich also eine Größe durch Messungen bestimmen will und sie zunächst überhaupt nicht kenne und wenn ich mir zudem während der Messungen mein Urteil bilden soll, so tue ich gut daran, die ersten Messungen durchaus ernst zu nehmen. Nach den ersten 25 nämlich werde ich schon recht nahe am wahren Wert sein, erst die nächsten 75 bringen mich doppelt so genau heran. Mit anderen Worten, da die Vorhersagegenauigkeit deutlich langsamer als die Stichprobengröße zunimmt, genügt oft schon eine kleine Stichprobe, um einen bestimmten Parameter mit akzeptabler Genauigkeit zu schätzen. Für jeden Organismus bedeutet dies, dass – geht man einmal von 100 hinsichtlich eines bestimmten Sachverhalts zu machenden Erfahrungen aus – die ersten 25 Erfahrungen den gleichen Erkenntnisfortschritt bringen wie die nächsten 75 Erfahrungen.

Aus den genannten Gründen ist es sinnvoll, wenn die Lernschritte beim Kind groß sind (entsprechend einer großen Lernkonstante), damit sich die Synapsengewichte der Neuronen des Netzwerks rasch „in etwa" richtig einstellen. Hat man sich dem Ziel durch rasches Lernen erst einmal genähert, sollte dann langsamer gelernt und gewissermaßen „feinjustiert" werden. Entsprechend ist es für jeden Organismus von Vorteil, die Lerngeschwindigkeit dem Lebensalter anzupassen: Zu Beginn sollte rasch gelernt werden, um sich dem Ziel schnell zu nähern, wohingegen die spätere feine Annäherung nur durch sehr langsames Lernen zu erreichen ist.

Langsam zur Weisheit

Diese Überlegungen aus Statistik und Neuroinformatik lassen sich leicht mit psychologischen Beobachtungen in Verbindung bringen. Der Grund dafür, dass Kinder rasch und ältere Menschen langsamer lernen, ist ganz einfach: Wenn Organismen um so besser in ihrer Umgebung überleben, je besser sie diese kennen, so ist es gut, zunächst rasch zu lernen und dann immer langsamer. Nur so wird man in relativ kurzer Zeit die wahren Parameter der Umgebung zumindest einigermaßen genau abschätzen können und sich ihnen danach immer mehr nähern.

Auf den Menschen übertragen heißt dies, dass ältere Menschen eine stabile Umwelt besser kennen als jüngere. Man spricht vom alten Meister mit seiner subtilen Erfahrung. Und man spricht davon, dass Kinder sich rasch an die unterschiedlichsten Bedingungen anpassen können.

Aus psychiatrischer Sicht sei angemerkt, dass sich damit das Problem älterer Menschen in unserer heutigen Gesellschaft sehr klar beschreiben lässt: Die Voraussetzung der stabilen Umwelt ist in vielen Bereichen nicht mehr gegeben. Daher können Menschen in die Situation kommen, im Laufe ihres Lebens Werte aus ihrer Umgebung herausgefiltert zu haben, die nicht mehr gelten, und Fähigkeiten gelernt zu haben, die nicht mehr gebraucht werden.

Es gibt jedoch Bereiche, in denen sich, allen kulturellen Relativismen zum Trotz, im Grunde sehr wenig ändert: Mütter lieben ihre Kinder, Männer ihre Frauen, Großeltern ihre Enkel usw. Der Bereich des Sozialen ist zwar großen kulturellen Einflüssen unterworfen, bestimmte Reaktionsweisen sind jedoch andererseits kulturell (d.h. über die Zeit und über den Ort) sehr stabil (vgl. Bückmann 1995, Eibl-Eibesfeldt 1978).

Schnelle Physik und langsamer Frieden

Wenn es so ist, dass weitreichende Veränderungen gegenwärtig vor allem den Bereich der Technik betreffen, im Bereich des Zwischenmenschlichen jedoch stabile, grundlegende Verhaltensweisen Bestand haben, dann sollte man erwarten, dass es unterschiedliche Lebensabschnitte gibt, in denen ein Mensch in diesen beiden Bereichen wesentliche Beiträge leisten kann. Genau dies ist der Fall: In jungen Jahren verfügt man nicht nur über eine große Lernkonstante, d.h. man lernt rasch, sondern auch über ein großes Arbeitsgedächtnis und über eine rasche Verarbeitungsgeschwindigkeit. Untersuchungen haben gezeigt, dass Arbeitsgedächtnis und Verarbeitungsgeschwindigkeit mit dem Alter abnehmen.

Die P300, eine Welle des hirnelektrischen Potentials, tritt beispielsweise mit jedem Lebensjahr etwa zwei Millisekunden später auf. Diese Welle wurde bereits vom CIA dazu benutzt, um Personal für Aufgaben der komplexen Systemanalyse auszuwählen. Je früher die P300-Welle auftritt, desto rascher, so die Überlegung, ist die kognitive Verarbeitungsgeschwindigkeit und um so mehr unterschiedliche Fakten, Daten und Ideen kann der entsprechende Mensch rasch hintereinander verarbeiten. Gute Systemanalytiker haben sozusagen eine schnelle *central processing unit* (CPU).

Aus den genannten Gesichtspunkten ergibt sich unmittelbar Folgendes: Es wundert keineswegs, dass die bahnbrechenden Entdeckungen in Mathematik und Physik von jungen Leuten gemacht wurden. Beispielsweise wurde die Gruppentheorie von einem 20jährigen Mathematiker innerhalb kurzer Frist geschaffen. Leider war die Frist gerade ausreichend für die Fertigstellung der Theorie kurz vor einem Duell, das der Mathematiker verlor und an dessen Folgen er verstarb. Die Physik der 20er Jahre ist auch als die Physik der 20jährigen bekannt, weil es sehr junge Leute waren, die damals unser altgewohntes Weltbild ins Wanken und unser Verständnis der Dinge einen großen Schritt vorangebracht haben. Rasches Lernen, Bereitschaft zum raschen Umlernen, große Verarbeitungskapazität und rasche Verarbeitungsleistung sind offensichtlich nötig, um in Mathematik und Naturwissenschaft Bahnbrechendes zu leisten. Junge Leute sind hierfür prädestiniert.

Anders ist es in den Sozialwissenschaften. Es ist eine bekannte Tatsache, dass die großen Leistungen in den Sozialwissenschaften nicht von den 20jährigen, sondern von den 40- und 50jährigen erbracht werden. Es ist nach dem Gesagten unschwer zu erraten, warum dies so ist: Im Bereich der sozialen Interaktion lernen wir zeitlebens dazu. Die anderen Menschen – im Gegensatz zu den technischen Gegenständen, die uns umgeben – verändern sich nicht, zumindest nicht wesentlich. Entsprechend lernen wir sie immer besser verstehen und werden immer „weiser" im Umgang mit ihnen. Theorien der Grundlagen des Umgangs miteinander, Reflexionen über Ethik und soziale Fragen sind daher die Domäne eher älterer Menschen. Dies heißt nicht, dass junge Menschen hierüber nicht nachdenken können oder sollen. Aufgrund dessen, was wir über das Funktionieren unseres Gehirns wissen, sind jedoch ältere Menschen in einer besseren Position als jüngere, Probleme des Zwischenmenschlichen bzw. des Psychosozialen zu überschauen. Nicht umsonst bekommt man in praktisch allen Verfassungen das aktive Wahlrecht früher als das passive. Wir wollen aus gutem Grund nicht von einem 20jährigen regiert werden, und Friedensnobelpreisträger sind zum Zeitpunkt ihrer „Großtat" älter als Nobelpreisträger für Physik.

Allgemein ist zu sagen, dass es aufgrund der unterschiedlichen Charakteristika der Informationsverarbeitung von Menschen in verschiedenen Lebensabschnitten von Vorteil sein muss, wenn Menschen verschiedenen Alters miteinander leben und arbeiten. Der eine hat eine größere und genauere Wissensbasis, der andere ein größeres Arbeitsgedächtnis oder eine raschere Verarbeitungsgeschwindigkeit. Wenn dann ein Problem in einer solchen Gemeinschaft intensiv bearbeitet wird, dann wird die Wahrscheinlichkeit einer Lösung maximal sein. Kein anderer als Wilhelm von Humboldt hat dies klar gesehen, wenn er mit Blick auf die Universität und damit die von ihm immer wieder propagierte Gemeinschaft von Lehrenden und Lernenden sagt:

> „Der Gang der Wissenschaft ist offenbar auf einer Universität, wo sie immerfort in einer großen Menge und zwar kräftiger, rüstiger und jugendlicher Köpfe umhergewälzt wird, rascher und lebendiger." (W. v. Humboldt 1810, S. 306)

Je mehr, desto besser

Ältere Menschen lernen zwar langsamer als junge, dafür haben sie jedoch bereits sehr viel gelernt und können dieses Wissen dazu einsetzen, neues Wissen besser zu integrieren. Je mehr man schon weiß, desto besser kann man neue Inhalte mit bereits vorhandenem Wissen in Verbindung bringen. Da Lernen zu einem nicht geringen Teil im Schaffen solcher internen Verbindungen besteht, haben ältere Menschen beim Lernen sogar einen Vorteil! Wissen kann helfen, neues Wissen zu strukturieren, einzuordnen und zu verankern.

Wissen kann aber auch den Blick verstellen, kann regelrecht blind machen für das, was direkt vor unseren Augen liegt. Für ältere Menschen ist es daher wichtig, einerseits offen zu bleiben und andererseits das angesammelte Wissen zum Lernen zu verwenden. Es ist damit klar, dass die Frage, wer es mit dem Lernen leichter hat, die Jüngeren oder die Älteren, gar nicht allgemein zu beantworten ist. Es kommt auf die jeweiligen Sachverhalte und auf die jeweiligen Menschen an.

Dass Lernen nicht erst seit der „Informationsgesellschaft" Vorteile hat, mögen zwei Beispiele illustrieren.

Männer: Erfahrung versus Kraft

Die Menschen lebten für Zehntausende von Jahren als Jäger und Sammler. Wie man durch Beobachtung an noch heute auf Steinzeitniveau lebenden Menschen und durch Experimente weiß, gehört das Jagen, beispielsweise mit Pfeil und Bogen, zu den kraft- und erfahrungsintensivsten menschlichen Tätigkeiten zur Nahrungsbeschaffung.

Insofern sind Untersuchungen zu Determinanten des Jagderfolges in menschlichen Gesellschaften, die noch unter steinzeitähnlichen Bedingungen leben, für das Verständnis der Menschheitsentwicklung von großer Bedeutung. Zudem können solche Studien ein Licht auf die Bedeutung von Körperkraft, aber auch auf die Bedeutung geistiger Fähigkeiten für die Bewältigung des täglichen Lebens werfen.

Aus einer Reihe von Untersuchungen ist bekannt, dass die besten Jäger eines unter Steinzeitbedingungen lebenden Stammes keineswegs die körperlich stärksten Mitglieder sind, sondern dass es zum Jagen auch noch einer gehörigen Portion Lebenserfahrung bedarf, die sich erst bei älteren Mitgliedern einstellt. Ähnlich wie andere Fähigkeiten, die Zehntausende von Stunden bis zur Perfektion bedürfen, scheint dies beim Jagen der Fall zu sein. So bemerkt Lee (1979, S. 47), dass es sich beim Verfolgen einer Spur um „eine Fähigkeit handelt, die während der gesamten Lebensspanne kultiviert wird und auf Zehntausenden von Einzelbeobachtungen beruht". Aufgrund dieser Beobachtung wird angenommen, dass die Entstehung eines relativ großen Gehirns, einer verlängerten Jugend mit entsprechender verlängerter Lernperiode sowie letztlich einer verlängerten Lebensspanne im Sinne einer Koevolution entstanden sind und als Reaktion auf einen Wechsel der Nahrung (weg von Pflanzen und hin zu tierischer Nahrung) aufgefasst werden können (Kaplan et al. 2000).

Da die Fertigkeit des Jagens sowohl mit einer erhöhten Anzahl von Nachkommen als auch mit einer erhöhten Wahrscheinlichkeit von deren Überleben korreliert ist (Hill und Hurtado 1996), handelt es sich ganz offensichtlich um eine lebenspraktisch äußerst relevante Tätigkeit. Walker und Mitarbeiter (2002) untersuchten vor diesem Hintergrund den Stamm der Ache in Ostparaguay. Die Vertreter dieses Stammes erreichen ihre größte körperliche Stärke im Alter von etwa 24 Jahren, also etwas später als Individuen in modernen Gesellschaften, für die der Leistungsgipfel in aller Regel um das 20. Lebensjahr herum oder kurz davor gefunden wird.

Die Ache verlassen ihre Siedlungen, um für Tage bis hin zu Zeiträumen von einem Monat zusammen mit anderen Mitgliedern der Familie und des Stammes in den Wäldern zu jagen. Dabei verwenden sie nur ihre Hände, Macheten sowie Pfeil und Bogen, d.h. keine Gewehre oder andere moderne Feuerwaffen.

Seit Anfang der 80er Jahre werden Aufzeichnungen darüber geführt, wie diese Jagdzüge ausgehen und welche Stammesmitglieder welche Beute erlegen. Bezogen auf den Mittelwert von etwa 4 Kilogramm täglich erbeuteten Fleischs gab es zwischen den Jägern jedoch erhebliche und über die Zeit recht konsistente Unterschiede. Ein guter Jäger brachte bis zu zehnmal mehr Fleisch nach Hause als ein schlechter. Auch fand man eine klare Abhängigkeit des Jagderfolgs vom Alter: Die Männer brachten mit Anfang 40 die meiste Beute nach Hause.

Die Autoren führten zudem Wettbewerbe im Bogenschießen durch, bei denen die Mitglieder des Stammes ein relativ kleines Ziel in großer Entfernung treffen mussten. Die Analyse der Daten von mehr als 2.000 Bogenschüssen ergab, dass keiner der jugendlichen Teilnehmer das Ziel auch nur einmal getroffen hatte, wohingegen die Trefferrate bei den Männern 4,2 Prozent betrug. Zusätzlich fand sich eine Altersabhängigkeit mit einem Anstieg der Treffer bis zu etwa dem 40. Lebensjahr und dann ein Gleichbleiben für die nächsten zwei Jahrzehnte.

Man versuchte sogar, den Mitgliedern des Stammes, die nicht mehr mit der Jagd beschäftigt waren, das Bogenschießen in einer Art sechswöchigem Crashkurs beizubringen, jedoch ohne auch nur den geringsten Erfolg. Insgesamt wurde also deutlich, dass es sich mit dem Jagen in der Tat ähnlich verhält wie mit dem Fußball-, Geige- oder Schachspielen: Man kann es am besten, wenn man etwa zwei Jahrzehnte lang geübt hat.

Elefantenfrauen und Fruchtbarkeit

Elefanten haben eine ähnliche Lebensspanne wie Menschen sowie ein äußerst soziales Gemeinschaftsleben. Sie leben in stabilen Gemeinschaften weiblicher Tiere zusammen, die von dem ältesten weiblichen Tier der Gruppe (Matriarch) angeführt werden. McComb und Mitarbeiter (2001) untersuchten solche Gruppen afrikanischer Elefanten im Amboseli Nationalpark in Kenia im Rahmen eines Forschungsprojektes, das über einen Zeitraum von insgesamt 28 Jahren Daten zu den Lebensgeschichten und zum Gruppenverhalten von mehr als 1.700 einzelnen Elefanten sammeln konnte.

Im Laufe eines Jahres trifft eine solche durchschnittlich siebenköpfige Gruppe beim Durchstreifen der Steppe nach Nahrung und Wasser im Durchschnitt auf 25 andere Elefantengruppen, was auf die Begegnung einer Gruppe mit etwa 175 anderen Tieren während eines Jahres hinausläuft. Es ist nun für die sich treffenden Gruppen von großer Wichtigkeit zu unterscheiden, ob die jeweils andere Gruppe mit ihr befreundet oder eher nicht befreundet ist. Im zweitgenannten Fall kann es beispielsweise dazu kommen, dass Jungtiere von den älteren Tieren der anderen Gruppe belästigt oder gar angegriffen werden, was sich ungünstig auf deren Leben und insbesondere auf deren Reproduktionserfolg auswirken kann.

Es ist daher wichtig, dass die Oberhäupter der Gruppen, also die jeweils ältesten weiblichen Tiere, Freund und Feind gut voneinander unterscheiden können. Dies tun sie anhand der von den Tieren ausgestoßenen Rufe, die sich nicht nur über die Luft, sondern auch über den Boden weit ausbreiten können. Die Grundfrequenzen dieser Rufe liegen im Bereich des Infraschalls, sind also nicht hörbar; die Obertöne hingegen liegen im für das menschliche Ohr wahrnehmbaren Bereich.

Man wusste schon länger, dass erwachsene weibliche Elefanten bis zu 100 unterschiedliche Kontakt- bzw. Identifizierungsrufe (*contact calls*) anderer weiblicher Elefanten unterscheiden können und diese Fähigkeit dazu benutzen, sich entsprechend freundlich oder weniger freundlich gegenüber den anderen Tieren zu verhalten. Man fand dies dadurch heraus, dass man von den entsprechenden Ausrufen Tonbandaufnahmen anfertigte, diese Aufnahmen anderen Elefanten vorspielte und deren Verhalten beobachtete. Rufe von vollständig fremden anderen Elefanten führten dazu, dass die Mütter sich um die Kinder scharten und sie dadurch schützten, wohingegen die Rufe von bereits bekannten anderen weiblichen Elefanten eher ignoriert wurden.

Interessanterweise fand man jedoch zusätzlich, dass dies mit dem Alter des jeweils ältesten Tiers der Gruppe in Zusammenhang stand: Je älter das weibliche Oberhaupt der Familie, um so besser wurde zwischen Freund und Feind unterschieden. Andere Faktoren (wie die Anzahl der Kälber, die Anzahl der erwachsenen weiblichen Tiere oder auch das mittlere Alter der erwachsenen Tiere in der Gruppe) wurden statistisch ausgeschlossen und hatten nachweislich keinen Einfluss auf das Verhalten der Gesamtgruppe. Lediglich das Alter des weiblichen Oberhauptes machte den deutlichen Unterschied! Gruppen mit alten Matriarchen (55 Jahre) reagierten bei Rufen von unbekannten Gruppen *signifikant häufiger* abwehrend als gegenüber den Rufen bekannter Gruppen. Demgegenüber unterschieden sich die Wahrscheinlichkeiten von Abwehrverhalten gegenüber bekannten und unbekannten Gruppen in Familien mit jungen Matriarchen (35 Jahre) nur geringfügig (vgl. McComb et al. 2001, S. 492).

> „Familien mit älteren Matriarchen scheinen somit beträchtlich besser in der Fähigkeit zu sein, akustische Signale korrekt zur Unterscheidung von bekannten und unbekannten weiblichen Tieren in der Nachbarschaft zu verwenden und sich entsprechend zu verhalten." (McComb et al. 2001 S. 492-493)

Die deutlich überlegene Fähigkeit der älteren Tiere zur Unterscheidung von Freund und Feind hat Vorteile für die Mitglieder der Familie. Sie verschwenden weniger Zeit mit Abwehrverhalten gegenüber bekannten Familien und können rascher kooperieren. Damit sollte sich der größere soziale Erfahrungsschatz der älteren Tiere in mehr Nachkommen bei den jüngeren Tieren in der Familie niederschlagen. Genau dies war der Fall: Je älter das weibliche Leittier, desto mehr Nachkommen hatten die jungen weiblichen Tiere der Gruppe pro Jahr.

Die Studie ist insbesondere deswegen von hohem Wert, da sie lang gehegte Spekulationen über den Wert des Alters auf eine solide Datenbasis stellt. Durch die genaue Analyse des Sozialverhaltens einer Spezies, die eine ganze Reihe von Merkmalen mit der Spezies Mensch gemeinsam hat, wurde der Wert der über eine ganze Lebensspanne erworbenen sozialen Erfahrung direkt nachgewiesen: Das vom ältesten Tier über Jahrzehnte gespeicherte und zur Strukturierung späterer sozialer Interaktionen genutzte Wissen dient der gesamten Gruppe und steigert hochsignifikant die Anzahl der Nachkommen jedes einzelnen Gruppenmitglieds und damit den Reproduktionserfolg. Damit ist klar, dass Mutationen, die für ein Älterwerden gerade der weiblichen Tiere sorgen, einen Reproduktionsvorteil darstellen können. Dieser Vorteil ist auch dann noch vorhanden, wenn das leitende weibliche Tier selbst keine Nachkommen mehr haben kann. Vielleicht ist es im Lichte dieser Daten kein Zufall, dass Frauen sozial kompetenter sind als Männer und länger leben. Es ist die über ein langes Leben gespeicherte soziale Erfahrung, die ein Individuum für die Gruppe so wertvoll macht.

Warum werden wir alt?

Diese Frage erscheint eigenartig, falsch gestellt oder gar unsinnig. Das Menschenalter, so könnte man sagen, bedarf ebenso wie alle anderen Tatsachen auf der Welt keiner weiteren Erklärung. Verschiedene Lebewesen werden unterschiedlich alt: Von der Eintagsfliege bis zur Riesenschildkröte haben Organismen eine genetisch festgelegte Lebensspanne, in deren Rahmen sich das Alter eines einzelnen Individuums bewegt. Diese *maximale* Lebensspanne lässt sich aus der Verteilung des Lebensalters in einer Population einer bestimmten Art mathematisch einigermaßen genau bestimmen. Sie beträgt beim Menschen etwa 120 Jahre, vielleicht sogar noch ein paar Jahre mehr.

Warum werden Menschen aber überhaupt so alt? Diese Frage stellt sich insbesondere für etwa die Hälfte der Bevölkerung, nämlich für die Frauen, bei denen die Menopause, d.h. das Ende der Möglichkeit, Nachkommen zu haben, bereits vor der Hälfte des maximal möglichen Lebensalters erreicht wird. Wenn Frauen aber biologisch so konstituiert sind, ein Lebensalter von über 100 Jahren zu erreichen, und zugleich so, dass sie sich nach dem 50. Lebensjahr nicht mehr reproduzieren können, stellt sich evolutionsbiologisch die Frage danach, wie diese Diskrepanz überhaupt entstehen konnte. Diese Frage drängt sich beim Menschen ebenso auf wie beim Elefanten, denn es gibt einen Selektionsdruck für junges Sterben: Wer als älteres Individuum ohne weitere eigene Nachkommen und ohne Beitrag zu den Nachkommen anderer lebt, verbraucht Ressourcen, die von anderen sinnvoller eingesetzt werden könnten. Sofern also eine Mutation in einer Gesellschaft von sehr alt werdenden Organismen aufträte, die das Leben verkürzte, sollte sie sich in dieser Gesellschaft rasch verbreiten, da die Gruppe gegenüber anderen Gruppen mit mehr älteren Individuen einen Überlebensvorteil besitzt (vgl. auch das nächste Kapitel). Man kann das Argument auch umgekehrt formulieren: Jegliche Mutation, die in einer Horde das Leben einzelner Individuen verlängert, sollte die Konkurrenzfähigkeit der Gesamthorde verringern und damit zu deren langfristigem Nachteil führen. Dies wiederum bedeutet, dass jede Mutation, die zu längerem Leben führt, einen Selektionsnachteil darstellen und sich damit in einer Population nicht halten können sollte. So betrachtet drängt sich die Frage noch deutlicher auf: Warum werden wir Menschen so alt?

Für die Elefanten ist diese Frage mit der referierten Studie beantwortet: Bei den älteren Tieren kommt es nicht mehr auf deren Reproduktionsfähigkeit, sondern auf deren Lebenserfahrung an. Dies ist für die anderen Mitglieder der Gruppe so wichtig, dass der Fortpflanzungserfolg der Gesamtgruppe höher ist, wenn die Gruppe durch ältere, lebenserfahrene Individuen geleitet wird. – Und wie ist es beim Menschen? Noch einmal: Die meisten Verfassungen sehen vor, dass nur ein älterer Mensch (die Grenze schwankt um die 40 Jahre) zum Chef einer Nation aufsteigen kann. Auch Beobachtungen aus dem Bereich der Anthropologie zeigen, dass man auch in einfachen Kulturen auf Lebenserfahrung Wert legte. Betrachten wir ein Beispiel: Vom auf Neuseeland lebenden Stamm der Maori wird gesagt, dass man bei Expeditionen zur Erschließung neuer Lebensräume das entsprechende

Boot mit 6 jungen starken Männern, 12 jungen dicken Frauen und einem alten Mann besetzt hat. Ein Maori-Senior stellte offensichtlich für die jungen Menschen eine wichtige Quelle von Wissen und Erfahrung dar. Bücher oder gar das Internet gab es nicht, also hatte man als einzige Quelle von Information die älteren Menschen mit ihrer Lebenserfahrung. Ältere Menschen werden in den meisten Kulturen daher sehr geschätzt (früher nicht zuletzt aufgrund ihrer Seltenheit). Carl Gustav Jung hat beispielsweise den Archetypus des alten Weisen herausgearbeitet, der in vielen Kulturen zu finden sei.

Fazit: Der Sinn des Alters

Beim derzeitigen Durchschnittsalter von Frauen in hochentwickelten Gesellschaften (Spitzenreiter ist Japan mit einer Lebenserwartung für Frauen von weit über 80 Jahren) ist die Frage nach dem Sinn des Alters keineswegs akademisch. Sie zielt vielmehr auf ein Verständnis von Grundprinzipien menschlichen Lebens überhaupt. Von Seiten der Anthropologie und Evolutionsbiologie wurde lange schon die Vermutung geäußert, dass ältere Menschen für die Gruppe aufgrund ihrer Erfahrung und ihres Wissens wertvoll sind. Kurz: Wir werden alt, weil wir lernen können.

Dieses Argument gilt (vielleicht nicht nur) beim Menschen in besonderem Maße für Frauen, deren höhere soziale Kompetenz in einer ganzen Reihe von Studien belegt ist. Frauen im Lebensabschnitt nach der Menopause übernehmen in sozial lebenden Gruppen eine wichtige Funktion bei der Erziehung ihrer Enkel sowie andere wichtige Aufgaben. Ältere Individuen stellen einen Erfahrungsschatz dar, der für die Gruppe insgesamt von Nutzen ist. Waren dies früher Vermutungen, so wissen wir um die Bedeutung des Alters für die Gesellschaft durch neuere Untersuchungen immer genauer Bescheid. Ohne den Überlegungen aus Kapitel 19 vorzugreifen, könnte man plakativ formulieren: Aus neurobiologischer Sicht ist die Großmutter im Vergleich zum Farbfernseher der weitaus bessere Babysitter!

Teil IV
Gemeinschaft lernen

Menschen sind soziale Wesen, jedoch weder immer, noch automatisch. Wir durchlaufen vielmehr verschiedene Lebensphasen mit unterschiedlichem Ausmaß und unterschiedlichem Anspruch an Gemeinschaftlichkeit und Gemeinschaft. Als Säugling hängt unser Wohl und Wehe von der Mutter ab, als Kind sind wir Egoisten, als Heranwachsende zieht es uns zum anderen Geschlecht, als Erwachsene kümmern wir uns um Kinder oder führen später ganze Gruppen und im Alter wissen wir viel, sind jedoch wieder auf die anderen angewiesen. Diese Veränderungen setzen voraus, dass wir beständig dabei sind, uns in der Gemeinschaft gemäß ihrer Ansprüche an uns und unseren Ansprüchen an sie verhalten zu lernen. Wir lernen dies – Gemeinschaft – in der Gemeinschaft. Hieran sind Bewertungen und deren Niederschlag in Repräsentationen maßgeblich beteiligt. In der Gemeinschaft und für die Gemeinschaft lernen wir Sprechen und Handeln. Dass wir durch falsche Beispiele auch große Fehler machen können, zeigt das letzte Kapitel in diesem Teil.

16 Kooperation

Menschen lieben und hassen, dienen und beherrschen, unterstützen und unterdrücken einander, sie arbeiten mit- und gegeneinander, sie spielen miteinander und sie spielen einander aus. Aristoteles nannte den Menschen ein *zoon politikon*, ein Gemeinschaftswesen. Menschen sind in dieser Hinsicht wie Ameisen: Sie sind auf Gedeih und Verderb auf die Gemeinschaft angewiesen. Selbst Robinson konnte auf der Insel nur überleben, weil er erstens viel Glück hatte, zweitens viel Zivilisation vom gestrandeten Schiff importieren konnte und weil vor allem drittens es der Dichter so wollte. Und selbst ihm wurde Freitag, der Wilde, zum wichtigsten Teil der Welt.

Warum sind Menschen überhaupt sozial und kooperativ? – Diese Frage erscheint zunächst eigenartig und man möchte zurückfragen: Warum sollten sie es denn nicht sein? Schließlich gehören Hilfe, das Teilen von Nahrung, Nächstenliebe und Altruismus zum Menschsein wie die Brötchen zum Frühstück. – „Wirklich?", könnte jemand fragen und wie folgt fortfahren: „Wer einem Fremden hilft, der verschwendet Ressourcen, die er für das Auffinden von Nahrung, das Suchen eines Geschlechtspartners oder die Aufzucht von Nachkommen verwenden könnte. Wer also sozial und kooperativ ist, der sollte über kurz oder lang aussterben, denn andere sind evolutionär fitter, d.h. produzieren langfristig mehr Nachkommen und setzen sich (bzw. ihre Gene; bzw. um es noch einmal ganz genau zu sagen: diejenigen Allele der Gene, die ein solches Verhalten irgendwie bevorzugt hervorbringen) so in der Population durch. Nette, hilfsbereite, selbstlose Menschen dürfte es aus evolutionärer Sicht also nicht geben."

Zweifelsohne aber gibt es sie. Handelt es sich hierbei letztlich samt und sonders um Letalmutanten? – Für eine solch radikale Erklärung ist kooperatives Verhalten beim Menschen zu häufig! Menschen sind beispielsweise mehr als jede andere Art auf der Erde damit beschäftigt, Nahrung mit anderen zu teilen (Ridley 1996). Man isst gemeinsam, und man teilt, was man hat. Menschen nehmen für andere Menschen Nachteile in Kauf. So setzen wir uns für eine saubere Umwelt ein und zahlen alle dafür. 1989 setzten sich Hunderttausende von Bürgern der ehemaligen DDR persönlichen Risiken aus, um eine friedliche Revolution in Gang zu bringen, wie es die Portugiesen knapp zwei Jahrzehnte zuvor ebenfalls getan hatten. Auch in den USA, einer Nation, der nicht selten Egoismus und reines Marktdenken vorgeworfen wird, sind die Handlungen der einzelnen Bürger durchaus anders: Ihr Spendenaufkommen für wohltätige Zwecke betrug allein in den USA im Jahr 2000 203 Milliarden US$.

Evolutionsmechanismen für Kooperativität

Die traditionellen Antworten der Evolutionsbiologen auf die Frage danach, wie Kooperation überhaupt sein kann, lauten etwa wie folgt: Ein Gen für altruistisches Verhalten setzt sich dann durch, wenn der Reproduktionsvorteil der nahen Verwandten zusammengenommen größer ist als der Reproduktionsnachteil für das Individuum. Wer für das Leben von drei Geschwistern, fünf Enkeln oder neun Neffen und Nichten sein Leben riskiert, setzt sich (bzw. seine Gene) langfristig durch. In den genannten Fällen sind beim Verlust der eigenen Gene durch die altruistische Aktion diese Gene ja noch immer zu 150 % (dreimal 50 % der die eigenen Gene tragenden Geschwister), 125 % bzw. 112,5 % (fünf mal 25 % bei den Enkeln bzw. 9 mal 12,5 % bei den Neffen) in der Population vorhanden, also mit höherer Frequenz als mit den eigenen 100 %.

Dieses auf den Biologen William Hamilton (1963) zurückgehende (und unter dem Begriff *kin selection* bekannt gewordene) Argument wurde später dahingehend erweitert, dass in einer Horde die *Wahr-*

scheinlichkeit der Verwandtschaft genügt, um bei entsprechend kleinem Risiko der Altruisten und großem Gewinn der anderen altruistisches Verhalten auch in den Fällen zu erklären, in denen es ganz offensichtlich nicht den Verwandten zugute kommt. So lässt sich beispielsweise die evolutionäre Entstehung von Warnrufen verstehen: Der Rufer setzt sich zwar einem Risiko aus, durch den Räuber (der ihn ja wegen des Rufs als erstes Individuum in der Herde oder Horde wahrnimmt) getötet zu werden, er hilft aber der gesamten Herde/Horde (und die Verwandtschaft wird schon darunter sein), dem Jäger zu entkommen. Diese Überlegungen werden unter dem Stichwort der Gruppenselektion (Eshel 1972; Wilson & Sober 1994) diskutiert.

Auf Robert Trivers (1971) geht eine weitere Idee zurück, die davon ausgeht, dass sich Hilfsbereitschaft auch dann durchsetzen könnte, wenn jedes Individuum der Gruppe dieses Verhalten an den Tag legt und dadurch profitiert. Modellrechnungen weisen solche Verhaltensweisen unter bestimmten Randbedingungen als stabil aus. Sie werden allgemein unter dem Stichwort des *reziproken Altruismus* diskutiert.

Als weitere Überlegung zur Entwicklung von Kooperation wurde in den letzten Jahren vorgeschlagen, dass sich der Aufbau eines *guten Rufs* für das in einer Sozialgemeinschaft lebende Individuum langfristig lohnt. Die Überlegung ist im Grunde einfach und wurde von Wedekind und Milinski (2000; S. 850f) wie folgt formuliert:

> „Die Idee ist, dass die Tatsache, ob wir jemandem helfen oder ihm unsere Hilfe verweigern, einen Einfluss auf unseren sozialen Punktwert [image score] innerhalb einer Gruppe hat. Dieser Wert spiegelt den Status bzw. Ruf des Individuums wider und wird permanent durch andere ermittelt und evaluiert, sodass er bei zukünftigen sozialen Interaktionen in Rechnung gestellt werden kann."

Zur evolutionären Stabilität (vgl. Dawkins 1976) einer solchen Verhaltensweise liegen Computersimulationen vor (Nowak & Sigmund 1998), und erste experimentelle Untersuchungen an Probanden lieferten zudem empirische stützende Hinweise (Wedekind & Milinski 2000).

Die genannten Überlegungen können jedoch allesamt eines nicht erklären: Wie kann es sein, dass sich Mitglieder einer Gemeinschaft, die nicht miteinander verwandt sind und sich auch nur ein einziges Mal treffen, freundlich, nett und kooperativ (sprich: altruistisch) zueinander verhalten? Schließlich ist es möglich, dass ein anderes Individuum die Vorteile mitnehmen kann, ohne selbst freundlich und kooperativ zu sein. Eine solche „Trittbrettfahrermutante" würde sich in einer Gemeinschaft kooperativer Menschen sofort durchsetzen, denn sie hat den gleichen (evolutionären) Gewinn bei weniger Investitionen an Ressourcen. Warum wird also auf der Welt nicht überall und immer auf dem Trittbrett mitgefahren? Anders gefragt: Wie kann kooperatives Verhalten entstehen und sich gegenüber anderen Verhaltensweisen durchsetzen?

Vom Waren- zum Gedankenaustausch

Schon immer war die Bedeutung von Kooperation auf allen Ebenen des Zusammenlebens groß: Bereits in der Steinzeit wurde das Mammut gemeinschaftlich gejagt und seit der Jungsteinzeit und dem Beginn der Landwirtschaft vor 10.000 bis 15.000 Jahren erst recht auf Kooperation beim Anbau und der Verteilung der Frucht gebaut. Seit einigen Jahrhunderten sind unsere Produktions- und Lebensverhältnisse so komplex, dass ein einzelner Mensch, nur auf sich gestellt, hoffnungslos zugrunde gehen würde. Die heute so sprichwörtliche Informations- und Mediengesellschaft mit ihren wesentlichen Bestandteilen Computer und Internet macht dies noch einmal auf neue Weise deutlich: Nicht nur unsere Nahrung, sondern auch unsere geistige Nahrung (gemeint sind die Zutaten; vgl. Kap. 1) bekommen wir aus aller Welt. Unsere Kooperation bezieht sich also nicht nur auf den Austausch von Gütern, sondern auch auf den Austausch von Gedanken.

Diese Entwicklung wird weiter zunehmen. Das Internet wird im Laufe der nächsten Jahre viele solcher Eigenschaften in zunehmendem Maße aufweisen. Wir können derzeit noch nicht einmal richtig ahnen,

wie sich dadurch unsere Lebensgewohnheiten, unser Sinn für Gemeinschaft mit anderen Menschen oder sogar unser Gefühl für die eigene
Individualität verändern werden. Fest steht jedoch, dass es in Zukunft
mehr Austausch geben wird, nicht weniger. Diese Zunahme wird sich
vor allem auf Gedanken beziehen. Die Grundlagen von Gemeinschaft
und Kooperation, insbesondere des Erlernens der Fähigkeit des Individuums, sich in die Gemeinschaft zu integrieren, werden daher immer
bedeutsamer.

Gefangen im Spiel

Wer den in Kapitel 8 bereits erwähnten Film *A Beautiful Mind* gesehen
hat, der hat sich vielleicht gelegentlich gefragt, wovon der geniale und
zugleich kranke John Nash eigentlich sprach, wenn er von Ökonomie
und dynamischen Systemen, von Einsatz und Equilibrium oder von
Strategien und Reziprozität vor sich hin murmelte. Da es um all dies
im Film nur am Rande geht, wird es auch nur mit ein paar derartigen
Worthülsen angedeutet, ohne dass der Zuschauer auch nur eine Chance hätte zu verstehen, worum es hier geht (braucht er auch nicht; er soll
nur spüren, dass hier ein genialer Kerl am Denken ist). Genial, neu und
wichtig waren diese Gedanken ganz offensichtlich, sonst hätte Nash
1994 nicht den Nobelpreis für Wirtschaftswissenschaften bekommen.
Worum ging es also?

Stellen Sie sich vor, Sie wären ein Spion und gerade von der Gegenseite gefangen genommen worden. Ihrem Kollegen, ebenfalls Spion, erginge es wie Ihnen, und die Gegenseite setzt nun alles daran,
Ihnen beiden möglichst publikumswirksam den Prozess zu machen.
Man kann Ihnen jedoch nichts nachweisen und macht Ihnen beiden
daher den folgenden Vorschlag: Sie kommen frei, wenn Sie als Kron-
zeuge den anderen durch Ihre Aussage belasten. Der andere wird in
diesem Fall schuldig gesprochen und bekommt lebenslänglich. Schweigen Sie, droht ein jahrelanger Indizienprozess, währenddessen Sie beide natürlich in Haft sitzen. Dann sollten Sie aber beide freikommen,
denn man kann ihnen ja nichts nachweisen.

Das Problem ist, dass Sie davon ausgehen können, dass der andere Spion ebenfalls vor diese Alternative gestellt wird: Sie zu verpfeifen und freizukommen oder nichts zu sagen und einige Jahre zu sitzen. Sagen Sie jedoch gegen den anderen aus und tut er dies auch, dann bekommen Sie beide 20 Jahre. Was machen Sie nun?

Diese Situation ist seit Jahrzehnten als das klassische so genannte *Gefangenendilemma* bekannt. Der Ausgang Ihrer Entscheidung hängt nicht nur von Ihnen ab, sondern auch von der Entscheidung des anderen. Vertrauen Sie im konkreten Fall auf ihn und tut er dies auch, so geht es für sie beide gut aus. Genau darauf jedoch kann der andere ja bauen, Sie verpfeifen, und schwupp, ist er frei und Sie sitzen lebenslänglich. Sie können ihm zuvorkommen und sich auch so verhalten, dann belasten Sie sich jedoch gegenseitig und bekommen beide 20 Jahre.

Situationen wie diese wurden vor mehr als einem halben Jahrhundert von dem Mathematiker John von Neumann und dem Wirtschaftswissenschaftler Oskar Morgenstern (1949) analysiert und mathematisch beschrieben. So lässt sich das Spiel mit einer Auszahlungsmatrix (vgl. Abb. 16.1) vollständig beschreiben, und man kann zeigen, dass es von den Randbedingungen, d.h. den konkreten Zahlenwerten in der Auszahlungsmatrix, abhängt, wie sich die Spieler entscheiden werden.

Man kann Situationen wie diese im psychologischen Labor herstellen. Hierzu ändert man die Spielregeln geringfügig derart, dass es jetzt bei ganz normalen Versuchspersonen nicht mehr um jahrelangen Freiheitsentzug, sondern um einen kleinen Nebenverdienst geht. Man bittet zwei Probanden ins Labor, erklärt ihnen die Regeln und lässt jeden wiederum ohne Kenntnis der Entscheidung des anderen Spielers entscheiden, ob er kooperieren möchte oder nicht. In Abhängigkeit hiervon erhalten die Spieler Geld, wie es die Auszahlungsmatrix (der Name ist jetzt klar!) festlegt. Ein Beispiel für eine solche Auszahlungsmatrix zeigt Abbildung 16.2.

Spieler A

		kooperiert	kooperiert nicht
	kooperiert	A: 3 Jahre B: 3 Jahre	A: frei B: lebenslänglich
Spieler B			
	kooperiert nicht	A: lebenslänglich B: frei	A: 20 Jahre B: 20 Jahre

16.1 So genannte Auszahlungsmatrix beim Gefangenendilemma. Wenn beide Personen kooperieren, ist der Ausgang für beide zusammen betrachtet am besten (insgesamt 6 Jahre Gefängnis), sind beide unkooperativ, ist der Ausgang für beide ungünstig (insgesamt 40 Jahre Gefängnis). Ist der eine kooperativ und der andere unkooperativ, dann hat es der Unkooperative am besten (er kommt frei), der Kooperative kommt jedoch am schlechtesten dabei weg (er bekommt lebenslänglich).

Spieler A

		kooperiert	kooperiert nicht
	kooperiert	A: $ 2 B: $ 2	A: $ 3 B: $ 0
Spieler B			
	kooperiert nicht	A: $ 0 B: $ 3	A: $ 1 B: $ 1

16.2 Auszahlungsmatrix des Gefangenendilemma-Spiels. Wenn beide Spieler kooperieren, ist der Ausgang für beide zusammen genommen am besten (insgesamt 4 Dollar Gewinn), sind beide unkooperativ, ist der Ausgang für beide ungünstig (jeder erhält nur einen Dollar). Ist einer kooperativ und der andere unkooperativ, dann hat es der Unkooperative am besten (er erhält 3 Dollar), der Kooperative kommt jedoch am schlechtesten dabei weg (er erhält kein Geld).

Dilemma im Scanner

Man kann ein solches Spiel nicht nur im Labor, sondern sogar im Scanner spielen. Hierzu ist es nicht unbedingt nötig, dass die Gehirnaktivität beider Spieler gleichzeitig untersucht wird (obwohl dies natürlich auch seinen Reiz hat; vgl. Nadis 2002). Vielmehr spielt einer liegend in der Röhre, der andere sitzend draußen im Kontrollraum.

Man kann dann die Aktivierung von Bereichen im Gehirn messen, die mit kooperativem oder nicht kooperativem Verhalten einhergeht. In einer solchen Studie (Rilling et al. 2002) an 36 Frauen wurde so die neurobiologische Grundlage kooperativen Verhaltens untersucht. Es zeigte sich hierbei, dass die bereits in Kapitel 10 ausführlich diskutierten Strukturen des Motivations- bzw. Belohnungssystems (das selbst einen wichtigen Teil des Bewertungssystems darstellt; vgl. hierzu die folgenden Kap. 17 und 18) bei Kooperation aktiviert sind (Abb. 16.3).

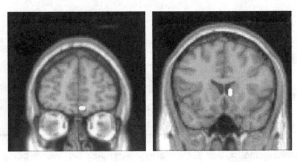

16.3 Aktivierung (weiß dargestellt) des orbitofrontalen Kortex (links) und des anteroventralen Striatums (Nucleus accumbens; rechts) während des kooperativen Handelns beim Gefangenendilemma (nach Rilling et al. 2002).

Die Aktivierung des Belohnungssystems bei kooperativem Verhalten verstärkt ein solches Verhalten und führt letztlich zu mehr Altruismus. Es motiviert die Teilnehmer zur Kooperation und vor allem dazu, der Versuchung kurzfristiger Vorteilsnahme zu widerstehen. Wir wissen nur zu gut, wie schwer uns das Erlernen kooperativen Verhaltens fällt und dass kleine Kinder hierbei die größte Mühe haben. Die Tatsache, dass hierbei auch der orbitofrontale Kortex beteiligt ist (siehe Abb. 17.5), weist auf den Grund hierfür: Der orbitofrontale Kortex ist bei Kindern noch nicht vollständig ausgereift, weswegen sie besondere Probleme damit haben, kurzfristige Vorteile oder Bedürfnisbefriedigungen hintanzustellen und sich „wie Erwachsene" zu benehmen. Nicht umsonst halten wir Kinder unter 14 Jahren nicht für schuld*fähig*, obgleich wir ihnen in der Schule die Lösung von Problemen abverlangen, die ein grenzbegabter erwachsener Verbrecher nicht zu lösen vermag. Es ist also nicht das so genannte Denkvermögen allein, das eine Person schuldfähig oder nicht schuldfähig macht, sondern auch die Möglichkeit dieser Person, auf kurzfristige Vorteile zugunsten langfristiger Vorteile zu verzichten. Wie wir heute wissen (und wie in den nächsten Kapiteln näher ausgeführt wird), entwickelt sich die zerebrale Grundlage des Aufschubs von schneller Gratifikation und damit auch der Kooperation als letzte im Rahmen der Gesamtentwicklung des Gehirns. Damit ist kooperatives Verhalten einerseits beim Menschen (wie das Sprechen) biologisch angelegt, gehört jedoch andererseits zugleich zu den höchsten zu erlernenden Kulturleistungen. Es bedarf kaum der Erwähnung, dass auch viele Erwachsene Probleme damit haben, sich wie Erwachsene zu benehmen.

Die Realität: Viele Spieler und viele Spiele

John Nash verallgemeinerte die Situationen des Gefangenendilemmas auf viele Spieler und betrachtete zudem die Auswirkungen der Zeit, d.h. vieler Spiele, auf den Ausgang des Spiels. Wenn Sie nicht nur *einmal* spielen, sondern mehrfach, dann wird der Ausgang des letzten Spiels Auswirkungen auf Ihre weiteren Entscheidungen haben. Stellen Sie sich beispielsweise in Fortsetzung der Spionagegeschichte ganz einfach vor, Sie und Ihr Kollege hätten sich – wie auch immer – entschieden und hätten beide die Folgen zu tragen gehabt. Kurze Zeit später wären Sie dann aber beide von einem Stoßtrupp Ihrer Seite befreit worden. Der jedoch wäre in einen Hinterhalt geraten und nur Sie beide hätten das Ganze überlebt. Nun sitzen Sie beide wieder, die Sache wird von vorn aufgerollt, und man stellt Sie erneut vor das gleiche Dilemma. Wahrscheinlich wird Ihre Entscheidung jetzt von der Vergangenheit beeinflusst. Aber die Sache ist dadurch nicht einfacher. Im Gegenteil! Stellen Sie sich vor, Sie hätten beide kooperiert; dann könnten Sie vielleicht annehmen, dass der andere erneut kooperiert. Genau dann macht es jedoch für Sie Sinn, ihn zu verpfeifen. Das Gleiche könnte er jedoch auch denken. Haben Sie beide gegeneinander ausgesagt und hätten beide 20 Jahre bekommen, so könnten Sie ja davon gelernt haben und es jetzt besser machen, also kooperieren ...

Beim Gefangenendilemma geht es keineswegs nur um Gefangenschaft. Man kann das Spiel um Kooperativität oder Selbstsucht, wie gesagt, auch um Geld spielen. Aus Gefangenen werden dann Güterverwalter, die sich wirtschaftlich zueinander kooperativ oder unkooperativ verhalten. Daher werden solche Situationen und die daraus entstehenden Probleme und Konflikte auch von experimentell arbeitenden Wirtschaftswissenschaftlern untersucht.

Stellen Sie sich also bitte erneut vor, Sie spielen mit einem zweiten, Ihnen unbekannten Spieler ein Spiel um Geld. Sie beide erhalten 20 Euro Startkapital und haben zwei Optionen: Sie können das Geld behalten und nach Hause gehen oder es in eine gemeinsame Unternehmung investieren. Jeder Spieler erhält aus dieser Gemeinschaftsinvestition den gleichen Teil zurück, unabhängig davon, wie viel er eingesetzt hat, plus eine Rendite von 50 Prozent. Wenn Sie also beide Ihre 20 Euro investieren, dann macht dies 40 Euro Investition, für die es eine Rendite von 50 Prozent (gleich 20 Euro) gibt. Die gesamten 60 Euro werden jetzt auf beide Spieler verteilt und jeder geht mit 30 Euro nach Hause. Sie könnten jedoch auch darauf vertrauen, dass der andere investiert, und sicherheitshalber Ihr Geld behalten. Dann würden nur die 20 Euro des anderen in das Unternehmen fließen, was eine Rendite von 10 Euro und damit eine Auszahlung *für jeden* von nur 15 Euro bedeutet. Damit geht der andere nach Hause und ärgert sich. Sie hingegen haben ja noch Ihre 20 Euro und gehen mit 35 Euro nach Hause.

Das wird sich der andere aber vielleicht auch denken. Er wird sich also vielleicht entsprechend entscheiden. Dann investiert vielleicht keiner. Nun gewinnt aber auch keiner. Dieses Spiel ist als das *Spiel der gemeinschaftlichen Investitionen (Common Goods Game)* bekannt und lässt sich auch mit mehr als zwei Spielern spielen. Damit kann man im Labor genau untersuchen, unter welchen Bedingungen wer inwieweit bereit ist, das Risiko einer Kooperation einzugehen. Die Ergebnisse solcher Experimente sind für sehr viele Vorgänge in unserer Gesellschaft von großer Bedeutung – vom Abschluss von Verträgen und Tarifverhandlungen über den Umweltschutz und das Design von Verfassungen bis hin zu kriegerischen Auseinandersetzungen. Kein Wunder also, dass man seit einigen Jahren intensiv auf diesem Gebiet der experimentellen Ökonomie forscht.

Ärger und Strafe

Zu den bislang interessantesten Ergebnissen dieser Forschung gehört die Erkenntnis, dass Kooperation nicht nur mit Belohnung, sondern auch mit Ärger und Strafe in engster Verbindung steht. Mit insgesamt 240 Studenten wurde ein Experiment durchgeführt, bei dem das Spiel der gemeinsamen Investition von jeweils vier Spielern gespielt wurde (Fehr & Gächter 2002). Gewinne und Verluste waren wie folgt zugeteilt: Jeder Spieler bekommt ein Investitionskapital von 20 Euro, das er zusammen mit den anderen in ein Gemeinschaftsprojekt der Gruppe investieren kann. Jeder Spieler kann sein nicht investiertes Geld behalten. Für jeden durch die Gesamtgruppe der vier Spieler investierten Euro erhält jeder Spieler 40 Cent. Wenn also nur einer investiert und alle anderen ihr Geld behalten, dann wird dieser eine Geld verlieren. Investieren jedoch alle ihre 20 Euro, so erhält jeder 40 Cent für jeden durch die Gruppe investierten Euro, also 80 mal 40 Cent, d.h. 32 Euro. Kooperieren zahlt sich also aus. Wenn jedoch einer der Spieler nicht kooperiert, dann erhält jeder Spieler den aus nur 60 investierten Euro erzielten Gewinn, d.h. 60 mal 40 Cent (24 Euro). Für die drei Spieler, die investiert haben, ergibt sich somit nur noch ein bescheidener Gewinn von 4 Euro, für den Trittbrettfahrer jedoch ein beachtlicher Gewinn, denn er behält ja auch seine nicht investierten 20 Euro und geht nach dem Experiment mit 44 Euro nach Hause.

Das Experiment wurde so angelegt, dass sämtliche Interaktionen der Spieler anonym erfolgten, die Spieler ihre Entscheidungen gleichzeitig vornehmen mussten und danach informiert wurden, was herauskam. Man spielte unter zwei Bedingungen: Die eine Bedingung war genauso, wie eben beschrieben. In der zweiten Bedingung hatten die Spieler nach der Bekanntgabe des Ergebnisses zusätzlich die Möglichkeit, andere Spieler für unkooperatives Verhalten zu bestrafen. Diese Bestrafung wurde wie folgt implementiert: Jeder Spieler konnte (wieder alle vier gleichzeitig) nach dem Spiel 0 bis 10 Strafpunkte vergeben, wobei ihn jeder Punkt einen Euro kostete. Der Bestrafte hingegen bekam für jeden Strafpunkt 3 Euro abgezogen. In dem oben genannten Beispiel konnten die drei kooperativen Investoren somit durch Verteilung von jeweils 4 Strafpunkten an den Trittbrettfahrer diesem eine Bestrafung von 36 Euro (12 Strafpunkte mal 3 Euro) zufügen und so zumindest dafür sorgen, dass sie selbst ohne Verlust nach Hause gingen, dem unkooperativen Mitspieler jedoch nur 8 Euro blieben.

Das Spiel wurde in einer der beiden Bedingungen (d.h. mit und ohne Bestrafung) insgesamt sechsmal mit wechselnden Spielern gespielt, sodass die Spieler ihr Verhalten an die Ausgänge der Spiele anpassen konnten. (Man könnte auch sagen: Sie lernten, das Spiel zu spielen.) Das Besondere am Experiment von Fehr und Gächter gegenüber früheren ähnlichen Experimenten bestand darin, dass keine der Versuchspersonen mit einer anderen mehr als nur einmal spielte. Damit war ausgeschlossen, dass der *gute Ruf* der Teilnehmer oder früheres Verhalten oder irgendetwas, das eine Versuchsperson als Anzeichen für ihren eigenen Vorteil durch einen anderen Teilnehmer hätte werten können, im Experiment eine Rolle spielte. Für jede Versuchsperson war jede andere Versuchsperson in jedem Spiel vollkommen fremd. Ein Akt der Bestrafung konnte sich daher für eine bestimmte strafende Versuchsperson nicht direkt auszahlen. Sie hatte nichts davon, sondern verlor im Gegenteil Geld dadurch. Es war damit die Bestrafung selbst, die die Versuchspersonen veranlasste, sie durchzuführen, und nicht eine spätere (vielleicht für den Betreffenden positive) Folge der Bestrafung.

Man spielte zehn Sitzungen mit je 24 Studenten (daher brauchte man insgesamt 240 Versuchspersonen), die so ausgewählt wurden, dass sie sich zuvor nicht kannten. Jede Versuchsperson spielte zweimal sechs Spiele, sechsmal mit und sechsmal ohne Bestrafung, die Reihenfolge war balanciert. Das Spielen erfolgte an jeweils einem Computer, sodass sich die Spieler nicht sehen konnten. – Was kam heraus?

Das wichtigste Ergebnis der Untersuchung bestand darin, dass die Bestrafung von Trittbrettfahrern, die trotz der mit ihr verbundenen Kosten oft erfolgte, das kooperative Verhalten deutlich förderte (vgl. Abb. 16.4): Etwa 92 Prozent der Versuchspersonen investierten signifikant mehr unter der Spielbedingung „Bestrafung". Auch am Investment ließen sich die Unterschiede klar ablesen: Im jeweils sechsten Spiel unter der Bestrafungsbedingung investierten etwa 80 Prozent aller Versuchspersonen 15 oder mehr Euro bzw. etwa 40 Prozent aller Versuchspersonen ihr gesamtes Geld. Demgegenüber investierten dann, wenn keine Bestrafung von unkooperativem Verhalten erfolgte, gut 75 Prozent der Versuchspersonen weniger als 5 Euro und knapp 60 Prozent der Versuchspersonen sogar gar nichts!

Nicht nur die Möglichkeit von Bestrafung führte zu kooperativerem Verhalten (sofort nach Einführung der entsprechenden Regel); auch tatsächliche Strafen hatten eine Wirkung: Wurde eine Versuchsperson beispielsweise vor dem letzten Durchgang bestraft, nahm ihr durchschnittliches Investment im letzten Spiel um 1,62 Euro zu. Der Strafende hatte hiervon allerdings nichts, denn die Gruppenzusammensetzung war ja in jedem Durchgang eine völlig andere. Daher wird die Handlung des Strafens in diesem Zusammenhang auch als altruistische Bestrafung *(altruistic punishment)* bezeichnet. Wer sich ärgert und seinem Ärger durch Bestrafung Luft macht, sollte in evolutionärer Hinsicht zunächst ein Versager sein: Er investiert in Bestrafung, hat aber nichts davon. Da sein Ärger jedoch zu höherer Kooperativität

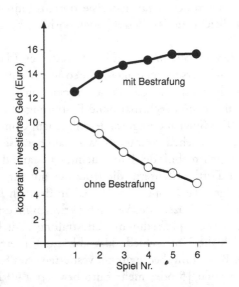

16.4 Mittleres Investment (kooperatives Verhalten) in Euro über die sechs Spiele unter beiden Bedingungen, d.h. mit und ohne Bestrafung unkooperativen Verhaltens (Daten aus Fehr & Gächter 2002, S. 138).

führt, profitiert die Gemeinschaft davon, weswegen Ärger etwa den gleichen Stellenwert für die Gemeinschaft hat wie eine Spende: Es ist eine altruistische Verhaltensweise, wie die Autoren zu Recht folgern.

> „Der Akt der Bestrafung verursacht einen materiellen Vorteil für zukünftige Interaktionspartner des bestraften Individuums, nicht jedoch für den Strafenden. Somit ist der Akt des Strafens zwar mit Kosten für den Strafenden verbunden, bringt jedoch einen Vorteil für die anderen Mitglieder der Bevölkerung, denn er bewirkt bei potentiell nicht kooperativen Personen eine Steigerung von deren Investment. Aus diesem Grund ist der Akt des Strafens eine altruistische Handlung." (Fehr & Gächter 2002, S. 139, Übersetzung durch den Autor)

In einem Kommentar zu diesem Experiment weisen Bowles und Gintis (2002, S. 127f, Übersetzung durch den Autor) mit Recht auf seine Tragweite hin.

„Das Experiment von Fehr und Gächter hat Konsequenzen für die Politik und das Design von Verfassungen. Es legt nahe, dass man darauf abzielen sollte, denjenigen, die bereit sind, sich öffentlich zu äußern, Gelegenheit zu geben, Trittbrettfahrer zu bestrafen. Man sollte demgegenüber nicht davon ausgehen, wie David Hume vor 250 Jahren, dass ‚jedermann ein egoistischer Schurke ist und mit all seinen Handlungen kein anderes Ziel verfolgt als sein eigenes Wohlergehen‘.“

Der Leser mag an dieser Stelle einen Moment innehalten und selbst Beispiele aus eigener Erfahrung generieren, die in die Richtung der Ergebnisse von Fehr und Gächter weisen. In die gleiche Richtung zeigt auch das Ergebnis einer Studie an über tausend Probanden zu den Motiven von Bestrafungshandlungen. Wenn man explizit nachfragt, werden sowohl Abschreckung (und damit Verhinderung weiterer Straftaten) als auch der Wunsch nach Gerechtigkeit (und damit Vergeltung) genannt. Untersucht man jedoch ihre Reaktionen auf unterschiedlichst konstruierte Fälle, so zeigt sich, dass praktisch nur der Wunsch nach Gerechtigkeit und nicht die Abschreckung in die Entscheidungen eingeht – selbst dann, wenn die entscheidenden Personen klar und deutlich zum Ausdruck bringen, dass sie Abschreckung für das wesentliche Moment von Strafe halten (Carlsmith et al. 2002).

Was aber macht Bestrafung so attraktiv? Anders gefragt: Wenn Bestrafung unter den Bedingungen des Spiels mit Kosten für den Strafenden verbunden ist, warum bestraft er dann überhaupt? Ergebnisse von Befragungen und Entscheidungssituationen weisen darauf hin, dass es die negativen Emotionen gegenüber dem Trittbrettfahrer sind, die für das Strafen sorgen, d.h. den Strafenden zu seinem Verhalten motivieren. Es ist letztlich der *Ärger* des Strafenden über die kriminelle Person (und nicht die kalkulierten Auswirkungen des Strafenden für die Gemeinschaft), der zum Wunsch nach Gerechtigkeit und damit zur altruistischen Bestrafung führt. Dieser Ärger ist bei besonders großer Abweichung des Trittbrettfahrers von der Gruppe besonders ausgeprägt. Er wird sogar von den Abweichlern erwartet! *Damit jedoch spielen genau diese negativen Emotionen für die Entstehung und Aufrechterhaltung kooperativen Verhaltens eine große Rolle.* „Sozialpolitik, die für derartige Emotionen kein Ventil vorsieht, ist zum Scheitern verurteilt", kommentiert entsprechend Herb Gintis von der Universität in Amherst, MA (zit. nach Ananthaswamy 2002). Als Beispiel führt er an, dass man hierin ganz offensichtlich den Grund dafür sehen muss, warum in den USA während der 80er Jahre Reformen zur Verbesserung der sozialen Sicherung durch die Bevölkerung abgelehnt worden waren. Die Bevölkerung hatte den Eindruck, dass erkannte Trittbrettfahrer ungeschoren davon kamen, und wollte dies nicht.

Negative Emotionen gegenüber denjenigen, die nichts in die Gemeinschaft einbringen, aber von ihr profitieren, ergänzen damit – mindestens – die eingangs erwähnten evolutionsbiologischen Theorien zur Entstehung altruistischen Verhaltens. Dies zeigt, dass menschliches Sozialverhalten wahrscheinlich deutlich komplexer ist, als es uns so mancher unserer kulturtheoretischen Urväter hatte einreden wollen. Der Mensch ist nicht einfach nur des Menschen Wolf! Und das reine egoistische Streben des Einzelnen reicht allein nicht aus, um kooperatives Verhalten zu erklären. Menschen können sich vielmehr über Kooperation freuen und über Trittbrettfahrer ärgern. Und weil wir dies können, hat uns Aristoteles als *zoon politikon* (Gemeinschaftswesen) bezeichnet. Dies schließt keineswegs aus, dass Menschen auch direkt gegeneinander konkurrieren. Der Gedanke soll hier lediglich sein, dass kooperatives Verhalten durch Gruppenselektion entstehen kann und dass dieser Mechanismus bei Überlegungen zur Natur des Menschen nicht unberücksichtigt bleiben darf. Selektion kann sich auf mehreren Ebenen (Gen/Organismus/Gruppe) abspielen und unterschiedliche Verhaltensweisen favorisieren.

Warum sind diese Erkenntnisse für das Lernen so wichtig? – Weil sich erstens Lernen zumeist in Gemeinschaften vollzieht, deren Mechanismen man kennen sollte. Weil zweitens die genannten Mechanismen der Belohnung und Bestrafung zum Erlernen kooperativen Verhaltens beitragen, dessen Resultate letztlich als Gedächtnisspuren (im orbitofrontalen Kortex) gespeichert werden. Und weil drittens bei entsprechend gewählten Randbedingungen sich dieses Lernen von allein einstellt. Das Experiment von Fehr und Gächter ist wichtig, weil es zeigt, dass soziale Interaktionen auch dann auf ein Gleichgewicht der Kooperation hinauslaufen können, wenn zunächst alles dagegen zu sprechen scheint.

Der gute Ruf

Obgleich wir in einer oft sprichwörtlich anonymen Gemeinschaft leben und mit vielen anderen unbekannterweise interagieren, laufen die meisten unserer sozialen Interaktionen nicht völlig anonym ab. So ist es zwar das Verdienst der Experimente von Fehr und Gächter, gezeigt zu haben, wie selbst unter den Bedingungen völliger Anonymität Kooperativität entstehen kann, aber oft kennt man sich ja.

Daher sei ein weiteres Experiment betrachtet (Milinski et al. 2002). Es macht deutlich, wie es durch Hinzuziehung der Möglichkeit, einen guten Ruf auszubilden, zu kooperativem Verhalten kommen kann. Der wichtigste Punkt des Experiments besteht darin, dass der gute Ruf nicht auf Entscheidungen basieren muss, die den Bereich betreffen, um den es bei der Kooperativität geht. Damit wird die Sache nochmals komplizierter, denn wir betrachten Individuen, die sich über das Verhalten anderer Individuen Gedanken machen und es lernen, und wir betrachten mehr als eine einzige Weise der Interaktion, d.h. die Individuen spielen mehr als ein Spiel zur gleichen Zeit. Kurz: Wir nähern uns langsam der Realität des wirklichen Lebens.

Insgesamt 114 Studenten spielten ein Spiel mit den folgenden Regeln: Jeder Spieler wurde wiederholt entweder als potentieller Geber oder potentieller Nehmer bezeichnet. Ein potentieller Geber wurde auf einem für alle Spieler sichtbaren Bildschirm gefragt, ob er einem potentiellen Nehmer ein Geschenk machen würde. Im Falle einer positiven Entscheidung des Gebers verlor dieser $ 2,50, der Nehmer gewann jedoch $ 4,00. Die Entscheidung des Gebers wurde auf dem Bildschirm angezeigt, so dass jeder Spieler wusste, wer wem wie viel Geld gegeben hatte. Die Versuchspersonen wussten weiterhin, dass das Spiel so angelegt war, dass kein direkter Ausgleich möglich war. Wenn also Max der

Geber von Moritz war, so war er niemals der Nehmer von Moritz. Eine solche direkte Reziprozität war also ausgeschlossen (daher der Name: *Spiel der indirekten Reziprozität*).

Wie man seit einiger Zeit weiß, kommt es bei einem solchen Spiel zu unterschiedlichen Verhaltensweisen der Teilnehmer. Manche sind eher geizig und geben wenig. Wie sich herausstellt, erhalten diese jedoch auch langfristig wenig. Die Teilnehmer merken sich nämlich sehr gut, was jeder einzelne Spieler zu geben bereit ist, und tendieren dazu, einem Mitspieler, der gegenüber anderen Spielern großzügig ist, auch viel zu geben. Ein großzügiger Mensch bildet also einen guten Ruf aus, von dem er langfristig profitieren kann und auch profitiert.

Dieses Spiel wurde jeweils in Gruppen von sechs Studenten gespielt. Die gleichen Gruppen spielten auch eine Variante des oben diskutierten Spiels der gemeinschaftlichen Investitionen: Jeder Spieler konnte entweder $ 2,50 oder gar nichts in das gemeinsame Projekt investieren, das eine Rendite für alle Spieler, unabhängig von der Investition des Einzelnen, in Abhängigkeit von der Gesamtinvestition ergab. Die Rendite betrug dieses Mal ein Drittel der Gesamtinvestition. Investierte also jeder Mitspieler sein ganzes Geld, so konnten alle sechs Spieler ihren Einsatz verdoppeln.

Das Besondere an der Arbeit von Milinski und Mitarbeitern bestand darin, dass sie 19 Gruppen zu jeweils sechs Spielern die beiden Spiele – das der indirekten Reziprozität und das der gemeinsamen Investitionen – in zwei unterschiedlichen Reihenfolgen spielen ließen. Neun Gruppen spielten zunächst das Spiel der gemeinsamen Investitionen achtmal und wechselten dann zum Spiel der indirekten Reziprozität, das ebenfalls achtmal gespielt wurde. Zehn Gruppen spielten die beiden Spiele jeweils abwechselnd, beginnend mit dem Spiel der indirekten Reziprozität, dann eine Runde Spiel der gemeinsamen Investitionen und dann wieder indirekte Reziprozität usw., insgesamt 16mal.

Im ersten Fall kam es zum erwarteten Abfall der Kooperativität während des Spiels der gemeinsamen Investitionen (Abb. 16.5), also im Grunde zum gleichen Ergebnis wie bei Fehr und Gächter (Abb. 16.4). Wurde danach das Spiel der indirekten Reziprozität gespielt, stieg die Kooperation sprunghaft an. Anders verhielten sich die

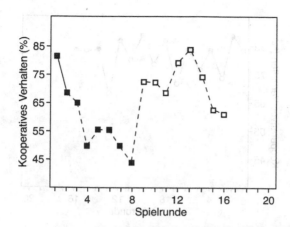

16.5 Abfall des kooperativen Verhaltens während des Spiels der gemeinsamen Investitionen (schwarze Quadrate). Beim anschließenden Spiel der indirekten Reziprozität (offene Quadrate) war die Kooperativität dagegen hoch (nach Milinski et al. 2002).

Gruppen, die abwechselnd beide Spiele spielten (Abb. 16.6): Das Ausmaß der Kooperation im Spiel der gemeinsamen Investitionen war von Anfang an hoch, und es blieb während der gesamten Spieldauer hoch. Mit anderen Worten, das Ausmaß der Kooperation im Spiel der gemeinsamen Investitionen wurde durch das Abwechseln mit dem Spiel der indirekten Reziprozität auf ein höheres Niveau gehoben.

Der zugrunde liegende Mechanismus wurde durch die Analyse der Abfolge einzelner Entscheidungen einzelner Spieler aufgedeckt: Im Spiel der indirekten Reziprozität neigten die Spieler dazu, demjenigen Nehmer nichts zu geben, der im vorangegangenen Spiel der gemeinsamen Investitionen nichts für das Allgemeinwohl übrig hatte.

Um den Effekt der Wechselwirkung beider Spiele direkt zu untersuchen, gingen die Autoren des Weiteren wie folgt vor: Sie ließen alle 19 Gruppen nach den 16 Spielen jeweils vier Runden das Spiel der gemeinsamen Investitionen (und nur dieses) weiterspielen. Dies geschah unter zwei Instruktionen: Entweder wurde den Spielern gesagt, dass nun nur noch dieses Spiel gespielt würde, oder es wurde ihnen nicht

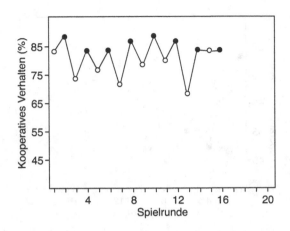

16.6 Kooperatives Verhalten während des Spiels der indirekten Reziprozität (offene Kreise) und des der gemeinsamen Investitionen (schwarze Kreise). Die Kooperativität war hierbei durchgängig hoch (nach Milinski et al. 2002).

gesagt, sodass die Spieler davon ausgehen mussten, dass noch eine Runde des Spiels der indirekten Reziprozität folgen würde. Ohne die zu erwartende indirekte Reziprozität kam es dabei zu einem Abfall der Kooperation, der bei weiterhin drohender Reziprozität ausblieb (vgl. Abb. 16.7).

Ganz offensichtlich war es also so, dass ein Spieler seinen guten Ruf riskierte, wenn er im Spiel der gemeinsamen Investitionen nichts investierte. Der hieraus resultierende schlechte Ruf führte im Spiel der indirekten Reziprozität dazu, dass er als Nehmer wenig erhielt. Das zweite Spiel hatte also die Funktion der Bestrafung in der Untersuchung von Fehr und Gächter (2002), unterschied sich aber von der Bestrafung insofern, als der potentielle Geber ja tatsächlich Geld sparte, wenn er dem unkooperativen Nehmer nichts gab. Umgekehrt stellte das Geben im Spiel der indirekten Reziprozität eine Art Belohnung für denjenigen dar, der in das Gemeinwohl investierte.

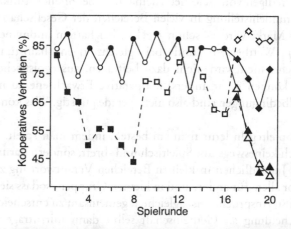

16.7 Nach der 16. Spielrunde wurde nur noch das Spiel der gemeinsamen Investitionen gespielt. Dies wurde den Spielern entweder mitgeteilt oder nicht. Davon hing es ab, ob die Versuchspersonen weiter kooperierten. Nahmen sie an, es würde nochmals eine Runde des Spiels der indirekten Reziprozität gespielt, so kooperierten sie weiter (offene und schwarze Rauten). Wussten sie dagegen, dass dieses Spiel nicht mehr gespielt würde, so nahm ihre Kooperationsbereitschaft rasch ab (offene und schwarze Dreiecke).

Rahmenbedingungen für soziales Lernen

Menschen interagieren auf sozialer Ebene in vielerlei Hinsicht, sind also in die verschiedensten „Spiele" gleichzeitig involviert. Sie bilden dabei einen mehr oder weniger guten Ruf aus, der wiederum vorhersagt, wie weit ihnen andere vertrauen und helfen. Das Besondere an den dargestellten Experimenten ist, dass sie die Strategien interagierender Menschen begrifflich transparent und empirisch untersuchbar machen. Es liegt an uns, die Rahmenbedingungen unseres Sozialverhaltens so zu gestalten, dass wir den Menschen die Möglichkeit geben, sich entsprechend den „Spielregeln" zu verhalten und auf diese Weise kooperatives Verhalten zu erlernen.

Das Predigen von „seid lieb zueinander" bei offener frühkapitalistischer Grundeinstellung in vielen Bereichen der Gesellschaft (Stichwort: der Markt wird es schon regeln), bei hartem anonymen (weil globalem) Wettbewerb und bei gleichzeitigen halbstündlichen Börsennachrichten wird nicht dazu beitragen, aus egoistischen Kindern (sie können nicht anders) kooperative Erwachsene zu machen. Die Randbedingungen sind also nicht gerade günstig. Was können wir tun?

Die Spielregeln lernt man am besten, indem man spielt. Es geht hier jedoch keineswegs um Spieltisch und -brett, sondern darum, Kindern und Jugendlichen in kleinen Bereichen Verantwortung zu übertragen, vor allem für andere und in kleinen Gruppen, sodass sie lernen, was es heißt, Ansprüche auszugleichen, gemeinsam zu entscheiden und die Entscheidung als Gemeinschaft selbst dann mitzutragen, wenn man selbst eigentlich dagegen war etc. Genauso, wie man Sprechen nur in einer Sprachgemeinschaft durch Sprechen und Verstehen lernt, lernt man Sozialverhalten nur in einer Gemeinschaft, in und mit der man handeln darf und kann. Kooperation wird spielerisch gelernt, aber das Spiel heißt nicht *Mensch ärgere Dich nicht* und auch nicht *Monopoly*. Es heißt *Miteinander leben*! Und es ist kein Spiel.

Wolf oder Schaf?

Geht man in Washington über die Museumsmeile nahe dem Capitol, so kann man im Museum für Naturkunde das Gruseln lernen. Eine ganz normale Ausstellung über Spinnen oder Ameisen macht deutlich, dass es in der Natur um nichts anderes geht, als ums Fressen und Gefressenwerden. Irgendwann hat man genug davon und wechselt das Museum. Wer jedoch bei der Astronomie kosmische Ruhe zu finden gedenkt, hat Pech gehabt: Da werden Planeten von Sternen geschluckt, große Sterne fressen die kleinen und schwarze Löcher haben sowieso grundsätzlich immer Appetit auf grundsätzlich alles. Auch im Weltall scheint zu gelten: Jeder gegen jeden, und der Stärkere gewinnt. Dass diese Sicht des Weltalls auf Gedanken des ausgewiesenen Pazifisten Albert Einstein zurückgeführt wird (der es sicherlich gerne anders gehabt hätte), stimmt erst recht nachdenklich. Also ab ins Auto und erst einmal auf dem Highway entspannen. Radio an. Börsennachrichten, feindliche Übernahme …

Vom Kleinen bis zum Allergrößten scheinen also überall die gleichen Gesetze zu gelten. Wen wundert es da, dass Gedanken zum *egoistischen Gen* (Dawkins 1976) auf so fruchtbaren Boden fallen und uns glauben machen, dass die Dinge *und wir Menschen auch* nun einmal so sind. Wenn wir Menschen kooperieren, dann letztlich nur aus egoistischen Motiven (Stichworte: *kin selection*, reziproker Altruismus). Was an diesem Gedanken nicht stimmt, merkt man am besten, wenn man ihn übertreibt (vgl. Bresch 1979): Kohlenstoffatome sind überaus sadistisch, denn sie und (allem Gerede vom Kohlenstoffchauvinismus zum Trotz bis in die Gegenwart) *nur* sie ermöglichen Leben, damit uns Menschen und damit Mord und Totschlag. Mit fressenden schwarzen Löchern verhält es sich nicht anders als mit den sadistischen Kohlenstoffatomen: Hier wird ein Bild aus der Lebenswelt des Menschen der Natur übergestülpt, um dann zu argumentieren, dass es in der Natur eben nun einmal so sei. Wer erst einmal diese Metapher der Ubiquität des Fressens und Gefressenwerdens geschluckt (sic!) hat, der wird auch empfänglich dafür sein, dass sich das Naturwesen Mensch eben auch nicht anders verhält als die Natur um dieses Wesen herum. Kurz: Erst projizieren wir unsere Lebenswelt auf die Natur, um uns dann aus einer so verstandenen Natur zu begreifen. Dass wir bei diesem Vorgehen im Grunde nichts weiter tun als den Status quo zu rechtfertigen, liegt auf der Hand.

Der Blick auf Kohlenstoffatome, Gene, Ameisen oder schwarze Löcher löst die Frage nach dem Wesen des Menschen – Wolf oder Schaf – also nicht. Vielleicht ist es besser, wir schauen einfach gleich auf den Menschen selbst!

Menschen lebten über Hunderttausende von Jahren als Jäger und Sammler in kleinen Gruppen von etwa 30 Personen. Wie im vorangegangenen Kapitel diskutiert, ist das Jagen eine äußerst komplizierte Fertigkeit, die im Laufe von Jahrzehnten gelernt wird. Für den Erfolg ist die Kooperation der Gruppe entscheidend. Sie muss daher funktionieren wie ein einziger Organismus, um den Ertrag zu optimieren. Es wundert daher nicht, dass praktisch alle Gesellschaften von steinzeitlich lebenden Jägern und Sammlern kooperativ organisiert sind (Wilson 1997). In diesen Gesellschaften wird der Einzelne durch Sanktionen daran gehindert, sich auf Kosten anderer zu bereichern. Klatsch und Tratsch sind an der Tagesordnung (Bickerton 1992) und halten auch den egoistischsten Kollegen in Schach. Man wählt einen gemäßigten und ausgleichend wirkenden Charakter zum Chef, dessen Rolle mehr beratend und weniger diktierend ist. Und man unterwirft dessen Lebensvollzug dem höchsten moralischen Standard.

Innerhalb der Gruppe findet evolutionäre Selektion auf der Ebene des Individuums daher kaum statt. Es sind vielmehr die Gruppen untereinander, die in Konkurrenz stehen. Damit ist nicht gemeint, dass sie sich direkt bekriegen, sondern eher, dass sie sich in unterschiedlichen Situationen unterschiedlich verhalten und damit als Gruppe unterschiedlich erfolgreich sind. In knappen Zeiten wird beispielsweise beraten, ob man sich auf gefährlichere Jagdabenteuer einlassen soll oder nicht. Der Ausgang dieser Beratungen muss von jedem Mitglied der Gruppe mitgetragen werden, sonst klappt die Jagd sowieso nicht, und dieser Ausgang entscheidet auch womöglich über das langfristige Überleben der ganzen Gruppe. Variationen im Verhalten der Gruppen werden also über das Überleben der Gruppen entschieden. Damit ist die Einheit der Selektion in diesem Fall weder das Gen noch der einzelne Mensch, sondern die Gruppe. Noch einmal sei hier betont, dass dies nicht der einzige Mechanismus (auf der alleinig sinnvollen Betrachtungsebene) der Selektion ist. Diese findet vielmehr auf mehreren Ebenen gleichzeitig statt.

Bei Insekten ist man daran gewöhnt, dass es keinen Sinn hat, ein einzelnes Tier zu betrachten, um dessen Lebensweise zu verstehen. Erst der Blick auf die Gemeinschaft, den Staat der Ameisen oder das Volk der Bienen, macht die Mechanismen zur Befähigung zum Überleben dieser Tiere deutlich. Dies gilt übrigens keineswegs nur für Insekten – bei diesen Arten liegen die Dinge nur am augenfälligsten –, denn auch andere Arten leben in Gemeinschaften, die für ihr Überleben von größter Bedeutung sind. Wenn Aristoteles den Menschen als Gemeinschaftswesen bestimmt hat, dann hat er damit – wie nach ihm Anthropologen, Soziologen, Sprachwissenschaftler und zuletzt Ökonomen – das Augenmerk darauf gerichtet, was es für uns Menschen heißt, in einer Gemeinschaft zu leben. Wir tun dies nicht zufällig. Wir können vielmehr gar nicht anders. Und wir überleben auch gar nicht anders.

Fazit: Die Wurzeln der Kooperation

Wenn Menschen Gemeinschaftswesen sind, so kann Kooperation nicht die Ausnahme, Letalmutante oder das Resultat von ideologischer Indoktrination sein. Kooperation ist dann vielmehr der Normalfall. Und wenn dem so ist, dann muss es Mechanismen geben, die Kooperation herstellen und aufrechterhalten, denn Kooperation heißt immer auch Verzicht und Teilen – impliziert also Verhaltensweisen, die wir als Kind noch nicht beherrschen, sondern vielmehr erst im Laufe des Lebens erlernen müssen.

Wie kann Kooperation entstehen und sich in der Gemeinschaft halten? Die Lösung dieses Problems liegt nach experimentellen Studien dort, wo man sie zunächst nicht sucht: bei unseren Emotionen, d.h. in neurobiologischer Hinsicht bei den Systemen, die für Freude und Belohnung bzw. für Ärger und Bestrafung zuständig sind.

Der Gedanke ist prinzipiell folgender: Wenn ich auf den Apfel verzichte und ihn meinem kranken Bruder gebe, obwohl mir selbst der Magen knurrt, dann werde ich zwar nicht vom Geschmack des Apfels, wohl aber vom Gedanken an die Genesung meines Bruders belohnt. Hierzu muss dieser Gedanke im Kortex so stark verankert sein, dass er meine Prädisposition, in den Apfel zu beißen, hemmt. Mein Belohnungssystem muss also gelernt haben, auf mehr als den unmittelbaren Konsum und Profit aus zu sein. Dies braucht Zeit (siehe die nächsten beiden Kapitel). Aber wir Menschen werden ja auch vergleichsweise sehr alt (vgl. das vorangegangene Kapitel) und haben damit diese Zeit.

Ein weiterer Gedanke läuft wie folgt: Alle Mitglieder einer Gemeinschaft würden davon profitieren, wenn Trittbrettfahrer bestraft würden. Solche Bestrafungen sind jedoch ihrerseits mit Aufwand (evolutionären Kosten) für das strafende Individuum verbunden, weswegen sich hierfür – aus evolutionsbiologischen Gründen – eigentlich zunächst niemand finden sollte, der dies freiwillig macht. Wenn aber genug Individuen einer Gemeinschaft dazu neigen, Trittbrettfahrer zu bestrafen, dann würde sich für die Trittbrettfahrer ein hohes Risiko der Bestrafung ergeben. Damit wiederum wäre kooperatives Verhalten langfristig etabliert. In Gesellschaften von Jägern und Sammlern sind Sanktionen für nicht gruppenkonformes Verhalten häufig bis streng. Man lacht den Egoisten aus, der Tyrann wird exekutiert (vgl. Wilson 1997).

Gerade in den letzten Jahren haben wir sehr viel Gehirnwäsche über uns ergehen lassen, die uns glauben machen sollte, dass in der Natur langfristig immer Unbarmherzigkeit, Grausamkeit, Rücksichtslosigkeit, Egoismus und vor allem der Stärkere siegt. Gerade *weil* soziales Engagement *gelernt* werden müsse, liege es nicht in unserer Natur. Was aber wird aus diesem Argument, wenn das Lernen in unserer Natur liegt? Und wer wollte ernsthaft behaupten, dass Sprechen nicht in unserer Natur liegt, nur weil wir es lernen müssen? Aus der Tatsache, dass wir soziales Verhalten im Laufe des Lebens erlernen, insbesondere während der ersten beiden Lebensjahrzehnte, folgt also keineswegs, dass es nicht unserer Natur entspricht, kooperativ zu sein.

Im Vergleich zu den subtilen und komplizierten Regeln unseres Sozialverhaltens erscheinen die Regeln der Grammatik nahezu einfach! Aber beim Sprechen geht es ja auch nur um warme Luft: „Bist lieb" oder „bist böse" einerseits ist etwas ganz anderes als eine Umarmung oder eine Ohrfeige andererseits. Es ist sehr sinnvoll, dass wir zum Handeln in der Welt wirklich unsere besten Ressourcen der Informationsverarbeitung einsetzen!

Viele brennende Probleme unserer Zeit, vom Rohstoffverbrauch über die Ressourcenverteilung, vom Gesundheitswesen oder der Sozialversicherung bis zum Ausstoß von Treibhausgasen, lassen sich besser verstehen und vielleicht auch lösen, wenn man weiß, wie Menschen funktionieren, was sie umtreibt und wozu sie durch ihre Fähigkeit zu lernen in der Lage sind. Eine Gemeinschaft ist dann stabil, wenn sie so organisiert ist, dass jeder Einzelne das für sich will, was auch der Gemeinschaft dient, die ihn trägt und erhält. Es ist an der Zeit, dass wir die Regeln unseres Gemeinwesens wissenschaftlich hinterfragen und gegebenenfalls nachbessern.

17 Bewertungen

Dass Lust und Unlust irgendwo im Gehirn repräsentiert sind, wird kaum jemand bezweifeln. Dass jedoch die Neurobiologie wesentlich über diese Einsicht hinausgehen kann, wird viele überraschen. Dabei wird hier keineswegs behauptet, man könne moralische Probleme durch das Scannen von Menschen lösen. Wohl aber kann man der neuronalen Maschinerie, die moralische Überlegungen in uns bewerkstelligt, ebenso auf den Grund gehen, wie man dem Sehen, Hören oder Denken durch neurobiologische Untersuchungen auf den Grund gehen kann. Dass man dabei vieles über das Licht und den Ton lernt und dass man hinterher nicht weniger über Malerei und Musik staunt, sondern mehr, bezweifeln nur diejenigen, die es nie mit dem Verständnis versucht haben.

Depression und Manie

Beginnen wir mit einem ganz einfachen Beispiel: Die Depression, eine der weltweit häufigsten Krankheiten überhaupt, ist eine Erkrankung des Gehirns, die mit Störungen im Bereich bestimmter Neurotransmitter einhergeht. Mit diesen Veränderungen der Neurotransmitter und des Gehirnstoffwechsels verschieben sich auch die Bewertungen des Patienten: Die Dinge um ihn herum sind nichts mehr wert. Auch sein eigenes Leben ist nichts mehr wert, alles ist in dunkle, schwarze Farbe getaucht. Der Maniker bewertet demgegenüber alles (und vor allem sich selbst) überaus positiv. Die Handlungen der Patienten sind entsprechend: Der Depressive ist oft wie erstarrt und es drängen sich ihm die Gedanken an die eigene Unzulänglichkeit, den eigenen Tod und dessen Herbeiführung immer wieder auf. Der Maniker handelt beständig, schläft wenig, reißt seine Mitmenschen mit, steckt sie an – zumindest für eine gewisse Zeit. Kocht die Erkrankung über (Psychiater sprechen in der Tat von einer *überkochenden Manie*), dann gelingt dem Patienten nichts mehr, da er keine Handlung mehr zu Ende führen kann.

Die moderne Medizin ist in der Lage, depressive oder manische Zustandsbilder meist innerhalb weniger Wochen zu behandeln. Mit dem Gesundungsprozess geht auch eine Veränderung der Bewertungen einher: Für den Depressiven haben plötzlich die Welt, sein eigenes Leben und Geselligkeit wieder einen Wert; beim Maniker kommt es hingegen unter der Behandlung zu einer gewissen Ent-Wertung sowohl seiner Person als auch der ihn umgebenden Welt. Dies kann mitunter schmerzlich sein und den Patienten veranlassen, die Therapie abzubrechen. Langfristig lernen die meisten Patienten jedoch, die Manie als krankhaft zu erkennen und sich – im eigenen Interesse an einem normalen gesunden Leben – der Therapie und Vorbeugung zu unterziehen.

Kohl, Äpfel und Bananen

Unser Gehirn ist nicht nur eine statistische Regelextraktionsmaschine (vgl. Kap. 5 und 6), sondern auch eine Bewertungsmaschine. Es tut letztlich das Gleiche, wenn es das eine oder das andere tut. „Aber rot und süß sind doch etwas ganz anderes als gut und schlecht", wird der kritische Leser einwenden. Und der Einwand trifft insofern zu, als Bewertungen mehr Erfahrung voraussetzen und oft deutlich komplizierter sind als das Feststellen von Eigenschaften. Weil aber das Gehirn jegliche *flüchtige* Aktivierungsmuster langfristig in *stabile* Repräsentationen überführt, schlagen sich Bewertungen zwangsläufig so wie Wahrnehmungen und Gedanken in Repräsentationen nieder. Ebenso, wie sich durch das tausendfache Hören Wörter und die Regeln ihres Gebrauchs in das Gehirn eingraben, verfährt das Gehirn mit Bewertungen. Sie werden langfristig repräsentiert. Werden Bewertungen dann auch noch reflektiert, gelangen wir zu etwas, das man gemeinhin einen

Wert nennt. Aber greifen wir dem nächsten Kapitel nicht vor; fragen wir vor der Diskussion der Entwicklung von Werten sicherheitshalber noch einmal nach: Gibt es wirklich neuronale Repräsentationen von Bewertung?

Wenn man so fragt, wird die Sache zu einem Problem des cleveren Experimentierens. Man muss sich nämlich nun fragen, wie man es schaffen kann, die Bewertung einer Sache völlig von deren Eigenschaften zu trennen, so dass man sich sicher sein kann, dass die gemessene Aktivität eines Neurons tatsächlich nur mit der Bewertung und nicht mit irgendeiner Eigenschaft des Stimulus zusammenhängt. Dies ist leichter gesagt als getan.

In Experimenten an Affen ist es jedoch gelungen (Tremblay & Schultz 1999). Stellt man einen Affen vor die Wahl, ob er ein Stück Kohl oder ein Stück Apfel essen möchte, so entscheidet er sich für den Apfel. Leitet man zugleich von Neuronen im Frontalhirn ab, so feuern bei der entsprechenden Auswahl bestimmte Neuronen. Bei diesen handelt es sich jedoch *nicht* um Repräsentationen von Äpfeln oder deren Eigenschaften („Apfelneuronen"). Stellt man nämlich den Affen vor die Wahl zwischen einem Apfel und einer Banane, so greift er zur Banane, und dies wird vom Feuern des gleichen Neurons wie zuvor beim Griff nach dem Apfel begleitet (vgl. Abb. 17.1). Ohne hier weitere Details (es war auch kein „Greifneuron") zu berichten, erlaubte dieses Experiment zusammen mit einer Reihe weiterer Experimente den Schluss, dass Neuronen im Bereich des orbitofrontalen Kortex (vgl. Abb. 17.5) nicht Eigenschaften, sondern *Bewertungen* des Stimulus kodieren.

Das Trolley-Problem

Stellen Sie sich vor, Sie beobachten, wie ein kleiner Wagen auf Schienen einen Berg hinunter und auf eine Weiche zurollt, die Sie aus der Ferne vom Stellwerk aus bedienen können. Die Gleise teilen sich nach der Weiche, wobei Sie weiter beobachten, dass auf dem einen Gleis fünf Menschen sitzen, mit Blick ins Tal, auf dem anderen Gleis ein

17.1 Experiment von Tremblay und Schultz (1999) zur neuronalen Repräsentation von Bewertungen (schematisch, nach Watanabe 1999). Auf einem Oszillographen ist die neuronale Antwort eines Neurons im orbitofrontalen Kortex des Affen zu sehen. Wenn er die untere breite Taste betätigt, erscheint ein Hinweisreiz entweder links oder rechts auf dem Bildschirm. Der Affe muss sich die Seite (rechts oder links) merken und nach zwei Sekunden die kleine Taste unter dem zuvor gezeigten Hinweisreiz drücken. Ein Dreieck sagt die Belohnung mit Salat, ein Quadrat die Belohnung mit einem Apfel voraus. Da der Affe den Apfel lieber mag als Salat, feuert das Neuron in Erwartung dieser Belohnung stärker (oben). Er mag aber Bananen noch viel lieber, weswegen im Vergleich hierzu das Neuron beim Apfel nur gering feuert.

Mensch, ebenfalls mit Blick ins Tal. Die Menschen sehen also den herannahenden Wagen nicht und Sie haben keine Möglichkeit, sie durch Zuruf oder Winken zu verständigen. Sie haben nur die Wahl, durch Stellen der Weiche entweder fünf oder einen Menschen vor dem sicheren Tod durch Überrollen zu bewahren (Abb. 17.2). Wie würden Sie handeln? – Die meisten Menschen entscheiden sich bei diesem Gedankenexperiment dafür, fünf Menschenleben zu retten, auch wenn es einen Menschen das Leben kostet.

17.2 Das Trolley-Problem, wie es in der angloamerikanischen Ethikdiskussion und vor allem auch im Ethikunterricht bekannt ist.

Stellen Sie sich nun weiter vor, Sie arbeiten in einer großen Ambulanz und sind zugleich für die Verteilung von Spenderorganen an wartende Empfänger zuständig. Der Zufall will es, dass Sie gerade von fünf wartenden Empfängern Kenntnis haben, die alle den gleichen Antigenstatus haben und von denen zwei eine Niere sowie je einer eine Leber, eine Lunge und ein Herz brauchen. Stellen Sie sich nun vor, es kommt jemand zum Routine-Checkup in Ihrer Ambulanz vorbei und erweist sich als kerngesund. Allerdings zeigt die zufällig vorgenommene Analyse seiner Antigenstruktur, dass auch er genau den gleichen Status hat wie die fünf wartenden Empfänger. Sie stehen also prinzipiell vor der gleichen Frage wie oben: Sie könnten die Organe des gesunden Menschen nutzen, um durch dessen Tod fünf anderen Menschen das Leben zu ermöglichen.

„Um Gottes Willen", werden Sie sagen, „wo kämen wir denn da hin? Es gibt schließlich den hippokratischen Eid, und ein Arzt soll niemandem schaden!" Sie haben ja auch Recht, aber müssen sich schon die Frage gefallen lassen, worauf Sie sich hierbei berufen. Stellen Sie sich also nun vor, Sie beobachten, wie ein Wagen mit fünf Menschen darin in Richtung eines Abhangs rollt und alle fünf in den sicheren Tod reißt. Sie stehen auf einer Brücke über den Gleisen und vor Ihnen steht ein sehr großer, sehr dicker Mann (vgl. Abb. 17.3 rechts). Die einzige Möglichkeit für Sie, den Wagen zu stoppen, bestünde darin, den Dicken von der Brücke auf die Gleise zu stoßen, um so den Wagen zu bremsen…

Nein, auch das würden Sie nie tun. Schließlich darf man einen Menschen nie zum Mittel für die Erreichung eines Zwecks (und sei er noch so gut) machen; jeder Mensch ist vielmehr selbst Zweck … also dürfen Sie den Menschen vor Ihnen nicht als Bremse verwenden.

Stellen Sie sich nun aber vor, Sie stünden wie ganz zu Anfang an der Weiche, nur die Gleise verliefen anders; sie machen unterhalb der Weiche einen Bogen und laufen zur Weiche zurück. Auf der einen Seite des Bogens sitzen wieder die mittlerweile vertrauten fünf, auf der anderen Seite der eine Mensch (vgl. Abb. 17.3 links). Wie auch immer Sie die Weiche jetzt stellen, Sie werden entweder einen oder fünf Menschen zu einer Bremse machen (mit einfachem oder fünffachem tödlichen Ausgang) und dadurch fünf oder einen Menschen vor dem Tode bewahren. Hier können Sie also gar nicht anders, als einen Menschen zu einem Mittel zu machen, aber Sie würden sich wahrscheinlich in diesem Fall wieder für die rein rechnerische Lösung entscheiden …

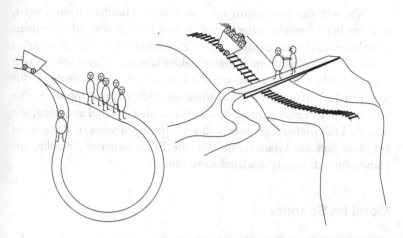

17.3 Variationen des Trolley-Problems: Der Wagen rollt auf einen Abhang zu; gebremst werden kann er nur durch Opfern eines unschuldigen unbeteiligten anderen Menschen (rechts). Der Wagen fährt wie eingangs geschildert, würde jedoch durch den einen Menschen gebremst und führe dann aus diesem Grunde nicht über die anderen fünf Menschen (links).

Zum Trolley-Problem gibt es weitere Variationen, die uns zwingen, unsere Intuitionen von dem, was richtig und was falsch ist, zu hinterfragen und Prinzipien zu ersinnen, mit denen sich unsere Handlungen rechtfertigen lassen. Meistens ist dies einfach: Wir bringen unseren Chef nicht um, obgleich er uns gerade massiv geärgert hat, denn es gibt das Prinzip, dass man nicht töten soll.

Liegen die Dinge jedoch kompliziert und gibt es Konflikte der oben genannten Art (man hat die Wahl zwischen zwei unschönen Alternativen), so kann es kompliziert werden. Es gilt, Prinzipien gegeneinander abzuwägen, wie beispielsweise dasjenige, dass fünf Menschenleben im Zweifelsfall und bei sonst identischer Sachlage mehr wert sind als eines, und dasjenige, dass man Menschen unter keinen Umständen aktiv schaden darf, oder dasjenige, dass man Menschen nicht zu Mitteln machen darf, seien die Zwecke auch noch so heilig.

Was wir also tun, wenn wir moralisches Handeln hinterfragen, sind letztlich Versuche, unsere moralischen Intuitionen auf Prinzipien zu reduzieren, die uns dann gerade in Zweifelsfällen den Blick schärfen und unsere Entscheidungen klären helfen können. Moral verhält sich zum Handeln daher etwa so wie die Grammatik zum Sprechen. Wir sprechen ja immer schon (und meistens auch richtig), ohne je eine Grammatik aufgeschlagen zu haben. Wenn aber Zweifel auftreten, wie man dies oder jenes sagt, wenn also die Intuition versagt, dann ist es gut, man hat die Grammatik, d.h. die Prinzipien der Sprache, zur Hand, um sich richtig ausdrücken zu können.

Moral im Scanner

Wenn sich jemand Gedanken darüber macht, wie er in der einen oder anderen schwierigen Situation handeln sollte, kann man ihn durchaus in einen Magnetresonanztomographen (MRT) legen und dabei die Aktivitätsmuster des Gehirns untersuchen. Greene und Mitarbeiter (2001) konfrontierten neun freiwillige Versuchspersonen im MRT mit moralischen Problemen der Art des oben diskutierten Trolley-Problems. Als Vergleichsaufgabe zur Kontrolle dienten Probleme der Art, ob man besser den Bus oder die Bahn nimmt, um von A nach B zu reisen, und ähnliche moralisch neutrale Entscheidungsprobleme. Die moralischen Probleme wurden ihrerseits nochmals aufgeteilt in solche, die eine persönliche Beteiligung implizieren (z.B. Töten eines gesunden Menschen), und solche, bei denen dies nicht der Fall war (beim bloßen Stellen einer Weiche).

Insgesamt hatten die Probanden 60 solcher Probleme im Scanner zu bewältigen und ihre Reaktion mittels Tastendruck kenntlich zu machen. Die Gehirnaktivierung zeigte sich dabei abhängig von der Aufgabe. Musste vor allem gerechnet werden, so waren Bereiche des Parietalhirns aktiviert (vgl. Kap. 14). Ging es hingegen um moralisches Abwägen von Werten, um Bewertungen von Verhaltensweisen, so aktivierte dies vor allem Bereiche des medialen Frontalhirns. Gerade die persönlich-moralischen Entscheidungen aktivieren unter anderem solche Areale, von denen bekannt ist, dass sie auch durch emotionale bzw. motivationale Prozesse aktiviert werden (vgl. Kap. 9 und 10). Beim Nachdenken über persönlich-moralische Probleme sind somit die Emotionen im Sinne der Funktion der Bewertung beteiligt, ob man dies will oder nicht.

Deren Einfluss auf das moralische Denken ist gerade dann besonders deutlich, wenn man sich gegen seine Emotionen entscheidet. In diesen Fällen braucht man dann deutlich länger für die Entscheidung, wie aus den Reaktionszeiten hervorgeht, die in der Studie von Greene und Mitarbeitern ebenfalls untersucht wurden (Abb. 17.4).

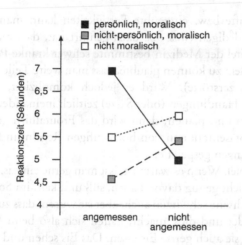

17.4 Reaktionszeiten im Experiment von Greene et al. (2001). Die Antworten wurden danach eingeteilt, ob sie rein rechnerisch stimmten oder nicht. Bei den persönlich-moralischen Problemen läuft diese rechnerische Lösung unseren moralischen Intuitionen zuwider, weswegen wir uns in der Regel gegen die „rein rechnerisch richtige" Lösung entscheiden. Entscheiden wir uns jedoch für sie und gegen unsere Gefühle, dann brauchen wir für die Entscheidung länger.

Was folgt aus diesen Ergebnissen zur Neurobiologie moralischen Handelns? Zunächst einmal sagen sie nichts darüber aus, welche Handlungen richtig sind. Man kann also Ethik keineswegs dadurch ersetzen, dass man Menschen während des Fällens moralischer Urteile mittels funktionell bildgebender Verfahren im Scanner untersucht. Andererseits ist es unwahrscheinlich, dass man angesichts dieser und weiterer zu erwartender Ergebnisse zur Neurobiologie moralischen Handelns in völlig gleicher Weise über Ethik nachdenkt wie zuvor. Wer Handlungen beschreibt, kann Erkenntnisse dazu, wie diese Handlungen faktisch hervorgebracht werden, ebenso wenig ignorieren wie der Linguist die neurobiologischen Erkenntnisse zum Sprechen.

Zur Funktion von Bewertungsrepräsentationen

Viele reflexhafte bzw. eingeübte Fertigkeiten kann man ganz ohne Frontalhirn erledigen (was u.a. dazu geführt hat, dass man in einem dunklen Kapitel der Medizin bestimmte schwer kranke Patienten dadurch behandeln zu können glaubte, dass man weite Teile des Frontalhirns einfach zerstörte). Wird es jedoch kompliziert, müssen wir beispielsweise Handlungen (oder Sätze) zeitlich ineinander schachteln, hierarchisieren und planen, dann wird das Frontalhirn gebraucht. In ihm sind Repräsentationen von hochstufigen Regeln und komplexen Zusammenhängen gespeichert.

Ein Beispiel: Wenn es warm ist, isst man gerne ein Eis. Kleine Kinder können nicht genug davon haben, süß und kalt, im Sommer wunderbar. Erwachsene schwitzen auch, aber sie wissen, dass zu viel Eis den Zähnen schadet und dick macht, halten sich also beim Konsum zurück, obwohl sie auch gerne Eis essen. Das Eis sehen und gerade *nicht* gedankenlos zugreifen, sondern es sehen und die kurzfristigen gegenüber den langfristigen Zielen abwägen (also vielleicht gelegentlich ein Eis zu essen, es aber ansonsten bei kaltem Wasser oder Tee zu belassen) können Erwachsene, weil sie ein funktionsfähiges Frontalhirn besitzen. (Dass dies nicht immer und bei manchen gar nicht gut klappt, spricht nicht gegen diese prinzipielle Funktion des Frontalhirns.)

Die wesentliche Funktion von Repräsentationen im Frontalhirn besteht, ganz allgemein gesagt, in Folgendem: Hochstufige allgemeine Informationen (z.B. der Wunsch, gesund zu leben und nicht dick zu sein) zu meinen gerade erfolgenden Handlungen werden aktiviert, online im *Arbeitsgedächtnis* gespeichert, um Wahrnehmungs- und Handlungsabläufe, den Input und den Output des Gehirns, zu strukturieren: Obgleich ich hungrig bin, lasse ich das Mittagessen ausfallen und lese auch nicht die neuesten Rezepte, denn ich möchte mein Körpergewicht halten.

Das Frontalhirn ermöglicht mir also, zielgerichtet zu handeln. Um dies zu tun, muss ich andere, vielleicht aufgrund meines körperlichen Zustandes (Unterzucker), meiner Motivationslage (bin hungrig) oder meiner Umgebung (es riecht nach gutem Essen) sich einstellende Wahrnehmungen und Handlungen unberücksichtigt lassen bzw. aktiv unterdrücken. Eine wesentliche Funktion des Frontalhirns besteht damit in der *Hemmung* reflexhaften bzw. triebhaften Verhaltens.

Mein Frontalhirn sorgt dafür, dass ich nicht immer gerade das tue, was ich von meinen körperlichen Bedürfnissen her jetzt und hier unmittelbar eigentlich am liebsten tun würde. Ich kann die Zeit zwischen Input und Output überbrücken, etwas einschieben oder aufschieben, *mich also von der Unmittelbarkeit des Augenblicks in meinen Handlungen lösen.* Mein Frontalhirn sorgt dafür, dass mein Handeln nicht nur von der unmittelbaren Umgebung geleitet wird, also beispielsweise von dem Duft guten Essens, sondern von zusätzlichen wichtigen Rahmenbedingungen meines Lebens. Im Frontallappen ist der, wie man heute allgemein gern sagt, *Kontext* meines Handelns repräsentiert. Dieser Kontext ist ganz konkret diejenige hierarchisch geordnete Struktur von Fakten, Zielen, Gefühlen und Randbedingungen, die meine Handlungen leiten.

Ein wichtiger Teil dieses Kontextes sind die *Mitmenschen* und meine Einschätzung von *deren* Gedanken, Zielen und Bedürfnissen. Wie wir gesehen haben (Kap. 16), ist ein wesentlicher Motor kooperativen Verhaltens das Einplanen der Gefühle und Handlungen anderer Menschen in meine eigenen Handlungen. Daher ist das Frontalhirn wesentlich für funktionierendes *Sozialverhalten* und das Sich-in-andere-Hineinversetzen, die Empathie.

Nach Meinung mancher Autoren (Miller & Cohen 2000) sind die genannten Funktionen im Frontalhirn nicht getrennt, sondern ganz im Gegenteil immer zugleich vorhanden. Es gibt lediglich Unterschiede, auf welche Art der Information sich das On-line-Halten im Arbeitsgedächtnis, die Hemmung von Alternativen, die Überbrückung der Zeitdimension und das Berücksichtigen anderer gerade bezieht. Es kann um Sprache gehen oder um Dinge, um Eigenschaften oder um Aspekte des Raums, um das Was und Wann oder um das Wer und Wie gut. Da der *orbitofrontale* Kortex (Abb. 17.5) die deutlichsten Verbindungen mit Mandelkernen und Dopaminsystem aufweist, ist er für die genannten frontalen Funktionen (Arbeitsgedächtnis, Hemmung, Kontext, Überbrückung von Zeit, Sozialverhalten) vor allem im Hinblick auf Bewertungen und deren langfristige Kristallisationen – Werte – zuständig.

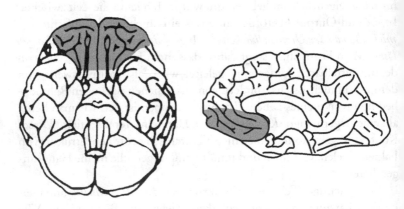

17.5 Der orbitofrontale und der mediale frontale Kortex (grau) auf schematischen Ansichten der Gehirnrinde von unten (links) und nach Durchschneiden in der Mitte von der Mittellinie her (rechts).

Hat man sich erst einmal die Leistungen des Frontalhirns vergegenwärtigt, so fällt es nicht mehr schwer sich auszumalen, was bei seinem Ausfall geschieht. Patienten mit Schädigungen oder Störungen im Bereich des orbitofrontalen Kortex haben Mühe mit der Unterscheidung von Gut und Böse, mit der Verfolgung von Zielen, mit der Unterdrückung unmittelbarer Bedürfnisse und mit dem Handeln im Rahmen eines bestimmten Kontextes. Sie verhalten sich damit haltlos, hemmungslos, ziellos, planlos und gegenüber anderen rücksichtslos (vgl. den im nächsten Kapitel geschilderten Fall des *Phineas Gage*).

Der gute Geschmack

Der orbitofrontale Kortex ist in der Anatomie und Physiologie seit langem in einem scheinbar ganz anderen Zusammenhang bekannt: Es handelt sich nämlich um den sekundären Geschmacks- und Geruchskortex. Dies bedeutet, dass Geruchs- und Geschmacksinformationen zunächst in den diesbezüglichen primären Zentren verarbeitet werden, dann jedoch den orbitofrontalen Kortex erreichen. Beim Sehen oder Hören ist das anders: Hier ist eine ganze Reihe weiterer kortikaler Analysestationen beschäftigt, die Signale zunächst auf komplexe Weise zu verarbeiten, und erst dann erfolgt deren Bewertung durch Verschaltung höherer sekundärer visueller und auditiver Zentren mit dem orbitofrontalen Kortex. Geruch und Geschmack gehen demgegenüber, so könnte man sagen, viel unmittelbarer in die Bewertung ein.

Dass dies so ist, hat seinen Sinn darin, dass Geruch und Geschmack für die überlebenswichtige Funktion der Nahrungsaufnahme unmittelbar bedeutsam sind und die Bewertung dieser Informationen daher den wesentlichen Teil ihrer Analyse ausmachen. Unsere Umgangssprache spiegelt dies mit ihrer typischen Funktion, Bedeutungshorizonte kollektiv abzuspeichern und damit die Statistik ihres Gebrauchs durch eine ganze Gemeinschaft zu repräsentieren, erstaunlich treffsicher wider: Wenn wir jemanden nicht mögen, dann können wir ihn nicht riechen, und wenn jemand einen guten Geschmack hat, dann bezieht sich dies keineswegs nur auf das Essen.

Man kann daher den Spieß auch umkehren und sich über die Funktion der Bewertung dadurch informieren, dass man den Geschmackssinn untersucht. Katzen unterscheiden sich untereinander ganz wesentlich durch die Art ihrer Umgebung und damit auch durch die Art ihrer Ernährungsgeschichte: Wenn sie auf Bauernhöfen leben und sich selbst durch Jagen versorgen, sind sie prinzipiell auf Abwechslung eingestellt, d.h. sie bevorzugen Nahrung, die sich vom Mittelwert der bisherigen Nahrung weitestmöglich unterscheidet. Werden Katzen hingegen gefüttert, erhalten also ernährungsmäßig ausbalanciertes Tierfutter, so meiden sie in der Regel neue Nahrung. Beide Strategien sind sinnvoll: Die erjagte Beute liefert in der Regel nicht alle notwendigen Nahrungsbestandteile, sodass die Präferenz für Varianz eine Anpassung an das Dasein als Jäger darstellt. Wer jedoch täglich optimal ernährt wird, der kann bei Neuem letztlich nur verlieren.

Auch bei anderen Arten findet man unterschiedliche Reaktionen auf bekannte und neue Nahrung. Diese Reaktionen sind so allgemein, dass man sie im Rahmen der Erforschung von Nahrungsmittelpräferenzen mit zwei Begriffen – *primacy effect* und *novelty effect* – belegt hat.

Primacy effect: Bei einer ganzen Reihe von Arten wurde beobachtet, dass bestimmte früh erfahrene Geschmacksrichtungen später gegenüber anderen vorgezogen werden. Werden frisch geschlüpfte Schildkröten oder Schlangen beispielsweise täglich entweder mit Pferdefleisch, Fischen oder Würmern gefüttert, bevorzugen sie zwölf Tage später beim Angebot aller drei Nahrungsquellen diejenige Nahrung, die sie zuvor erhalten hatten. Erhalten sie dann für weitere zwölf Tage eine jeweils andere Nahrung (also z.B. zuerst Fisch, dann Würmer), so bevorzugen sie dennoch diejenige Nahrung, die sie in den ersten zwölf Lebenstagen erhalten hatten.

Auch Experimente bei verschiedenen Vogelarten hatten ähnliche Ergebnisse: Wurden Vögel für das erste halbe Lebensjahr mit einer speziellen Diät gefüttert, so bevorzugten sie später genau diese Diät gegenüber anderer Nahrung. Nicht anders reagierten Hunde, die man mit ganz bestimmten sehr eingeschränkten Nahrungsmitteln aufwachsen ließ: Sie aßen später nur diese.

Auch beim Menschen wurde durch Gabe von Anis an schwangere Frauen vor der Geburt gefunden, dass die Neugeborenen eine Präferenz für diesen Geruch aufwiesen (vgl. Kap. 11). Dies lässt sich zumindest als Hinweis auf einen *primacy effect* bei der Nahrungsmittelpräferenz deuten.

Novelty effect: Auch das gegenteilige Verhalten, nämlich die Präferenz für neue Nahrung, ließ sich experimentell bei Ratten, Hunden und Katzen nachweisen. Ratten erhielten während der ersten 48 Lebenstage entweder ihr normales Futter oder dieses vermischt mit Essig. Danach konnten sie zwischen beiden auswählen und entschieden sich jeweils für das andere, zuvor nicht erhaltene Futter. Studien an Hunden zeigten, dass die Vorliebe für Neues durchaus davon abhängt, was bisher gegessen wurde. War dies sehr schmackhaft bzw. entsprach der natürlichen Nahrung der Hunde, wurde es eher beibehalten. Dennoch zeigte sich, gleichsam aufgesetzt auf diese Tendenz, der *novelty effect*. Nicht anders verhielten sich mit Dosennahrung gefütterte Katzen: Wenn sie zunächst für 16 Wochen mit Whiskas-Huhn oder mit Whiskas-Leber gefüttert wurden, zogen sie die jeweils andere Sorte bei einem Auswahltest vor.

Ganz offensichtlich besteht hier also ein Problem: Manche Experimente zeigen einen klaren *primacy effect*, andere hingegen einen *novelty effect*. Um diesen Widerspruch aufzulösen, führte Stasiak (2001, 2002) Lernexperimente an Katzen durch, die eine Abhängigkeit der Effekte von der Varianz der in Kindheit und Jugend erhaltenen Nahrung zeigten. Wie erwerben nun Katzen ihren Appetit für entweder Varianz oder immer das Gleiche?

Katzen, Whiskas und die Moral

Schon lange ist bekannt, dass Katzen, die mit geschmacklosem Futter aufgewachsen sind, später praktisch nicht mit (geschmackvollem) Futter belohnt werden können. Es verhält sich mit der Repräsentation von Geschmack somit offensichtlich ähnlich wie mit der seit Jahrzehnten bekannten Repräsentation von schrägen Strichen (vgl. Kapitel 11): Haben die Katzen von frühester Jugend an nur Striche in einer Richtung gesehen, sind sie aufgrund der Anpassung ihrer visuellen Neuronen an den Input nahezu blind für Linien anderer Orientierung. Vor diesem Hintergrund wurde das folgende Experiment zur Nahrungsmittelpräferenz durchgeführt.

Zwölf Katzen wurden bereits zwei Wochen vor der Geburt in drei Gruppen eingeteilt und erhielten (zunächst *in utero* über die Plazenta, dann über die Muttermilch und dann als Nahrung für die ersten sechs Lebensmonate) entweder Whiskas-Rindfleisch oder Whiskas-Thunfisch oder beides durcheinander. In den anschließenden Lernexperimenten zeigte sich, dass Whiskas-Thunfisch sowohl bei den mit ausschließlich Whiskas-Rindfleisch als auch bei den allein mit Whiskas-Thunfisch aufgewachsenen Katzen einen höheren Belohnungswert hatte als Whiskas-Rindfleisch. Da es sich bei beiden Whiskas-Sorten um ernährungsmäßig ausgewogenes Futter handelte, muss die Bevorzugung allein auf den Geschmack zurückgeführt werden. Bei den Katzen aus der Gruppe mit gemischter Nahrung war eine solche Bevorzugung nicht nachzuweisen, was durch ein Kontrollexperiment an weiteren zehn Katzen bestätigt wurde, die mit gemischter Nahrung aufgezogen wurden und deren Vorlieben dann in einem einfachen Auswahlparadigma getestet wurden. Mit anderen Worten: Wer immer das gleiche Whiskas aß (ganz gleich, ob Thunfisch oder Rindfleisch), hatte später eine Vorliebe für Thunfisch-Whiskas; wer jedoch wechselweise Thunfisch- oder Rindfleisch-Whiskas aß, der mochte später beides.

Frühzeitige unterschiedliche Ernährung führt somit zu einer größeren Ausgewogenheit der Vorlieben im späteren Leben, wohingegen frühzeitige einseitige Ernährung ganz offensichtlich die Ausbildung eines differenzierten Wertegefüges verhindert. Dies führt dann dazu, dass nur eine einzelne Wertedimension („gut-schlecht") intern repräsentiert wird, auf der sich dann (wahrscheinlich) genetisch veranlagte Vorlieben (z.B. eher für Thunfisch als für Rindfleisch bei Katzen) immer auf die gleiche Weise abbilden. Es bleibt noch nachzutragen, dass bei Katzen der kortikale Ort der Repräsentation belohnender Effekte von Geschmack und Geruch zwar nicht der orbitofrontale, sondern der mediale präfrontale Kortex ist. Diesem entspricht jedoch bei Primaten und damit auch beim Menschen aufgrund der Konnektivität und Funktion der orbitofrontale Kortex.

Halten wir fest: Es ist die *Varianz* der frühen Erfahrungen und weniger deren Absolutwert, was zu Differenziertheit, Toleranz und Weitblick bei Bewertungen im späteren Leben führt. Der Philosoph Ludwig Wittgenstein wuchs wahrscheinlich unter emotional eher eingeschränkten Bedingungen auf (er soll bereits in jungen Jahren oft und lange depressiv gewesen sein). Seinem Biographen zufolge soll er gesagt haben (zit. nach Weischedel 1996, S. 353), dass es ihm egal sei, was er esse, „wenn es doch immer nur das Gleiche sei."

Fazit

Unser Gehirn unterscheidet nicht zwischen Wahrnehmungen, Gedanken und Bewertungen. Es besitzt jedoch Systeme, die jeweils für das Sehen oder Hören, für das Sprechen oder Gehen oder aber für die Erfahrung von Belohnung und Bestrafung zuständig sind. Zu diesen Systemen gehört der orbitofrontale Kortex, ein über den Augen gelegener Bereich der Großhirnrinde, in dem längerfristig Repräsentationen von Bewertungen gespeichert sind. So wie beim Wahrnehmen oder Denken innere Repräsentationen von Eigenschaften oder Objekten entstehen, werden auch beim Bewerten aus den entsprechenden flüchtigen Aktivierungsmustern im Gehirn stabilere Repräsentationen von Bewertungen. Diese ermöglichen, dass wir uns kompetent in der Welt zurechtfinden.

Betrachten wir die Entwicklung solcher Bewertungsrepräsentationen in Analogie zur Sprachentwicklung. Durch die häufige Verarbeitung der Laute unserer Muttersprache schlagen sich diese in den Synapsenstärken von Gehirnarealen nieder, die für die Analyse von Lautmustern zuständig sind. Bereits der sechsmonatige Säugling hat auf diese Weise die Laute der Muttersprache in sich repräsentiert, andere Sprachlaute hingegen nicht. In ganz ähnlicher Weise schlagen sich auch Bewertungen in entsprechenden kortikalen Arealen, die mit unserem Belohnungs- und Bestrafungssystem in enger Verbindung stehen und von diesen Systemen ihren Input bekommen, als Repräsentation nieder. Daher lernen wir im Laufe unseres Lebens nicht nur,

die Laute R und L zu unterscheiden und dann sehr treffsicher auch bei
sehr viel Hintergrundgeräuschen wahrzunehmen; wir lernen vielmehr
auch, angenehm und unangenehm, gut und schlecht sowie gut und
böse zu unterscheiden. Wenn wir alt genug sind, erkennen wir dies
selbst dann, wenn es sich zunächst eher verbirgt.

Die Rolle des orbitofrontalen Kortex für Bewertungsrepräsentationen wurde sowohl im Tierexperiment an einzelnen Zellen als auch in
funktionellen Bildgebungsstudien nachgewiesen. Sie wird auch im
nächsten Kapitel weiterführend diskutiert. Der orbitofrontale Kortex
fungiert auch als sekundärer Geschmackskortex. Die Untersuchung
der Entwicklung von Geschmackspräferenzen führte zu der Überlegung, dass sich eine große Varianz der Erfahrung von Bewertungen positiv auf den Merkmalsraum auswirken und der moralischen
Entwicklung förderlich sein kann. Diese Gedanken werden im
nächsten Kapitel erneut aufgegriffen und vertieft.

18 Werte

Gibt es eine Neurobiologie der Werte? – Noch vor wenigen Jahren wurde diese Frage wahrscheinlich von den meisten Menschen als Kategorienfehler bezeichnet. Gewiss, es gibt Neurobiologie einerseits und es gibt eine Diskussion um Werte andererseits. Dass es aber eine Verbindung zwischen den „kleinen grauen Zellen" und dem, was wir Moral oder Ethik nennen, gibt bzw. geben kann, wurde in der Vergangenheit zumeist gar nicht thematisiert. Wenn dies geschah, dann wurden Beziehungen bestritten oder für kategorial falsch (Stichwort: naturalistischer Fehlschluss; aus dem, was *ist*, folgt nicht, was sein *soll*) oder zumindest für nicht wichtig erklärt. Diese Verbindung, wenn sie denn bestehe, sei viel zu weit, zu dünn oder zu vage, als dass aus den Ergebnissen der Hirnforschung oder den Einsichten der Neurobiologie irgendetwas für unsere Diskussion über Werte folgen könnte.

Im vorliegenden Buch war zumindest am Rande bereits von der Neurobiologie der Werte die Rede: Wir diskutierten sie implizit in den Kapiteln über Modulatoren des Lernens (vgl. die Kap. 8, 9 und 10) und im vorausgehenden Kapitel über Bewertungen. Menschen sind motiviert, weil sie etwas gut finden; sie finden etwas gut, weil sie dafür belohnt wurden oder werden. Die körpereigenen Systeme, die für Prozesse zuständig sind, die wir umgangssprachlich unscharf unter Begriffe wie Emotion, Motivation, Triebbefriedigung oder soziale Intelligenz fassen, haben allesamt mit Werten zu tun. In diesem Kapitel wird versucht, einige neurobiologisch fassbare Facetten von Werten zu diskutieren.

Werte im Gehirn

Werte existieren, so zeigt das Beispiel der Depression und Manie aus der Psychiatrie zu Beginn des letzten Kapitels, nicht unabhängig vom Gehirn. Werte sind allerdings auch nicht identisch mit dem augenblicklichen körperlichen Zustand und dessen Bedürftigkeiten. Die inneren Zustände unseres Körpers beeinflussen zwar dauernd unsere Wahrnehmung und unsere Motivationslage für bestimmte Handlungen. Aber ich will beispielsweise jetzt gerade an meinem Buch arbeiten, und obwohl ich Hunger habe, schreibe ich. Werte haben mit Zielen zu tun und damit, dass man etwas lässt, um etwas anderes zu tun.

Wenn wir sagen, dass unsere Handlungen durch Werte geleitet sind, so meinen wir damit oft, dass wir gerade *nicht* das tun, was wir im jeweiligen Moment am liebsten täten. Gesundheit ist uns beispielsweise ein hoher Wert, weswegen so mancher auf die Zigarette nach dem Essen, die dritte Tasse Kaffee zum Frühstück, das zweite Glas Rotwein am Abend oder den Nachschlag beim Mittagessen (ganz zu schweigen vom Nachtisch) verzichtet. Gerade in Zeiten wirtschaftlicher Konjunkturschwäche ist ein Arbeitsplatz von hohem Wert. Auch wer noch müde ist, dreht sich also nicht beim Klingeln des Weckers noch einmal herum, sondern quält sich aus dem Bett, erst in die Dusche und dann an den Arbeitsplatz. Ein Auto ist für viele Menschen ein hoher Wert und sie sparen hierfür, indem sie die Befriedigung anderer Bedürfnisse zurückstellen. Freiheit ist für uns ein so hoher Wert, dass wir zu ihrer Verteidigung sogar bereit sind, Menschenleben zu opfern.

Wertgeleitetes Handeln bedeutet immer auch, bei seinen Handlungen kurzfristige Bedürfnisse hintanzustellen, um langfristige Ziele zu verfolgen. Diese Fähigkeit hat ihren Sitz im Frontalhirn, dem entwicklungsgeschichtlich jüngsten Teil des menschlichen Gehirns. Man weiß dies seit den im letzten Kapitel beschriebenen Experimenten, ahnte es jedoch aufgrund klinischer Erfahrungen schon lange. Diese Erfahrungen sind bis heute für ein Verständnis von Bewertungen und Werten von Bedeutung.

Krankheiten und die Erkenntnis von Modulen

Die Hirnforschung hat immer wieder ganz besonders von der sehr genauen Beschreibung einiger weniger Patienten und deren Gehirne profitiert. Der französische Arzt Paul Broca fand das Sprachzentrum bei Patienten, denen die Sprache durch eine Erkrankung im Bereich der linken vorderen unteren Gehirnrinde verloren ging. Der deutsche Psychiater Karl Wernicke fand das sensorische Sprachzentrum bei einem Patienten mit postmortal festgestellter entsprechender Gehirnläsion, der zu seinen Lebzeiten zwar noch sprechen konnte, aber keine Sprache mehr verstand (vgl. Abb. 13.2). Der deutsche Psychiater Alois Alzheimer examinierte das Gehirn von Auguste D. nach ihrem Tod sehr genau. Sie hatte unter einem fortschreitenden schweren demenziellen Abbauprozess gelitten. In ihrem Gehirn fand Alzheimer Flecken und Fasern (Plaques und Fibrillen), die dort nicht hingehörten, und beschrieb damit die bis heute nach ihm benannte Erkrankung (vgl. Burns et al. 2002). Der in Kapitel 4 bereits erwähnte Patient H.M. hatte eine schwere Störung des Gedächtnisses nach beidseitiger Entfernung des Hippokampus und angrenzender Strukturen.

Nicht nur wegen dieser wenigen berühmten, sondern vor allem dank unzähliger weiterer Patienten erlangte die Forschung ein immer klareres Bild von unserem Gehirn. Zwei Dinge wurden dabei deutlich: Erstens gleicht keineswegs ein Gehirn dem anderen; zweitens führt nicht jede Schädigung eines bestimmten Bereiches bei jedem Menschen zu exakt den gleichen Symptomen.

Andererseits jedoch zeigte sich immer deutlicher, dass das Gehirn nicht eine einförmige Masse ist, in der der Geist irgendwie bzw. überall vorhanden ist. Das Gehirn besitzt vielmehr einen modularen Aufbau. Die einzelnen Module sind zwar flexibel und sie interagieren in vielfältiger Weise miteinander, um höhere geistige Leistungen zustande zu bringen, dennoch werden jeweils bestimmte Aspekte der Außenwelt überwiegend in ganz bestimmten Modulen kodiert. Dies trifft auch für Werte zu. Wo also sitzen die Werte? – Und wenn wir dies wissen, was haben wir von diesem Wissen?

Der Fall Phineas Gage

Den ersten Hinweis auf die Rolle des Frontalhirns für die innere Repräsentation von Werten im Gehirn lieferte ein weiterer berühmter Patient der Neurobiologie, Phineas Gage (Damasio et al. 1994, Macmillan 2000). Phineas Gage war ein 25jähriger liebenswerter, pflichtbewusster Mann – bis zum 13. September 1848, dem Tag, an dem er durch einen Unfall bei Sprengarbeiten einen Teil seines Frontalhirns verlor. Er überlebte den Unfall, bei dem eine Eisenstange durch eine vorzeitige Detonation von unten durch seine linke Wange den vorderen Teil des linken Gehirns zerstörte und den Schädel durch ein Loch etwa in der Mitte im Bereich des Haaransatzes wieder verließ (vgl. Abb. 18.1).

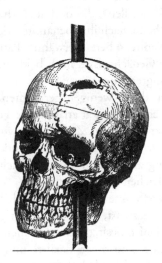

18.1 Holzschnitt des Schädels von Phineas Gage, wie er für Harlows Publikation (1868) angefertigt wurde.

Am Tag nach dem Unfall wurde die Stange, etwa einen Meter lang und drei Zentimeter im Durchmesser, ein paar Meter vom Unfallort entfernt und beschmiert mit Blut und fettigem Gehirngewebe gefunden.

Phineas Gage überlebte den Unfall und wurde mit einem Ochsenkarren zum nächsten Dorf gebracht, wo er notfallmäßig versorgt wurde. Er war praktisch die ganze Zeit über ansprechbar, d.h. bei Bewusstsein, und lief etwa eine Stunde nach dem Unfall noch selbst die Treppe zu seinem Hotelzimmer hinauf, gestützt von seinem Hausarzt, Dr. Harlow. Lediglich der große Blutverlust führte bald zu starker Ermüdung, aber dennoch sprach Gage mit seinem Arzt:

> „Er ertrug sein Leiden mit Stärke und lenkte meine Aufmerksamkeit auf das Loch in seiner Wange, ‚das Eisen ging hier hinein und ging durch meinen Kopf.‘ Der Puls war zu dieser Zeit 60, weich und regelmäßig. Er erkannte mich sofort und sagte, er hoffe, dass er nicht besonders schlimm verletzt sei." (Harlow 1868, S. 332; Übersetzung durch den Autor)

Jeder rechnete mit seinem baldigen Tod, und die Berichte des Verlaufs in den Tagen und Wochen danach (Harlow 1848, Bigelow 1850, Harlow 1868) lesen sich spannender als jeder Krimi. Gage trübte ein; die Wunde infizierte sich; er entwickelte ein Delir; man prüfte mit einer Metallsonde nochmals das Loch von oben bis unten; das linke Auge wurde vollkommen blind, nachdem zuvor noch Hell und Dunkel unterschieden werden konnten (die Eisenstange war hinter dem Auge vorbeigegangen). Das Gesicht infizierte sich, schwoll an, man öffnete Teile der Wunde mit der Schere und stinkender Eiter floss aus.

Gage überlebte. Er begann zu essen und zu trinken (Milch und Brandy), setzte sich vier Wochen nach dem Unfall erstmals auf seine Bettkante und verlangte nach seinen Hosen. Im November fuhr er trotz Grippe mit der Kutsche in seinen 50 Kilometer entfernten Heimatort und suchte im April des folgenden Jahres seinen Arzt wieder auf. Dieser stellte außer einer Blindheit des linken Auges, einer teilweisen Lähmung der linken Gesichtshälfte und den zu erwartenden Narben keine weiteren körperlichen Symptome fest. Dennoch war das Leben von Phineas Gage durch den Unfall völlig verändert, um nicht zu sagen: ruiniert. *Er war ein anderer Mensch geworden.* Seine Persönlichkeit hatte sich nach dem Unfall verändert: War er zuvor bescheiden, liebenswürdig, zuverlässig und aufrichtig, so war er nach dem

Unfall reizbar, unzuverlässig, haltschwach und orientierungslos. Bis zu seinem Tod am 21. Mai 1861 schlug sich Gage als Stall- und Landarbeiter durch.

> „Seine Arbeitgeber, die ihn vor seinem Unfall für den fähigsten und effizientesten Mann gehalten hatten, fanden die Veränderungen seines Geistes so deutlich, dass sie ihn nicht wieder einstellten. Das Gleichgewicht oder die Balance zwischen seinen intellektuellen Fähigkeiten und seinen animalischen Trieben wurde offenbar zerstört. […] Vor seiner Verletzung besaß er einen ausgeglichenen, wenn auch nicht durch die Schule gebildeten Geist, und andere sahen in ihm einen pfiffigen, schlauen Geschäftsmann, sehr energiegeladen und durchsetzungsstark bei der Ausführung all seiner Pläne. In dieser Hinsicht wurde sein Geist radikal verändert, so deutlich, dass seine Freunde und Bekannten sagten, er war ,nicht mehr Gage'." (Harlow 1868, S. 340; Übersetzung durch den Autor)

Wie wir heute wissen, wurden bei Phineas Gage durch den Eisenstab Bereiche des Frontalhirns zerstört, die für die innere Repräsentation von Bewertungen beim Menschen zuständig sind. Im orbitofrontalen Kortex sind nicht nur Gut und Schlecht (vgl. die Kap. 9 und 10), sondern auch Gut und Böse repräsentiert und zwar gar nicht so weit entfernt voneinander. Wir hatten auch bereits gesehen, dass im frontalen Kortex Regeln repräsentiert sind: Je abstrakter und komplexer (d.h. je weiter weg von einfachen Eigenschaften des Input), desto weiter vorn (vgl. Kap. 5). Sind diese hochstufigen Repräsentationen aktiv, so beeinflussen sie sowohl Input (was wir wahrnehmen) als auch Output (wie wir uns verhalten).

Bewertung und Wert wie Haus und Substantiv

Halten wir einen Moment inne, um die Rede von Bewertung und Wert neurobiologisch etwas zu präzisieren. Wenn in moralischen Diskussionen von Werten die Rede ist, dann geht es rasch um sehr schwer Fassbares wie Freiheit, Gleichheit oder Gerechtigkeit (und darum, wie man es schafft, die Widersprüche dieser drei wichtigen Prinzipien des Zusammenlebens unter einen Hut zu bekommen). Im ethischen Diskurs schließlich geht es um Fragen der Rechtfertigung, um Prinzipien oder um Verantwortung. Man spricht von Deontik, um klarzustellen, dass es hier nicht um das geht, was ist (das Seiende, das Ontische), sondern um das, was sein soll (aber nicht ist; das De-ontische).

Diesen strengen Unterscheidungen zum Trotz muss man sich klarmachen, dass die Welt in unserer Erfahrung nicht kategorial in Fakten und Werte verpackt vorkommt. In der Realität ist beides immer wechselseitig durchdrungen. Auch diese Rede ist eigentlich falsch, denn es hängt immer auch von uns ab, was gerade Faktum und was Wert ist. Für Otto Normalverbraucher ist der Apfel rund und rot und süß und er schmeckt gut. Der Maler einer Obstschale sucht unter den vielen wohlschmeckenden Äpfeln den roten mit der schönsten Rundung als Vorlage. Fakten und Bewertungen haben wir nur im Nachhinein getrennt, wenn wir über die Dinge nachdenken, sie analysieren und kategorisieren. In der Begegnung hingegen sind die Dinge immer beides: vorhanden und bewertet.

Wie das Gehirn unmittelbar Bewertungen im Lebensvollzug bewerkstelligt, wurde in den Kapiteln 9 und 10 und vor allem im vorangehenden Kapitel diskutiert. Unangenehme und Angst erzeugende Reize werden sehr rasch von den Mandelkernen als solche erkannt, und es werden von dort aus Veränderungen des Körpers eingeleitet, die ihm schnelle Abwehr oder Flucht ermöglichen. Stellt sich hingegen ein Ding oder Ereignis als besser als erwartet heraus, dann signalisiert dies wiederum das hierfür eigens vorhandene Belohnungssystem. Beide Systeme leisten also rasche Bewertungen dessen, was auf uns an Reizen aus der Umgebung einstürmt.

Unser Gehirn extrahiert die statistischen Regeln seines Gebrauchs, d.h. der flüchtigen Aktivierungsmuster in ihm. Es ist von großer Bedeutung, sich zu vergegenwärtigen, dass sich einzelne Bewertungen ebenso langfristig im Gehirn niederschlagen wie einzelne Wahrnehmungen. Wir sagten es bereits: Dadurch, dass wir Sprache und Gesichter wahrnehmen, entwickeln wir innere Repräsentationen der uns umgebenden Sprache und Gesichter und genau dadurch werden wir in die Lage versetzt, akustische Signale sehr rasch zu dekodieren (d.h.

Sprache zu verstehen) und sehr rasch zwischen Freund und Feind zu unterscheiden bzw. entsprechende Absichten aus feinsten Änderungen von Gesichtszügen herauszulesen.

Nicht anders beim Bewerten. Jede einzelne Bewertung schlägt sich in uns nieder, führt zum Aufbau langfristiger innerer Repräsentationen von Bewertungen, die uns bei zukünftigen Prozessen der Bewertung zu rascheren und zielsichereren Einschätzungen verhelfen. So entstehen zusätzlich zu den Systemen der unmittelbaren Belohnung und Bestrafung Repräsentationen von Gut und Schlecht oder Gut und Böse oder Angenehm und Unangenehm und darauf aufbauend Repräsentationen von Zielen und Handlungen, Kontexten und Begleitumständen, Zuneigungen und Abneigungen (vor allem im Hinblick auf andere Menschen). Nicht anders entstand in uns die Fähigkeit zum Sprechen und Verstehen von Sprache aus Millionen von Episoden des Lebensvollzugs in und mit der Sprache (vgl. Kap. 13). Wenn wir dann eine andere Sprache lernen oder gelegentlich im Zweifel darüber sind, wie man sich richtig ausdrückt, können wir sogar noch eins draufsetzen und uns die längst von unserem Gehirn generierten und in ihm repräsentierten Regeln bewusst machen, d.h. sie versprachlichen. „Das Haus ist groß" wird dann nicht unter der inhaltlichen Hinsicht betrachtet, dass es hier um die Dimensionen eines Bauwerks geht, sondern unter der formalen Hinsicht, dass hier von einem Substantiv, das als Satzsubjekt fungiert, mit Hilfe eines Hilfsverbs und eines prädikativ verwendeten Adjektivs etwas ausgesagt wird. Bereits zu Beginn von Kapitel 4 wurden als weiteres Beispiel des gleichen Gedankengangs die Halbpräfixe der deutschen Sprache genannt.

Kardex und Kodex

Sprechen ist leichter als Handeln. Betrachten wir daher zunächst ein Beispiel aus der Sprache: Der Plastikordner, in dem die Verlaufskurven stationärer Patienten abgeheftet sind, heißt Kardex. Weil auf einer Station etwa 20 Patienten versorgt werden, in ein Kardex aber nur maximal 13 Verlaufskurven hineinpassen, haben wir auf jeder Station zwei oder drei – Kardexe? Das klingt sehr plump. Frage ich aber während der Visite nach den Kardices, gehe ich nicht nur das Risiko ein, nicht verstanden zu werden, sondern auch das Risiko, als maniert und abgehoben zu gelten. Beides mag man nicht. Also fragt man die Grammatik. Und die macht es sich leicht: Für die Pluralbildung von Neologismen gilt die Regel, dass es keine Regel gibt! – Aber hier geht es ja auch nur um das Sprechen, also um Druckschwankungen warmer Luft.

Beim Handeln ist das anders. Hier geschieht etwas in der Wirklichkeit, meist mit anderen Menschen, deren Interessen es auszugleichen gilt. Wenn ich mir sprachlich unsicher bin, kann ich einfach meinen Mund halten. Nicht handeln geht jedoch oft gar nicht, denn Nichtstun kann unter Umständen (die Medizin und die Geschichte sind voller Beispiele) die schlimmsten Folgen haben.

Wie sieht nun die Grammatik unseres Handelns (ich könnte auch sagen, unser gesellschaftlich geteilter moralischer Kodex) aus? – Wie auch immer man dazu stehen mag, faktisch hat er sehr viel mit einem Kodex zu tun, der auf die Lebensverhältnisse eines Wüstenvolks vor 3.000 Jahren passte, samt den anhand von Aufzeichnungen zum Leben eines revolutionären Außenseiters später vorgenommenen Ergänzungen. Diese Grammatik unseres Handelns kann und sollte nicht unhinterfragt als Richtschnur für die Probleme der Gegenwart herangezogen werden. Ebenso wenig sollten wir leichtfertig mit ihr umgehen, denn die Bibel hat unsere Kultur bestimmt wie kein anderes Buch und damit unsere Lebensbedingungen geprägt.

Auch wem dies vielleicht nicht gefällt, der muss dennoch zugestehen, dass die Menschen in weiten Teilen der westlichen Welt heute ihr Leben nach weiten Teilen dieses Kodex gestalten. Und wer wissen will, wie ein Leben ohne ihn aussieht, der gehe hin und schaue: In anderen Teilen der Welt sterben Menschen in Straßengräben und keiner kümmert sich. Wer dort freundlich ist, wird für schwach gehalten, und wer in der Warteschlange jemandem den Vortritt lässt, wird von den anderen auch gleich weggedrängt. Er gilt nicht als höflich, sondern als schwach. Bei genauerem Hinsehen brauchen wir nicht einmal so weit zu reisen: Der Personalchef, der sonntags in die Kirche geht und sich am Montag wieder seinen *human ressources* zuwendet, behandelt Menschen zumindest sprachlich (und das ist immer der Anfang) wie Bodenschätze oder Kapital, nicht wie Menschen (wie es der Kodex eigentlich fordert). Wir haben uns an diese wie auch an viele andere unmenschliche Sprachregelungen gewöhnt.

Aber der Kodex reicht nicht aus, denn die Welt ist komplizierter geworden. Wer über Treibhausgase nachdenkt, dem geht es nicht nur um globale Gerechtigkeit, sondern vor allem auch um Gerechtigkeit gegenüber Menschen, die noch gar nicht geboren sind. Nicht anders geht es demjenigen, der über Abtreibung nachdenkt. Solange sich das Wirken einer Gesellschaft auf ihre jetzt lebenden Mitglieder (und manchmal auf äußere Feinde) richtete und wegen begrenzter Möglichkeiten auch nur richten konnte, war die Welt und unser Handeln in ihr relativ einfach. Gewiss, schon damals hätte man beim fünften Gebot nachfragen können: „Und wie ist das mit Tyrannen?"

Für uns jedenfalls gilt einerseits „Du sollst nicht töten", aber wir betrauern andererseits auch Graf Stauffenberg und das Misslingen des Hitlerattentats.

Aber die Welt wird durchaus noch komplizierter: Seit mehr als zwei Jahrzehnten kann man die Befruchtung (*f*ertilisation) der menschlichen Eizelle durch eine Samenzelle in einem kleinen Gläschen (*in vi*tro) durchführen. Seit einigen Jahren kann man zudem nach erfolgter *IVF* ein paar Zellteilungen abwarten, eine Zelle entnehmen und nach Erbkrankheiten untersuchen. Wer dann jedoch beim Vorliegen einer schweren Krankheit den (nur unter dem Mikroskop sichtbaren) Zellhaufen wegwirft (etwa um einen anderen, für gesund befundenen Zellhaufen einzupflanzen), der macht sich hierzulande strafbar. Wenn man aber den kranken Zellhaufen in die Gebärmutter einsetzt und ihn dann nach einigen Wochen aus medizinischer Indikation abtreibt, dann ist dies nach gegenwärtiger Rechtsprechung wiederum in Ordnung. – Ganz offensichtlich eine absurde Situation (!), die auch dadurch nicht besser wird, dass man sie ein Weilchen fortschreibt.

Halten wir fest: Die Welt ist sehr kompliziert und wird immer komplizierter. Unser Handeln in ihr gehört daher zu den schwierigsten Leistungen, die wir vollbringen. Was folgt?

Zunächst ist es wichtig, sich über die Prinzipien unseres Handelns, über deren geschichtliche Wurzeln, aber auch deren biologische Grundlagen klar zu werden. Zu diesen gehört die *Neurobiologie* der Funktion moralischer Urteile (so wie es eine Neurobiologie der Sprache gibt) sowie die *Entwicklung* moralischen Handelns und deren Bedingungen (so wie es Studien zur Sprachentwicklung gibt).

Prinzipien: Linguistik und Ethik

Über die Prinzipien von Handlungen haben wir bereits gesprochen. Hier sei nochmals auf die Parallelität von Handeln und Sprechen hingewiesen. Die Diskussion um die Rechtschreibreform hat gezeigt, dass sich auch die Prinzipien des Schreibens im Grunde nicht „von oben" diktieren lassen. Sie sind vielmehr nichts als die Beschreibung dessen, was vorliegt, mit so wenigen Regeln wie möglich. Die deutsche Rechtschreibung ist also zugleich präskriptiv (sagt, wie es zu sein hat) und deskriptiv (sagt, wie es ist). Die Reform hat gezeigt, dass es hier Spannungen geben kann: Sie zielte einerseits darauf ab, das zu legitimieren, was ohnehin in der lebendigen Schriftsprache geschehen war, hatte aber auch Konsequenzen, die jeder mit bzw. in der „alten" Schrift aufgewachsene Deutsche zunächst ablehnte.

Bei der Moral ist es nicht anders: Prinzipien der Moral beschreiben zunächst auch, wie sich Menschen verhalten (sie bringen sich meist nicht um, sind meist wahrhaftig und friedlich; Eltern lieben meist ihre Kinder, Männer meist ihre Frauen, Frauen meist ihre Männer etc.) und können im Zweifelsfall auch vorschreiben, wie man sich zu verhalten hat, sollte es jemand einmal vergessen haben. Handeln ist folgenreicher als (bloßes) Sprechen, und Zweifelsfälle der Ethik sind daher lebenspraktisch wichtiger als solche der Grammatik.

Unglücklicherweise ist Handeln nicht nur folgenreicher, sondern auch komplizierter als Sprechen. Wir leben in einer Welt, in der die verschiedensten Lebenspraxen von den verschiedensten Menschen unter den verschiedensten Umständen in vielfältigster Weise aufeinander prallen. Wenn wir uns in verschiedenen Sprachen verständigen, gewinnt die Grammatik besondere Bedeutung. Wenn wir (in zunehmendem Maße) international handeln, ist dies mit der Moral nicht anders. Erst wer eine Fremdsprache erlernt, der lernt auch zu schätzen, was es heißt, über grammatische Regeln zu verfügen und damit eine ganze Menge von Einzelheiten auf einen Streich zu erfassen. Wer in einem anderen Land lebt, tut sich mit der Moral schwerer, denn es gibt für das richtige Handeln weit weniger klare, publizierte und beispielsweise in Buchform erwerbbare Richtschnüre als für das richtige Sprechen. Moral ist weit weniger klar kodifiziert als Sprache und Schrift.

Die Wissenschaften von der Sprache (und den Grammatiken ganz allgemein) und vom Handeln (und von den Moralentwürfen allgemein) sind die Linguistik und die Ethik. Beide Wissenschaftszweige haben die gleiche Mutter, nämlich die Philosophie. Beide beschäftigen sich mit formalen Strukturen, beide sind bestrebt, Prinzipien aufzudecken, die unserem Tun (dem Sprechen einerseits und dem Handeln andererseits) zugrunde liegen und beide sind sowohl präskriptiv als auch deskriptiv.

Die Neurobiologie hat die Linguistik durchaus bereichert, wenn auch erst in jüngerer Zeit, als man Sprachverarbeitung mit neuen Methoden *am lebenden Menschen* (und nicht erst am toten Aphasiker) untersuchen konnte. Man fand, dass unser Gehirn Verben anderswo speichert als Hauptwörter und Sätze wiederum anderswo verarbeitet. Je geschachtelter die Sätze sind, desto frontaler werden sie verarbeitet. Verletzungen der Bedeutung werden anders erkannt und verarbeitet als Verletzungen der Grammatik etc. (Just et al. 1996, Münte et al. 1998). Die Neurolinguistik gibt es seit geraumer Zeit und hat praktische Auswirkungen für die Logopädie. Gewiss, kein Scanner dieser Welt kann grammatikalische Probleme lösen. Aber er kann uns helfen, den Apparat besser zu verstehen, der diese Probleme in uns löst.

Hat der Aufbruch im Hinblick auf die Neurobiologie der Sprache zumindest begonnen, so steht die Neurobiologie des moralischen Handelns noch ganz am Anfang. Als Domäne der Philosophie ist das Deliberieren über Moral mit der Systematisierung von Prinzipien rationalen Handelns beschäftigt, mit Begründungsfiguren und Letztbegründungsargumenten, Rechtfertigungen und Prinzipien. Ethische

Probleme mit neurobiologischen Methoden zu untersuchen, erschien noch vor kurzem systematisch als Kategorienfehler, praktisch als Zeitverschwendung. Dies beginnt sich zu ändern, seitdem man dem Gehirn des Menschen dabei zuschaut, wenn es sich mit einem sozialen (vgl. Kap. 16) oder moralischen (vgl. Kap. 17) Dilemma auseinandersetzt.

Entwicklung: Werte als Spätentwickler

Es ist viel leichter zu lernen, einen Menschen zu umfahren und ihn nicht umzufahren (d.h. die Grammatik der Halbpräfixe), als zu lernen, warum man nicht töten soll, Adolf Hitler aber vielleicht doch (d.h. die Ethik von Tötungshandlungen). Wie im Fall des Trolley-Problems gesehen, kommen wir durchaus ins Schlingern, wenn wir Fälle so konstruieren, dass sie teilweise mit unseren Intuitionen kollidieren oder unsere Intuitionen sogar gegeneinander ausspielen. Moralisch handeln, sich in einer komplexen Lebensgemeinschaft zurechtfinden und vielleicht sogar ein erfülltes und glückendes Leben aus der Beliebigkeit und Winzigkeit der eigenen Existenz zu destillieren, ist eben letztlich die höchste Leistung, zu der Menschen fähig sind.

Wen wundert es da, dass der Mensch zum Erlernen sozial kompetenten moralisch richtigen Handelns länger braucht als zum Erlernen jeglicher anderen höheren geistigen Leistung? Aus neurobiologischer Sicht ist das Gehirn sogar darauf angelegt, Werte erst spät zu lernen. Wie ist dies zu verstehen und was folgt daraus?

Die Systeme zur raschen und nicht bewussten Bewertung von Reizen – Mandelkerne und Belohnungssystem – helfen zwar bereits dem Kind, sich im Dunkeln zu fürchten und die Äpfel dem Kohl (oder leider heute die Süßigkeiten den Äpfeln) vorzuziehen. Noch nicht voll entwickelt hingegen ist das Frontalhirn, insbesondere in der Mitte und unten (d.h. der mediale und der orbitofrontale Kortex, vgl. Abb. 17.5). Dies sind die Bereiche des Gehirns, die bei Phineas Gage zerstört waren, die bei moralischen Entscheidungen im Scanner aktiviert werden und von denen wir gesehen haben, dass sie auch die positive (und

gleich daneben die negative) Bewertung von Schokolade oder Musik
enthalten (vgl. Kap. 10). In diesen Bereichen sind nicht nur die raschen, wechselnden Bewertungen (welche von den Mandelkernen und
dem Belohnungssystem vorgenommen und in den orbitofrontalen
Kortex projiziert werden), sondern vor allem auch *deren Statistik* repräsentiert. Ebenso, wie sensorische Areale wechselnde Muster enthalten
und dadurch Häufigkeiten und Ähnlichkeitsbeziehungen sowie zeitliche Strukturen, d.h. die Statistik der flüchtigen Aktivitätsmuster, langfristig repräsentieren (vgl. die Kap. 4 bis 6), sind im frontalen Kortex
nicht nur einzelne rasche Bewertungen in Form von Aktivierungsmustern, sondern ebenfalls deren Statistik (man könnte sagen: die Bewer-
tungsgeschichte einer Person) in Form von Synapsenstärken einzelner
Neuronen repräsentiert. Dies hat den Vorteil, dass Erfahrungen mit
den Folgen bestimmter Handlungen eine aktuelle Handlung steuern
bzw. beeinflussen können. Je besser im frontalen Kortex Kontexte und
frühere Bewertungen repräsentiert sind, desto eher ist es möglich, dass
Handlungen nicht durch Lust und Unlust oder durch äußere Belohnung und Bestrafung, sondern durch Erfahrung geleitet werden.

Der frontale Kortex ist dasjenige kortikale Areal, dessen Verbindungsfasern zu anderen Arealen im Laufe des Lebens als letzte mit
Myelin ummantelt werden. Diese Myelinisierung der Fasern zum und
vom frontalen Kortex ist erst zur Zeit der Pubertät oder teilweise sogar
noch später abgeschlossen (Nelson & Luciana 2001). Damit geht dieser Teil des Gehirns als letzter, um den in Kapitel 12 eingeführten Terminus zu verwenden, *on-line*, d.h. wird in die Produktion von Output
bei entsprechendem Input zusätzlich gleichsam eingeschleift.

In Kapitel 12 wurde bereits dargestellt, welche Folgen das gleichzeitige Lernen während der Entwicklung eines kortikalen Areals hat:
Ein derartiger Aufbau stellt sicher, dass auch ohne Lehrer (d.h. ohne didaktisch richtige Reihenfolge der Inhalte vom Einfachen zum Komplexen) die kompliziertesten Zusammenhänge gelernt werden können.
Für die Sprachentwicklung bedeutete dies, dass nur derjenige, dessen
Gehirn sich beim Erwerb der Muttersprache entwickelt, überhaupt

richtig sprechen lernen kann. Hieraus ergab sich eine kritische Periode für das Erlernen der Muttersprache bis zum etwa 12. oder 13. Lebensjahr.

Ähnlich wie die Entwicklung der Fähigkeit zum grammatikalisch richtigen (komplizierten) Sprechen hat man sich die Entwicklung der Fähigkeit zum moralisch richtigen (noch komplizierteren) Handeln vorzustellen. Das Kleinkind produziert Verhalten und unmittelbare Bewertungen (ebenso wie es plappert). Dann entstehen erste einfache Repräsentationen von Handlungsfolgen, die für zukünftige Handlungen relevant werden (ähnlich wie es Zweiwortsätze lernt). Darauf werden dann immer komplexere Strukturen aufgebaut, bis schließlich am Ende der Entwicklung ein erwachsener Mensch steht, der ganz von alleine fast alles richtig macht, ebenso, wie er von alleine fast immer korrekt spricht.

Die für Sprache wichtigen frontalen Bereiche des Gehirns sind vor dem orbitofrontalen Kortex on-line. Daraus folgt, dass Werte später gelernt werden als Grammatik, zumindest was ihre ganze Komplexität anbelangt. Daraus wiederum folgt, dass man über Werte, deren Konflikte und Zweifelsfälle, auch erst später reden kann als über die Sprache. Anders formuliert: Die explizite Beschäftigung mit der Grammatik hat erst dann einen Sinn, wenn die Grammatik bereits gekonnt wird, weil man nur dann auf entsprechende Intuitionen („wie sagt man da?") zurückgreifen kann. Im Kindergarten über Grammatik zu sprechen ist sinnlos, denn in diesem Alter wird sie noch gelernt (also noch nicht gekonnt), sodass noch keine Intuitionen vorliegen, die durch den Unterricht geklärt und auf den Begriff gebracht werden könnten. Daraus wiederum folgt, dass man Ethik (im strengen Sinn als Reflexion über die Prinzipien moralischen Handelns) in der Unterstufe nicht unterrichten kann. Gewiss, man kann sich über das Raufen unterhalten und Geschichten über böse und gute Menschen erzählen, ebenso, wie man im Kindergarten mit den Kindern sprechen kann und sollte. Was man in der sechsten oder siebten Klasse jedoch nicht kann, ist ein vorhandenes, gereiftes System von Intuitionen im Hinblick auf Bewertungen auf den Begriff bringen. Eine Wertediskussion kann man in der siebten Klasse nicht wirklich führen.

Dies bedeutet keineswegs, dass sich die Erziehung und Bildung bis nach der Pubertät auf wertfreie Inhalte (die es genau genommen ohnehin nicht geben kann) beschränken sollte. Im Gegenteil! Ebenso, wie die Kinder im Kindergarten den richtigen Sprachinput brauchen, um richtig sprechen zu lernen, brauchen Jugendliche die richtige Umgebung zum Probehandeln auf allen Ebenen des Miteinander, die richtigen Vorbilder, um über Modelllernen ihre Handlungen auszurichten, und genügend Freiräume, um ausprobieren zu können. Ebenso, wie das Kleinkind „plappern" muss, um sprechen zu lernen, muss der Jugendliche „probehandeln" können. Er muss, vor allem im Umgang mit Gleichaltrigen, Verantwortung übernehmen lernen, Vertrauen ausbilden können, Interessen abwägen, Konflikte aushalten und sie vielleicht sogar manchmal lösen können. Lässt man Jugendliche unter sich, geschieht dies automatisch, bedarf aber wie beim Spracherwerb permanenter Beispiele. Auch suchen sich Jugendliche automatisch Vorbilder (weil Lernen am Modell so rasch und einfach geht: Die Konsequenzen kann ich beobachten und brauche sie daher nicht zu spüren!).

Was dabei herauskommt, hängt ganz wesentlich von den Randbedingungen und den Vorbildern ab. In einer Gesellschaft mit gewachsenen klaren Spielregeln und Rollen wird der Jugendliche sich die seinen Fähigkeiten und Neigungen entsprechenden Vorbilder suchen und langsam diejenigen Werte in sich aufnehmen, die ihm ein Leben in der Gemeinschaft ermöglichen. (Wie es sich gegenwärtig mit den Chancen der Jungendlichen, hier eine glückende Entwicklung zu nehmen, verhält, wird im nächsten Kapitel schlaglichtartig, und hoffentlich zu pessimistisch, diskutiert.)

Erfahrene Varianz spannt Räume auf

Der orbitofrontale Kortex ist der sekundäre Geschmacks- und Riechkortex des Menschen. Er erhält Informationen aus dem temporal verlaufenden Objekterkennungssystem (dem sogenannten „Was-Pfad") des visuellen Systems und kann daher nicht nur den belohnenden Wert von Nahrung, sondern auch den Belohnungswert von Objekten oder

Gesichtern repräsentieren. Dass es sich bei ihm zudem nicht nur um ein „Belohnungszentrum", sondern um ein „Bewertungszentrum" handelt, wird durch die Beobachtung nahegelegt, dass er auch Bestrafung repräsentieren kann: Neuronen dieses Areals können beim Anblick eines Stimulus feuern, wenn dieser eine bestrafende Funktion erlangt hat (und nur auf diesen bestrafenden Aspekt des Stimulus reagieren).

Funktionelle Bildgebungsstudien beim Menschen konnten gerade in jüngster Zeit die Beteiligung des orbitofrontalen Kortex bei Bewertungsaufgaben eindeutig nachweisen. Wohlschmeckende Schokolade, schöne Musik, schmerzhafte oder angenehme Berührung aktivieren dieses Areal ebenso wie das Nachdenken über Wertekonflikte im moralischen Bereich. Da im Frontalhirn nicht Fakten, sondern allgemeine Regeln gespeichert werden, die auf die verschiedensten Probleme in unterschiedlichem Kontext angewendet werden können, kann man aus den Experimenten mit den Whiskas essenden Katzen durchaus Konsequenzen für die moralische Entwicklung des Menschen ableiten.

Wie bereits erwähnt, myelinisieren die Verbindungsfasern des orbitofrontalen Kortex als letzte im gesamten Kortex, was gleichbedeutend damit ist, dass sich dieses Areal am langsamsten entwickelt, d.h. erst spät (während oder sogar nach der Pubertät) klare Repräsentationen ausbildet. Dies bewirkt, dass hier die kompliziertesten Repräsentationen in Form von Regeln für Handlungen repräsentiert sein können und es auch (bei den meisten Menschen) sind. Wie vor 150 Jahren der Fall des Phineas Gage zeigte, der bei einem Unfall seinen orbitofrontalen Kortex verlor und danach sein Leben buchstäblich nicht mehr geregelt bekam, brauchen wir diese Repräsentationen täglich: Sie leiten uns bei Entscheidungen – egal, ob einerseits Wurst- oder Käsebrot oder ob andererseits Rot-Grün oder Schwarz-Gelb.

Wenn dem so ist und wenn es die Varianz früher, d.h. während der Reifung des frontalen Kortex gemachter, Erfahrungen ist, die uns vor Einseitigkeit bewahrt, dann folgt, dass Lehrjahre immer auch Wanderjahre sein sollten, „denn die beste Bildung findet ein gescheiter Mensch auf Reisen", wie Goethe bereits sagte. Je mehr Austausch während der Schulzeit erfolgt, je besser, und je mehr einer gesehen hat, desto toleranter wird er später sein. Durch viele unterschiedliche Erfahrungen, durch unser Reiben an den Vorstellungen anderer und durch unser damit verbundenes dauerndes Bewerten werden Räume für Repräsentationen eröffnet, oder besser: aufgespannt. Je differenzierter diese Räume angelegt werden (und dies geschieht noch bis nach der Pubertät), desto eher ist der Erwachsene später zu Bewertungen komplexer Sachverhalte in der Lage.

Und die Moral? – Es ist die Monotonie der in der Jugend erfahrenen Inhalte (und seien sie noch so gut!), die später differenziertes Handeln verhindert und einseitige Bewertungen, um nicht zu sagen: Fanatismus, hervorbringt. Oder kurz, in Anlehnung an eine Volksweisheit zur Bedeutung kritischer Perioden beim Kompetenzerwerb: Für's Hänschen die Varianz bringt Toleranz bei Hans.

Erziehung: Was sollen wir tun?

Aus dem Gesagten folgt, dass es eine Werteerziehung, wie sie in den vergangenen Jahren immer wieder (ob für das Elternhaus oder die Schule) gefordert wurde, ebenso wenig geben kann, wie es eine eigene Esserziehung, Lauferziehung oder Sprecherziehung gibt. Erziehung beinhaltet immer auch (sie kann gar nicht anders!) das Handeln in unterbestimmten Situationen und damit das Vorleben von Bewertungen und das abwägende Entscheiden.

Ethik verhält sich zum richtigen Tun wie Grammatik zum richtigen Sprechen. Wir haben die Grammatik der Muttersprache nie gepaukt, sondern sie anhand von Beispielen uns selbst generiert. Beim Handeln ist dies nicht anders. Wir lernen es dadurch, dass wir es tun, immer wieder, in den unterschiedlichsten Kontexten und mit den verschiedensten Menschen. Wie sehen die Beispiele beim Handeln-Lernen aus, die wir uns und unseren Mitmenschen, vor allem den jüngeren, zumuten?

Wir predigen Leistungswillen und bringen halbstündlich die Börsennachrichten in Radio und Fernsehen, die uns daran erinnern, dass gerade wieder der eine oder andere ohne jegliches Zutun arm oder reich geworden ist. Wir mokieren uns über Politikverdrossenheit und lassen zugleich zu, wie politische Debatten zu Provinztheater verkommen. Wir predigen den Frieden, trainieren unsere Kinder jedoch stundenlang täglich in Gewaltausübung. Kurz, es sieht aus, als hätten wir keinen Blick dafür, was der Entwicklung von Bewertungsrepräsentationen zuträglich oder abträglich sein könnte. Wir tun sogar meistens so, als sei die Realität egal. Wie das nächste Kapitel zeigen soll, ist dies nicht der Fall.

Bereits in Kapitel 16 wurde darauf hingewiesen, dass Abwägen, Bewerten und Werten vor allem in der Gemeinschaft stattfinden. Hartmut von Hentig (2001, S. 69, 162) gibt die Zahl der Werte mit „zwölf bis fünfzehn" an und nennt dann unter anderem Leben, Freiheit, Frieden, Gerechtigkeit, Brüderlichkeit, Wahrheit, Weisheit, Liebe, Gesundheit, Achtung und Schönheit. Die meisten dieser Werte machen außerhalb einer Gemeinschaft gar keinen Sinn! Sie können daher auch nur innerhalb einer Gemeinschaft erfahren und thematisiert werden. Dies muss geschehen, denn allein durch das Feststellen oder Predigen von Werten wird niemand erzogen. Man muss sie praktizieren und das bedeutet auch, sie gegeneinander auszuspielen, sich ihre Rangfolge im einzelnen Fall zu verdeutlichen und immer wieder neu die Dinge abzuwägen. Noch einmal Hartmut von Hentig (2001, S. 72f):

> „Wahrheit, Gerechtigkeit, Frieden gehen eben nicht ineinander auf. Es ist selten liebevoll, die Wahrheit zu sagen, und Frieden können wir oft nur erreichen, wenn wir etwas Ungerechtigkeit hinzuzunehmen bereit sind. [...]
> Zu diesen beunruhigenden Zweifeln kommt hinzu, dass einige Werte selbst wahre Unruhestifter sind [...] Schönheit zum Beispiel setzt alle Berechnung außer Kraft; ihre Wirkung kann Beglückung oder Lähmung oder Aufruhr sein. Lieben können und geliebt werden – welche Dramen hat das zur Folge! Gerechtigkeit macht oft genug fanatisch und Ehre/Ruhm barbarisch."

Wir sollten für die richtigen Beispiele sorgen, für viele Beispiele und für große Verschiedenheit der Beispiele – wenn wir mit jüngeren Menschen sprechen und wenn wir mit ihnen umgehen. Und wir müssen junge Menschen handeln lassen, wie wir sie auch sprechen lassen.

Das Elternhaus ist sicherlich der wichtigste Ort, wo dies alles stattfindet oder zumindest stattfinden sollte. Erst später spielt die Schule hier eine Rolle. Wir wissen, dass es im Jugendalter vor allem die Gruppe der Gleichaltrigen ist (*peer group*), die für die Einstellungen des jungen Menschen eine zunehmend große Rolle spielt.

Fazit

Es grenzt an ein medizinisches Wunder, dass Phineas Gage einen durch seinen Kopf jagenden Eisenstab nicht nur akut überstand, sondern auch um Jahre überlebte. Noch wundersamer ist es, dass man bei dem Patienten praktisch keine unmittelbaren neurologischen Ausfälle beobachten konnte. Weil sein Hausarzt die Verletzung und seinen weiteren Lebensweg sehr genau beschrieb, wissen wir, dass die Ziele und Werte einer Person im Kortex gespeichert sind und dass dessen Ausfall zu Veränderungen der Persönlichkeit und damit der Lebensweise eines Menschen führen kann. Werte sind in neurobiologischer Sicht das Resultat sehr vieler einzelner Bewertungen, deren Statistik vom orbitofrontalen Kortex repräsentiert ist und über die vielleicht zusätzlich noch sprachlich-diskursiv nachgedacht wurde.

Dieses Nachdenken ist erst dann möglich, wenn genug „Material" in Form von Bewertungen verarbeitet wurde und schon gespeichert ist. Kurz, wer über Grammatik reden will, der sollte schon richtig sprechen können (er weiß nur noch nicht, welche Prinzipien hier am Werk sind), und wer über Ethik diskutieren will oder soll, muss bereits richtig handeln können.

Der Zusammenhang von Gehirnreifung und Lernen wurde in Kapitel 12 näher beleuchtet. Im Fall der Sprachentwicklung wurde deutlich, dass gerade das gleichzeitige Reifen und Lernen zur Maximierung der Komplexität dessen führt, was das Gesamtsystem repräsentieren kann. Anders formuliert: Wer mit dem Gehirn, das er als Erwachsener hat, geboren worden wäre, hätte möglicherweise nie sprechen gelernt. Hierfür spricht die Beobachtung, dass Menschen, bei denen der Spracherwerb bis zum 13. Lebensjahr nicht erfolgt ist, auch bei intensivem Training keine Sprache mehr lernen. Beim Handeln ist dies kaum anders, allerdings mit dem kleinen Unterschied, dass der orbitofrontale Kortex noch später ausreift als die sprachrelevanten Areale. Damit wird deutlich, dass die Entwicklung von Handlungskompetenz (man könnte auch sagen: von Moral) noch später erfolgt bzw. abgeschlossen ist als die Sprachentwicklung.

In der siebten Klasse über Ethik zu reden ist ähnlich einer Diskussion über Grammatik im Kindergarten. Dies liegt daran, dass aufgrund der Gehirnreifung ein ausgebildetes intern repräsentiertes Wertesystem, über dessen Prinzipien man sich zu verständigen hätte, im Mittelstufenalter noch nicht vorliegt. Es kann noch nicht vorliegen, denn es liegen noch nicht genügend Bewertungserfahrungen vor und dies wiederum hat seinen Grund auch darin, dass der hierfür zuständige Kortex noch am Ausreifen ist. Es wurde verdeutlicht, dass nicht zuletzt eine große Breite von Erfahrungen in dieser Zeit einen entsprechend breiten Raum für Bewertungsrepräsentationen bewirkt. Für Jugendliche sollten Lehrjahre daher auch Wanderjahre sein.

19 Gewalt im Fernsehen lernen

Solange es Medien gibt, gibt es auch Darstellungen von Gewalt in den Medien. Bei Homer und Shakespeare gibt es Gewaltdarstellungen ebenso wie in der Bibel oder auf alten Gemälden, vom Hexameter und Holzschnitt zum Video und World Wide Web. Warum sollten also in einem Buch über das Lernen diese Sachverhalte eigens thematisiert werden? Was haben überhaupt Gewaltdarstellungen in Film und Fernsehen (und neuerdings am Computer) mit Lernen zu tun? Wer am Computer fremde Wesen abschießt, ins Kino geht oder fernsieht, der lernt doch gerade *nicht*, so könnte man meinen und sich allenfalls über die Behinderung des Lernens durch die neuen Medien beschweren.

Leider liegen die Dinge nicht so einfach. Wir hatten in den vorangegangenen Kapiteln immer wieder klargestellt, dass das Gehirn eines *nicht* kann: Nicht lernen. Wenn das Gehirn aber immer lernt, dann lernt es auch im Kino und vor dem Fernseher bzw. dem Computerbildschirm. „... Media stories form the maps by which children learn to navigate life", sagt der Medienforscher Barry (1997, S. 306). Was lernt es da, d.h. welche allgemeinen Regelmäßigkeiten liegen diesen (von einigen Machern für sehr viele Zuschauer vorfabrizierten) Erfahrungen zugrunde? Und welche wissenschaftlichen Erkenntnisse liegen vor, um diese Sachverhalte zu beurteilen? In diesem Kapitel geht es beispielhaft um Gewalt im Fernsehen und am Computer. Die Konzentration auf vor allem ein Medium, das Fernsehen, lässt sich zum einen durch dessen Verbreitung und große gesellschaftliche Bedeutung begründen. Zum anderen sind seine Auswirkungen aber auch wissenschaftlich sehr gut untersucht, sodass genügend Fakten bekannt sind, um klar urteilen zu können.

25.000 Stunden Fernsehen

Die publizierten Fakten zur Gewalt im Fernsehen beziehen sich vor allem auf die USA. Sie seien hier kurz aufgelistet: Der US-amerikanische Durchschnittsschüler hat nach Abschluss der Highschool (d.h. nach zwölf Schuljahren) nicht nur 13.000 Stunden in der Schule verbracht, sondern vor allem auch 25.000 Stunden vor dem Fernsehapparat. Man schätzt, dass 18.000 Stunden hiervon als „gewaltdominiertes visuelles Lernen" (Barry 1997, S. 301) bezeichnet werden können.

Der amerikanische Medizinerverband *American Medical Association* hat geschätzt, dass ein Kind nach Abschluss der Grundschule bereits mehr als 8.000 Morde und mehr als 100.000 Gewalttaten im Fernsehen gesehen hat. Es wurde weiterhin geschätzt, dass Kinder, die in Haushalten mit Kabelanschluss oder Videorecorder aufwachsen, bis zum 18. Lebensjahr 32.000 Morde und 40.000 versuchte Morde gesehen haben und dass diese Schätzungen für bestimmte Bevölkerungsgruppen in den Innenstädten noch weit höher liegen (Barry 1997, S. 301).

Neben diesen allgemeinen Daten gibt es detaillierte Untersuchungen zu den im Fernsehen gezeigten Inhalten. So wurden an einem typischen Wochentag (Donnerstag, der 2. April 1992) in Washington die Programme der zehn verbreitetsten Fernsehkanäle von 6 Uhr morgens bis Mitternacht aufgezeichnet und inhaltlich analysiert. Die insgesamt 180 Stunden Fernsehen enthielten 1.846 offene Gewaltakte, darunter 751 mit lebensbedrohlichem und 175 mit tödlichem Ausgang.

Nicht nur die Gewaltszenen selbst, sondern auch deren Kontext muss als für die kindliche Entwicklung äußerst ungünstig eingestuft werden. Eine Auswertung von Gewaltszenen in insgesamt 2.500 Stunden Fernsehprogramm ergab, dass der Täter in 73 Prozent der Fälle ungestraft davonkam (Wilson et al. 1997, S. 141). Mehr als die Hälfte (58 %) aller Gewaltakte wurden ohne jegliche negative Konsequenz im Sinne von Schädigung oder Schmerzen dargestellt. Nur in 4 Prozent der Fälle wurden gewaltlose Alternativen der Problemlösung aufgezeigt (Wilson et al. 1997, S. 128).

Macht Fernsehen gewalttätig?

Um den Einfluss des Rauchens auf die Gesundheit zu studieren, untersucht man im Allgemeinen nicht starke Raucher und Gelegenheitsraucher, sondern vergleicht ganz einfach Raucher mit Nichtrauchern. So selbstverständlich dieser Ansatz zunächst ist, so große Schwierigkeiten macht seine Umsetzung im Hinblick auf das Fernsehen: Als man in den USA in den 60er Jahren beginnen wollte, den Einfluss des Fernsehens auf u.a. die kindliche Intelligenz, das Freizeitverhalten von Jugendlichen, die Persönlichkeit von Erwachsenen und nicht zuletzt auch auf die Gewaltbereitschaft der Menschen zu untersuchen, stellte sich heraus, dass es so etwas wie Nichtraucher im Hinblick auf das Fernsehen nicht gab: Praktisch jeder sah fern (Siegel 1986). Dies machte epidemiologische Studien zum Einfluss des Fernsehens auf den Menschen bereits wenige Jahre nach seiner Einführung nahezu unmöglich.

Es ist einigen aufmerksamen Wissenschaftlern zu verdanken, dass man hier dennoch weiterkam (Williams 1986). Sie spürten eine kleine Stadt in Kanada auf, in der es bis ins Jahr 1973 aufgrund der geographischen Lage in einem Tal kein Fernsehen gab. Um die Anonymität zu wahren, wurde diese Stadt in allen Publikationen mit dem Namen *Notel* (für „no television") bezeichnet. Die Stadt war bis auf das fehlende Fernsehen in jeder Hinsicht normal, was bedeutsam ist im Hinblick auf die Allgemeinheit der Ergebnisse. Auch auf manchen abgelegenen Inseln gab es damals noch kein Fernsehen, aber die Lebensverhältnisse waren an diesen Orten vom Normalen sehr verschieden. Nicht so in dieser Stadt: Es gab Straßen, Busverbindungen, Schulen und sonst alles, was zum normalen Leben gehört; nur eben kein Fernsehen. Dies sollte sich innerhalb weniger Monate durch die Aufstellung eines neuen Senders ändern. Noch bevor dies geschah, begann die Untersuchung.

Man wählte zwei weitere Gemeinden als Kontrollgruppen aus. In einer gab es bereits seit sieben Jahren Fernsehen, jedoch nur einen Kanal (man gab ihr daher den Namen *Unitel*), in der anderen (mit *Multitel* bezeichneten) gab es bereits seit 15 Jahren Kabelfernsehen mit vielen Kanälen. Untersucht wurde zu zwei Zeitpunkten in einem Abstand von zwei Jahren. Die Kontrollgemeinden waren wichtig, denn es musste ausgeschlossen werden, dass die in der untersuchten Gemeinde stattfindenden Veränderungen durch andere soziokulturelle Veränderungen verursacht wurden. Mit anderen Worten: Sofern man bestimmte Veränderungen nur in der Gemeinde, in der das Fernsehen eingeführt wurde, nicht aber in den anderen Gemeinden beobachten konnte, war zu vermuten, dass diese Veränderungen auf das Fernsehen zurückzuführen waren.

Das Verhalten von Kindern wurde auf verschiedene Weise erfasst, sowohl durch Beobachtung in natürlichen Spielsituationen als auch durch Befragen der Lehrer und der Kinder und Jugendlichen. Es zeigte sich, dass innerhalb des nachfolgenden Zeitraums von zwei Jahren in der Gemeinde mit eingeführtem Fernsehen das beobachtete und mittels Fragebogen erfasste Aggressionsniveau zunahm: Die verbale Aggressivität verdoppelte sich, die körperliche Aggressivität war nahezu verdreifacht (ein hochsignifikantes Ergebnis). Dies betraf sowohl Jungen als auch Mädchen in allen untersuchten Altersklassen. Man fand weiterhin einen Zusammenhang zwischen der Zeit, die die Kinder und Jugendlichen vor dem Fernseher zubrachten, und der Gewaltbereitschaft. Im Gegensatz dazu war das Gewaltniveau in den beiden Kontrollgemeinden gleichbleibend (Joy et al. 1986).

Wirkungen nach zwei Jahrzehnten

Auch zu den langfristigen Auswirkungen von Gewalt im Fernsehen liegen Untersuchungen vor. Zu den eindrucksvollsten diesbezüglichen Daten zählen die von Eron und Huesmann (1986), die eine prospektive Langzeitstudie an 875 Jungen über einen Zeitraum von insgesamt 22 Jahren (!) von 1960 bis 1981 durchführten.

Diejenigen Jungen, die bei der ersten Untersuchung im achten Lebensjahr überdurchschnittlich viele Gewaltszenen im Fernsehen sahen, wurden mit größerer Wahrscheinlichkeit von ihren Lehrern als gemein und aggressiv eingeschätzt. Die gleichen Jungen waren im Alter von 19

Jahren mit größerer Wahrscheinlichkeit mit dem Gesetz in Konflikt geraten und im Alter von 30 Jahren mit größerer Wahrscheinlichkeit wegen Gewaltkriminalität verurteilt oder gewalttätig gegenüber Ehefrauen und Kindern.

Die Studie zeigte eindeutig, dass die Menge der Gewaltszenen, die die Kinder im achten Lebensjahr im Fernsehen gesehen hatten, die Gewalttätigkeit der Menschen im späteren Leben vorhersagen konnte. Es zeigten sich sogar Effekte auf die Folgegeneration in dem Sinne, dass Jungen, die im achten Lebensjahr mehr Gewalt im Fernsehen gesehen hatten, mit einer größeren Wahrscheinlichkeit später ihre eigenen Kinder schlugen.

Erwähnt sei noch eine retrospektive kontrollierte Studie an 100 inhaftierten Männern, die wegen Mordes, Vergewaltigung oder Körperverletzung verurteilt worden waren. Man verglich diese Gruppe mit einer Kontrollgruppe aus 65 Männern, die keine Gewaltverbrechen begangen hatten und im Hinblick auf Alter, Rassenzugehörigkeit und Lebensumstände parallelisiert waren. Unabhängig vom Einfluss der drei Variablen (1) Schulleistung, (2) elterliche Gewalt und (3) Neigung zu kriminellen Handlungen zeigte sich in dieser Studie ein Trend dahingehend, dass die als Kind im Fernsehen angeschaute Gewalt zum Gewaltverbrecher prädisponiert (Kruttschnitt et al. 1986).

Die Ergebnisse der angeführten Studien sind wichtig. Die Frage jedoch, ob Gewalt im Fernsehen zu mehr Gewalt in der realen Welt führt, ist mit solchen so genannten naturalistischen Studien nicht beantwortbar, denn es können, rein theoretisch, immer andere Faktoren angeführt werden, die vielleicht auch einen Einfluss gehabt haben, der nicht kontrollierbar war. Dennoch legen diese methodisch sehr gut durchdachten Untersuchungen einen solchen Zusammenhang sicherlich sehr nahe. Dies ist insbesondere dann der Fall, wenn man die Ergebnisse von Studien, die mit grundsätzlich anderem methodischen Ansatz durchgeführt wurden, hinzuzieht. Bei diesen methodisch anderen Formen wissenschaftlicher Untersuchungen handelt es sich einerseits um Laborexperimente und andererseits um so genannte Feldstudien. Beispiele für beide Typen von Studien seien im Folgenden kurz angeführt.

Lernen am Modell: Gewalt im Labor

Der Psychologe Bandura und seine Mitarbeiter zeigten bereits zu Anfang der 60er Jahre Kindern im Kindergarten *Filme von anderen Kindern*, die entweder gewalttätig oder nicht gewalttätig miteinander umgingen. Danach hatten die Kinder Gelegenheit, miteinander und mit Spielzeugen zu spielen. Sie wurden dabei gefilmt, und diese Filme wurden dann von unabhängigen Personen betrachtet, die nicht über die Art der vorherigen Exposition (Gewalt gesehen oder nicht) der Kinder informiert waren. Diese Personen hatten das Vorkommen von Gewalt im Verhalten der Kinder zu verzeichnen, wobei sich ein deutlicher Effekt der vorherigen Exposition durch Gewaltszenen auf das nachfolgende Verhalten zeigte. *Wer Gewalt sieht, wird selbst gewalttätig* (vgl. Bandura et al. 1963, Bandura 1978). Gesehene Gewalt wird imitiert, was sich sowohl beim Umgang mit Spielzeug als auch im Spiel der Kinder miteinander sowie deren Umgang mit Erwachsenen zeigte.

Der Vorteil solcher Laborexperimente besteht darin, dass die Bedingungen genau kontrolliert und die Kinder per Zufall (d.h. randomisiert) den Experimentalgruppen (eine Gruppe sieht beispielsweise Gewaltvideos, die andere gewaltfreie Videos) zugewiesen werden können. Danach kann man genaue Beobachtungen in einem standardisierten Setting – z.B. durch Film- oder Videoaufnahmen – durchführen. Gerade durch die randomisierte Gruppenzuweisung kann ausgeschlossen werden, dass sich die Kinder von vornherein im Hinblick auf ihre Gewaltbereitschaft unterscheiden oder dass andere Faktoren als die experimentelle Variation der gesehenen Gewalt zu den beobachteten Effekten geführt haben. Das laborexperimentelle Design erlaubt daher die Aufdeckung von Ursache-Wirkungs-Beziehungen zwischen Fernsehen und gewalttätigem Verhalten.

Diese Vorteile werden mit den Nachteilen der „Künstlichkeit" der Situation erkauft, was sowohl zur Unterschätzung als auch zur Überschätzung der tatsächlichen Effekte führen kann (vgl. Joy et al. 1986): Zum einen wird zu Hause in der Regel länger ferngesehen (nicht nur ein kurzes Video) als im Labor. Zudem wurden die Kinder nur direkt nach dem Fernsehen gefilmt, sodass längerfristige Auswirkungen mit der Labormethode nicht erfassbar waren. Beides führt zur Unterschätzung des Effekts von Gewalt im Fernsehen. Umgekehrt kann man argumentieren, dass der permissive Charakter des Labors (die Kinder werden zusammen mit Spielzeug und anderen Kindern sich selbst überlassen und beobachtet), d.h. das Fehlen erzieherischer Sanktionen, zum vermehrten Auftreten von Gewalt führe, wodurch in Laborexperimenten die Gewaltbereitschaft der Kinder überschätzt würde.

Laborexperimente allein stellen somit, ebenso wenig wie die naturalistischen Studien für sich genommen, nicht der Weisheit letzten Schluss dar. Sie sind jedoch ein wichtiger Mosaikstein im Gesamtzusammenhang einer Argumentationskette gegen Gewalt im Fernsehen.

Feldstudien

Der Nachteil der künstlichen Laborumgebung wird bei experimentellen Feldstudien vermieden, die in methodischer Hinsicht zwischen den naturalistischen Studien und den Laborexperimenten stehen. Um auch hier die Aussagekraft der Untersuchung zu maximieren, erfolgt eine randomisierte Gruppenzuteilung, wodurch störende Einflüsse der Selektion ausgeschaltet werden können. Unter den gewohnten, normalen Lebensumständen wird dann entweder richtig ferngesehen oder nicht. Danach wird das Verhalten der Kinder oder Jugendlichen z.B. von den Erziehern unter den Bedingungen des normalen Zusammenlebens beobachtet. Dies erlaubt Rückschlüsse auf den Einfluss des Fernsehens auf das konkrete Verhalten in der gewohnten Umgebung, d.h. unter realistischen Bedingungen.

Die Ergebnisse der meisten Feldstudien stimmen mit den aus Laborexperimenten gewonnenen Daten gut überein: Kinder oder Jugendliche, die Gewalt im Fernsehen anschauen, verhalten sich gewalttätiger (vgl. Joy 1986). Das Problem solcher Untersuchungen besteht darin, dass sie praktisch nur in Internaten durchgeführt werden können, d.h. in Institutionen, die ein relativ großes Ausmaß an Kontrolle – einschließlich der Fernsehgewohnheiten – ausüben bzw. ausüben können. Damit beziehen sich diese Studien nicht mehr unbedingt auf die Gesamtbevölkerung, sondern auf eine Teilgruppe, von der man unter Umständen annehmen kann, dass es sich um von vornherein aggressivere Kinder handelt. Dies wiederum schränkt die Verallgemeinerungsfähigkeit der Resultate ein. Die Ergebnisse von Feldstudien können zudem dadurch verfälscht sein, dass die Kinder oder Jugendlichen der Kontrollgruppe in aller Regel sowohl vor als auch nach der Studie normale Fernsehgewohnheiten hatten und nur während der Studie auf das Fernsehen verzichten mussten.

Hierzu ein Beispiel: Jungen aus Heimen, die für einen Zeitraum von sechs Wochen entweder Fernsehprogramme mit oder ohne Gewalt angeschaut hatten, wurden im Hinblick auf ihr Verhalten beobachtet. Es zeigte sich, dass die Jungen, die gewaltlose Programme anschauten, zu mehr Gewalt neigten als diejenigen, die Gewalt anschauten. Das Ergebnis widersprach damit den oben beschriebenen Befunden und könnte zunächst als Hinweis auf einen positiven Effekt des Gewaltfernsehens interpretiert werden (Feshbach & Singer 1971). Bei genauerem Hinsehen jedoch ergibt sich ein ganz anderes Bild: Die Jungen sahen Fernsehprogramme mit Gewalt lieber als gewaltfreies Fernsehen und waren über die verordnete sechswöchige Einschränkung ihrer Auswahl verärgert. Dieser Ärger äußerte sich dann in aggressiven Handlungen (vgl. Joy 1986).

Mit diesem Problem der „verordneten Fernsehdiät" sind alle experimentellen Feldstudien behaftet, was ihre Aussagekraft schmälert. Dennoch sei gesagt, dass eine Replikation der Untersuchung von Feshbach und Singer den entgegengesetzten Effekt zeigte, d.h. mehr Gewalthandlungen bei den Jungen, die Gewalt im Fernsehen gesehen hatten (Wells 1973; zit. nach Joy 1986).

Fernsehen macht Gewalt

Wenden wir uns nochmals einer naturalistischen Studie zu, die nicht drei Städte, sondern drei Länder mit unterschiedlichem Einführungsdatum für das Fernsehen miteinander verglich. Das Kriterium für Gewalt in der realen Welt (die untersuchte abhängige Variable) war hierbei nicht beobachtetes oder mit Fragebogen erfasstes Verhalten, sondern das sehr „harte" Kriterium der Anzahl der Tötungsdelikte in den jeweiligen Staaten.

Centerwall (1989a, b) untersuchte den Zusammenhang zwischen der Einführung des Fernsehens und der Häufigkeit von Tötungsdelikten in der weißen Bevölkerung der USA, der gesamten Bevölkerung von Kanada (97 % Weiße) und der weißen Bevölkerung von Südafrika. Nachdem in den 50er Jahren in den USA und Kanada das Fernsehen eingeführt wurde, kam es dort zu einer Verdopplung von Tötungsdelikten innerhalb von 10-15 Jahren. Während des gleichen Zeitraums nahm die Zahl der Tötungsdelikte in Südafrika um 7 Prozent ab. Nach der Einführung des Fernsehens in diesem Land im Jahre 1975 stiegen im Zeitraum bis 1987 die Tötungsdelikte um 130 Prozent. Der Autor kommentiert:

> „Sofern das Fernsehen nie entwickelt worden wäre, gäbe es heute in den Vereinigten Staaten jährlich 10.000 weniger Tötungsdelikte, 70.000 weniger Vergewaltigungen und 700.000 weniger Delikte mit Verletzungen anderer Personen." (Centerwall 1992, S. 3061, Übersetzung durch den Autor)

Rauslassen oder reinlassen?

Der Gedanke, man könne sich durch das Betrachten von Gewalt von dieser einfacher loslösen, geht bis auf Aristoteles zurück, der in seinen – wenn auch spärlichen – Ausführungen über die Wirkung der Tragödie den Begriff der Katharsis (griech.: Reinigung) verwendet. Aristoteles schreibt, dass „im Durchgang durch Jammer und Schauder schließlich eine Reinigung von derartigen Leidenschaften" bewirkt werde (Poetik 6, 1449 b 24-27; zit. nach Flashar 1976, 784).

Auf das Fernsehen übertragen, bedeutet dies, dass das Betrachten von Gewaltszenen beim Zuschauer zu einer Art stellvertretendem Handeln, zur Abfuhr von Gewalt und damit zu deren Verminderung in der realen Welt führt. Kurz, wer Schlechtes ansieht, der lässt es damit nur heraus, um eigentlich gut zu sein und das Gute in sich und der Welt zu fördern.

> „Durch die Fernsehunterhaltung mit angemessenem Sex und ange-
> messener Gewalt sind die Amerikaner jede Nacht in der Lage, ihr
> Unterbewusstes zu entleeren; aggressive Phantasien bringen beru-
> higte Geister hervor." (Fowles 1992, S. 244; Übersetzung durch den
> Autor)

Der Autor vergleicht das geistlose Starren auf den Bildschirm mit
buddhistischer Meditation, deren Ziel es ja auch sei, den Geist zu leeren und von irdischen Sorgen zu befreien:

> „Ein [buddhistischer] Text gibt an, dass man ... durch Konzentra-
> tion auf einen Farbflecken meditieren möge. Die Ereignisse zwi-
> schen dem Aufstehen und der [abendlichen] Fernsehzeit sind unsere
> irdischen Sorgen. Das Fernsehen ist unser Farbfleck. Fernsehen
> induziert in uns einen Zustand, der den Qualitäten der angeneh-
> men, tranceähnlichen Meditation sehr ähnelt. Darum schauen wir
> so viel fern." (Fowles 1992, S. 244; Übersetzung durch den Autor)

Die beiden Zitate machen deutlich, wie trotz der überwältigenden
gegenteiligen Ergebnisse empirischer Forschung bis heute unkritisch
für eine positive Wirkung des Fernsehens auf das Gewaltpotential argumentiert wird.

Schon Goethe wies die Meinung entschieden zurück, Aristoteles
habe mit dem Begriff Katharsis eine moralische Wirkung gemeint,
schon deshalb, weil es ihm nicht um die Wirkung beim Zuschauer
ging, sondern um die Beschreibung dessen, was auf der Bühne vorgeht
(vgl. Flashar 1976, S. 785).

Desensibilisierung

Wenn Organismen einem bestimmten Reiz oder einer bestimmten
Reizklasse dauernd ausgesetzt sind, so nimmt die Reaktion auf diesen
Reiz immer mehr ab. Man spricht von *Desensibilisierung*. Hierbei handelt es sich auch um eine Form von Lernen. Das Phänomen gilt für verschiedenste Spezies und verschiedenste Reizklassen, unter anderem
auch für den Menschen und für Gewalt.

Wissenschaftliche Untersuchungen ergaben entsprechend, dass derjenige, der immer wieder Gewaltfilme anschaut, weniger stark auf einzelne Gewaltszenen in einzelnen Filmen reagiert (Cline et al 1973). Zudem generalisiert das Verhalten vom Film auf die Realität (Thomas et al. 1977). Das dauernde Anschauen von Gewalt im Fernsehen führt dazu, dass gewalttätige Verhaltensweisen dem Betrachter zunehmend normaler vorkommen. Nicht nur das Erleben und die vegetativen Reaktionen, sondern vor allem auch das Verhalten der Personen ändert sich entsprechend, wie eine 1992 von der amerikanischen Psychologievereinigung (American Psychological Association, APA) durchgeführte Umfrage ergab. Kurz: Das Betrachten von Gewalt führt zur Abstumpfung und zu gleichgültigerem Verhalten gegenüber Gewalt.

Kinder vor dem Fernsehapparat

Es wird immer wieder behauptet, dass Kinder sehr wohl zwischen virtueller und realer Realität unterscheiden können. Dem ist zunächst entgegenzuhalten, dass dies für ältere Kinder zutrifft, nicht jedoch für Kleinkinder bis zum achten Lebensjahr, die nachweislich noch Schwierigkeiten haben, zwischen Realität und Phantasie zu unterscheiden. Sie sehen etwas und machen es nach, wie Abbildung 19.1 eindrucksvoll zeigt. Entsprechendes gilt für das Fernsehen, wobei nach amerikanischen und kanadischen Untersuchungen vor allem Kinder im Grundschulalter besonders stark beeinflussbar sind. Die Lerneffekte chronifizieren und bleiben bis ins Erwachsenenalter bestehen (Centerwall 1992). Auch größere Kinder und nicht zuletzt Erwachsene können von Fernsehbildern ebenso lernen wie von realen Bildern.

Das Betrachten von Gewalt ist für uns übendes Lernen wie das Betrachten von Schmetterlingen oder Blättern: Wer tausende gesehen hat, der nimmt differenzierter wahr, kennt sich aus, weiß, worauf es ankommt. Auf Gewalt im Fernsehen übertragen, heißt dies kurz und prägnant: Wer Horror- und Gewaltfilme sieht, der *lernt* Horror und Gewalt. Daraus folgt langfristig, dass ihm Horror und Gewalt zuneh-

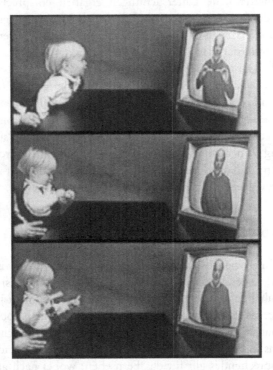

19.1 Ein 2jähriger schaut begeistert zu, wie jemand ein Spielzeug auseinander zieht – und macht es nach (mit freundlicher Genehmigung der Autoren aus Gopnik et al. 1999).

mend auf Schritt und Tritt begegnen. Mehr noch: Das Gelernte wird sein Verhalten beeinflussen und damit das soziale Leben in der gesamten Gemeinschaft.

Wer behauptet, Kinder und Jugendliche könnten Fernsehen und reale Welt gut trennen, der sei nur daran erinnert, dass sogar manche Erwachsene sich an Schauspieler wenden und um Rat in Lebensfragen nachsuchen, ganz als ob dieser Schauspieler nicht nur die Rollen des Vaters, Arztes oder Ratgebers spiele, sondern in der Realität auch verkörpere.

Auch Mädchen, auch ohne Veranlagung

Im Hinblick auf die Beziehungen zwischen Gewalt im Fernsehen und realer Gewalt wurde nicht selten wie folgt argumentiert: Die wissenschaftlichen Daten bezögen sich nur auf Jungen, nicht aber auf Mädchen. Dies allein zeige bereits, dass es mit der These, die Gewalt sei durch Fernsehen gelernt, nicht weit her sein könne. Auch Mädchen müssten dann ja Gewalt lernen. Zum anderen wurde eingewandt, dass nur derjenige, der bereits eine Tendenz zur Gewaltbereitschaft aufweise, durch Gewalt in den Medien zu tatsächlicher Gewalt angeleitet würde. Wer diese Tendenz also nicht schon in sich habe, den würde auch die Gewalt in den Medien nicht verderben (vgl. Eggers 1989). Drittens wurde nicht selten eingebracht, dass die Zusammenhänge nur für kleine Kinder gelten würden (die noch sehr beeinflussbar seien und auch noch nicht zwischen Fiktion und Realität unterscheiden könnten), nicht jedoch für die kritischeren Heranwachsenden bzw. Erwachsenen.

In Bezug auf diese Argumente ist eine Untersuchung an 707 Familien mit einem Kind im Alter von 1-10 Jahren von Bedeutung (Johnson et al. 2002). Mütter und Kinder wurden im Hinblick auf Fernsehgewohnheiten und aggressive Verhaltensweisen untersucht. Die Familien wurden zufällig aus zwei Landkreisen im nördlichen Staat New York ausgewählt, also aus einer repräsentativen Gegend für die ländliche amerikanische Bevölkerung, mit einem hohen Anteil von Katholiken (54 %) und Weißen (92 %). Interviews mit diesen Familien wurden in den Jahren 1975, 1983, 1985/6 und 1991/93 durchgeführt. Im Jahr 2000 wurden mittels Fragebogen aggressive Akte erfasst und zusätzlich Daten aus Kriminalstatistiken des Staates New York herangezogen.

Das mittlere Alter der untersuchten Probanden war 5,8 Jahre im Jahr 1975 bzw. 30 Jahre im Jahr 2000. Die Kinder und ihre Mütter wurden getrennt durch vorher intensiv trainierte und supervidierte Interviewer befragt, die jeweils gegenüber den Antworten der zugehörigen Mutter bzw. des zugehörigen Kindes blind waren. Gemessen wurden zusätzlich der sozioökonomische Status, die verbale Intelligenz

sowie die Vernachlässigung der Kinder anhand von Selbst- und Fremd-
beurteilungen. Weiterhin wurden die Nachbarschaftsverhältnisse, die
Aggressivität unter Gleichaltrigen und die Gewalt in der Schule untersucht.

Die Ergebnisse zeigten Folgendes: Vernachlässigung als Kind,
Aufwachsen in einer unsicheren Nachbarschaft, geringes Einkommen
der Familie, geringes Ausbildungsniveau sowie psychiatrische Erkrankungen der Eltern waren signifikant positiv mit dem Fernsehkonsum
im Alter von 14 Jahren und mit aggressivem Verhalten im Alter von 16
bzw. 22 Jahren korreliert. Wurde der Einfluss der genannten Kovari-
ablen durch statistische Verfahren eliminiert, blieb noch immer ein si-
gnifikanter Zusammenhang zwischen Fernsehkonsum und aggressivem Verhalten nachweisbar (vgl. Abb. 19.2). Der Fernsehkonsum im
Alter von 14 Jahren war signifikant mit späteren aggressiven Akten gegenüber anderen Personen korreliert, nicht jedoch mit späteren Dieb-
stahlsdelikten, Brandstiftung oder Vandalismus, also nicht mit
Kriminalität überhaupt. Besonders wichtig ist der Befund, dass der
Fernsehkonsum mit späterer Aggressivität auch bei denjenigen Jugendlichen korreliert war, die zuvor keine aggressiven Verhaltensweisen aufwiesen. Das Fernsehen macht also nicht nur diejenigen gewalttätig, die
hierzu ohnehin neigen, sondern auch diejenigen, die eigentlich nicht
dazu neigen. Auch zeigte sich, dass der Zusammenhang zwischen Fernsehkonsum und Gewalt nicht nur für die Jungen, sondern auch für die
Mädchen zutraf.

Von Bedeutung ist die Tatsache, dass der Fernsehkonsum nicht
nur bei Kindern, sondern auch bei Jugendlichen zu späteren Gewalt-
delikten führt: Bei den Männern war der Fernsehkonsum im Alter von
22 Jahren mit späteren Tätlichkeitsdelikten mit Körperverletzung korreliert. In der entsprechenden Altersgruppe der Frauen war die Menge
an Fernsehkonsum im Alter von 22 Jahren mit Gewalttaten und Ver-
letzungsdelikten, mit Raubüberfällen, Gewaltdrohungen und Waffen-
gebrauch sowie mit jeglicher aggressiven Verhaltensweise gegenüber
anderen Personen korreliert. Interessanterweise war die Verbindung

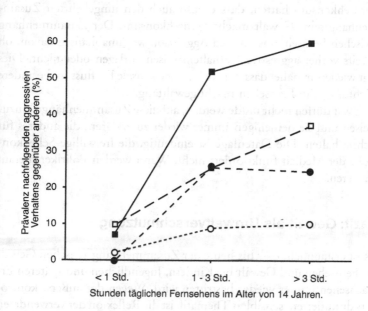

19.2 Fernsehen macht gewalttätig. Der Effekt ist dosisabhängig, betrifft auch Mädchen (Kreise) sowie zuvor nicht gewaltbereite Jugendliche (weiß). Dargestellt ist der Zusammenhang zwischen der Dauer des täglichen Fernsehkonsums im Alter von 14 Jahren und späteren Gewalttaten gegenüber anderen Menschen (gemessen im Alter von 16 bzw. 22 Jahren). Quadrate: männlich; schwarz: vorherige aggressive Akte; weiß: keine vorbestehenden aggressiven Akte.

zwischen Fernsehkonsum im Alter von 22 Jahren und der letztgenannten Variablen („any aggressive act against another person") bei den weiblichen Probanden *größer* als bei den männlichen.

Die Autoren heben hervor, dass die Untersuchung einen klaren Zusammenhang zwischen Fernsehkonsum und Gewaltbereitschaft nachweist. Dieser Zusammenhang ist nicht erklärbar durch andere Variablen (wie beispielsweise niedriges Einkommen oder ungünstige Wohnverhältnisse), die beide jeweils mit Fernsehkonsum und Gewalt zusammenhängen. Die Autoren fanden weiterhin, dass gewaltbereite Jugendliche im Alter von 14 Jahren zwei Jahre später einen höheren

Fernsehkonsum hatten, dass es also auch den umgekehrten Zusammenhang gibt: Gewalt macht Fernsehkonsum. Der Zusammenhang zwischen Fernsehkonsum und Aggression war unabhängig davon, ob bereits vorher aggressive Verhaltensweisen vorlagen oder nicht. Dies legt wiederum nahe, dass der wesentliche kausale Einfluss in die andere Richtung geht: Fernsehen macht gewalttätig.

Wir dürfen nicht müde werden, auf diese Zusammenhänge hinzuweisen und sie denjenigen immer wieder zu erklären, die anderes für richtig halten. Die Datenlage ist eindeutig, die freiwillige Selbstkontrolle der Medien funktioniert nicht. Wann werden Politiker hierauf reagieren?

Fazit: Gewalt als Umweltverschmutzung

Es ist erstaunlich, dass bis heute der Zusammenhang zwischen Gewalt im Fernsehen und Gewalt bei Kindern, Jugendlichen und späteren Erwachsenen immer wieder bestritten wird. Wegen der äußerst kontrovers diskutierten, sensiblen Thematik ist die Reflexion der verwendeten Forschungsmethoden (und damit der Aussagefähigkeit einzelner Studien) von besonderer Bedeutung. Hierbei lassen sich im Hinblick auf das Studiendesign prinzipiell drei Typen von Untersuchungen unterscheiden: Laborexperimente, Feldstudien und naturalistische Studien. Alle drei Methoden haben ihre Vor- und Nachteile.

In Laborexperimenten sah eine Gruppe Kinder Gewaltvideos, die andere gewaltfreie Videos, wonach ein klarer Lerneffekt für Gewalt beobachtet wurde. Diese Experimente stellten eine Ursache-Wirkungs-Beziehung zwischen Fernsehen und gewalttätigem Verhalten eindeutig her. Die Nachteile von Laborexperimenten sind die „Künstlichkeit" des Settings, was vor allem zur Unterschätzung der tatsächlichen Effekte des Fernsehens führen dürfte, da zu Hause länger ferngesehen wird als im Labor und im Labor längerfristige Auswirkungen des Fernsehens nicht erfassbar sind.

In naturalistischen Studien wurden beispielsweise die Auswirkungen der Einführung des Fernsehens in einer Gemeinde oder einem ganzen Land untersucht. Den Vorteilen realistischer Studienbedingungen und möglicher großer Fallzahlen steht der Nachteil der Unkontrollierbarkeit vieler Versuchsbedingungen gegenüber.

Zwischen den Laborexperimenten und den naturalistischen Studien liegen die Feldstudien. Durch randomisierte Gruppenzuteilung besitzen sie eine bessere Aussagekraft (durch Ausschaltung störender Einflüsse der Selektion) als naturalistische Studien, und durch die Beobachtung in der realen Welt (es wird richtig ferngesehen oder nicht; das Verhalten wird unter den Bedingungen des normalen Zusammenlebens beobachtet und eingeschätzt) wird die Künstlichkeit des Labors vermieden. Auch Feldstudien haben jedoch ihre Nachteile, sodass sich die genannten Methoden gegenseitig ergänzen müssen. Die Labormethode erlaubt genauere, mikroskopische Einblicke in das Verhalten, wohingegen Feldstudien und naturalistische Studien eher angeben, ob die im Labor gefundenen Daten der realen Welt entsprechen.

Die mit den genannten Methoden gewonnenen Ergebnisse sind eindeutig: Es gibt einen klaren Zusammenhang zwischen dem Betrachten von Gewalt im Fernsehen und Gewalt in der realen Welt. Tückisch an diesem Zusammenhang ist, dass er sich – ähnlich wie es sich mit Rauchen und Lungenkrebs verhält – mit einer zeitlichen Verzögerung von mindestens einem Jahrzehnt realisiert. Steigt die Gewalt an, ist es also bereits zu spät!

. In neurobiologischer Hinsicht spricht Gewalt instinktähnliche Prozeduren der Aufmerksamkeitszuwendung an, weswegen gerade Kinder gar nicht anders können, als solche Inhalte wie gebannt anzuschauen. Die im Kindesalter stark ausgeprägte Neuroplastizität des Gehirns bewirkt dann die Ausbildung entsprechender Repräsentationen in den höherstufigen bedeutungtragenden kortikalen Landkarten heranwachsender Menschen, die genau deswegen angelegt werden, um zukünftiges Verhalten effektiv zu steuern.

Weiterhin ist von Bedeutung, dass bei Organismen, die einem bestimmten Reiz oder einer bestimmten Reizklasse dauernd ausgesetzt sind, die emotionale Reaktion auf diesen Reiz immer mehr abnimmt.

Man spricht von Desensibilisierung. Das Phänomen gilt für verschiedenste Spezies und verschiedenste Reizklassen, unter anderem auch für den Menschen und für Gewalt. Empirische Studien konnten zeigen: (1) Wer immer wieder Gewaltfilme anschaut, reagiert weniger auf einzelne Gewaltszenen in einzelnen Filmen; (2) das Verhalten generalisiert vom Film auf die Realität; (3) das dauernde Anschauen von Gewalt im Fernsehen führt dazu, dass gewalttätige Verhaltensweisen dem Betrachter zunehmend normaler vorkommen; (4) das Verhalten der Personen ändert sich entsprechend. Kurz: Gewalt im Fernsehen führt aufgrund unserer neurobiologischen Verfassung zu mehr Gewalt in der Welt.

Was folgt? – Es wird Zeit, dass wir damit aufhören, diese Zusammenhänge systematisch zu leugnen. Wir müssen verstehen, dass Gewalt im Fernsehen den gleichen Stellenwert in unserer Gesellschaft hat wie beispielsweise die Umweltverschmutzung: Werden Produktionsverhältnisse dem freien Markt überlassen, überlebt der, der am billigsten produziert, was oft gleichbedeutend damit ist, dass er auch am dreckigsten produziert. Keiner will eine verdreckte Umwelt, aber ohne den politischen Willen aller und die dadurch möglichen Regelungen wird derjenige am Markt überleben, der am billigsten und damit am umweltschädlichsten produziert. Entsprechend verhält es sich mit Fernsehgesellschaften, die von Werbeerträgen leben, die wiederum durch die Einschaltquoten bestimmt werden. Gezeigte Gewalt treibt die Quoten in die Höhe, was dazu führt, dass langfristig nur der am Markt überlebt, der die Aufmerksamkeit der Zuschauer mit entsprechenden Mitteln ködert.

Die westlichen Industrienationen haben erkannt, dass im Hinblick auf die Umwelt durch die Einführung von Regeln gehandelt werden muss: Treibhausgase, Mikrostaub oder DDT haben langfristige und komplexe, aber dennoch handgreifliche Auswirkungen auf die uns umgebende Landschaft und damit unser aller Leben. Die Folgen der Gewalt in den Medien auf die kortikalen Landkarten in uns sind — wie oben gezeigt — nicht weniger dramatisch. Es wird daher Zeit, dass wir über Einschränkungen im Hinblick auf die visuell-geistige Nahrung unserer Kinder ernsthaft nachdenken. Wir dürfen nicht weiter einfach zuschauen.

Und noch etwas: Wer als Reaktion auf die 16 Toten von Erfurt am 26.4. 2002 die Waffengesetze verschärft und glaubt, damit sei es getan, der irrt. Küchenmesser, Teppichmesser oder auch Passagierflugzeuge kann man nicht verbieten, und man kann sie ebenso als Waffe verwenden wie Pistolen und Gewehre. Wirklich und nachhaltig kann man Gewalt nur dann bekämpfen, wenn man den Menschen im Hinblick auf ihr Repertoire der Konfliktlösungsmöglichkeiten besseren Lernstoff anbietet, als das die Medien derzeit tun.

Die Industrie (Hollywood, Fernsehanstalten, Programmmacher etc.) redet von freiwilliger Selbstkontrolle, von Verantwortung der Eltern und beruft sich nach wie vor auf das Recht auf freie Meinungsäußerung. Die Medien selbst vertuschen die Sachverhalte und tragen ihrerseits zur Misere bei: Wenige Wochen vor den Ereignissen in Erfurt brachte der *Focus* (Nr. 12; 18. März 2002) eine Titelgeschichte zum Thema „Kinder müssen fernsehen". Es wurde argumentiert, dass Kinder, die nicht fernsehen, zu Außenseitern in Gruppen werden können. Wenn aber, wie die amerikanische Akademie für Kinderheilkunde feststellt, Kinder bis zum Alter von 18 Jahren in den USA 200.000 Gewaltakte allein im Fernsehen gesehen haben, dann wäre es besser, wenn wir alle zu Außenseitern würden!

Postskript: Computerspiele – Learning by doing

Vor etwa 25 Jahren begannen Videospiele zunächst ganz harmlos; man spielte friedlich *Ping-Pong, Tetris* oder *Pacman*. Dies änderte sich vor knapp zehn Jahren mit der Entwicklung immer leistungsfähigerer Rechner. Rechtzeitig zum Fest der Liebe 1993 wurde ein sehr realistisches gewalttätiges Videospiel in die Geschäfte gebracht und mit großem Gewinn verkauft. Der Held schießt nicht nur einfach auf virtuelle Raumfahrzeuge; nein, er köpft seinen Gegner, reißt ihm das Herz aus der Brust oder die Gliedmaßen vom Körper. In Spielen wie *Mortal Kombat* ist die Tötung des realistisch dargestellten Gegners das erklärte Ziel. Wie eine vergleichende Analyse von 33 Nintendo- und Sega-Videospielen zeigte, haben etwa 80 % Gewalt und Aggression zum Inhalt, 20 % beinhalten sogar explizit Gewalt gegenüber Frauen (Dietz 1998).

Im Gegensatz zu der mittlerweile großen Zahl empirischer Studien zu den Auswirkungen von Gewaltdarstellungen im Fernsehen ist die wissenschaftliche Literatur zu Computer- und Videospielen noch recht spärlich. Daher wird auch im Hinblick auf Computerspiele noch immer behauptet, was in Bezug auf das Fernsehen eindeutig widerlegt ist, dass „das Spielen von Videospielen eine nützliche Sache sein könnte, um mit aufgestauten aggressiven Energien fertig zu werden" (Emes 1997, S. 413; Übersetzung durch den Autor).

Gerade vor diesem Hintergrund ist die im Folgenden näher beschriebene Untersuchung von Anderson und Dill (2000) von großer Bedeutung, denn sie zeigt, wie sich eine der bedeutendsten Freizeitbeschäftigungen der jüngeren Generation auf deren Gedanken, Gefühle und Verhalten auswirkt. Die Autoren gehen davon aus, dass wiederholtes Spielen von Gewalt langfristig zum Erlernen entsprechender Emotionen, Gedanken und Verhaltensbereitschaften führt. Sie beschreiben dies wie folgt:

> „Langfristige Effekte von Gewalt in den Medien sind das Resultat der Entwicklung, des Überlernens und der Verstärkung aggressionsbezogener Wissensstrukturen. [...] Jedes Mal, wenn die Leute gewalttätige Videospiele spielen, wiederholen sie aggressive Verhaltensprogramme, die Aufmerksamkeit gegenüber Feinden im Sinne einer veränderten Wahrnehmung lehren und verstärken. Ebenfalls gelehrt und verstärkt werden aggressive Handlungen gegenüber anderen, Erwartungen, dass andere aggressive Akte ausführen werden, positive Einstellungen gegenüber Gewalt und Meinungen im Hinblick darauf, dass gewalttätige Konfliktlösungen effektiv und sinnvoll sind. Des Weiteren führt das wiederholte Ausgesetztsein gegenüber visuell eindrücklich dargestellten Gewaltszenen zu einer Abstumpfung gegenüber Gewalt. Die Schaffung und Automatisierung aggressionsbezogener Wissensstrukturen sowie die Desensibili-

sierung führen letztlich zu einer Veränderung der Persönlichkeit."
(Anderson & Dill 2000, S. 774, Übersetzung durch den Autor)

Die Autoren führten zwei Untersuchungen mit unterschiedlicher, sich ergänzender Methodik durch. In einer ersten Untersuchung wurde der Zusammenhang zwischen gewalttätigem bzw. nicht gewalttätigem Videospiel und einer Reihe von Variablen wie Irritabilität, Aggressivität, Delinquenz, subjektive Meinung zu Kriminalität und persönlicher Sicherheit sowie Studienerfolg an 227 Collegestudenten (78 Männer, 149 Frauen) mit einem mittleren Alter von 18,5 Jahren ermittelt.

Es zeigte sich, dass 207 Studenten (91 %) um den Zeitpunkt der Untersuchung Videospiele in ihrer Freizeit spielten, wobei die hierauf wöchentlich verwendete Zeit 2,14 Stunden betrug. Dies war weniger als während der Schulzeit, für die die Probanden die folgenden Angaben machten: Sie spielten 5,45 Stunden während ihrer Zeit in der Junior Highschool, 3,69 Stunden zu Beginn und 2,68 Stunden gegen Ende der Highschool. Unter den 20 Nichtspielern waren 18 Frauen. Die von den Studenten klassifizierten Spiele waren zu etwa einem Fünftel eindeutig gewalttätig und zu einem weiteren Fünftel deutlich gewaltbetont. Das Spielen von gewalttätigen Videospielen war signifikant positiv mit aggressiver Delinquenz ($r = 0,46$) und mit nichtaggressiver Delinquenz ($r = 0,31$) sowie mit dem Persönlichkeitszug Aggressivität ($r = 0,22$) korreliert.

Es zeigte sich weiterhin, dass das Spielen gewalttätiger Videospiele gering und nicht signifikant negativ mit den Studienleistungen korrelierte ($r = -0,08$), die mit Videospielen verbrachte Zeit insgesamt ergab jedoch eine signifikant negative Korrelation ($r = -0,2$). Wie auch bei den oben angeführten Studien zur Gewalt im Fernsehen sagen Korrelationen nichts über Ursachen. Es könnte ja sein, dass Delinquente zu gewalttätigen Videospielen neigen (und nicht umgekehrt diese Spiele delinquentes Verhalten hervorrufen). Zur Untersuchung kausaler Zusammenhänge bedarf es, wie oben diskutiert, entsprechender *experimenteller* Studien.

Daher führten die Autoren an 210 Collegestudenten (104 Frauen und 106 Männer) das folgende Experiment durch. Männer oder Frauen spielten entweder ein gewalttätiges (*Wolfenstein 3D)* oder ein nicht gewalttätiges (*Myst*) Videospiel. Untersucht wurde bei allen Probanden auch der Persönlichkeitsfaktor Irritabilität (hoch versus niedrig) sowie das Vorkommen von aggressivem Verhalten und aggressiven Gedanken und Gefühlen. Aggressives Verhalten wurde dadurch untersucht, dass die im Labor spielenden Versuchspersonen die Dauer und die Lautstärke eines Lärmgeräuschs im Raum eines vermeintlichen Gegenspielers einstellen konnten, wenn dieser vermeintlich verloren hatte. Unter bestimmten Umständen nahm diese Zeit zu, und zwar mehr beim Spielen des gewalttätigen Spiels. Aggressives Denken wurde mit einem Wortlese-Experiment gemessen, bei dem die Reaktionszeit beim Lesen von insgesamt 192 neutralen oder aggressionsgeladenen Wörtern ermittelt wurde. Es zeigte sich hierbei eine hochsignifikante Verkürzung der Reaktionszeit bei Wörtern mit aggressivem Gehalt nach dem Spielen aggressiver Spiele im Sinne eines Bahnungseffektes. In der experimentellen Studie fand man somit vor allem kognitive und Verhaltenseffekte, die klar für einen fördernden Effekt von aggressiven Videospielen auf die Gewaltbereitschaft der Spieler sprechen.

Es gibt gute Gründe zur Annahme, dass Videospiele Auswirkungen auf die Gewaltbereitschaft haben, die über die Auswirkungen des Fernsehens noch deutlich hinausgehen. So fanden Stickgold und Mitarbeiter (2000), dass in den Schlafepisoden nach längerem Videospiel (gespielt wurde das nicht aggressive Spiel *Tetris*) vermehrt bildhafte Komponenten des Spiels auftreten. Dies betraf interessanterweise nicht die trivialen Aspekte des Spiels, wie beispielsweise Computerbildschirm oder Tastatur, sondern die spielrelevanten visuellen Charakteristika der Stimuli. Wir haben oben die Zusammenhänge zwischen Schlafepisoden nach Lernvorgängen und dem nochmaligen Aktivieren des Gelernten zum Festigen von Erinnerungsspuren diskutiert (vgl. Kap. 7). Man muss aufgrund dieser experimentellen Befunde also davon ausgehen, dass auch die Inhalte von Videospielen im Schlaf „durchgearbeitet" und damit gefestigt bzw. konsolidiert werden.

Wer noch immer daran zweifelt, dass Videospiele verheerende Folgen haben können, für den habe ich den einleitenden Abschnitt aus der Arbeit von Anderson und Dill (2000, S. 772) übersetzt, der vielleicht deutlicher als jede Statistik zeigt, wohin Gewalt in Videospielen führen kann:

„Am 20. April 1999 starteten Eric Harris und Dylan Klebold einen Terroranschlag auf die Columbus Schule in Littleton, Colorado, und ermordeten 13 bzw. verletzten 23 Mitschüler, bevor sie die Gewehre auf sich selbst richteten. Obgleich es unmöglich ist, genau zu wissen, was diese Teenager dazu veranlasst hat, ihre Lehrer und Klassenkameraden anzugreifen, waren wahrscheinlich mehrere Faktoren beteiligt. Ein möglicher solcher Faktor sind gewalttätige Videospiele. Harris und Klebold spielten gerne das blutige ‚Leg-sie-um'-Videospiel Doom, ein Spiel, das vom Militär der USA zur Ausbildung von Soldaten im tatsächlichen Töten des Gegners lizenziert und eingesetzt wird. In den Archiven des Simon-Wiesenthal-Zentrums, einer Institution, die das Aufspüren von Hass und Gewalt im Internet zum Ziel hat, wurde eine Kopie der Web-Seite von Harris gefunden, die eine von ihm personalisiert gestaltete Version des Spiels Doom enthielt. In dieser Version gab es zwei Soldaten, ausgestattet mit extra Waffen und unbegrenzter Munition, und die Gegner im Spiel waren wehrlos. Als Projektarbeit im Rahmen des Unterrichts hatten Harris und Klebold ein Video produziert, das der von ihnen personalisierten Version des Spiels Doom entsprach. In diesem Video tragen Harris und Klebold Trenchcoats, sind bewaffnet und ermorden sportliche Klassenkameraden. Weniger als ein Jahr später agierten sie ihre Video-Performance in der Realität aus. Ein mit dem Wiesenthal-Zentrum assoziierter Untersucher sagte aus, dass Harris und Klebold ‚ihr Spiel spielten – im Gott-Modus'".

Teil V
Schlüsse: Von PISA bis Pisa

Schlussfolgerungen gehören traditionsgemäß an den Schluss wissenschaftlicher Arbeiten. Dennoch wurden Konsequenzen aus den Ergebnissen der Neurobiologie bereits in den jeweiligen Kapiteln im Einzelnen diskutiert. In diesem Teil geht es daher nicht primär um einzelne Folgerungen oder gar „neurobiologische Rezepte" für glückendes Lernen. Vielmehr soll Lernen für den Neurobiologen gleichsam von hinten (für den Pädagogen ist das von vorn) betrachtet werden, nämlich vom Gesichtspunkt der Anwender, also der Lehrer und der Schüler. Es soll um eine zusammenfassende und umfassende Sicht des Lernens gehen, die das Gehirn berücksichtigt, aber nicht bei ihm stehenbleibt. Um die bereits bemühte Autometaphorik erneut zu bemühen: Wenn man sich lange genug mit dem Motor beschäftigt hat, kann man nicht nur kalte Kavalierstarts vermeiden, sondern sich auch wieder – mit dem nötigen Hintergrundwissen bezüglich der Leistungsfähigkeit und Effizienz von Antriebssystemen – der Verkehrsplanung zuwenden.

Wir beginnen daher bei der bislang gründlichsten und umfassendsten Bestandsaufnahme im Bereich der internationalen Bildungsforschung, der PISA-Studie, und deren möglichen Konsequenzen für die Schule. Danach werden einige weiterführende Gedanken im Hinblick auf Lernen und Gesellschaft angesprochen, woran sich Reflexionen aus dem Bereich der Wissenschaftstheorie anschließen. Den Schluss der Schlüsse bildet ein Epilog, in dem viele Ideen noch einmal in anderer literarischer Form aufgegriffen werden. Dieses Buch steckt voller Fakten. Man kann – ja, man muss – aber auch eine Meinung haben, denn es geht um unser Leben, unsere Welt. Dies wird durch den Kontrast mit einer anderen vielleicht am deutlichsten klar.

20 PISA

Wie kaum eine andere sozialwissenschaftliche Untersuchung hat die PISA-Studie (Baumert et al. 2001; OECD 2001) in der Öffentlichkeit Aufsehen erregt. Das ist gut so, denn wenn wir Menschen uns schon gerne Sorgen machen, dann sollten wir die richtigen Themen wählen. Die Schule, das dürfte mittlerweile klar sein, ist sicherlich ein solches berechtigterweise zur Sorge Anlass gebendes Thema. Wer wurde untersucht? Was genau wurde gemacht? Welches sind die wichtigsten Ergebnisse? Kann man ihnen glauben? Was ist zu tun? Manche Fragen sind leicht zu beantworten, über andere wird heftig diskutiert. Aber beginnen wir wie immer am Anfang!

Die PISA-Studie ist sicherlich „nicht als Bildungsolympiade" zu verstehen, wie die Autoren selbst zu Recht bemerken, „bei der Gewinner und Verlierer ermittelt werden". Es gehe vielmehr um die Objektivierung und Vergleichbarkeit von Bildungsprozessen und -ergebnissen. Damit werde es vielleicht möglich, dass ganze Bildungssysteme voneinander lernen könnten. Praktisch war es dennoch so, dass sich das finnische Bildungsministerium nach Publikation der Ergebnisse vor Anrufern und Besuchern kaum retten konnte (Della-Chiesa 2002, persönliche Mitteilung), hatten doch die finnischen Schüler im internationalen Vergleich am besten abgeschnitten

Hundertachtzigtausend SchülerInnen

Die Staaten der Organisation für wirtschaftliche Zusammenarbeit und Entwicklung OECD *(Organization for Economic Cooperation and Development)* kümmern sich seit einigen Jahren nicht nur um Wirtschaft im engeren Sinne, sondern auch um die Bildungssysteme in den einzelnen Mitgliedsstaaten als Voraussetzung und Fundament jeglicher wirtschaftlicher Weiterentwicklung. Wie im Postskript kurz dargestellt wird, gehen diese Bemühungen mittlerweile bis zur Einbeziehung neurowissenschaftlicher Erkenntnisse in die Bildungspolitik. Die PISA-Studie hatte zum Ziel, Daten zu Schulen und anderen Bildungseinrichtungen sowie deren Nutzung für jeden Mitgliedsstaat zu sammeln, um Vergleiche, insbesondere im Hinblick auf die Leistungsfähigkeit der Schulen, ziehen zu können.

Das Akronym PISA steht für *Programme for International Student Assessment*, also für ein von der OECD getragenes Forschungsprojekt, bei dem es um die Leistung von Schülern im internationalen Vergleich geht. Im Frühsommer des Jahres 2000 wurden insgesamt 180.000 Schülerinnen und Schüler im Alter von 15 Jahren aus 32 an der PISA-Studie beteiligten Staaten sozialwissenschaftlich untersucht. Diese Gruppe wurde ausgewählt, weil 15jährige praktisch überall noch in die Schule gehen und man daher mit dieser Gruppe die Auswirkung der Schule am besten untersuchen kann. In Deutschland waren etwa 5.000 Teilnehmer aus 219 Schulen beteiligt (d.h. im Mittel etwa 23 Schüler pro Schule).

Die Studie wurde methodisch auf sehr hohem Niveau durchgeführt. Um nur ein Beispiel zu nennen: Man könnte argumentieren, dass deutsche Schüler nicht weniger wissen, sondern einfach nur weniger motiviert sind, sich bei solchen Untersuchungen anzustrengen. (Motto: Schuld am schlechten Abschneiden sind nicht die Fertigkeiten, sondern die Einstellung.) Dieses Argument passte früher gut in die Selbstwahrnehmung vieler Schüler, die die Illusion hegen, „eigentlich" genial, aber nur eben ein bisschen faul zu sein. Diese Gedanken lassen sich genau so lange aufrechterhalten, wie man sich und seine Fähigkeiten nicht dem Urteil der Realität aussetzt. Das Argument lässt sich jedoch widerlegen: Erstens wurde bei einer Untergruppe von Schülern der Faktor Motivation variiert: die einen bekamen Geld, die anderen Noten und wieder andere hatten von der Teilnahme am Test gar nichts. Die Ergebnisse waren für die drei Gruppen gleich, was einen wesentlichen Einfluss der Motivation ausschließt. Auch die wenig Motivierten waren also motiviert genug, um die Tests mitzumachen. Zweitens hat die 14. Shell-Jugendstudie gezeigt, dass die „Null Bock-Mentalität" bei den Jugendlichen aus der Mode gekommen ist.

Lesen, Rechnen, Naturwissenschaft

Schwerpunkt der Tests war die Messung der Lesekompetenz. Mathematische und naturwissenschaftliche Grundbildung wurden mit geringerem Testaufwand erfasst. Die in der Studie verwendeten Tests wurden nicht mit dem Ziel konstruiert, die Lehrpläne von Unterrichtsfächern abzubilden.

Zur Messung der *Lesekompetenz* wurden Tests verwendet, die unterschiedliche „Kompetenzstufen" messen, die vom einfachen Verstehen (Kompetenzstufe I) bis hin zum Interpretieren und Problematisieren reichen (Kompetenzstufe V). Der Test war so angelegt, dass er „eine möglichst große Bandbreite von Anlässen für Leseaktivitäten" abdeckte (Baumert et al. 2000, S. 80). Er enthielt deswegen nicht nur Erzählungen, sondern auch Beschreibungen und Anweisungen sowie Tabellen, Formulare, Anzeigen und sogar Diagramme. In allen Fällen wurde geprüft, wie viel Information die Schüler aus dem vorgelegten Material entnehmen konnten.

Auch die *mathematische Grundbildung* wurde in fünf Stufen gemessen und anhand von Aufgaben aus den verschiedenen Bereichen der Mathematik geprüft. Es ging hierbei keineswegs nur um „Rechnen", sondern um „mathematische Grundbildung", d.h. um ein prinzipielles Verständnis der Mathematik als Werkzeug, um die verschiedensten Probleme zu lösen (vgl. auch Kap. 14). Es ging also keinesfalls um das mechanische Beherrschen von Routinen und schematischen Verfahren.

Der Test zur *naturwissenschaftlichen Kompetenz* umfasste insgesamt 13 thematische Aufgaben, die zu 40 % aus den Bereichen Physik und Chemie, zu 35 % aus der Biologie und zu 25 % aus den Geowissenschaften stammten. 60 % der Aufgaben waren im Multiple Choice-Format, 40 % hatten ein offenes Format. Wieder ging es keineswegs nur um das Wiederkäuen von bestimmten Fakten oder Routinen, sondern um ein Verständnis der Besonderheiten naturwissenschaftlicher Untersuchungen, um das Umgehen mit Evidenz, das Verstehen von grundlegenden naturwissenschaftlichen Konzepten und um das Kommunizieren naturwissenschaftlicher Beschreibungen oder Argumente (vgl. Baumert et al. 2000, S. 202). Wieder wurden mit Hilfe der Antworten insgesamt fünf Kompetenzstufen differenziert.

Ergebnisse: Mittelwerte und Streuungen

Die Ergebnisse der PISA-Studie wurden von der OECD (2001) sowie speziell für Deutschland von Jürgen Baumert und Mitarbeitern (2001) ausführlich dargestellt. Die Fülle der Daten ist beachtlich und jeder, der sich über den Stand der Bildungssysteme verschiedener Länder informieren möchte, sei auf die genannten Publikationen verwiesen. Die Situation in Deutschland lässt sich nach Baumert (2002a, b) mit fünf wichtigen Ergebnissen charakterisieren:

1. In den drei untersuchten Bereichen Lesen, Mathematik und Naturwissenschaften liegen die deutschen 15jährigen im *unteren Mittelfeld*. Beim Lesen rangieren sie auf Platz 22, in Mathematik und den Naturwissenschaften jeweils auf Platz 21 (unter 32 Ländern). Dieses Ergebnis sorgte zwar in den Medien und in der Öffentlichkeit für große Aufregung, war jedoch im Grunde von den beteiligten Wissenschaftlern erwartet worden. Es reiht sich nämlich in andere kleinere entsprechende Studien ein, die ebenfalls eine mäßige Leistung deutscher Schüler im internationalen Vergleich zeigten (Baumert et al. 1997, 2000).

2. Deutschland weist von allen OECD-Staaten die *größte Streuung* der Schülerleistungen auf. Dieses Ergebnis kann man mit unserem Schulsystem und seiner im internationalen Vergleich sehr frühen Aufteilung der Schüler in die drei Schultypen Hauptschule, Realschule und Gymnasium in Verbindung bringen. Man könnte also vielleicht

vermuten, dass wir begabte Schüler besonders gut fördern und daher eben größere Unterschiede in den Leistungen zu verzeichnen haben. Dies ist jedoch nicht der Fall, wie das dritte Ergebnis zeigt.

3. Die Streuung der Leistungen bezieht sich nicht auf den Spitzenbereich. Sie ist vielmehr auf die unteren Leistungsbereiche zurückzuführen. Beispielsweise zeigte sich, dass hierzulande 23 Prozent der 15jährigen das Lesen auf nur elementarem Niveau beherrschen. Gut ein Drittel aller Jungen mag überhaupt nicht lesen.

4. Die Kopplung zwischen sozialer Herkunft und Kompetenzerwerb ist nirgends so groß wie in Deutschland (vgl. Abb. 20.1).

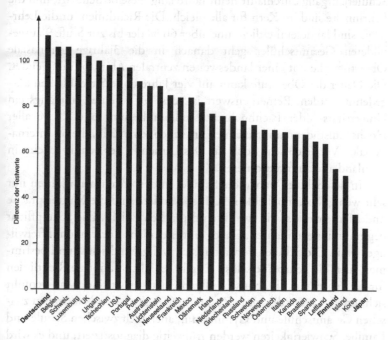

20.1 Unterschiede in der mittleren Lesekompetenz von 15jährigen aus Familien des oberen und unteren Viertels der sozialen Schicht (Daten aus Baumert et al. 2000, S. 385). Wie man sieht, führt Deutschland die Unterschiede an, die in Finnland gerade einmal halb so groß sind und in Japan nur ein Viertel des hiesigen Werts betragen.

5. In Deutschland gelingt es den Schulen schlechter als in anderen Ländern, Kinder aus Migrationsfamilien im Hinblick auf Sprache, Mathematik und Naturwissenschaften auf ein akzeptables Niveau zu bringen.

Finnische Schulen aus finnischer Sicht

Finnland ging aus der PISA-Studie als „Testsieger" hervor. Es lohnt sich also, das finnische Schulsystem einmal kurz vor Augen zu führen. Dessen Hauptmerkmale lassen sich wie folgt zusammenfassen: Jeder Schülerjahrgang durchläuft neun Jahre lang dieselbe Schulart, und die Lehrinhalte sind im Kern für alle gleich. Die Richtlinien für die Lehrpläne sind landeseinheitlich, und über 60 % der bis zur Stufe 9 ausgebildeten Gesamtschüler geht danach in die 3jährige gymnasiale Oberstufe, die mit einer landesweiten zentralen Abiturprüfung endet. Die Dauer der Oberstufe kann auf vier Jahre ohne Sitzenbleiben ausgedehnt werden. Bemerkenswert ist, dass 58 % eines Jahrgangs ein Universitäts- oder Fachhochschulstudium beginnt und 75 % aller Hochschulstudenten ihr Examen erreichen, eine Zahl, die im internationalen Vergleich sehr hoch ist. Das Lernen in der Schule scheint in Finnland also zu funktionieren.

In den Schulen haben die Schüler in den ersten neun Jahren nur sehr wenig Wahlmöglichkeiten. Insbesondere sind die Muttersprache und Mathematik sowie zwei Fremdsprachen Pflicht. Die Schulpflicht beginnt mit sieben Jahren. Davor gibt es ein Jahr Vorschule auf freiwilliger Basis. Die Schulen verwalten sich weitgehend selbst und bestimmen auch die Lehrpläne selbst. Es gibt lediglich nationale Richtlinien für die Lehrpläne, die aber sehr allgemein abgefasst sind. Man bemüht sich um eine besonders gute Zusammenarbeit an den Nahtstellen zwischen Gesamtschule und Gymnasium, aber auch zwischen Schule und Familie. Schwierigkeiten werden frühzeitig diagnostiziert, und es wird nach Hilfen gesucht. Das „Sitzenbleiben" ist selten und „abschieben" lassen sich die Kinder auch nicht auf eine andere Schule. Es gibt keine andere Schule. Den Lehrern bleibt also gar nichts anderes übrig, als schwache Schüler intensiv zu fördern.

Die Ergebnisse der PISA-Studie zeigen damit klar, dass die Förderung der schwachen Schüler nicht auf Kosten der Förderung starker Schüler gehen muss, wie oft behauptet wird.

Nach einer Vertreterin des finnischen Unterrichtsministeriums (Piri 2002) hat sich in Finnland zudem gezeigt, dass sich *Weiterbildung für Lehrer* auszahlt. Im Rahmen einer nationalen Evaluation wurde festgestellt, dass die Lehrer, die zwischen vier und sechs Wochen Weiterbildung jährlich erhalten, bessere Ergebnisse in den Schulen erzielen. Für das finnische System ist weiterhin charakteristisch, dass es für ausländische Schüler bzw. Immigranten *vor der Einschulung* einen Vorbereitungsunterricht in der Landessprache gibt. Es gibt zudem von Anfang an ein eigenes *Sich-heimisch-fühlen*-Förderungsprogramm.

Letztlich ist für die gute Leseleistung der finnischen Schüler vielleicht noch eine ganz andere Tatsache von Bedeutung: Da sich bei der geringen Einwohnerzahl von Finnland das Synchronisieren ausländischer Filme nicht lohnt, werden Filme in Englisch, Französisch oder Deutsch im Fernsehen ausgestrahlt, allerdings mit finnischen Untertiteln. Wer die Fremdsprache also nicht gut beherrscht, der muss zumindest dauernd Finnisch lesen, um am Ball zu bleiben. So herum betrachtet muss man bedauern, dass sich bei den gut 100 Millionen Deutschsprachigen in Mitteleuropa das Synchronisieren ausländischer Filme lohnt.

Deutsche Schulen aus tasmanischer Sicht

Muttersprache und Vaterland haben eines gemeinsam: Am besten lernt man sie von außen kennen – ja, man sieht sie oft überhaupt nur dann, wenn man sie von außen sieht. Mit den Schulen ist das nicht anders, zumindest, solange man sie besucht. Ohne jeglichen Anspruch auf wissenschaftliche Absicherung sei – als eine Art Stimmungsbild – der Eindruck meines 13jährigen Sohnes Thomas wiedergegeben, den er im

Juni 2002 an einer Schule in Tasmanien (eine Insel südlich von Australien) per E-Mail an mich geschickt hatte. Ich arbeitete damals an diesem Buch und konnte der Versuchung, ihn nach seinen Eindrücken zu fragen, nicht widerstehen. Hier seine Mail vom 20.6.02 im Original:

„Hi Papa!
Mir war klar, dass das irgendwann kommen musste. Aber ich will mal nicht so sein. Schließlich sollen alle Leser an meiner (und deiner) Freude am Lustigen teilhaben und mitlachen (oder vielleicht nur schmunzeln) können. Also es ist so:
Wenn du in tasmanische Schulen kommst, wirst du erst einmal, egal von wem, mit einem freundlichen ‚Hello!‘ und einem Lächeln begrüßt. Denn die tasmanischen Lehrer und Schüler sind viel netter als die deutschen (der schlechteste Lehrer an der Schule hier ist mit dem zweitbesten in der Schule in Ulm zu vergleichen). Das kommt wahrscheinlich daher, dass alle miteinander per du sind und es so sein kann, dass die Schüler Sprüche loslassen wie ‚Warst du (zum Rektor) eigentlich schon im zweiten Star Wars? Würde dir sicher gefallen.‘ Oder: ‚Hey Sam (so heißt der Mathelehrer), die dunkelblaue Krawatte stand dir besser.‘ Was auch viel besser ist als bei uns ist, dass die Schüler etwas lernen wollen, da ihre Eltern dafür bezahlen (es ist eine Privatschule, aber jeder dritte tasmanische Schüler besucht eine) und dass die Lehrer das wissen und es somit gar keine Bestrafungen gibt (keine Einträge, keine Verweise, kein Nachsitzen) und auch nicht braucht.
Außerdem ist alles moderner: In der Schulbibliothek gibt es Computer mit Druckern, mit denen man das Internet benutzen kann; jeder Schüler besitzt einen eigenen Laptop; die Tafeln sind weiß und man schreibt mit Filzstiften auf ihnen; und als ich Füller und Tintenkiller gezückt habe, haben alle nur gestaunt, denn sie schreiben nur Klassenarbeiten von Hand und dann mit Kugelschreiber, was bei uns hoch bestraft wird. Auch gut finde ich die Schuluniform, so gibt es keine Markenklamotten und keine Diskussionen mit Eltern über in ihren Augen zu teure Schuhe. Prima sind auch die kleinen Schränke, von denen jeder Schüler einen hat. So kriegt man nie Rückenkrämpfe von zu schweren Ranzen.
Gut finde ich zudem, dass es auch Fächer gibt, die Spaß machen: Schauspielerei, Kochen, Werken oder Deutsch (haha!). Was ich allerdings nicht so gut finde, sind die total in die Länge gezogenen Schulstunden und der viel zu lange Tag. (Die Schule fängt erst um

halb neun an und endet um halb vier, obwohl man auch nur sechs Schulstunden hat und halb so viel lernt) ...
Ich könnte jetzt noch ewig so weiter scheiben, Papa, aber ich muss auch mal ins Bett (es ist schon halb zwölf durch). Gruß an alle! Thomas"

PISA-E

Im Sommer 2002 folgten die Ergebnisse der nationalen Studie PISA-E (wie „erweitert"). Die Stichprobe war mit 45.899 deutschen Schülern aus allen drei Schulformen groß (davon 33.809 15jährige bzw. 33.766 Neuntklässler). Die Ergebnisse sind nicht leicht zu interpretieren, denn es sind sehr viele Faktoren zu berücksichtigen. Wenn beispielsweise das verfügbare Einkommen je Einwohner im Jahr 1999 in Baden-Württemberg 32.300 DM und in Thüringen 25.700 DM beträgt, könnte sich dies auf die Leistungen der Schüler auswirken, insbesondere dann, wenn man die Aussage aus Abbildung 20.1 hinzuzieht.

In gebotener Kürze seien einige Ergebnisse aus PISA-E diskutiert. In Bayern besuchen zwar insgesamt weniger Kinder das Gymnasium, dafür ist jedoch die Streuung der Leistungen der bayerischen Schüler eher gering, in Baden-Württemberg und Nordrhein-Westfalen hingegen hoch.

Insgesamt haben die Gymnasien einen hohen Anteil an Vergleichbarkeit, sie erzeugen also eine ähnliche Leistung. Hauptschule und Realschule sind für die Streuungen (nach unten) verantwortlich.

Kinder aus Familien mit Migrationshintergrund (mindestens ein Elternteil ist nicht in Deutschland geboren) schneiden in allen Bundesländern vergleichsweise schlechter ab. Die Unterschiede sind jedoch in Bayern mit unter 60 Punkten deutlich geringer als in Nordrhein-Westfalen mit über 80 Punkten.

Insgeamt lässt sich in den alten Bundesländern 80 Prozent der Varianz der Lesekompetenz durch sozioökonomische Variablen erklären. Dies stimmt nachdenklich.

Der Zusammenhang zwischen den Leistungen in Mathematik und im Lesen war mit $R^2 = 0{,}8627$ sehr hoch. Dies legt nahe, dass es beim Lernen nicht um Fachdidaktik geht, also nicht um den einen oder anderen Trick, sondern um tieferliegende Fähigkeiten und Einstellungen.

Fazit

Die PISA-Studie ist weniger ein Spiegel der Situation der Schulen, als viel eher ein Spiegel des Zustandes der Gesellschaft. Das ist das Beunruhigende an ihr. Ginge es nur darum, dass wir Deutschen in manchen Tests etwas schlechter als andere Nationen abschnitten, hätten wir ein kleines Problem. Weil jedoch die Unterschiede zwischen den Schülern am größten sind; weil dies daran liegt, dass wir viele Kinder mit unseren Bildungseinrichtungen gar nicht wirklich erreichen; weil die Kluft zwischen den Kindern von Arm und Reich nirgendwo so groß ist wie bei uns; und weil wir Einwanderer deutlich schlechter integrieren können als andere Länder, haben wir ein großes Problem.

Dieses wird nicht kleiner, wenn man weiß, dass die in den finnischen Schulen am Ende der neunten Klasse zur Auswahl der weiterführenden Schule verwendeten Tests und die PISA-Tests letztlich auf das gleiche Material zurückgehen. Es wird auch nicht kleiner, wenn man manches Detail anzweifelt, weil man zumindest immer wieder den Eindruck hatte, dass das Niveau an den amerikanischen Schulen so hoch nun wirklich nicht ist.

Es wird schon gar nicht gelöst durch politische Schnellschüsse. Aus der PISA-Studie folgt nicht, dass wir mehr Ganztagsschulen brauchen, und es folgt ebenso wenig, dass wir mehr in die Begabtenförderung investieren müssen. Gewiss, über beides kann man nachdenken.

Das Wichtigste an der PISA-Studie ist – mit Abstand –, dass wir uns wieder Gedanken über das Lernen an unseren Schulen machen. Es bleibt zu hoffen, dass dies politische Früchte tragen wird.

Postskript:
Die OECD entdeckt das Gehirn

Das Zentrum für Bildungsforschung und Innovation der OECD (*Centre for Educational Research and Innovation*, CERI) hat am 23. November 1999 das Projekt Erziehungswissenschaften und Gehirnforschung (*learning sciences and brain research: potential implications for education policies and practices*) ins Leben gerufen (OECD 2001a, b, c). Der Zweck dieses neuen Projektes bestand darin, die Zusammenarbeit zwischen Erziehungswissenschaftlern und Gehirnforschern zu begründen und zu fördern. Gleichzeitig wollte man den Kontakt zwischen Wissenschaftlern und den für Bildungspolitik Verantwortlichen herstellen. Man könnte salopp formulieren: Gegen Ende des Jahrzehnts des Gehirns haben auch die Bildungspolitiker begriffen, dass die Forschung Ergebnisse aufweist, die man in die Praxis umsetzen kann und sollte bzw. muss, wenn man die Bildungssysteme effizienter gestalten will.

Das Projekt wurde von der OECD zwar als risikoreich, aber auch als potentiell sehr relevant eingestuft (*high-risk / high-gain*). Insbesondere wurde darauf hingewiesen, dass das Verstehen von Lernprozessen über den gesamten Lebenszyklus des Menschen wesentlich zu einer Verbesserung von Bildungssystemen beitragen kann. Andererseits war von Anfang an klar, dass ein derartiges Forschungsprogramm mit schwierigen ethischen Fragen belastet sein würde. Daher wurde von vornherein auf eine internationale Zusammenarbeit hingearbeitet und die folgenden Forschungs- und Finanzierungsinstitutionen in das Projekt mit einbezogen:

– Sackler Institute, NY (USA)
– University of Granada (Spanien)
– RIKEN Brain Science Institute (Japan)
– National Science Foundation (USA)
– Lifelong Learning Foundation (UK)
– die Stadt Granada (Spanien)
– Institut National de la Santé et de la Recherche Médicale (INSERM, Frankreich).

Insgesamt brachten bisher vier Symposien (am 16. und 17. Juni 2000 in New York, am 1. bis 3. Februar 2001 in Granada, am 26. bis 27. April 2001 in Tokio und am 29. und 30. April 2002 in London) Neurowissenschaftler, Erziehungswissenschaftler, Bildungsfachleute und Politiker an einen Tisch, um über Gehirnmechanismen frühen Lernens, Spracherwerb, Lesenlernen, mathematisches Denken und emotionale Kompetenz zu diskutieren. Die vier Treffen machten sehr deutlich, dass es vielfältige Bezüge zwischen Gehirnforschung einerseits und Bildung andererseits gibt. Es wurde aber auch deutlich, dass wir erst am Anfang stehen.

Die OECD hat also durchaus erkannt, wie wichtig ein Dialog zwischen Gehirnforschern und Bildungspolitikern ist und dass eine grundlegende Reform des Bildungssystem zum Besseren hin nur auf der Basis eines Verständnisses des Organs des Lernens möglich ist.

21 Schule

Mit der Schule ist es wie mit Häusern oder Autos: Wenn es sie nicht gäbe, müsste man sie rasch erfinden, und der Erfinder wäre sofort eine gemachte Frau. Nun haben wir aber schon Schulen, so wie wir schon Blechhütten, Betonmietshäuser und Wohnsilos, oder Lärm, Gestank und Verkehrstote haben. Gewiss, manche haben ein Häuschen im Grünen, und auch das abgasfreie, lautlose Auto mit Fußgängerdetektor gibt es, aber nur als Prototyp (und derzeit will es noch keiner kaufen).

Wir brauchen die Schule ebenso wenig neu zu erfinden wie Häuser oder Autos, aber wir müssen uns überlegen, ob bislang alles so gelaufen ist, wie man es sich erhofft hat, oder ob man nicht vielleicht manches ändern könnte, ja, die Schule geradezu neu denken muss, wie Hartmut von Hentig (1993) formuliert.

Das Gute wollen ist eines, die Randbedingungen so festzulegen, dass es sich einstellt, ist ein anderes. So manches, was gut gemeint ist, geht in der Praxis schief, hat Nebenwirkungen, Folgen, die keiner vorausgeahnt hat. Keineswegs ist das, was wirklich geschieht, identisch mit dem, was man beabsichtigt. Der Gesetzgeber will Mieter schützen und sorgt dafür, dass es hierzulande sehr schwer ist, eine Wohnung zu finden; er will Arbeitsplätze sichern und schafft dabei welche ab; er will Arbeitsplätze von Frauen sichern und sorgt dafür, dass diese nicht eingestellt werden; er will, dass die Leute vorsichtig fahren, und stellt so viele Schilder auf, dass man sich nicht mehr zurechtfinden kann; er will saubere Kernenergie, beschwört damit jedoch Gefahren für künftige Generationen herauf sowie die Gefahr eines Polizeistaates hier und jetzt, um mit denjenigen fertig zu werden, die wegen der erstgenannten Gefahren auf die Straße gehen oder sich auf Bahngleise setzen. Er will seit Jahrzehnten Chancengleichheit an den Schulen, hat jedoch erwiesenermaßen genau das Gegenteil erreicht (vgl. das vorangegangene Kapitel zu den wichtigsten Ergebnissen der PISA-Studie).

Bevor wir also daran gehen, etwas zu ändern, ist es vernünftig, einmal nachzusehen, wie es tatsächlich an den Schulen zugeht. Wie heißt es doch in der Medizin: Vor jede Therapie haben die Götter die Diagnose gestellt.

Was wirklich geschieht

Eine Lehrerin beschreibt den heutigen Schulalltag so:

„Dienstagmorgen, 9.35 Uhr. Erste große Pause. [...] Ein unüberschaubares Gedränge, Gerenne, Geschubse und Geschrei. [...] Sofort sehe ich die Katastrophe. Ein Schüler liegt verletzt am Boden. Windet sich vor Schmerz. Ein anderer kniet vor ihm. Oder auf ihm. Ein kleiner Halbkreis hat sich um die beiden gebildet. Ich lasse meine Tasche fallen, stürze hin, schiebe die Herumstehenden beiseite. Was ist passiert? Er antwortet nicht. Das Gesicht schmerzverzerrt. Bis du verletzt?

Keine Antwort. Ich knie mich auf den Boden und versuche ihn vorsichtig ein wenig auf die Seite zu rollen, da springt er mit einem lauten Kampfschrei hoch und verschwindet in der Menge. Die Umstehenden grinsen und drehen ab.

Ich selbst komme nur langsam wieder auf die Beine. Mein linkes Knie tut seit heute morgen wieder sehr weh.

Ganz hinten, am Ende des Flurs, jetzt lautes Getöse. Ich kämpfe mich durch. Drei, vier Schüler stemmen sich mit aller Kraft gegen die Klassentür und halten sie von außen zu. Von innen tritt ein Wahnsinniger mit voller Wucht dagegen. Gleich wird die Tür bersten oder aus den Angeln fliegen.

- Seid ihr bescheuert?, schreie ich schon von weitem. Wie auf Kommando lassen die drei von außen die Tür los, der von drinnen fliegt im hohen Bogen in den Flur. Ich will ihn zur Rede stellen. Aber da sehe ich, dass im Klassenraum der tropfnasse Schwamm durch die Gegend fliegt, einige Schüler stehen mit ihren dreckigen Schuhen auf den Tischen. Ein einzelner Junge schlägt wie geistesgestört immer wieder das Klassenbuch hart auf eine Stuhlkante. Den

schnappe ich mir jetzt aber! Ich packe ihn von hinten im Nacken.
Vor Schreck lässt er das Klassenbuch fallen.
- Lassen Sie mich los!, schreit er wütend. Ich lasse ihn los.
- Wie heißt du?, frage ich.
- Wieso?, fragt er.
- Ich möchte deinen Namen wissen.
- Wieso?
- Weil ich über dein Benehmen mit deiner Klassenlehrerin sprechen
werde.
- Wieso das denn?, fragt er und schaut mich vollkommen verständ-
nislos an. Da klingelt es. Der Junge dreht sich auf dem Absatz um
und hechtet aus dem Raum. Seinen Namen habe ich nicht erfahren.
Ich gehe und suche auf dem Flur nach meiner Tasche. Jemand hat
ihr einen Tritt verpasst; sie liegt irgendwo in einer Ecke, ein Buch
und ein paar lose Blätter sind herausgerutscht. Rasch sammle ich
alles vom Boden auf und stopfe es wieder hinein. Dann gehe ich in
den Unterricht. Philosophie in der 12. Klasse. Kants Ethik." (Bayerwaltes 2002, S. 19ff)

Wer glaubt, bei diesen Zeilen handele es sich um eine maßlose
Übertreibung des Schulalltags, der braucht nur seine Kinder zu fragen,
um zu erfahren, dass das doch nichts Besonderes sei. Unsere Schulen
sind nicht mehr das, was sie einmal waren. Dies liegt keineswegs nur
an den Schulen selbst, sondern auch an den veränderten gesellschaftlichen Randbedingungen, in denen sich Schule abspielt. Noch vor einer
Generation waren an den Nachmittagen die Mütter zu Hause, es gab
(ab dem späten Nachmittag) zwei Fernsehprogramme, und was der
Lehrer sagte, galt etwas. Die Tageszeitung war billig und das Telefonie-
ren teuer, Computer waren unbezahlbar, die Mieten dagegen er-
schwinglich. In den meisten Schulen waren die Schüler noch
einigermaßen homogen, und trotz ideologischer Grabenkämpfe der
Parteien um die richtige Schul(re-)form gab es noch gestandene Per-
sönlichkeiten, die Lehrer waren, mit Leib und Seele. Vieles hat sich
seither geändert. Betrachten wir als Beispiel die Heterogenität der
Schüler und den Frontalunterricht.

Frontalunterricht, Varianz, Jim und ein Wort mit O

Die Schülerzahl meiner Grundschulklasse betrug 44. Wir lernten dennoch. Und die Wissenschaft hat es auch bestätigt: Die während dieser Zeit durchgeführten Studien zum Zusammenhang der Klassenstärke mit dem Schulerfolg hatten immer wieder das gleiche Ergebnis – es gab keinen. Heute mutet dies sehr schwer verständlich an, denn es ist doch nur zu offensichtlich, dass sich ein Lehrer um 15 oder 20 Kinder besser kümmern kann als um 40. Die PISA-Studie hat entsprechend ergeben, dass bei Schülerzahlen über 25 der Unterrichtserfolg mit zunehmender Klassengröße abnimmt (Baumert et al. 2002).

Damals lagen die Dinge jedoch anders. Auf dem Lande waren alle Kinder im Wesentlichen gleich: Wer in die Schule kam, der konnte sprechen, aber nicht lesen oder schreiben. Er konnte sich einigermaßen benehmen und hatte das Stillsitzen sonntags in der Kirche schon geübt. Vor Respektspersonen hatte man Respekt. Ein Telefon hatten nur wenige, und selbst der Fernsehapparat hatte gerade erst Einzug in die Wohnzimmer gehalten. Nachmittags ging man raus, einfach so, auf die Straße oder das Feld. Es ergab sich schon etwas. Abends war man müde von der vielen frischen Luft, und am nächsten Tag ging man wieder in die Schule, wo der Lehrer die Aufmerksamkeit aller auf sich zog und zu allen Schülern (bzw. nach empirischen Studien zum Frontalunterricht unter diesen Randbedingungen zumindest zu 90 Prozent aller Schüler) sprach (vgl. Stevenson & Stigler 1992). Wir saßen halbwegs still, und dass wir 44 waren, war praktisch egal.

Heute ist dies anders. Nicht nur nagen Mobiltelefone und Fernseher an Aufmerksamkeitsspanne sowie Frischluftzufuhr der Kindergehirne. Mobilität, Immigration, soziale Entmischung und die Zunahme sozialer Unterschiede führen dazu, dass sich die Schüler gerade in der Grundschule ganz erheblich (und viel mehr als früher) in ihren Vorkenntnissen unterscheiden. Schulanfänger sind heute wahrscheinlich weder klüger noch dümmer als vor 35 Jahren. Mit Sicherheit sind sie jedoch *unterschiedlicher*.

Zwei kurze Geschichten, die das Leben selbst viel besser schrieb, als man sie sich je ausdenken könnte, mögen die Varianz im Sprachverständnis und im Vorverständnis der Schüler illustrieren.

(1) Während unseres dritten USA-Forschungsaufenthaltes im Jahr 1994 gingen die Kinder in die nahe gelegene Grundschule. In den ersten Tagen kamen sie nach Hause und erzählten alle, einer nach der anderen, dass sie bei einem Lehrer namens Jim Sportunterricht hätten. Wir wunderten uns nicht schlecht über diesen Tausendsassa, der klein und groß unterrichtete, zum Teil sogar offenbar gleichzeitig, und wir argwöhnten, dass es an der gesamten Schule wohl eben nur diesen einen Sportlehrer geben würde. Eigenartig, denn schließlich war doch die Schule gar nicht so klein ...

Unser Kopfzerbrechen über den mysteriösen Sportlehrer Jim währte nicht lange. „Sportunterricht" heißt auf Englisch „gymnastics", und weil die für ihre Mundfaulheit sprichwörtlich bekannten Amerikaner alles abkürzen, hat man „Gym", wenn man Sport hat. Da keinem von uns dies klar war, hatten wir alle aus dem Fach „Gym" einen Herrn namens Jim gemacht, der allerlei mysteriöse Eigenschaften aufweisen musste, wenn man nur sorgfältig über ihn nachdachte.

(2) Während meiner Zeit als Oberarzt in Heidelberg wohnten wir in einem kleinen Häuschen in Neckargemünd. Im Esszimmer hatte ich an der Wand hinter meinem gewohnten Sitzplatz eine kleine Tafel angebracht, auf der man eben mal schnell eine Bemerkung machen oder eine Skizze anfertigen konnte, je nachdem, was bei Tisch gerade Thema war. Ein Abendessen mit fünf Kindern im Alter von 5 bis 10 Jahren konnte recht lustig sein.

„Papa, was sind eigentlich Hormone?" fragte beispielsweise eines Abends die Älteste. „Nun, das sind Stoffe, die unser Körper an bestimmten Orten macht, um anderen Teilen des Körpers etwas mitzuteilen." – „Verstehe ich nicht." – „Dann nehmen wir zum Beispiel das Erythropoetin" – „Hahaha" stimmten alle ein: Welch ein Wort! Keiner kann es aussprechen, wenn er es zum ersten Mal hört. Also wurde es an die Tafel geschrieben; und dann ganz langsam ausgesprochen, alle im Chor: E r y t h r o p o e t i n. Weiteres Gelächter und mehrere Wiederholungen schlossen sich an.

„Also gut, und wofür soll das gut sein, außer zum Zungenbrechen?", fragte eine der fünf Nervensägen. – „Nun, wenn wir ins Gebirge fahren und die Luft dünn wird, dann wird Erythropoetin in der Niere gemacht und teilt dem Knochenmark mit, dass mehr rote Blutkörperchen gebraucht werden, um den Sauerstoff (von dem es in der Höhe weniger gibt) besser im Körper transportieren zu können", dozierte Papa.

Damit war er aber keineswegs am Ende, wie die nächste Frage zeigte: „Papa, gibt's noch mehr Hormone?" – Na klar! Wir kamen so auf Somatostatin (klingt weit weniger lustig und ist viel leichter auszusprechen; nebenbei steuert es das Körperwachstum; wer es nicht hat, bleibt ein Zwerg – „wie der kleine Markus" – hahaha), Cortisol (Name richtig langweilig; gibt's bei Stress; wollen wir nicht!), Östrogen und Testosteron (man konnte sagen, was man wollte: beständiges Kichern ...), Vasopressin (damit man nicht dauernd Pipi machen muss) und Oxytocin.

„Das klingt interessant; wofür hat man das denn?" – Es schloss sich eine Diskussion über das an der Brust nuckelnde Neugeborene an („habt ihr alle so gemacht"), dessen Saugen im Kopf der Mutter (also bei Mama) bewirkt, dass Oxytocin von einer kleinen Drüse, die am Gehirn hängt und daher Hirnanhangdrüse heißt, ins Blut ausgeschüttet wird. Dies wiederum bewirkt dreierlei: (1) Die Gebärmutter zieht sich zusammen (was Mama gut erinnerte und lebhaft beschreiben konnte) und schützt damit die Mutter vor dem Verbluten; (2) kleine Muskeln in den Milchdrüsen ziehen sich zusammen und bewirken den Milcheinschuss in den Brustdrüsen (auch dies wusste Mama sehr bildhaft zu unterstreichen); (3) die Mutter verliebt sich unsterblich in den kleinen Wicht, was diesem in den nächsten Wochen und Monaten das Überleben halbwegs garantiert, obwohl er in dieser Zeit Mama Tag und Nacht den letzten Nerv raubt (kein Kommentar zu Mamas Kommentar).

„Das ist ja richtig cool", rief die eine, „echt praktisch", meinte der andere. Alle hatten es gehört; jeder auf seine Weise und mit seinem Verstand, von der 10jährigen bis hinunter zum 5jährigen. Der 7jährige Thomas ging gerade in die erste Klasse. Am Tag darauf wurde ein neuer Buchstabe gelernt, das O. Wie zu solchen Anlässen üblich, mussten die Kinder Wörter mit O sagen. Zur Verblüffung und zum sicheren Leidwesen der Lehrerin ließ sich Thomas nicht lange bitten und rückte mit Oxytocin heraus. Was dann geschah, kann man sich denken. „Wie bitte?" ... „Aha, und was ist das?" ... „Ach so, hm, und was macht das?" – Es folgte die Widergabe der lustigen und bemerkenswerten Inhalte vom Vorabend, was die Lehrerin mit Sicherheit in ihrer schon immer gehegten Vermutung gestützt haben dürfte, dass Ärzte keine Kinder haben sollten (und wenn, dann sollte man ihnen verbieten, ihre Kinder zu erziehen, denn sie würden diese sowieso beständig durch den ihnen gewohnten, aber wenig kindgerechten Leistungsdruck permanent überfordern etc.).

Diese beiden Geschichten aus dem bescheidenen Blickwinkel nur einer Familie machen klar, wie unterschiedlich Schüler heute sein können. Es kann sein, dass sie nicht einmal der Sprache mächtig sind, weil sie zuvor anderswo lebten; es kann aber auch sein, dass sie zufällig gerade deutlich mehr wissen als der Lehrer. Sie demonstrieren einen Sachverhalt, dessen Bedeutung für den gegenwärtigen Schulalltag kaum überschätzt werden kann: Es gibt an unseren Schulen eine sehr große Varianz.

Diese Zunahme der Varianz stellt die Lehrer vor schwierige bzw. unlösbare Probleme, besonders dann, wenn die Klassen groß sind. Dann ist es nämlich nicht mehr möglich, zur Klasse zu sprechen. Man liegt schlechterdings zu tief oder zu hoch, d.h. die einen langweilen sich, während die anderen nichts verstehen.

Deutsch im Kindergarten

Im ersten Beispiel wurde eine wesentliche Voraussetzung für funktionierenden Unterricht genannt: Die Schüler müssen Deutsch können. Dies ist an den Grundschulen alles andere als selbstverständlich. Dort werden die Schüler zwar für ein Jahr zurückgestellt, wenn sie es nicht können, ansonsten wird jedoch wenig getan. Nach dem Jahr können die Kinder, welcher Herkunft auch immer, nach wie vor kein Deutsch und werden dennoch eingeschult.

Was sollten sie jetzt tun? Sie verstehen nichts, der Unterricht kann daher nur langweilig sein und man kann sich die Zeit daher nur mit Unfug vertreiben. In den Pausen ist es schon besser. Dann kann man die Mitschüler ärgern, denn sie sind ja ein Jahr jünger und daher im Durchschnitt kleiner und schwächer.

Wenn jetzt noch mehrere Schüler kein Deutsch können, ist der Lauf der Dinge vorgezeichnet. Es bildet sich eine Clique starker, wenig Deutsch sprechender Kinder, die jeden mit Gewalt bedrohen, der aufpasst oder gar gerne lernt. Die Klasse ist verdorben, der Lehrer ist mit Problemen der Disziplin beschäftigt und oft überfordert.

Die Lösung dieses gravierenden Problems ist einfach: Deutsch muss Eingangsvoraussetzung an Grundschulen werden. In den Kindergärten ist dafür zu sorgen, dass Kinder ausländischer Herkunft Deutsch lernen, je früher desto besser. Kinder lernen sehr rasch, sie können bei Kontakt mit einer neuen Sprache bis zum zehnten Lebensjahr diese Sprache fehlerfrei lernen. Je später dieses Lernen geschieht, desto schwerer fällt es, und desto schlechter ist das Ergebnis.

Wer kein Deutsch kann, sollte nicht in die Grundschule gehen, denn er wird dort erstens selbst nichts lernen und zweitens die anderen beim Lernen stören. Wenn dies klar ist, dann sollte es auch den Eltern von Kindern, die nicht Deutsch sprechen, klar sein, dass sie ihre Kinder dazu anhalten müssen. Vielleicht brauchen ganz uneinsichtige Kinder oder Eltern sogar Sanktionen. – Wie auch immer: An der Beherrschung der deutschen Sprache als Eingangsvoraussetzung für die Grundschule geht kein Weg vorbei!

Wer hier liberal ist (oder sich liberal gibt), tut niemandem einen Gefallen, schon gar nicht denjenigen, denen das Lernen der deutschen Sprache „erspart" wird. Sie werden in unserer Gesellschaft nie eine Chance haben, wirklich sozial aufzusteigen. Man braucht nur über den Atlantik zu schauen. Bis vor zwei Jahrzehnten hat es dort noch jede Einwanderungswelle geschafft: Erst die Deutschen, dann die Italiener, die Chinesen oder die Vietnamesen. Man bemühte sich um Integration, arbeitete hart und stieg die soziale Leiter empor. Voraussetzung hierfür war natürlich, das man Englisch konnte. Also wurde es mit Eifer gelernt.

Der letzten Einwanderungswelle aus Mittelamerika ist dies bislang versagt geblieben. Zur Zeit der Reagan-Administration wurde es ihnen (aufgrund einer eigenartigen Allianz aus Ultrarechten, die sich über die Ausbildung einer permanenten Unterschicht nur freute, und Ultralinken, die auf das Recht zum Sprechen der jeweiligen Muttersprache und sonst nichts beriefen) erlaubt, auf spanische Schulen mit spanischen Lehrern zu gehen, und man begann erstmals in der Geschichte der USA, Schilder auch in Spanisch anzubringen sowie Formblätter für allerlei Verwaltungsprozeduren in spanischer Sprache bereitzuhalten. Es gab also wirklich keinen Grund mehr, Englisch zu lernen, und entsprechend gibt es eher südlich gelegene Städte wie beispielsweise Miami in Florida, wo die Mehrzahl der Bevölkerung Spanisch und nicht Englisch spricht. Dies hat für die Betroffenen katastrophale Auswirkungen. Sie haben keine Chance, in der Gesellschaft über einfachste Handlangerarbeiten hinauszukommen. Ihnen bleibt damit verwehrt, was Generationen von Einwanderern zuvor geschafft haben: die Integration in die amerikanische Gesellschaft.

Halten wir fest: Niemandem, der in Deutschland lebt, ist ein Gefallen getan, wenn man ihm nicht die deutsche Sprache beibringt. Im Gegenteil! Warum geschieht dies dann nicht längst?

Bei den Betroffenen bzw. vor allem deren Eltern scheint Angst eine Rolle zu spielen. In Japan sind Englischkenntnisse unter der Bevölkerung nicht vorhanden bis sehr bescheiden. Man könnte dies ändern, indem man früh mit der Fremdsprache Englisch begönne. Davor haben die Verantwortlichen jedoch Angst, sind sie doch der Auffassung, dass frühzeitiger Englischunterricht zu einer Aufweichung der japanischen kulturellen Identität führen könnte. Wenn diese Angst schon für das Erlernen einer Fremdsprache im eigenen Land gilt, um wie viel größer muss sie sein, wenn es um die eigene kulturelle Identität in einem fremden Land geht. Es ist nur zu verständlich, dass man bewahren möchte, was einem im fernen Heimatland lieb und teuer war – natürlich auch für seine Kinder. Wir Deutschen sind Meister in dieser Haltung: In den USA gibt es einen ganzen Landstrich, in dem hauptsächlich Deutsche (Amish People oder auch Pennsylvania Dutch genannt) so leben und sprechen wie in Deutschland vor etwa 300 Jahren. Man fährt mit Kutschen und hat weder Radio noch Fernsehen, die ebenso das Werk des Satans sind wie Handys oder Computer.

Auch in der Heimat geschehen jedoch Veränderungen. Nach unbestätigten, aber dennoch um so aufmerksameren Beobachtungen des Autors tragen in Ulm wesentlich mehr Türkinnen ein Kopftuch als in Izmir. Rückfragen ergaben, dass den in der Türkei lebenden Türken das Verhalten der in Deutschland lebenden Türken nahezu so vorkommt, wie uns Deutschen das der Amish People. Es ist ihnen fremd, zuweilen sogar peinlich.

Man muss die Angst vor kulturellem Identitätsverlust ernst nehmen. Man muss aber auch das Recht der Kinder auf eine faire Chance für ein glückendes Leben ernst nehmen. Sie können hier nicht erwachsen werden und zugleich Türken sein wie die Eltern, denn es sind die Erfahrungen (und die werden hier gemacht) und nicht die gepredigten Inhalte, die ihr Weltbild und auch ihre Kultur bestimmen. Wir haben nicht erst seit *Erkan und Stefan* ein Türkendeutsch, das die Sprecher stigmatisiert und sie dümmer erscheinen lässt, als sie sind.

Die auf Seiten unserer Gesellschaft entstehenden Kosten sind im Vergleich zu dem, was zum einen gespart und zum zweiten dazu gewonnen wird, geradezu lächerlich gering. Die Folgekosten von Gewalt, faktischem Unterrichtsausfall (weil ständig nur disziplinarische Probleme verhandelt werden müssen) und späteren Reintegrationsmaßnahmen betragen mit Sicherheit ein Vielfaches der Kosten von Deutschunterricht im Kindergarten.

Englisch in der Grundschule

Die Ängste vor einem kulturellen Identitätsverlust bei früher Einführung von Englisch in der Grundschule bestehen hierzulande nicht. Wahrscheinlich sind sie schon allein deswegen unbegründet, weil wir diesen Identitätsverlust faktisch zunehmend seit Jahrzehnten erleben:

Wir haben uns an Fast Food ebenso gewöhnt wie an dessen Namen, und nicht anders steht es um Coca-Cola, Jeans oder Hollywoodfilme, die zum Lifestyle ebenso gehören wie die Nachrichten von der Wallstreet oder der Urlaub in Kalifornien oder Paris-Disneyland. Nach unbestätigten, nicht repräsentativen Experimenten des Autors mit dem Autoradio bei Fahrten quer durch die Republik läuft in mindestens drei von vier Sendern englischsprachige Musik. Selbst zum *mobile phone* sagen die Deutschen – trendy – Handy, d.h. verwenden ein englisch geschriebenes und gesprochenes Wort, was es nicht einmal in England gibt.

Englisch ist zudem seit hundert Jahren die Sprache der Fliegerei und seit etwa 30 Jahren die des Internet. Man kann es gut finden (wie wir) oder sich darüber ärgern (wie die Franzosen). Englisch ist Weltsprache. Ein großer Teil des Wissens dieser Welt liegt in englischer Sprache vor und auch die gegenwärtigen wirklich wichtigen gesellschaftlichen Diskussionen werden auf Englisch geführt. Wer die Sprache nicht beherrscht, bleibt hiervon ausgeschlossen. Es gibt daher keinen Grund, die Erkenntnisse zur mit dem Lebensalter abnehmenden Neuroplastizität, zu kritischen Perioden und zur Sprachentwicklung (vgl. Kap. 6 und 11-13) nicht dahingehend umzusetzen, mit dem Englischsprechen so früh wie möglich anzufangen.

Da Englisch alles andere als eine ideale Sprache ist und vor allem die miserable *Spelling-to-Sound*-Korrelation den Anfängern Schwierigkeiten bereitet, ist es wichtig, mit dem *Sprechen* zu beginnen und vielleicht in den ersten vier Jahren auf das Schreiben und Lesen dieser Sprache ganz zu verzichten. Entsprechende Programme gibt es. Sie setzen vor allem eines voraus: einen Lehrer, der selbst wirklich gut Englisch kann. Dies müsste wahrscheinlich kein studierter Pädagoge sein. Es könnte auch der Mann der Gastwissenschaftlerin oder die Frau des Managers aus den USA sein, die in der Schule Alltagssituationen mit den Kindern auf Englisch erlebt und versprachlicht. Man könnte auch gelegentlich den Sportunterricht auf Englisch abhalten und vielleicht sogar Kunst und Musik ...

Es bliebe noch nachzutragen, dass ein Grund für die guten Englischkenntnisse der Menschen in den skandinavischen Ländern darin zu sehen ist, dass es dort so wenig Menschen gibt. Bei 5 Millionen Norwegern, 6 Millionen Finnen und 9 Millionen Schweden lohnt sich die Synchronisation ausländischer (sprich: zumeist amerikanischer) Filme für Kino und Fernsehen nicht. Die Zuschauer müssen also beim Fernsehen nicht nur ihre Muttersprache lesen (und sind daher gut im Lesen), sondern sie hören auch beim Fernsehen permanent Englisch.

Lernen: Für das Leben, nicht für Klassenarbeiten!

Wir *sagen* den Schülern zwar *non scholae, sed vitae*, aber wir *praktizieren* etwas ganz anderes: Es wird „Stoff" durchgenommen und dann geprüft, um dann zum nächsten „Stoff" überzugehen. Wer als Schüler hier ohne viel Aufwand durchkommen will, der lernt für die Prüfungen. Studenten tun dies übrigens auch, *obwohl* sie ja ein Fach studieren, das sie selber gewählt haben und in dem sie später beruflich tätig sein wollen. Das System unserer Prüfungen bringt also den Lernenden bei, gerade nicht dauerhaft zu lernen.

Aus der kognitiven Psychologie ist seit Jahrzehnten bekannt, dass die besten Lernerfolge dann erzeugt werden, wenn man täglich ein bisschen lernt und wiederholt. Wichtige Inhalte müssen immer wieder gelernt werden! Selbst in der Mathematik geht es nicht nur darum, einmal etwas begriffen zu haben. Das Begriffene muss vielmehr immer wieder angewendet werden. Nur so wird man sicher.

Was könnte man also tun? – Im Grunde ist es ganz einfach. In manchen Bundesländern gibt es die Regel, dass eine Klassenarbeit nur den Stoff der vergangenen sechs Wochen beinhalten darf. Diese Regel stelle man auf den Kopf und führe sie flächendeckend ein, in Schule und Universität. Es wird nichts von dem geprüft, was gerade dran war, sondern alles andere. Bei diesen Randbedingungen lohnt sich das Lernen auf die Prüfung nicht nur nicht, es geht überhaupt nicht! Mit dieser einfachen Änderung werden Schüler und Studenten dazu angehalten, nachhaltig zu lernen und nicht ihre Zeit mit sinnlosem Gepauke zu verschwenden.

Disziplin

Disziplin ist hierzulande ein Unwort. Wir Deutschen haben eine Geschichte und Verantwortung, und wenn wir eines nicht mögen, dann ist es die Vorstellung von zu viel Disziplin, wo auch immer. Zum Beispiel auch in der Schule.

Es muss dennoch einmal ganz gelassen ausgesprochen werden, was jeder ausländische Schüler, der als Gast nach Deutschland kommt, denkt und manchmal auch sagt: An vielen Schulen hierzulande mangelt es an Disziplin. Wenn man einen Klassensaal betritt und nicht weiß, ob gerade Unterricht ist oder große Pause, dann stimmt etwas nicht. Wenn Lehrer mit bestimmten Schülern Probleme haben, die Disziplin betreffen, muss es klare Regelungen geben. Die Schüler verlangen geradezu danach. Auch muss es Räume geben, in die sich Schüler während einer Freistunde zurückziehen können, um beispielsweise Hausaufgaben zu erledigen oder sich auf etwas vorzubereiten. Dazu bedarf es in diesen Räumen einer Aufsicht.

In den Pausen dürfen Lehrer nicht wegschauen, wenn sich jemand daneben benimmt, in welcher Hinsicht auch immer. Kinder sehen alles. Wir sind ihnen die richtigen Vorbilder schuldig (vgl. Kapitel 18).

Die Person des Lehrers

Aus dem, was in den Teilen II bis IV über das Lernen und insbesondere über Motivation (Kap. 10) gesagt wurde, folgt, dass der Lehrer (oder die Lehrerin) der mit weitem Abstand wichtigste Faktor beim Lernen in der Schule darstellt. Mit einem guten Lehrer ist es wie mit der Schönheit: Man kann nicht sagen, woran es liegt oder wie man darauf kommt, aber man sieht es sofort. Dem einen hängt die Klasse an den Lippen, der andere kann machen, was er will, und keiner hört zu. Der eine hat Autorität, der andere ist autoritär. Der eine lässt den Schülern Autonomie und bestärkt sie, der andere lässt einfach alles laufen und schwächt damit jede Initiative.

Die Psychotherapieforschung hat längst gezeigt, was sich in der Pädagogik erst noch herumsprechen muss: Es kommt nicht auf die Technik an, sondern darauf, ob Therapeut und Klient miteinander klar kommen. Tun sie das, geschieht etwas in der Therapie; ist dies nicht der Fall, geschieht nichts, d.h. findet kein Umlernen, keine Neuorientierung, keine Heilung statt.

Ob ein Lehrer am Computer, an der Tafel oder am Overheadprojektor unterrichtet, ist egal. Ob Frontalunterricht oder Gruppenarbeit, ob mono- oder dialogisch: Wichtig ist zunächst einmal, ob sich Lehrer und Schüler gegenseitig schätzen und mögen. Wer dies nicht glaubt, der erinnere sich doch nur einmal ganz ehrlich an seine eigene Schulzeit: Wenn sie halbwegs glückte, dann kann er sich sicherlich an Lehrer oder Lehrerinnen erinnern, für die man nahezu alles gemacht hätte (weil man sie mochte), und andere Lehrer, von denen man einfach nichts annehmen wollte, weil man sie nicht ausstehen konnte. Eine Lehrerin beschreibt dies wie folgt:

> „Denn der Lehrer der Zukunft soll ja immer mehr zum Unterrichtsmanager und Moderator werden, und die Schüler sollen und werden immer mehr in so genannten Selbstlernzentren vor dem Computer sitzen und ihre Lernprozesse selbst organisieren.
>
> In der Zwischenzeit jedoch sieht es in den Schulen der Gegenwart immer noch so aus, dass 20 bis 30 Kinder oder Jugendliche zusammen in einem Klassenraum sitzen und nach vorn auf den Lehrer schauen, der ihnen etwas erzählt. Und in diesem klassischen, fast schon archetypischen Setting menschlicher Wissensvermittlung kommt nun, wie ich meine, immer noch alles auf die Liebe an.
>
> Wenn ein Lehrer Erfolg hat, das heißt, wenn die Schüler gern und gut bei ihm lernen, wenn sie fleißig sind und bereit, sich für bestimmte Aufgaben und Ziele anzustrengen, wenn sie etwas Ungewöhnliches leisten, dann liegt es nach meiner Erfahrung so gut wie nie an irgendwelchen Qualifikationen des Lehrers, sondern immer an der Liebe. Immer steckt hinter solchen Erfolgen ein geliebter Lehrer. Die Kinder, auch die großen, tun es für ihn. Für ihn stren-

gen sie sich an, ihm wollen sie eine Freude machen, ihn wollen sie nicht enttäuschen." (Bayerwaltes 2002, S. 85f)

Es kommt nicht auf den Einsatz von Multimedia an, auch nicht darauf, dass der Lehrer irgendwelche didaktischen Tricks beherrscht. Wenn er seine Schüler mag und sie ihn, wird der Unterricht vorangehen. Wenn dies nicht der Fall ist, kommt wenig Fruchtbares heraus. Lehrer sind Menschen und daher wie Bäcker, Ärzte oder Taxifahrer verschieden. Es kann daher nicht sein, dass jeder Lehrer für jeden Schüler optimal geeignet ist. Auch nicht für jeden Stoff und ebenso wenig für jede Altersklasse. Aber man kann dies ja herausfinden. Nicht jeder Arzt kann operieren oder sich auf die Probleme eines Menschen einfühlsam einlassen. Aber jeder Arzt sollte irgendwann für sich entschieden haben, ob er Chirurg oder Psychiater wird. Lassen wir noch einmal die Lehrerin zu Worte kommen:

> „Denn ein guter Lehrer sollte zu allen Zeiten und auch in den Schulen der Zukunft vor allem zwei Dinge unbedingt mitbringen: die Liebe zu Kindern und die Begeisterung für eine Sache.
> Lehrer müssen einfach beides haben: ein gutes Herz und ein gut funktionierendes Hirn, Gefühl und Verstand, Warmherzigkeit und Strenge. Jedes zu seiner Zeit. Und die Liebe zu den jungen Menschen wird ihnen sagen, wann es Zeit für das eine und wann es Zeit für das andere ist. Über unsere Professionalität bräuchten wir uns dann keine Sorgen mehr zu machen." (Bayerwaltes 2002, S. 91)

Ganz allgemein gilt Folgendes: Ein Mensch macht eine Sache gut, wenn die Sache ihm Freude macht, er den Dingen aus eigener Motivation nachgeht und er sich in und mit der Sache auskennt. Dies gilt natürlich auch für Schüler, aber es gilt vor allem auch für Lehrer (denn es gilt ja für jeden Menschen). Daraus folgt: Lehrer sollten Spaß an ihrem Beruf und an ihren Fächern haben. Daraus folgt: Wer Mathematik nicht mag, der wird es nie unterrichten können und *der sollte es auch auf keinen Fall unterrichten*. Daraus folgt auch: Lehrern sollte so wenig wie möglich (durch Vorgesetzte oder Pläne etc.) vorgeschrieben werden, was zu tun ist. Sie sollten es selbst wissen und selbst bestimmen, wann sie was wie mit den Schülern bearbeiten.

Lehrer sollten weiterhin ihr Fach beherrschen. Diese Forderung scheint trivial, ist jedoch keineswegs erfüllt. Nicht wenige Lehrer müssen Fächer unterrichten, die sie nicht studiert haben. Zudem gibt es bei Lehrern nicht das, was in praktisch jedem anderen Beruf selbstverständlich ist: kontinuierliche und lebenslange Supervision, Weiterbildung und Evaluation der Ergebnisse. Backt der Bäcker schlechte Brötchen, kauft keiner und der Bäcker merkt es. Geht er nicht auf Messen und erkundigt sich nach neuen Techniken, geht er langfristig pleite. Macht dagegen ein Lehrer schlechten Unterricht, geschieht – nichts!

Gewiss, es ist schwierig, die Marktmechanismen, die den Bäcker supervidieren, evaluieren und zur Weiterbildung veranlassen, auf die Situation der Schule zu übertragen. Dies heißt jedoch nicht, dass man nicht ähnliche oder auch ganz andere Mechanismen einführen könnte, die ähnliche Effekte haben. Warum sollte es nicht üblich sein, sich gegenseitig im Unterricht zu besuchen? Warum kann man nicht Gesprächskreise einrichten, um Problemfälle (Schüler, Lehrer, missglückten Unterricht oder was auch immer) zu besprechen? In anderen Berufen ist dies völlig normal und gehört einfach dazu.

Ausbildung der Lehrer

Die bereits mehrfach erwähnte Lehrerin schreibt über die Ausbildung:

> „Über dem Eingang zum Lehrerberuf sollte vielleicht in Zukunft so etwas wie das delphische Erkenne dich selbst stehen, geleitet durch zwei Fragen:
> - Willst du wirklich dein ganzes Berufsleben mit (lauten, frechen, anstrengenden) Kindern verbringen?
> - Kannst du oder weißt du etwas, das dir selbst so wichtig ist, dass du es Kindern und Jugendlichen immer wieder aufs Neue erklären oder erzählen möchtest?
> Und nur wer nach langer und gründlicher Selbstprüfung zweimal laut und deutlich ja gesagt hat, der dürfte hinein." (Bayerwaltes 2002, S. 92)

Ein Professor an einer Universitätsklinik hat die folgenden Aufgaben: Er forscht und treibt das Wissen voran; er bildet Ärzte aus; er versorgt Patienten (dass er heutzutage vor allem verwaltet, sei angemerkt, jedoch hier nicht weiter vertieft). Wenn auch immer wieder gesagt wird, dass dieser Job eigentlich unmöglich (weil zuviel von allem) sei, so hat dieses Modell in der Medizin immerhin dazu geführt, dass sich diese in den letzten zweihundert Jahren ganz erstaunlich weiterentwickelt hat. Neuigkeiten wurden umgesetzt, angewendet und gelehrt, Theorien durch kontrollierte Studien rigoros geprüft, und es wird nur dasjenige großflächig eingesetzt, was diesen Prozess überstanden hat (diesen Vergleich verdanke ich dem Oxforder Pädagogen Sir Christopher Ball).

Die Medizin wurde zudem in dem Maße erfolgreich, wie es ihr gelang, sich auf der Grundlage der Naturwissenschaften weiterzuentwickeln. Medizin ist angewandte Physiologie, Biochemie, Genetik sowie in zunehmendem Maße auch Physik, Mathematik und Informatik. Gerade weil es in der Medizin gelungen ist, Grundlagenforschung, angewandte Forschung, Lehre und Praxis zu verbinden, hat sie einen solch enormen Fortschritt erlebt. (Dies sollten diejenigen nicht übersehen, die derzeit die Medizin in Klinik, Forschung und Praxis reformieren wollen!)

Die Vorstellung, dass ein Professor nach dem Studium für ein paar Monate an eine Klinik geht, um sich dann der Didaktik der Medizin und der Ausbildung der Ärzte (und sonst nichts!) zuzuwenden, ist in der Medizin absurd. Genau dies geschieht jedoch in der Pädagogik. Den klinischen Aufgaben eines Universitätsprofessors in der Medizin würden ein Viertel bis einem Dreiviertel Deputat an einer Schule entsprechen. Warum können Professoren für Pädagogik dies nicht ähnlich handhaben?

„Was sollen wir tun? Was müsste geschehen?
Zunächst einmal dies: Der Eingang zum Lehrerberuf müsste strenger bewacht werden. Denn ein schlechter Lehrer ist verheerender als ein schlechter Arzt, Psychologe oder Anwalt. Die Praxen der Letzteren nämlich bleiben über kurz oder lang leer, die Kosten und Folgen ihrer Inkompetenz müssen die Angehörigen dieser Berufe auf die Dauer selbst tragen. Einen schlechten Lehrer aber behalten wir bis

ins pensionsberechtigende Alter und lassen ihn ein Leben lang auf unsere Kinder los." (Bayerwaltes 2002, S. 88)

Dies muss nicht so sein. Warum ändern wir es dann nicht?

Vernetzung ...

Man spricht heute gerne von Vernetzung, die am besten horizontal und vertikal sein soll (obgleich das ja im Wort „Netz" schon steckt!).

Die Sache ist ganz einfach: Es geht darum, dass die Schüler das Gelernte mit ihren eigenen Erfahrungen verbinden müssen. Dies ist keine „Kann-Bestimmung", nach dem Motto: Wenn möglich, sollte auch noch darauf (wie auf vieles andere auch) geachtet werden. Nein, wenn der Schüler es nicht schafft, die Inhalte, um die es in der Schule geht, mit seiner ganz individuellen Lebenserfahrung in Verbindung zu bringen, wird er letztlich nichts lernen. Vielleicht werden ein paar „Leerformeln" hängen bleiben, mit großem Aufwand, und ohne jede Wirkung auf Verhalten.

... und Ereignisse ...

Ereignisse werden heutzutage nicht selten *gemacht*, d.h. sie ereignen sich nicht einfach so, sondern werden produziert wie Brötchen oder Autos. Dies geschieht so oft, dass heute hierfür ein ganzer Industriezweig zuständig ist und man sogar einen eigenen Namen für solche selbstgemachten Ereignisse hat, einen richtigen Terminus technicus. Sie heißen *Event*. Wer es schafft, aus einer Belanglosigkeit ein Ereignis zu kreieren, der hat sehr viel erreicht. Nicht umsonst gibt es sogar einen ganz neuen Beruf, der sich mit der raschen *Hippokampisierung* von ansonsten gar nicht oder nur langsam kortikal verarbeiteten Sachverhalten befasst (vgl. Kap. 2 bis 4). Man nennt diese Leute Eventmanager.

Wer als Lehrer seinen Schülern gelegentlich Einzelheiten beibringen will, der übe sich im Eventmanagement. Die vier Mägen der Kuh sind langweilig, ebenso die einhäusigen und zweihäusigen Pflanzen oder Bodenschätze und Bruttosozialprodukte. Es sei denn, man schafft es, aus diesen Fakten jeweils ein Ereignis zu machen. Der Ausflug zum Bauern (oder zum Metzger?), eine Wanderung im Wald oder der Besuch eines Kindes aus einem anderen Land mit anderen wirtschaftlichen Verhältnissen werden vielleicht dazu führen, dass ein paar einzelne Fakten hängen bleiben. Aber machen wir uns nicht allzu große Hoffnungen: Viel wird es nicht sein; nicht jeder findet alles spannend, und in ein paar Jahren sind Kuhmägen, Blüten und Erze oder Bruttosozialprodukte für die Lebenspraxis der meisten Menschen hierzulande völlig egal.

Wer also sich als Lehrer im Eventmanagement versucht, der überlege zunächst einmal, welche Fakten denn nun wirklich wichtig sind. Wenn man darüber erst einmal nachdenkt, gelangt man bald zu der Einsicht, dass es gar nicht so sehr die Fakten sind, die zählen, sondern vielmehr die allgemeinen Prinzipien, die durch die Fakten klar werden. Dennoch sind die Fakten im Unterricht wichtig. Sie dienen als Beispiele, aus denen der Schüler Regeln herauszieht. Er tut dies, ob er es will oder nicht. Die Regel kann lauten: Biologie ist langweilig. Sie kann aber auch lauten: Unglaublich, was es da draußen so alles gibt.

... statt Vermittlung

Vermitteln kann man eine Mietwohnung oder vielleicht sogar eine Heirat. „Stoff" jedenfalls kann man *nicht* vermitteln! Ebenso wenig wie Hunger. Hunger produziert sich jeder selbst, und Lernen produziert sich auch jeder selbst. Jeder auf seine Weise; und jeder lernt auch auf seine Weise und eben genau dasjenige, was in das Gefüge seiner Synapsengewichte am besten passt (vgl. Kap. 13).

Es ist wichtig, sich zu vergegenwärtigen, dass bereits die Rede von der Vermittlung – vielleicht sogar von Werten – völlig an der Realität des Lernens vorbei geht. Gehirne bekommen nichts vermittelt. Sie produzieren selbst! Wer hat uns denn das Laufen oder das Sprechen vermittelt? – Niemand als wir selbst!

Lob und Tadel, Angst und Stress

Dass Angst und Stress letztlich krank machen, weiß niemand besser als die vielen Lehrer, die es am eigenen Leib spüren.

> „Viele Kollegen haben vor dem Unterricht regelrecht Angst. Angst vor den Frechheiten und Demütigungen, denen sie jeden Morgen sechs Stunden lang ausgesetzt sind. Die einen werden davon krank, die anderen böse, die dritten zu Zynikern. Nur wenige überleben." (Bayerwaltes 2002, S. 87)

Das Zitat ist leider nur allzu wahr. Deutschland verfügt über mehr psychosomatische Klinikbetten als der Rest der Welt zusammengenommen. Und in diesen Betten liegen vor allem Lehrer. Ihr Berufsalltag hat zu Angst, Depression oder Sucht geführt, und im Grunde ist es ihnen noch besser ergangen als denen, die keine professionelle medizinische Hilfe in Anspruch nehmen.

Es ist an der Zeit, dass wir auch über die Rahmenbedingungen der Lehrer nachdenken. Sie haben eine sehr schwere und sehr verantwortungsvolle Aufgabe. Unterstützen wir sie besser dabei!

Selbst mit Belohnung lässt sich Unheil anrichten, wenn sie falsch dosiert und platziert wird.

> „Was unser Kollegium aber am meisten zerrüttet und immer wieder aufs Neue für lebenslängliche Feindschaften und lebensbedrohliche Erkrankungen sorgt, sind die Beförderungsstellen. Von denen es immer nur ganz wenige gibt, die hin und wieder, aber ganz selten, der großen Masse vorgeworfen werden. Und da stürzen sich dann alle drauf, wie eine Meute ausgehungerter Wölfe auf ein blutiges Stück Fleisch, und im Kampf um diesen Leckerbissen zerfleischen sie sich gegenseitig." (Bayerwaltes 2002, S. 29)

Computer in der Schule

Bereits in Kapitel 11 wurde die Problematik des Computers im Kinderzimmer angesprochen. Das Ergebnis war niederschmetternd: Computer sind für kleine Kinder aus vielerlei Gründen schädlich. Wie steht es nun aber um den Einsatz von Computern in den Schulen? Dieser wird seit Jahren propagiert und mit recht hohem finanziellen Aufwand gefördert, sodass die Schulen nicht mehr mit der größten Aula oder den höchsten Masten für die Beleuchtung des Fußballfeldes, sondern mit der Anzahl ihrer Computer untereinander zu konkurrieren scheinen.

In der Grundschule, also den Klassen eins bis vier, liegen die Dinge meiner Ansicht nach recht einfach: Man braucht keinen Computer. Es gilt in diesem Schulabschnitt, ganz grundlegende Fähigkeiten zu erlernen, wie Lesen, Schreiben, Rechnen, Kenntnisse der Lebenswelt (d.h. der die Kinder umgebenden Sachen und Orte). Ebenfalls gelernt bzw. geübt werden die noch wichtigeren Fähigkeiten des Zuhörens und Ausredenlassens, des Konzentrierens auf eine Sache, der Disziplin (weder losreden noch losrennen, wann es einem gerade passt) und des Zusammenarbeitens. Hierfür ist die Person des Lehrers als Vorbild und zugleich als Brennpunkt von Konzentration und Aufmerksamkeit die mit Abstand wichtigste Bedingung. Nicht zu große Klassen, genug Zeit und Geld für Exkursionen in die Umgebung (die Natur und die Kulturschöpfungen) und ganz allgemein die Schaffung einer offenen Atmosphäre sind sicherlich auch notwendig. Der Computer ist es nicht.

Und auch in der Unterstufe (also den Klassen fünf bis sieben) ist es nicht viel anders: Wer nicht schon weiß, was eine „Und-Verknüpfung" oder eine „Oder-Verknüpfung" im logischen Sinne (der Booleschen Algebra) ist, der kann auch im weltumspannenden Datennetz nicht sinnvoll nach Informationen suchen. Man muss logisches Denken schon beherrschen, um es am Computer sinnvoll anzuwenden. Lesen macht vom Papier mehr Spaß als vom Bildschirm, geschrieben werden sollte in diesem Alter auch noch mit dem Füller, und das beste Gefühl (sic!) für einen spitzen Winkel bekommt man, wenn man sich mit einem Geodreick (genau: an einer der beiden durch die Hypotenuse gebildeten Ecken) in die Hand piekt. Dreiecke auf Bildschirmen sind dagegen eher langweilig, solche auf dem Papier, die man selbst zeichnet, schon viel besser.

Und wie steht es mit den so genannten „Lernfächern", also Erdkunde, Biologie, Geschichte oder Chemie? – In der Unterstufe genügt
ein Buch. Es sollte Spaß machen, in ihm zu lesen, es sollte sich neu an-
fühlen und neu riechen und damit etwas Besonderes sein. Es sollte gerade nicht Anspruch auf Vollständigkeit haben, sondern wichtige
Prinzipien anhand einprägsamer Beispiele vorführen. Wer erst einmal
begriffen hat, was ein Bodenschatz oder ein Bruttosozialprodukt ist,
der kann sich Informationen hierzu, wenn er sie denn einmal braucht,
leicht aus dem Netz besorgen, zumal die Suchmaschinen immer besser
und die bereitgestellten Informationen immer detailreicher werden.
Wer jedoch noch keine Orientierung über ein bestimmtes Sachgebiet
hat, wer die grundlegenden Begriffe nicht kennt, der weiß gar nicht
und kann gar nicht wissen, wonach er suchen soll. Daher ist ein
verfrühter Einsatz des Internet kontraproduktiv. Man lernt nichts
durch die Konfrontation mit unaufbereiteten beliebigen Inhalten.

Spätestens in der Mittelstufe scheint dann der Computer endlich
unbedingt notwendig. Man muss wissen, was ein Speicher ist, eine
Verarbeitungseinheit, ein Programm und eine Datei. Dies ist richtig,
man braucht dafür jedoch höchstens eine Schulstunde, beispielsweise
im Sachkundeunterricht. Dann meinen manche, man müsste auch
wissen, wie man in *Windows* ein Programm aufruft, wie man eine *Ex-
cel*-Tabelle erstellt und daraus eine *Balkengraphik* macht, wie man in
Word einen Brief schreibt oder wie man Text, bunte Bildchen und ein
paar langweilige Gags zu einer *Präsentation* verknüpft.

Dies alles bezweifle ich aus mehreren Gründen. Erstens ist das Erlernen von Anwendersoftware einer bestimmten Firma (und sei sie
noch so weltumspannend) etwa so sinnvoll wie das Erlernen der Bedie-
nung von Bohrmaschinen oder Kreissägen einer bestimmten Marke.
„Der rote Knopf links vorne schaltet das Gerät ein; am gelben stellt
man die Geschwindigkeit ein", etc. ... und in der folgenden Klassenarbeit wird dann nach den Farben der Knöpfe gefragt. – „Unsinn" wird
jeder vernünftige Mensch hier einwenden, mit Recht. Und mit dem-
selben Recht halte ich das Erlernen von Anwendersoftware in Schulen
für wenig sinnvoll.

Fazit

In seinem kleinen Büchlein über Werte betont Hartmut von Hentig (2001) mit Recht, dass die Schulen und Lehrer zum ersten Mal in der Geschichte vor der Aufgabe stehen, die Schüler auf das Leben in einer Welt vorzubereiten, die man in weiten Teilen noch nicht kennt.

Daraus folgt vielleicht deutlicher als aus anderen Prämissen, dass Schüler und Studenten vor allem eines lernen müssen: Lernen. Dieses vollzieht sich sowohl in der Gemeinschaft als auch allein, aber immer mit Neugier und Spaß. Beim freiwilligen Üben allein, in gemeinsamen Diskussionen, durch Erklären, Verstehen und Anwenden. „See one, do one, teach one", sagte mir ein Assistenzarzt in Australien eines Nachts fragend, ob ich nicht einen Blinddarm operieren wolle, und ich verschämt zugeben musste, dass ich bislang nur ein paar Male zugeschaut hatte. „If you want to build a house, begin with a piece of wood and some nails", sagen die Leute in Neuschottland und meinen damit das gleiche wie Erich Kästner: Es gibt nichts Gutes, außer man tut es.

Durch Handeln wird gelernt (man kann mit Worten und Zahlen auch handeln. Wer denkt, hantiert mit Gedanken!). Regeln kann man besprechen, um sie zum Handeln zu benutzen. Sie sind für das Lernen wichtig, um Beispiele zu generieren. Keineswegs kann man Mathematik, Englisch oder Latein, wenn man die Regeln auswendig kann, nach denen Brüche dividiert, die Vergangenheit gebildet oder das Partizip verwendet wird. Man kann die Regeln im Unterricht verwenden, um immer wieder neue Beispiele zu konstruieren und zu bearbeiten. Dadurch wird man die Regeln für sich selbst erzeugen, so wie sich jeder von uns die deutsche Grammatik im Kindergarten erzeugt hat.

... Und wenn es wieder einmal um die Beschaffung von Lehr- und Lernmitteln geht, so achte man darauf, dass sie ohne Strom auskommen – man liegt dann eher nicht ganz falsch.

22 Religionsunterricht

Wenn von Neurobiologie und Religion die Rede ist, könnte man vermuten, dass es um die Gehirnaktivierung beim Beten oder beim Meditieren geht. Solche Untersuchungen gibt es zwar durchaus, aber sie sagen im Grunde etwas ganz Triviales aus, nämlich dass jede geistige Tätigkeit von Vorgängen im Gehirn begleitet wird. Aus diesen Vorgängen lässt sich jedoch über die *Inhalte* des Gedachten wenig bis gar nichts ableiten. Nach Gott im Gehirn zu suchen, ist daher etwa so sinnvoll, wie den Fernseher auf der Suche nach einem kleinen Nachrichtensprecher aufzuschrauben (wie ein zu dieser Problematik im Magazin *Spiegel* publizierter Leserbrief zu Recht kommentierte).

Warum also ein ganzes Kapitel zu einem Unterrichtsfach, das mit zwei Wochenstunden und einer geringen Wertschätzung durch viele Schüler und Lehrer quantitativ und qualitativ unbedeutend zu sein scheint? Der Religionsunterricht ist als einziges Fach im Grundgesetz verankert. Zugleich ist er in seiner Praxis problematisch, was letztlich daran liegt, dass die Anforderungen schon immer widersprüchlich waren, die Erwartungen und Ansprüche zugleich gerade in jüngerer Zeit gewachsen sind und die praktische Umsetzung von zunehmend ungünstigen Randbedingungen begleitet ist. Nimmt man die Erkenntnisse der Neurobiologie hinzu, dann folgt aus meiner Sicht, dass man dem Geist des Grundgesetzes besser gerecht würde, wenn man dessen Buchstaben änderte. Dieses Kapitel mit seinem Gedankengang von der Neurobiologie zur Verfassungsänderung hat daher auch exemplarischen Charakter, denn es versucht zu zeigen, wie die Ergebnisse der Hirnforschung auch auf ganz ungewohnte Weise wichtig werden können.

Religion und Staat

Während früher Religion und Staat eng zusammengehörten und sich gegenseitig stützten und während dies anderswo noch immer der Fall ist, gibt es im Hinblick auf das Christentum seit der Aufklärung die Trennung von Kirche und Staat. Der Staat lässt den Bürger im Hinblick auf dessen Religionsausübung also explizit frei, er nimmt ihn nicht in Anspruch, denn er weiß sich als nicht zuständig. Dies erreicht zu haben, ist eine mit unglaublichen Opfern erstrittene enorme Kulturleistung, die in den Staaten der so genannten westlichen Welt implementiert ist. Der Glaube ist für uns Privatsache, etwa so wie die Liebe. Er kann nicht, wie in früheren Zeiten, staatlich verordnet werden.

Bekanntermaßen werden diese Dinge in Deutschland durch das Grundgesetz geregelt, wo es heißt: „Die Freiheit des Glaubens, des Gewissens und die Freiheit des religiösen und weltanschaulichen Bekenntnisses sind unverletzlich. Die ungestörte Religionsausübung wird gewährleistet" (Artikel 4, Absatz 1, 2).

Zugleich war den Vätern des Grundgesetzes jedoch klar, dass sie christliches Gedankengut im Grundgesetz verankern, wenn sie in Artikel 1 beispielsweise von der Unantastbarkeit der Würde des Menschen und dessen Schutz durch den Staat sprechen. So etwas gibt es in anderen Verfassungen nicht, weswegen anderswo Vertreter des Staates einen Verbrecher hinrichten (USA), einem Dieb die rechte Hand abhacken (Indien) oder eine Frau nach der Geburt eines unehelichen Kindes zu Tode steinigen dürfen. Noch einmal: Grundgesetz, Artikel 1: *Die Würde des Menschen ist unantastbar*, und der Staat hat die Aufgabe, sie zu schützen. Dieser Gedanke ist eine Errungenschaft. Wir können und sollten stolz darauf sein, in einer Gesellschaft zu leben, die diesen Gedanken zu ihrem Leitprinzip erhoben hat.

Das Schulfach im Grundgesetz

Der Artikel 1 des Grundgesetzes lässt sich nicht logisch ableiten, er folgt aus keinem Naturgesetz und ebenso wenig aus den Gesetzen des Marktes. Andererseits ist er auch nicht beliebig, wie etwa eine private Vorliebe für dieses oder jenes. Wie im Kapitel über Werte (vgl. Kap. 18) ausgeführt, verhält es sich mit grundlegenden Werten ähnlich wie mit grundlegenden Regeln der Sprache: Das eine liegt dem Handeln, das andere dem Sprechen zugrunde. Beides kann sich langsam ändern, kann wachsen oder verkümmern, differenziert oder undifferenziert sein und kann auch zuweilen „von oben" diktiert werden, wiewohl in aller Regel nur gegen den Widerstand der Betroffenen.

Im Deutschunterricht wird die deutsche Sprache gepflegt. Man spricht und hört zu, liest und schreibt, spricht über Sprache und lernt die Feinheiten der Unterschiede ihrer Anwendung vom Geschäftsbrief zum Gedicht und vom Comic zum Drama. Man reflektiert über die Struktur von Sätzen und Argumenten, über den Prozess des Verstehens eines Textes, und man tut dies, indem man immer wieder Texte interpretiert und sich damit in der Sprache über die Sprache verständigt und dadurch zu eigenem Verständnis gelangt.

Mit unseren Handlungen können wir ebenso verfahren. Handlungen vollziehen sich in einer Gemeinschaft, beim Zusammenleben. Wir sind Frau und Mann, Lehrer und Schüler, Vater und Tochter, Arbeitgeber und Arbeitnehmer, Käufer und Verkäufer, Großmutter und Enkelsohn, Bruder und Schwester. Diese Beziehungen machen jeden von uns zu einem nicht unwesentlichen Teil aus. Wir sind, was wir sind, in diesen und durch diese Beziehungen. So wie es eine lange sprachliche Tradition gibt, in die wir hineingeboren wurden, gibt es eine Beziehungstradition, und auch in diese wurden wir hineingeboren. Den Gedanken berührten wir bereits mehrfach: Die deutsche Grammatik verhält sich zur indogermanischen und romanischen Sprachtradition wie das deutsche Grundgesetz zu den Grundwerten jüdisch-christlicher Lebensart, aufgeklärtem Selbstverständnis und dem römischen Recht.

Wer glaubt, dass für ihn das Christentum nicht maßgeblich sei, da er ja aus der Kirche ausgetreten und auch sonst überhaupt nicht religiös sei, der irrt gewaltig. Gerade wer aus der Kirche ausgetreten ist, wird zunächst einmal bemerkt haben, dass sich durch diesen Schritt an der Art seines Lebensvollzugs mit größter Wahrscheinlichkeit nichts, wirklich gar nichts, geändert hat. Nur bei oberflächlicher Betrachtung lag dies daran, dass man schon vor dem Austritt nicht mehr sonntags in die Kirche ging.

Bei genauerem Hinsehen liegen die Dinge vielmehr umgekehrt: Christliches Gedankengut ist überall in unserer Gesellschaft vorhanden, es wird gelebt, von der großen Mehrheit der Bevölkerung, und unabhängig davon, welches Bekenntnis, wenn überhaupt, im Pass verzeichnet ist. Mit Carl-Friedrich von Weizsäcker oder Karl Rahner muss man feststellen, dass in unserer Gesellschaft sehr viel Christentum steckt, wenn auch viele sich dessen nicht bewusst sind. Es ist wie mit Luft, Leitungswasser oder Strom aus der Steckdose: Man nimmt es erst dann eigentlich wahr, wenn es plötzlich fehlt.

Um genau dem vorzubeugen, d.h. um dafür zu sorgen, dass Nächstenliebe, Barmherzigkeit, Loyalität gegenüber den Kranken und Schwachen, Toleranz gegenüber Andersdenkenden, der Schutz des Lebens und der Würde aller Menschen tatsächlich jedem Bürger immer wieder durch Bezug auf die Wurzeln dieser Grundgedanken unserer Gemeinschaft plausibel gemacht werden, wurde der Religionsunterricht durch das Grundgesetz (Artikel 7, Absatz 3) geregelt. Religion ist damit das einzige Schulfach, das im Grundgesetz explizit vorkommt.

Der Religionsunterricht wurde dabei den beiden Kirchen inhaltlich unterstellt, und er wurde keineswegs nur – schwach – als Religions*kunde* (also als Wissen darüber, was Religion ist und was es z.B. noch so alles gibt) verstanden, sondern im Gegenteil – stark – als Religions*unterweisung* (bzw. zumindest *auch* als das). Nach dem Buchstaben des Grundgesetzes geht es im Religionsunterricht also nicht nur um Wissen um Religion, Werte, Mythen etc., sondern um die religiöse Unterweisung in einem *bestimmten* Glauben, nämlich demjenigen, der für das Grundgesetz und damit für unsere Lebensgemeinschaft prägend war und es noch immer ist.

Diese im internationalen Vergleich einmalige Regelung des Religionsunterrichts musste immer wieder zu mehr oder weniger starken Spannungen führen. Unter Berufung auf GG Artikel 7 bieten die Schulen Religionsunterricht einerseits als Pflichtfach an, dem jeder Schüler über 14 Jahren unter Berufung auf GG Artikel 4 andererseits fernbleiben kann.

Nun sind Spannungen nichts Negatives, wie im Kapitel über die Werte schon ausgeführt wurde. Es geht bei Werten sogar überhaupt nicht ohne. Wer sich daher in Anbetracht dieser Situation des Religionsunterrichts wirklich Gedanken macht, wer als Heranwachsender mit Lehrern, Pfarrern, Eltern und vor allem Gleichaltrigen offen über Gott und die Welt redet, der tut genau das, was die Väter des Grundgesetzes wollten. Niemand soll gezwungen werden, Nächstenliebe, Barmherzigkeit, Loyalität gegenüber den Kranken und Schwachen, Toleranz gegenüber Andersdenkenden, den Schutz des Lebens und der Würde aller Menschen für sich selbst verbindlich zu machen. Wer aber lange genug nachdenkt und sich mit anderen – zum Beispiel im Religionsunterricht – austauscht, der wird schon selbst *für sich* darauf kommen, dass er großes Glück hat, in einer Gemeinschaft zu leben, die sich diese Prinzipien zu eigen gemacht hat, und wird sich diese Prinzipien selbst, nicht anders als die Sprache, durch Beispiele und Übung (und vielleicht später zusätzlich durch Nachdenken) zu eigen machen.

Der Islam und die neuen Bundesländer

Als noch über 80 Prozent der Bürger und auch der Schüler in elf Bundesländern katholisch oder protestantisch waren, lagen die Dinge einfach. Man bot katholischen und evangelischen Religionsunterricht an und dachte nicht weiter über den Tatbestand der Unterweisung nach. Im Gegenteil: Dieser trat oft so weit zurück, dass ich davon ausgehe, dass viele Leser dieses Buchs hier zum ersten Mal erfahren, dass Religionsunterricht – nach dem Grundgesetz – eben keine Religionskunde ist, sondern Unterweisung im Glauben.

Zwei Tatsachen haben an der Jahrzehnte währenden Idylle, die nur gelegentlich durch kritische Schüler oder unfähige Lehrer gestört wurde, gerüttelt: die Wiedervereinigung Deutschlands und die zunehmende islamische Minderheit (vgl. die Stellungnahmen der evangelischen und katholischen Kirche Deutschlands von 1999 bzw. 1996).

In den neuen Ländern sind nur etwa 25 Prozent der Bevölkerung getauft, und in Brandenburg beträgt der Anteil der Katholiken beispielsweise nur 3 Prozent. Es war damit für die Schulen nach der Wiedervereinigung nicht selbstverständlich, den üblichen konfessionellen Religionsunterricht anzubieten. Das damit entstehende Problem, wie mit Artikel 7.3 des Grundgesetzes (Religion als Pflichtfach) zu verfahren sei, wurde auf Länderebene unterschiedlich gelöst. In Mecklenburg-Vorpommern, Sachsen, Sachsen-Anhalt und Thüringen stehen der konfessionelle Religionsunterricht und das Fach Ethik nebeneinander, in Brandenburg hingegen wurde das neue Pflichtfach *Lebensgestaltung, Ethik, Religion (LER)* eingeführt. In diesem Land gibt es damit keinen herkömmlichen Religionsunterricht, wogegen derzeit eine Verfassungsbeschwerde läuft.

In der BRD gibt es 1,16 Millionen ausländische Schülerinnen und Schüler, ihr Anteil beträgt 11,6 %. In den alten Ländern liegt der Anteil der muslimischen Schülerinnen und Schüler bei 6 % (von denen wiederum 80 % Türken sind), mit starken regionalen Variationen. Während der Anteil an Schülern islamischen Glaubens in den neuen Ländern bei unter 0,5 % liegt, kann er in Grundschulklassen von Ballungsgebieten der alten Länder durchaus 50 % übersteigen. Wie die Diskussion der vergangenen Jahre gezeigt hat, wird dies langfristig zur Folge haben (auch nach Ansicht der Kirchen), dass neben dem katholischen und evangelischen Religionsunterricht auch islamischer Religionsunterricht erteilt werden muss. Seit etwa zwei Jahrzehnten geschieht dies faktisch bereits im Rahmen des türkischen muttersprachlichen Ergänzungsunterrichts, der teilweise von den diplomatischen Vertretungen der Türkei und teilweise von den Kultusministerien verantwortet wird. Von der Möglichkeit der religiösen Unterweisung im Islam machen die türkischen Lehrer durchaus Gebrauch.

Der staatliche islamische Religionsunterricht scheitert derzeit noch daran, dass eine Zersplitterung des schulischen Angebots nicht gewollt sein kann. Es besteht nämlich weitgehend Konsens darüber, dass nicht jede Sekte staatlich geförderten Religionsunterricht inhaltlich bestimmen sollte, sonst könnten ja auch Obskuranten wie die Zeugen Jehovas, für die einerseits der weltliche Staat das erklärte Werkzeug des Satans ist und die andererseits seit etwa zwei Jahren vom Bundesverfassungsgericht als Religionsgemeinschaft anerkannt sind, Religionsunterricht anbieten. Der Islam hat jedoch in Deutschland noch nicht die allgemeinen Vertretungsorgane wie die Kirchen, sodass dem Staat ein Ansprechpartner zur gemeinsamen Lehrplangestaltung fehlt.

In Nordrhein-Westfalen wird dennoch bereits an entsprechenden Lehrplänen gearbeitet, wobei man Vertreter des türkischen Staates beteiligt und von einem islamischen Religionsunterricht in türkischer Sprache ausgeht. Dies ist gleich in dreifacher Hinsicht kritisch zu sehen. Erstens sollten Unterrichtsinhalte an deutschen Schulen in deutscher Sprache erörtert werden (wie im vergangenen Kapitel ausführlich diskutiert). Zweitens ist es prinzipiell problematisch, wenn Unterricht an deutschen Schulen von Vertretern eines anderen Staates inhaltlich bestimmt wird, und drittens ist es eigenartig, wenn dies durch Vertreter eines Staates geschieht, der sich seit Kemal Atatürk (dessen Portrait in der Türkei überall hängt) vor allem deshalb als modern versteht, weil er die strikte Trennung von Kirche und Staat zur Grundlage gemacht hat.

Neuroplastizität, Frontalhirn und nüchterne Realität

Halten wir einen Moment inne und betrachten die Realität. Welches Unterrichtsfach könnte an der Schule ersatzlos gestrichen werden? Eine in der Schülerzeitung des Ulmer Kepler-Gymnasiums im Frühjahr 2002 publizierte Umfrage hierzu ergab, dass 30 Prozent der Schüler den Religionsunterricht nannten. Eine Lehrerin kommentiert dessen Praxis wie folgt:

„Mit 14 Jahren sind in unserem Land die Kinder bekanntlich religionsmündig. Dann melden sie sich scharenweise vom Religionsunterricht ab, wenn sie sich nicht schon vorher durch ihre Eltern haben abmelden lassen. Aber wenn sie dann später in die Oberstufe kommen, wo jedes Fach gleich viel zählt, dann melden sie sich wieder beim Religionslehrer an. Und lassen – wie das in katholischer Religion an unseren Schulen leider der Fall war – drei Jahre lang geduldig allen möglichen [...] Mist über sich ergehen, weil sie für Sätze wie ‚Jesus ist lieb‘ am Ende die Note Eins kassieren.“ (Bayerwaltes 2002, S. 187)

Was lernen die Schüler hier? Ganz offensichtlich eher nicht das, was die Väter des Grundgesetzes intendiert hatten. Wenn die drei Jahre Oberstufenreligion tatsächlich so ablaufen, wie im Zitat beschrieben, dann werden anhand von Lebenspraxis und Beispielen hier Duckmäusertum, Anpassung aus Faulheit und Indifferenz gegenüber existenziellen Fragen geübt und gelernt, d.h. kaum diejenigen Werte, denen man heute gerne bei Fragen der „Werteerziehung“ so große Bedeutung beimisst. Die Ulmer Umfrage und das Zitat beweisen natürlich nichts. Aber es sind zwei Indizien, zu denen der Leser selbst, so meine Vermutung, beliebig viele hinzufügen kann.

Wenn es zutrifft, dass der erwachsene Mensch sein Wertegefüge in der Jugend an Beispielen lernt, die im orbitofrontalen Kortex abgespeichert sind (vgl. Kap. 17, 18), und wenn es zutrifft, dass es zur glückenden moralischen Entwicklung des Menschen tausender solcher Beispiele mit größtmöglicher Varianz bedarf, und wenn weiterhin junge Menschen vor allem von Vorbildern und Gleichaltrigen lernen, dann kann der Religionsunterricht der moralischen Entwicklung nicht nur nichts nutzen, er kann ihr auch schaden.

Ganz allgemein liegt die Vermutung nahe, dass sich religiöse Unterweisung einerseits und Benotung von Leistung und Prüfung andererseits gegenseitig ausschließen. Wenn dann das prinzipiell Unmögliche dennoch irgendwie versucht wird, kann die resultierende Praxis einer wie auch immer verstandenen „Werteerziehung“ nur abträglich sein. Noch einmal: Menschen lernen aus Beispielen, nicht aus Predigten. Diese Beispiele sind nicht die expliziten Lehrinhalte, sondern die Unterrichtspraxis. Wie glaubwürdig ist die gepredigte Toleranz des Priesters in Klasse 11, wenn er in Klasse 3 die Kleinen zum Gang zur Kommunion anleitet (weswegen der katholische Religionsunterricht in der dritten Klasse immer von Pfarrern und nicht von Lehrern oder Lehrerinnen durchgeführt wird)? Wie groß ist die Chance, dass im muslimischen Religionsunterricht tatsächlich Beispiele thematisiert und gelebt werden, aus denen die Schüler die Grundwerte des Grundgesetzes für sich selbst ableiten können?

Stellen wir uns aber einmal vor, die Schüler haben ab Klasse 7 oder 8 noch mehr Wahlmöglichkeit im Hinblick auf die Orientierung des Religionsunterrichts. In diesem Fall wird dann sicherlich *eines* nicht erreicht: Verbindlichkeit. Genau diese war jedoch den Vätern des Grundgesetzes offensichtlich wichtig, denn der Artikel 1 ist eben genau *nicht* beliebig. Stellen wir uns weiter vor, dass es islamischen Religionsunterricht im Sinne des Grundgesetzes und damit im Sinne der Religionsunterweisung an unseren Schulen gibt, dann besteht zumindest die Gefahr, dass Fundamentalismus und Intoleranz in der Schule gelehrt werden. Die Indizien dafür reichen vom Streit ums Kopftuch der Lehrerin bis hin zur Tatsache, dass von 107 nichtislamischen Staaten 100 über demokratische Minimalstandards verfügen, dies jedoch nur bei 11 von 47 islamischen Staaten der Fall ist (von Beyme 2001).

Aufklärung

Nicht erst seit dem 11. September 2001 muss die Frage erlaubt sein, wie viel Toleranz sich eine Gesellschaft gegenüber Intoleranz leisten kann, wie viel Freiheit man denen gewähren kann und darf, die Unfreiheit vertreten und danach handeln und denen die Würde des Einzelnen sehr wenig wert zu sein scheint. Den Vätern des Grundgesetzes jedenfalls waren diese Fragen nicht gleichgültig, und sie hielten aus diesem Grund eine Zusammenarbeit von Kirche und Staat für sinnvoll. Anders als in Frankreich, den USA oder der Sowjetunion, wo Kirche und Staat völlig getrennt sind, und auch anders als in England oder

Schweden, wo der Staat eine Religion bevorzugt, wollten die Väter des Grundgesetzes sowohl Toleranz und Vielfalt als auch die Implementierung der Grundwerte im Unterricht.

Muslimischen Religionsunterricht an deutschen Schulen kann es nur unter der Voraussetzung geben, dass der Islam in einer Form unterrichtet wird, die mit dem Grundgesetz vereinbar ist. Damit, so argumentieren auch letztlich die Kirchen, werde der Islam gezwungen, die Aufklärung gleichsam nachzuholen, die das Christentum bereits durchgemacht hat. Wie wahrscheinlich ist es jedoch, dass eine Weltreligion (die nicht zuletzt aufgrund ihrer Radikalität viele Menschen anspricht und derzeit expandiert) in sich die Aufklärung vollzieht, um in einem kleinen Land der Welt in den Genuss staatlich geförderten Religionsunterrichts zu kommen?

Man muss hier ganz offensichtlich abwägen – die Vorteile gesicherten staatlich geförderten Religionsunterrichts einerseits gegenüber den Nachteilen seiner bisherigen Realisierung und den noch größeren möglichen Nachteilen zukünftiger Erweiterungen andererseits. Die Chance auf reformierten Islam einerseits gegenüber dem Risiko von staatlich gefördertem Radikalismus andererseits.

Wer glaubt, es gehe hier nur um die richtige Festlegung der Unterrichtsinhalte, der irrt. Man muss vielmehr darauf achten, was wirklich geschieht, denn es sind lebenspraktische Erfahrungen und nicht die guten Gedanken und Absichten, die jeder moralischen Entwicklung zugrunde liegen. Dies jedenfalls ist aus den Erkenntnissen der Neurobiologie zur Neuroplastizität abzuleiten. Gehirne extrahieren Regeln, welche auch immer, aus dem, was ihnen angeboten wird. Bedenken wir also das Angebot!

Philosophie, Ethik, Religionskunde

Daraus ergibt sich, dass man über eine Änderung des Grundgesetzes nachdenken sollte, und zwar nicht, um seinem Grundgedanken zu widersprechen, sondern umgekehrt, um ihn zu stützen. In den Schulen sollte Religion Thema sein, ebenso Werte und Mythen, Handlungsnormen und die Fundamente unserer Verfassung. Es muss klar werden, wie das zusammenhängt; wie wichtig beispielsweise Toleranz ist und dass sie mit Beliebigkeit nichts zu tun hat.

Den Kirchen sollte klar sein, dass sie bei der Einführung von Religionskunde (z.B. im Rahmen des Pflichtfachs Philosophie, Ethik, Religionskunde in der Oberstufe statt des bisherigen unterweisenden Religionsunterrichts) nichts weiter aufgeben als eine längst verlassene Bastion. Sie würden jedoch sehr viel gewinnen, denn sie könnten Leistung fordern, wo sie sich bislang halbherzig verhielten.

> „Es ist kein Fall bekannt, dass jemals irgendwo ein Schüler wegen unzureichender Leistungen in Religion sitzengeblieben wäre. Wohl aber hat schon so manchem die gute Note in diesem Fach den ‚Ausgleich' (schlechter Noten in anderen Fächern) und damit die Versetzung gebracht." (Bayerwaltes 2002, S. 184)

Es stünde dem Lehrer frei, in der Mittelstufe Religionen zu vergleichen und dabei solche zu wählen, die seine Schüler interessieren. In der Unterstufe stünde es ihm frei, Mythen unterschiedlichsten Ursprungs zu lesen und zu diskutieren, auf welche Weise hier jeweils bestimmte (oft über Länder und Zeiten hinweg erstaunlich ähnliche) Konflikte gelöst werden. In der Oberstufe schließlich könnte Unterricht im Fach Praktische Philosophie erfolgen.

Die Randbedingungen für einen geordneten, d.h. nicht dem clever seine Fächer zusammenstellenden 14jährigen überlassenen, Unterricht zu den Grundlagen unserer Gesellschaft wären mit einer solchen Regelung nach meiner Ansicht verbessert. Es geht nicht um die „Abwehr" Andersdenkender, denn deren Ansichten sollen ebenso diskutiert werden, weil vieles überhaupt erst nur durch den Kontrast klar wird: Was Licht ist, begreift man am besten (und auf Anhieb), wenn es mal dunkel ist (und umgekehrt!).

Zur Diskussion von Staatsorganen und Parteiprogrammen gibt es seit langem das Fach Gemeinschaftskunde, das leider gelegentlich nicht über Stammtischniveau unterrichtet wird: Da werden einfach nur Meinungen abgegeben, alles scheint zu gelten, es werden Phrasen gedroschen und Schlagworte lediglich genannt, statt Prinzipien herauszuarbeiten.

Das Fach *Philosophie, Ethik, Religionskunde* sollte so praktisch wie möglich unterrichtet werden, die Diskussion der Situation der älteren Mitbürger oder der Kinder mit einem Besuch im Altenheim bzw. im Kindergarten beginnen oder enden. Dadurch wäre sichergestellt, dass es auch und gerade im genannten Fach nicht um graue Theorie, sondern um das bunte Leben geht.

Ethik in der 7. Klasse?

Ja und nein! Wenn der Unterricht betrieben wird, wie er in Musik, Kunst und Sport betrieben werden sollte, nämlich als das Üben von Fähigkeiten, dann wäre nichts einzuwenden. Es könnte dann um das – immer wieder neue! – Einüben gewaltfreier Konfliktlösungen, um Geschichten über Frau und Mann, Lehrer und Schüler, Vater und Tochter, Arbeitgeber und Arbeitnehmer, Käufer und Verkäufer, Großmutter und Enkelsohn, Bruder und Schwester gehen.

Wenn jedoch in der 7. Klasse über Werte und Prinzipien, Maximen, Rollen und Normen gesprochen wird, dann ist das etwa so sinnvoll wie das Pauken von grammatischen Regeln mit 5jährigen unter der Annahme, sie würden dadurch das korrekte Sprechen lernen. Wir sagten es bereits: Kinder lernen nicht dadurch richtig sprechen, dass sie Grammatik oder Vokabeln pauken. Und genauso wenig lernen sie dadurch richtig handeln, dass sie die zehn Gebote, den kategorischen Imperativ oder das Grundgesetz auswendig lernen. Kinder brauchen Beispiele, nicht Regeln.

In der Unterstufe muss daher immer wieder geübt werden, mit Problemen und Konflikten umzugehen. Dies sollte zum einen spielerisch geschehen, anhand fiktiver „Fälle" aus der Bibel oder dem Koran, der griechischen oder irgendeiner anderen Mythologie. Es muss ja nicht unbedingt *Star Trek* oder *Star Wars* sein (darf es aber gelegentlich durchaus, wenn dadurch das Interesse geweckt und die Aufmerksamkeit gefördert wird!).

„Aber wird dann nicht alles völlig beliebig? Schöpfen nicht Pfarrer und Religionslehrer aus einer Überzeugung, einer Tiefe, die nur verflachen kann, wenn Religion nur noch eine Kunde ist, ebenso, wie dies bei den Fächern Erdkunde oder Naturkunde der Fall ist?"

Der Einwand ist ernst zu nehmen! Nur derjenige, der von seiner Sache überzeugt ist, kann sie auch gut vor Schülern vertreten. Dies trifft grundsätzlich für alle Fächer zu, auch für das Fach Religion (gleich, ob in Form von Unterweisung oder Kunde). Aus meiner Sicht jedoch ist dies eine Frage der jeweiligen *Person des Lehrers* und nicht eine Frage der staatlichen oder kirchlichen Unterrichtsaufsicht! Ob der Unterricht lasch ist oder „Biss" hat, ob die Schüler gelangweilt oder engagiert sind, hängt in allererster Linie von der Person des Lehrers ab! Die Randbedingungen des Unterrichts sind eindeutig zweitrangig. Gelegentlich würden sie jedoch auffallen. Betrachten wir ein Beispiel.

Problemfeld Weihnachtslieder

Die Weihnachtszeit geht in den USA an niemandem vorbei. Zu grell glitzern die Schaufenster, zu laut ertönt in den Geschäften die Weihnachtsmusik, und zu sehr prasselt Weihnacht in jeder Form, ob geschmackvoll oder nicht, auch auf den unbeteiligtesten Passanten herab. Gerade in den USA stellt man wie überall auf der Welt Kerzen auf, hängt Kränze an die Fenster, singt Weihnachtslieder und kauft (vor allem) Geschenke.

Auch in den Schulen wird über das Weihnachtsfest gesprochen. Bei den Eskimos oder auf Hawaii hat es eigenartige Namen; man spricht auch von Yultide, weil es wie bei den Gezeiten (den Tiden) auch letztlich um die Gestirne und den Lauf der Zeit überhaupt geht. Man feiert es drei Tage nach der Wintersonnenwende, weil wahrscheinlich erst dann bei den damaligen Messfehlern bei astronomischen Beobachtung ausreichende Sicherheit bestand, dass die Sonne ihren tiefsten Stand hinter sich hat und die Tage nun wirklich wieder länger werden.

Nun könnte man meinen, dass zu all dieser Beschäftigung mit den Hintergründen und Traditionen des Weihnachtsfestes auch das Singen von Weihnachtsliedern gehört, wenn schon nicht im Unterricht, dann wenigstens bei einer schulischen Weihnachtsfeier. Genau dies, die Erfahrungen mit Weihnachtsliedern, gehört jedoch zu den eigenartigsten Erfahrungen mit dem Schulalltag, die wir in den USA gemacht haben.

Unsere kleine Tochter Anja spielt Geige, kennt viele Weihnachtslieder und nahm daher ihre Geige zur Weihnachtsfeier der *Martin-Luther-King School* (ein paar Steinwürfe von der Harvard University entfernt) mit, wo sie im Herbst und Winter 1994 die dritte Klasse besuchte. Aus dem Musizieren wurde jedoch nichts. Gewiss, man sang durchaus Weihnachtslieder und man kannte auch *O Tannenbaum* oder *Stille Nacht*. Aber diese Lieder durften in der Schule nicht gesungen werden, denn es handelt sich ja um Lieder mit religiösen Inhalten, und diese wiederum haben an amerikanischen Schulen nichts verloren. Kirche und Staat sind streng getrennt, wie es die Einwanderer, die ja häufig aus Gründen der Beeinträchtigung ihrer Religionsausübung ihr Herkunftsland verlassen hatten, für ihren neuen Staat verfassungsrechtlich festlegten. In religiöser Hinsicht kann jeder tun und lassen, was er will. Daher wünscht man sich zu Weihnachten auch eher nicht *Merry Christmas* (wer weiß schon, an was der andere glaubt), sondern verschickt politisch korrekt „Weihnachtskarten" mit der Aufschrift *Season's Greetings*, also mit (wörtlich) „der Jahreszeit entsprechenden Grüßen".

Was aber singt man zu Weihnachten, wenn es nichts Religiöses sein darf? – Die pragmatischen Amerikaner haben hierfür natürlich eine Lösung. Sie besteht in weihnachtlichen Nicht-Weihnachtsliedern, in denen es darum geht, wie man sich fühlt, wenn man von weißer Weihnacht träumt, das Glöckchen des Pferdeschlittens hört, die Kastanien auf dem Feuer röstet oder zuschaut, wenn die Mama den als Weihnachtsmann verkleideten Papa küsst. Diese Lieder kann und darf man überall, und damit auch in der Schule, zur Weihnachtszeit singen, gerade weil sie mit Weihnachten nichts zu tun haben. Ihr Inhalt verletzt das religiöse Empfinden von Angehörigen einer anderen Religionsgemeinschaft vermeintlich nicht, weil es sich ja um gar keine religiösen Inhalte handelt.

Aber was war mit Anjas religiösen Gefühlen? – Sie empfand es zumindest als sehr eigenartig, dass die Schaufenster voller Lichter, die Radios voller Lieder und auch die Schule voller Weihnachtsfeierlichkeiten waren, man aber das, worum es bei Weihnachten geht, nicht thematisieren durfte. Die Feier war übrigens insgesamt recht traurig: Jeder Schüler erhielt ein Tablett mit rosa und hellblauem Kuchen, anderen Süßigkeiten und Plastikfirlefanz, und die meisten nahmen es in Empfang und warfen es – so wie es war – in den gleich daneben stehenden großen Mülleimer. Wer isst schon gerne blaue Torte mit rosa Tupfen, die außer nach Zucker nach nichts weiter schmeckt? Die Aufsicht führenden Lehrer korrigierten während der Feier Klassenarbeiten und beschränkten sich darauf, die Kinder zu überwachen, sodass sie keinen Unfug anstellten. Die Kinder ihrerseits langweilten sich und so dauerte die Weihnachtsfeier, die man sich trister und trauriger kaum vorstellen kann, nicht sehr lange. *O Tannenbaum* wurde dann eben zu Hause gespielt und gesungen.

„Zum Lachen" werden die einen sagen, „zum Heulen" die anderen. Wie auch immer man dies sieht, die Geschichte zeigt, dass Religionskunde ihren Preis hätte, führte man sie in Deutschland flächendeckend ein. Vielleicht fehlte es wirklich manchmal am „Biss", aber unter dem Strich wäre dieser Faktor wahrscheinlich deutlich höher, als dies gegenwärtig der Fall ist.

Fazit: Vom Frontalhirn zur Grundgesetzänderung

Die Würde des Menschen ist unantastbar, und der Staat hat sie zu achten und zu schützen. So steht es im Grundgesetz. Dessen Artikel 1 wurde herangezogen, um exemplarisch zu zeigen, wie sehr die Ordnung der deutschen Gesellschaft durch Gedanken aus der jüdisch-christlichen Religionskultur bestimmt ist. In ähnlicher Weise, wie wir mit Deutsch als unserer Muttersprache aufgewachsen sind und wie wir durch unser zur Sprachentwicklung befähigtes Gehirn diese Sprache ohne Unterweisung gelernt haben, lernen wir die Grundgedanken des Zusammenlebens unserer Gesellschaft durch Handeln (d.h. durch das gemeinschaftliche Leben) und ebenso wenig durch Unterweisung.

Allerdings ist die Sprachentwicklung mit etwa 13 Jahren weitgehend abgeschlossen, weil die Reifung der sie tragenden Strukturen der Gehirnrinde mit diesem Alter abgeschlossen ist. Noch komplexer als das Sprechen ist das Handeln. Entsprechend ist die Entwicklung zentralnervöser Repräsentationen von Handlung noch später abgeschlossen.

Im Deutschunterricht wird vernünftigerweise zunächst das Sprechen und Zuhören (im Kindergarten, wo das Ganze noch nicht Deutschunterricht heißt), dann das Lesen und Schreiben, dann die Grammatik und zuletzt die Problematik von Interpretation und Bedeutung (Hermeneutik) thematisiert. Wer 13 Jahre Deutsch hatte, sollte mit Sprache reflektiert umgehen können. Nicht anders sollte es in einem Unterrichtsfach sein, das uns zum Handeln befähigen soll. Aufgrund der Zeitkonstanten der Gehirnentwicklung ist der Zeitraum der Beispiele zu verlängern. Daraus folgt, dass man in der Mittelstufe zwar Grammatik (d.h. die Prinzipien von Sprache) erörtern und Bewertungen verallgemeinern und versprachlichen kann. Ethik im Sinne einer Reflexion auf Prinzipien von Handlungen wird man erst in der Oberstufe betreiben können.

Der Religionsunterricht an deutschen Schulen ist in seiner Praxis problematisch. Viele Schüler (und ebenso viele Eltern und Lehrer) nehmen ihn nicht ernst bzw. halten ihn für überflüssig. Die Anforderungen an diesen Unterricht sind widersprüchlich, denn zum einen soll er nach dem Willen des Grundgesetzes eine Unterweisung in Religion sein und zum anderen ein ordentliches Schulfach mit Prüfungen und Noten. Zugleich sind jedoch gerade in der jüngsten Vergangenheit die Erwartungen und Ansprüche an den Religionsunterricht höher denn je, hält man ihn doch immer wieder für das geeignete Mittel, um dem viel beklagten „Werteverfall" in unserer Gesellschaft Einhalt zu gebieten.

Werte werden nicht durch Belehrung, sondern anhand von Beispielen gelernt. Dieses Lernen erfolgt immer auf vielen Ebenen, orientiert sich dabei an dem, was dem Lernenden gerade am wichtigsten erscheint, und läuft im Hinblick auf die Werte noch bis ins dritte Lebensjahrzehnt hinein ab. Man sagt, dass die Kirchen das Missionieren ab dem 26. Lebensjahr nicht mehr für sinnvoll bzw. erfolgreich halten. Dies passt recht gut zu den jüngsten Daten zur Myelinisierung des orbitofrontalen Kortex (bis nach der Pubertät) und damit zur kritischen Periode der Moralentwicklung beim Menschen.

Vergleicht man das, was die Väter des Grundgesetzes mit dem Religionsunterricht als Pflichtfach wollten, mit der Entwicklung dieses Fachs in den vergangenen Jahrezehnten und insbesondere mit der Situation im letzten Jahrzehnt, so fällt auf, dass Absicht und Realität weit voneinander entfernt sind. War auch vor 20 Jahren die Konstruktion bereits unglücklich und der eigentlichen Absicht kaum zuträglich, so ist sie mittlerweile wahrscheinlich der Absicht eher abträglich. Dies gilt mit großer Sicherheit für den bereits realisierten verkappten staatlichen muslimischen Religionsunterricht in türkischer Sprache durch türkische Beamte (im Rahmen des türkisch-muttersprachlichen Ergänzungsunterrichts). Es gilt jedoch wahrscheinlich auch für andere Formen der islamischen religiösen Unterweisung (in deutscher Sprache), weil hier durch den Staat letztlich Unverbindlichkeit und Beliebigkeit vorexerziert werden, wo er doch eigentlich die Wurzeln seiner Konstitution verbindlich (und durch den kirchlichen Religionsunterricht als Pflichtfach gesichert) seinen jungen Bürgern nahebringen wollte.

Somit sollte es im Sinne des Grundgesetzes (Artikel 1 und 4) sein, das Grundgesetz (Artikel 7.3) zu ändern. Die Gründe hierfür sind einerseits die geänderten gesellschaftlich-historischen Randbedingungen und andererseits die Einsichten zur Neurobiologie der Moralentwicklung des Menschen. So weit aus meiner Sicht der Beitrag der Natur- und Geisteswissenschaften zum Thema Religionsunterricht. Der Rest ist Sache der Politik und des engagierten Philosophierens.

Postskript: Meditation über Gras, die Wurzel aus zwei, Gott und die Welt

Der Rasen draußen ist grün. Ich meine, er ist grün, obwohl ich weiß, dass er eigentlich nur Licht bestimmter Wellenlänge reflektiert, das in meiner Netzhaut zur Aktivierung bestimmter Rezeptoren führt. Das von ihnen erzeugte Aktivierungsmuster wird an mein Gehirn weitergeleitet und in dessen Farbareal (vielleicht sind es auch zwei, genannt V4 und V8) analysiert. Zusammen mit anderen Arealen bewirkt die komplizierte Aktivierung meines Gehirns, dass ich sehe, dass draußen das Gras grün ist.

Natürlich ist der Rasen auch grün, wenn ich nicht hinschaue! Und ich denke, die meisten Menschen würden mit mir dahingehend übereinstimmen, dass sie sagen, auch wenn überhaupt niemand da wäre, um den Rasen gerade anzuschauen, wäre er grün.

Man könnte einwenden: Aber das Grün ist doch weder am Rasen noch am Licht (da gibt es nur Wellenlängen), noch in den Augen oder im Gehirn (da gibt es nur Aktionspotentiale). Das Grün ist also nur als rein subjektives Erlebnis in mir und in keiner Weise – weder im Gras noch im Gehirn – in der Welt. Dem ist jedoch entgegenzuhalten, dass meine Produktion des grünen Rasens den Gedanken mit einschließt, dass er da draußen vor dem Fenster ist, unabhängig von mir, auch dann, wenn ich nicht da bin. Ich denke also als naturwissenschaftlich-kritisch ausgebildeter Mensch zweierlei: *Da draußen ist grüner Rasen* einerseits und *in der Welt gibt es keinen grünen Rasen* andererseits. Mir beginnt zu dämmern, warum das Gehirn so viele Verwindungen hat ...

Aber es kommt noch schlimmer: Ich produziere nicht nur das Grün am Rasen, sondern auch den Rasen selber gleich mit. Aber ich erschaffe ihn nicht, ich produziere ihn vielmehr als dort–draußen–und–völlig–unabhängig–von–meiner–Produktion. Die landläufig benutzte Abkürzung für diesen schrecklich verwinkelt philosophisch klingenden Gedanken lautet ganz einfach: Der Rasen ist da draußen. Punkt. Dass dort Photonen abprallen, die in den Augen Impulse auslösen, die wiederum im Gehirn zu komplexen Aktivierungsmustern führen, weiß ich zwar, und weil ich das weiß, kann ich so weit gehen zu sagen, dass der Rasen „eigentlich" gar nicht grün ist. Wenn ich dies jedoch so sage, lasse ich einen Teil meiner Produktion weg. Ich produziere ja nicht nur die Empfindung *grün*, sondern auch das Phänomen *mir gegenüberstehende und von mir völlig unabhängige Realität.*

Dabei hilft auch der Tastsinn mit, und nicht nur der. Wenn ich mit der Hand über das Gras streiche, sehe und spüre ich den Rasen und vielleicht raschelt er auch leise in meinen Ohren. Wenn er gerade gemäht ist, riecht dann das Ganze auch noch wunderbar und in mir entsteht der Gesamteindruck von Gras. Wer sich schon einmal auf einer Wiese im Sommer herumgewälzt hat, der weiß, wovon ich rede (und wer das Vergnügen noch nicht hatte, dem sei es wärmstens empfohlen)!

Der Zusammenhang von erlebenden, vernunftbegabten Menschen einerseits und der erlebten Welt andererseits ist seit einigen Jahrtausenden Gegenstand des Denkens in den verschiedensten Kulturen. Beginnt man erst einmal, über solche Fragen nachzudenken, lassen sie einen zeitlebens nicht mehr los, es sei denn, man beschließt, sich ihnen einfach nicht mehr zuzuwenden. Es soll wirklich Menschen geben, die das tun ...

Dabei gibt es eigentlich nichts Spannenderes! Betrachten wir ein Beispiel: Wir können zusammen eine Rose betrachten und ich kann mich dann fragen, ob ich die gleichen Farben sehe. Klar, wir sehen beide, dass die Rose rot ist, sofern sie rot ist, aber sehen wir wirklich das gleiche Rot? Diese Frage hat, wie nicht wenige solcher Fragen, einen empirischen und einen nichtempirischen Teil. Menschen unterscheiden sich in ihrer Farbwahrnehmung und manche Farbschattierungen sehen für den einen Menschen anders aus als für den anderen. Dies kann man dadurch experimentell untersuchen, dass man Farben auf zwei Arten darbietet. Einmal als reine Wellenlänge und ein anderes Mal als weißes Licht, dem bestimmte Wellenlängen (die der Gegenfarbe) fehlen. Aufgrund der Eigenart unseres Sehsystems sehen wir in beiden Fällen die gleiche Farbe, obwohl es sich physikalisch um etwas völlig anderes handelt. (Dies ist gar nichts Besonderes: Na-Cl ist ja auch etwas ganz anderes als Li-J, beides schmeckt aber gleich, nämlich nach Salz. Es ist eine Eigenart unseres Geschmackssinnes, dass nicht nur Na-Cl, sondern viele andere Salze auch nach Kochsalz schmecken. Es könnte auch anders sein.)

Man kann dann die beiden Wahrnehmungen der Farben vergleichen und findet, dass sich für manche Menschen die Farbe der einen Wellenlänge von der Farbe des Wellenlängengemisches unterscheidet, für andere jedoch nicht. Wir sind also beim Wahrnehmen von Farben im Kopf nicht genau gleich (vgl. hierzu Spitzer 2002c). Aber selbst dann, wenn wir auf diese Weise empirisch experimentell festgestellt haben, dass wir das Gleiche sehen, bleibt ein Zweifel zurück. Denn wir könnten ja sagen, dass wir das Gleiche sehen, aber dabei trotzdem völlig andere Empfindungen haben. Ja, der Farbkreis könnte um irgendeinen Winkel bis zu 180° verdreht sein und wir würden es praktisch nicht merken, denn wir sprächen weiter völlig übereinstimmend von den Farben. Wenn ich grün sehe, siehst du rot, aber sagst wie ich grün, weil es für dich schon immer so genannt wurde etc. Hier wird die Sache philosophisch und wer jetzt Blut geleckt hat und den Dingen weiter auf den Grund gehen will, der lese nach bei Aristoteles, Leibniz, Kant, Goethe, Husserl oder Wittgenstein.

Ganz anders liegt der Fall bei der Quadratwurzel aus der Zahl 2. Wer wollte bestreiten, dass wir Wurzel 2 denken? Wer denkt, der muss auch existieren. Wir müssen also existieren, damit Wurzel 2 überhaupt existieren kann.

Aber wenn ich Wurzel 2 denke, also diejenige Zahl, die mit sich selbst multipliziert die Zahl 2 ergibt, dann denke ich sie keineswegs beliebig. Ich denke sie vielmehr als genau die Zahl, die die genannte Bedingung erfüllt, die also in die Gleichung $x \cdot x = 2$ für x hineinpasst. Ich denke die Wurzel 2, aber keineswegs ist sie deswegen beliebig – im Gegenteil! Mein Denken ist so ausgelegt, dass es überhaupt nur Sinn macht zu sagen, dass ich Wurzel 2 denke, wenn ich wirklich diese Bedingung mitdenke. Wenn einer sagt – selbst ein Mathematiker mit ernster Miene – er dächte gerade Wurzel 2 und sie wäre größer als 3, grün und rieche ranzig, würden wir seine Worte ganz gewiss nicht als Erfahrungsbericht seines Denkens ansehen, sondern als unsinnige Behauptung, bestenfalls vielleicht als Scherz.

Obwohl Wurzel 2 also nur ist, wenn sie jemand denkt, ist sie keineswegs beliebig. Im Gegenteil, wenn wir sie denken, dann achten wir darauf, dass wir sie genauso denken, wie sie ist, auch unabhängig von unserem Denken. Wir bestimmen nicht, wie groß Wurzel 2 ist, wir können es herausfinden, entdecken, und zwar mit Hilfe mathematischer Verfahren, und können sie so auf beliebig viele Stellen nach dem Komma berechnen, wie es uns die zur Verfügung stehende Zeit oder Leistung des Computers erlaubt. Wir finden dabei nichts, wirklich gar nichts, was von unserem Denken abhängt.

Zwar geht es bei Wurzel 2 oder bei anderen Zahlen wie beispielsweise e oder π nur um das Denken, dennoch können wir Wurzel 2, e oder π nicht erfinden, sondern nur entdecken, ähnlich wie man einen neuen Kontinent entdeckt. Er ist ja auch schon da, unabhängig davon, ob wir ihn schon entdeckt haben oder nicht. Er wird nicht durch die Entdeckung erst erschaffen. Er wird eben nur entdeckt. Mit dem Kontinent ist es jedoch etwas leichter als mit der Wurzel aus 2, denn der Kontinent ist lokalisierbar, die Wurzel 2, e oder π nicht. Manche haben geglaubt, es gibt eine eigene Welt, die der mathematischen oder abstrakten Gegenstände. So, wie die Geographie die Wissenschaft von der zu entdeckenden Erde ist, die die Entdecker vorgefunden haben.

Zur Blütezeit der Geographie hatte es der Lehrer in den Schulen leicht: Spannender konnte es gar nicht zugehen. Jedes Jahr überschlugen sich die Berichte über irgendwelche neuen Gegenden der Erde, die von irgendwelchen Haudegen auf halsbrecherische Weise entdeckt wurden. Heute ist Geographie oft etwas verstaubt, obwohl es im Grunde nicht viel braucht, den Abenteuergedanken wieder zu erwecken und von den wahnsinnigen Geschichten der Entdecker und der von ihnen entdeckten Welten, Menschen und Lebensbedingungen zu erfahren. Wen interessiert es eigentlich nicht, wie die Eskimos leben, was im Amazonas geschieht oder wie man Diamanten aus der Erde herausholt und was der Reichtum für die entsprechenden Länder bedeutet?

Kehren wir zurück zu unserem systematischen Gedanken: Ich denke Wurzel 2 als eine Zahl, die von meinem Denken völlig unabhängig ist. Wurzel 2 existiert aber nirgendwo in der Welt. „Papa, ich habe gerade Wurzel 2 auf dem Rasen liegen sehen!" – „Dann räum' sie bitte in die Garage!" – dieser Dialog klingt mega-eigenartig, wie heute mancher gerne sagt.

Was eben für Wurzel 2 und vielleicht auch noch für e und π gesagt wurde, gilt für alle mathematischen Gegenstände. Sie sind, wie sie sind, durch unser Denken; wir produzieren sie, wenn wir mathematisch denken. Sie liegen nicht für sich irgendwo herum; aber sie sind auch unabhängig von unserem Denken und genauso werden sie von uns gedacht. Egal, wo und wann wir sie denken, denken wir π oder Wurzel 2 immer gleich groß. Wir haben keineswegs in der Hand, was wir denken, wenn wir Wurzel 2 denken. Das ist ja gerade das Wichtige an ihr. Auch kann sie jeder denken und kommt immer auf das Gleiche! Es ist eben genau wie mit dem Kontinent. Verschiedene Menschen können ihn entdecken, aber wenn sie offene Augen und Ohren haben und klar denken können, werden sie letztlich den gleichen Kontinent entdecken. Vielleicht wird ihr Bild etwas anders aussehen, genau wie der eine Mathematiker bei Wurzel 2 mit 1,4 zufrieden ist, der andere mit 1,415 noch lange nicht. Aber lassen wir diese Nuancen.

Knacken wir jetzt die vielleicht härteste Nuss! Was denken wir eigentlich, wenn wir Gott denken? Es geht nicht um so unzulängliche Bilder, die wir uns gelegentlich von Gott machen oder die wir in den Kirchen sehen, wie der alte weise Mann mit dem Rauschebart oder der arme Mann am Kreuz. Wer denkt schon, dass es wichtig ist, ob ich mir Wurzel 2 als „$\sqrt{2}$" oder als „Wurzel Zwei" oder als „the square root of two" denke? Die Bilder oder Töne sind völlig unwichtig!

Wenn es nicht um ein Bild geht, was aber denke ich dann?

Wer sich selbst denkt, sich als Mensch, der ist rasch bei Gedanken daran, dass er endlich ist, dass er also nicht alles kann, nicht alles erleben kann, nicht alles wissen kann, nicht immer gut und richtig handeln kann etc., und wenn er sich dies denkt, dann denkt er eben auch den Gegenbegriff mit: Wenn ich sage, die Linie ist gerade, dann muss ich wissen, was es bedeutete, wenn sie krumm wäre. Ich verstehe die Bedeutung von „gerade" nur, wenn ich auch verstanden habe, was „krumm" ist. Nicht anders geht es mir mit der Bedeutung von „hell", „frei", „gut" oder jeder anderen Bestimmung. Ohne den Gegenbegriff habe ich gar nichts bestimmt. Bestimmen heißt gerade, von Etwas etwas Bestimmtes auszusagen und damit auch zu sagen, dass es etwas bestimmtes Anderes nicht ist. Ohne Gegenbegriff wird überhaupt nichts bestimmt.

„Diese Lampe ist babig" sagt uns wenig, wenn wir nicht wissen, wie die Lampe ist, wenn sie nicht babig ist. Nur wenn ich beides weiß, weiß ich auch, was ich meine. Allgemein gilt: Wenn ich etwas von etwas aussage, dann stelle ich es auf eine Seite einer bestimmten begrifflichen Grenze, ansonsten sage ich nichts. Wenn ich sage, der Wein ist sauer, dann kann ich mir eine Linie vorstellen, jenseits derer die sauren und diesseits derer die süßen Weine stehen. Seit Aristoteles ist geklärt, dass jede sinnvolle Aussage prinzipiell so funktioniert (vgl. Tugendhat & Wolf 1983).

Wenn ich mir nun über mich selbst Gedanken mache und auf das Prinzip stoße, dass ich als Mensch endlich bin, habe ich das Unendliche auch schon mitgedacht. Ich kann gar nicht von Endlichkeit sprechen, ohne um den Gegenbegriff, Unendlichkeit, auch zu denken (sonst wüsste ich ja gar nicht, was ich da über mich erkannt habe!). Kurz, wenn ich mir meine Endlichkeit klar mache, habe ich das Unendliche schon mitgedacht. In ähnlicher Weise komme ich auf das wirklich Gute, das wirklich Schöne, das Barmherzige, das Versöhnende und vieles andere mehr. All dies denke ich vielleicht, wenn ich mich denke – auch und gerade dann, wenn ich es *nicht* schaffe, tatsächlich so zu sein!

Als *Ziel* kann ich mir dies aber alles denken, als Ziel, das mir eine Richtung vorgibt. Der Gedanke an Wurzel 2 schließt den Gedanken mit ein, dass ich nie fertig werde, wenn ich einen bestimmten Zahlenwert wirklich denken will. Ich kann zwar bei 1,4 aufhören, weiß aber, dass ich dann sehr schlecht gedacht habe. Ich kann aber auch weitermachen. Der Gedanke bestimmt die Richtung, nicht ich.

Genauso wenig beliebig wie Wurzel 2 sind die eben genannten Inhalte. Im Gegenteil, wenn ich mit meiner Selbstbesinnung ernst mache, dann sind sie gerade nicht beliebig, denn sonst könnten sie zu meiner ernsthaften Selbstbestimmung wenig beitragen. Sobald ich also über Gras und die Welt nachdenke, komme ich dazu, Grün als etwas zu projizieren, das gerade nicht die Struktur der Projektion hat. Denke ich an Wurzel 2, so denke ich etwas, das zwar überhaupt nur existiert, wenn es gedacht wird (sonst läge es ja vielleicht doch auf dem Rasen herum!), aber gleichzeitig denke ich auch, dass es genauso existiert, wie es ist, ob ich es denke oder nicht. Wurzel 2 wird also von mir nicht erfunden, sondern nur – wie etwa ein fernes Land – entdeckt.

Und Gott?

Man hört oft das Folgende: „Wenn ich an Gott denke, dann spricht er auch zu mir. – Er ist allwissend und allmächtig. Seine Liebe zu mir ist unendlich. – Wenn wir uns ein Bild von ihm machen, liegen wir schon falsch. – Wenn es ihn gibt, ist er im Bauch."

Vor dem Hintergrund unserer Gedanken zum grünen Gras und zur Wurzel aus 2 werden diese (und viele andere) Gedanken zu Gott, die man überall in den Köpfen bzw. Aussagen der Menschen finden kann, vielleicht etwas klarer. Zumindest kann man sie vielleicht ordnen, sortieren und ihre scheinbar vollkommene Heterogenität (man könnte auch sagen, das Chaos, das sich meist einstellt, wenn wir über Gott nachdenken oder sprechen) besser verstehen.

Wenn wir uns selbst denken, als endlich, unvollkommen, zeitlich und vergänglich, so müssen wir diese Begriffe auch übersteigen und die Gegenbegriffe denken, das Jenseits der Linie. Es geht damit zugleich auch um Unendlichkeit, Güte und Sterblichkeit. Und wenn wir uns zuweilen klein, hässlich, verlogen und unversöhnlich vorkommen, so müssen wir dennoch auch Größe, Schönheit, Wahrheit und Versöhnung mitdenken. Unsere *Hoffnung* auf eine bessere Zukunft kann uns dann vielleicht sogar dazu veranlassen, diesen Gedanken mehr Raum zu geben. Unsere *Sehnsucht* nach Erfüllung und Frieden, nach einem Lächeln, nach Aufgehobensein, kann uns leiten bei der *Suche* nach Gedanken, die wir auch nur entdecken und nicht erfinden können. Jeder kommt darauf, denkt er nur klar und lange genug über sich selbst nach.

23 Lebensinhalte

Lernen findet keineswegs nur in der Schule statt. Bereits in der frühen Kindheit lernen wir, die Welt und die Dinge in ihr einzuteilen. Zunächst meint dabei „Wau wau" keineswegs den Bello oder Lumpi, sondern so etwas wie „Manifestation von fellhaftem Gewusel", die – so ganz nebenbei – bei ersten Begegnungen auch für Katzen verwendet wird. Später werden die Kategorien dann feiner. Vier Monate alte Säuglinge können beispielsweise verschiedene Hauskatzen in einer Kategorie zusammenfassen, zu der allerdings weibliche Löwen auch gehören, Tiger und Pferde jedoch nicht. Mit sieben Monaten können die Kinder dann gut genug sehen und das Gesehene kategorisieren, sodass Löwinnen und Hauskatzen nicht mehr verwechselt werden (Eimas & Quinn 1994).

Wir haben in den vergangenen Kapiteln immer wieder gesehen: Gehirne sind darauf spezialisiert, das Allgemeine aus den Signalen der Umgebung zu extrahieren. Sie tun dies, auch ohne dass wir dieses Allgemeine *als solches* lernen. Im Gegenteil. Meist lernen wir Allgemeines, ohne es als solches explizit zu wissen. Wichtig ist jedoch eines: Das Allgemeine, das wir gelernt haben, ist abhängig von den Erfahrungen, die wir in der Welt machen. Dies wiederum mahnt zur Verantwortung, denn ganz offensichtlich sind wir für einen großen Teil dessen, womit wir uns täglich beschäftigen, selbst verantwortlich. Unsere Verantwortung bezieht sich aber vor allem auch auf unsere Kinder, denn für deren Erfahrungen sind nicht sie selbst verantwortlich, sondern zum größten Teil wir Erwachsene. Dass wir dieser Verantwortung nicht immer nachkommen, zeigt das folgende kürzlich in der Zeitschrift *Science* publizierte Beispiel.

Pokémon oder Naturschutz

Andrew Balmford und Mitarbeiter von der Abteilung für Zoologie der Universität Cambridge wollten wissen, was Kinder verschiedenen Alters über die Tierwelt wissen. Um dies ganz einfach zu messen, verwendeten sie jeweils zehn von insgesamt 100 Karten mit Bildern bekannter Tiere oder Pflanzen, die benannt werden mussten. Als Vergleich wurden jeweils zehn von 100 (der insgesamt 150) bekannten Pokémon-Bilder gezeigt, deren Charaktere ebenfalls zu benennen waren. Die Auswahl der Bilder war zufällig, die Reihenfolge randomisiert.

An der Studie nahmen 109 Kinder im Alter von vier bis elf Jahren teil. Bis zum Alter von sieben Jahren wurden die Kinder gefragt, wohingegen die älteren Kinder ihre Antworten schriftlich gaben. Man achtete bei der Auswertung darauf, dass die Sache nicht zu schwer wurde: Im Hinblick auf die natürlichen Spezies genügte es beispielsweise, wenn ein Käfer als Käfer identifiziert wurde, die genaue Art war also nicht zu nennen.

Die 4jährigen erkannten im Mittel 32 % der Tiere und Pflanzen. Mit zunehmendem Alter wurde dann mehr identifiziert, sodass die 8jährigen bei 53 % Richtigen lagen. Danach nahm die Leistung eigenartigerweise wieder leicht ab (vgl. Abb. 23.1).

Dramatisch waren die Effekte bei der Identifizierung der Pokémon-Charaktere: Während die 4jährigen 7 % richtig erkannten, lagen die 8jährigen bei 78 % Richtigen. Ab diesem Alter waren die Kinder insgesamt bei den Pokémon signifikant besser als bei den natürlichen Arten.

Diese Studie zeigt sehr deutlich, dass Kinder im Grundschulalter in der Lage sind, sehr rasch sehr viel über ihre Umwelt zu lernen: Knapp 80 Prozent von 150 verschiedenen synthetischen Arten zu erkennen ist eine ordentliche Leistung. Die Frage ist nur: Wollen wir, dass die Gehirne unserer Kinder mit derartigem Müll gefüllt werden?

Die Autoren jedenfalls kommentieren ihre Ergebnisse wie folgt:

„Naturschützern gelingt es offensichtlich in geringerem Maße als den Schöpfern der Pokémon, das Interesse an ihren Gegenständen zu wecken: In ihren Grundschuljahren lernen die Kinder weit mehr

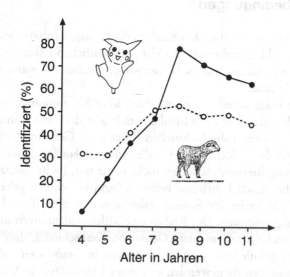

23.1 Abhängigkeit der Anzahl korrekt identifizierter Bilder (in Prozent) von Poké-mon-Figuren (schwarze Kreise und durchgezogene Linie; das dargestellte Bei-spiel zeigt Pikachu, persönliche Mitteilung meiner Söhne) und natürlichen Tieren und Pflanzen (weiße Kreise und gestrichelte Linie). Mit acht Jahren kennen die Kinder deutlich mehr künstliche Pokémon-Figuren als natürliche Tiere und Pflan-zen (nach Balmford et al. 2002).

über Pokémon als über die Pflanzen und Tiere der Natur. Beim Ein-tritt in die weiterführenden Schulen können sie weniger als die Hälfte häufiger Arten benennen. Wir wissen aus anderen Untersu-chungen, dass der Verlust des Wissens über die Natur zu einer wachsenden Entfremdung von ihr führt. Die Menschen sorgen sich um das, was sie kennen. Bei einem Anstieg der in Städten lebenden Weltbevölkerung um 160.000 Menschen täglich ist es erforderlich, dass Naturschützer die Verbindung der Kinder zur Natur wieder-herstellen. Nur so können die Herzen und der Verstand der nächsten Generation gewonnen werden." (Balmford et al. 2002, S. 2367)

Lebensbedingungen

Wie bringen wir es fertig, den Kindern die richtigen Inhalte beizubringen? – Diese Frage stellt sich hier klar und deutlich. Sie setzt jedoch voraus, dass wir uns auf Inhalte bereits geeinigt haben. Was also sind die richtigen Inhalte?

Diese Frage scheint in einem Buch über Neurobiologie und Lernen fehlplatziert. „Über die Inhalte entscheidet doch der Kultusminister als Repräsentant des kulturellen Erbes einer Gemeinschaft", wird man einwenden. „Richtig", wird die Antwort lauten, „aber faktisch wird Bildung hierzulande längst nicht mehr nur, nicht einmal in der Hauptsache, durch Lehrpläne bestimmt und in Schulen gelebt." Die Zeit, die Kinder in der Schule verbringen, hat über die Jahrzehnte deutlich abgenommen. Der Rest ist eine Milchmädchenrechnung. Hat man sich erst einmal von dem Gedanken verabschiedet, dass das Gehirn in der Schule lernt und in der Freizeit im Stand-by-Modus operiert; ist also, positiv gewendet, erst einmal klar, dass das Gehirn gar nicht anders kann, als dauernd zu lernen, dann ist ebenso klar, dass gelernt wird, womit Zeit verbracht wird.

Nicht nur die Zeit in der Schule, auch die Zeit mit den Eltern zu Hause in der Familie hat deutlich abgenommen. Es geht hier nicht darum, die „guten alten Zeiten" heraufzubeschwören oder gar „die Frauen wieder an den Herd" zu bringen. Vielmehr geht es darum, sich zu verdeutlichen, dass sich die Lebensbedingungen der Kinder *und damit ihre Lernbedingungen* in den vergangenen Jahren sehr stark verändert haben. Um es noch einmal zu sagen (vgl. Kap. 20): Es wäre ein Fehler, allein die Schulen (und aus meiner Sicht sogar: vor allem die Schulen) für das ungünstige Abschneiden deutscher Schüler im internationalen Vergleich verantwortlich zu machen.

Inhalte werden heute vor allem in der Peergroup (der „Clique") und durch die Medien vorgegeben, denn es sind diese Institutionen, in bzw. mit denen Kinder und Heranwachsende gegenwärtig den größten Teil ihres bewussten Lebens verbringen. Das Ergebnis der eingangs beschriebenen Untersuchung zu Pokémon und wirklichen Tieren ist hier nur ein vergleichsweise harmloses Beispiel. *Star Wars* kennt jeder, auch die „Geschichte", die „Charaktere" und die „Hintergründe", das „Making of" etc. Was aber wirklich und nahezu vor der Haustür an Krieg geschieht, ist wenig bekannt. Ich würde jede Wette eingehen, dass man eine ähnliche Untersuchung wie die oben beschriebene auch zum Jugoslawien-Konflikt und zu Afghanistan machen könnte, beispielsweise im Vergleich zu Star Wars, Episode I und II. Die Ergebnisse wären nicht weniger niederschmetternd!

Angesichts dieser Situation ist es schon nahezu lächerlich, wenn darüber diskutiert wird, welche Literatur in der neunten Klasse gelesen werden soll. Insbesondere dann, wenn man zudem bedenkt, dass acht bis zehn Prozent des ohnehin schon geringen Unterrichts ausfallen und mehr als ein Drittel der Jungen sowieso nicht lesen mögen, also nur dann lesen, wenn sie unbedingt müssen (vgl. die Kap. 13 und 20).

Halten wir fest: Wenn es um das Lernen geht und wenn wir das Lernen verbessern wollen, dann folgt aus der Tatsache, dass das Gehirn *immer* lernt, eines: Es sind die Lebensbedingungen insgesamt und nicht die Lehrpläne, die festlegen, was gelernt wird.

Wenn wir unseren Kindern sagen: „Mach' Deine Hausaufgaben!", „Iss Deinen Teller leer!", „Kipple nicht mit dem Stuhl!", „Rede nicht immer dazwischen!", „Sei doch mal vernünftig!" etc., dann wird das Kind lernen, dass es jemanden vor sich hat, der immer mit tatsächlich oder stimmlich erhobenem Zeigefinger mit ihm schimpft. Der Rest, also der propositionale Gehalt der Einzelaussagen, wird zum einen Ohr hinein- und zum anderen wieder herausgehen. Gelernt wird, wie schon vielfach betont, das Allgemeine. Was dieses Allgemeine gerade ist, auf welcher inhaltlichen Ebene also gelernt wird, legt nicht der Sprecher (oder dessen Absicht) fest, sondern der Zustand des Hörers. Ein Lehrer mag also durchaus die besten Absichten haben und dennoch einigen seiner Schüler zu einem bestimmten Zeitpunkt nichts weiter beibringen als „Latein ist schwierig". Wenn die Schüler dies dann gelernt haben und sich entsprechend verhalten, liegt das nicht an den Lehrplänen und vielleicht nicht einmal am Lehrer, sondern daran, dass die Schüler frustriert sind, dann zu oft und zu lange abends weggehen, sich am anderen Tag im Unterricht nicht konzentrieren können und daher die entsprechenden Erfahrungen machen.

Man könnte hier noch sehr viel mehr Details anführen (vgl. auch die Kap. 16 bis 19). Wichtig ist jedoch zunächst für die Diskussion um Bildung, dass klar sein muss, worum es beim Thema Bildung geht. Es geht *nicht* um das Festlegen von Inhalten, die zu vermitteln sind. Es geht vielmehr um die Schaffung von Lebensbedingungen, unter denen das Richtige überhaupt erst gelernt werden kann.

Welche Inhalte?

Nehmen wir an, wir hätten diese Lebensbedingungen. Was sollte dann gelernt werden? – „Wie man eine PowerPoint-Präsentation macht, als wesentliche metakognitive Kompetenz", werden die einen sagen. „Um Gottes willen", kommentieren die anderen.

Halten wir zunächst also einmal fest, dass es gar nicht so leicht ist, die zu lernenden Inhalte festzulegen. Die andauernden Diskussionen etwa um die Inhalte „Evolution" im Biologieunterricht (in den USA) oder „Islam" im Religionsunterricht (keineswegs nur hierzulande) sind nur die Spitze des Eisbergs. Darunter liegt der Prioritätenstreit zwischen „*back to the basics*" versus „anwendungsortientiertes Wissen" und dazu wiederum quer sind die Kontroversen über „Physik, Chemie und Biologie" versus „Naturphänomene" oder über „Englisch in der Grundschule", die „Ganzheitsmethode" in Deutsch oder die „Mengenlehre" in der Mathematik.

Schon einmal habe ich Hartmut von Hentig dahingehend zitiert, dass wir ja gar nicht wissen, was ein Mensch im Jahr 2030 oder gar 2050 wissen und können muss, um sein Leben zu bewältigen. Wir sollten uns daher bei Diskussionen um Inhalte weniger an den Forderungen von Interessengruppen orientieren als vielmehr an den Interessen und Bedürfnissen der jungen Menschen.

Strukturen ...

Mit das Schlimmste, was einem jungen Menschen passieren kann, ist das Fehlen von Struktur. Wenn Repräsentationen durch Strukturen in der Erfahrung entstehen, dann folgt, dass bei wenig äußerer Struktur eine innere gar nicht entstehen kann. Dies mag ein Grund dafür sein, dass kleine Kinder – mitunter wörtlich – nach Struktur geradezu schreien.

Da wir nie genau wissen und meist gar nicht wissen können, was ein Kind gerade lernt, d.h. auf welcher Abstraktionsebene sein Gehirn gerade allgemeine Strukturen aus dem Gewühl der Sinne extrahiert, muss man eine *möglichst große Varianz* für das Kind fordern. Einseitigkeit der Erfahrung wird Einseitigkeit des Denkens produzieren.

... Geschichten ...

Nicht Fakten, sondern Geschichten treiben uns um, lassen uns aufhorchen, betreffen uns und gehen uns nicht mehr aus dem Sinn. Wir vergessen gerne, dass wir viel mehr von Geschichten bestimmt sind, als wir wahrhaben wollen. Bei Diskussionen um beispielsweise die Atomkraft, das Internet, die Gentechnik oder die Stammzellforschung geht es nicht selten gar nicht um Fakten, sondern um Frankenstein oder George Orwells 1984, also um Utopie und Fiktionen von fehlgehender Wissenschaft bzw. kranken Wissenschaftlern. Ganz gleich, ob wir es wollen oder nicht, ob wir es merken oder nicht und ob wir es so für richtig halten oder nicht: Es ist ein Faktum, dass Menschen so funktionieren. Geschichten, nicht Fakten, machen und gehen uns an. Warum gäbe es sonst Märchen? Warum handelt Buch, Funk und Fernsehen überwiegend von Fiktion?

Wissenschaftliches Denken scheint dem zunächst diametral entgegengesetzt zu sein: Der Wissenschaftler kümmert sich um – vermeintlich „blutleere" – Fakten, seine Welt sind – vermeintlich „abstrakte" – Formeln, und die Früchte seiner Arbeit sind – vermeintlich „wertfreie" – Zahlen und Modelle. Wer jemals selbst wissenschaftlich tätig war, der weiß, dass dies nicht so ist: Den Wissenschaftler treibt etwas um, er ist einer Sache hinterher, er verfolgt eine Idee, die ihm vielleicht unter der Dusche, in der Sauna oder beim Plaudern mit Kollegen bei einem Kaffee oder einem Bier einfiel. Er ist neugierig, will es genau wissen, geht den Dingen auf den Grund und verfolgt den Menschen zurück zu Adam und Eva (für Beispiele solcher Wissenschaftler vgl. Schrenk & Bromage 2002; Sykes 2001). Wissenschaftler sind wie Kinder (und Kinder wie Wissenschaftler; vgl. Gopnik et al. 1999), sie stellen Fragen und geben sich mit einfachen, billigen Antworten nicht zufrieden.

... Metaphern ...

Metaphern sind Strukturen in unserem Langzeitgedächtnis, die uns beim Zurechtfinden in der Welt helfen. Manchmal kommt es vor, dass wir Erfahrungen machen, die anders sind als all das, was wir schon kennen. In diesen Fällen kann es hilfreich sein, ein ganzes Schema oder gleich mehrere, auf einen neuen, ganz anderen Sachverhalt anzuwenden. Mein Lieblingsbeispiel hierfür ist der Automechaniker, der sich zum ersten Mal verliebt (Lakoff 1983, zit. in Emanatian 1995). Die Sache kommt nicht richtig in Gang, trottet zunächst stotternd und unrund, später dann vielleicht läuft es heiß oder überhitzt gar. Eine Liebschaft ist sicherlich etwas anderes als ein Motor, aber die Vorerfahrung mit dem Motor liefert eine Struktur zum Zurechtfinden in der gänzlich neuen Situation, *die immer noch besser ist als gar keine Struktur!* Gewiss, mit der Zeit wird der Mechaniker beziehungsspezifische Erfahrungen machen und seine Motormetaphorik wird (so hoffen wir für ihn) einer subtileren Betrachtungs- und Zugangsweise weichen. Aber zunächst jedenfalls war bereits vorhandene Erfahrung wichtig für das Strukturieren von Neuem und Unbekanntem.

Wann immer wir uns so verhalten wie der gerade karikierte Automechaniker, wenden wir Metaphern an. Eine Metapher ist letztlich ein Verhältnis zweier Strukturen. Wir sagen, dass eine Metapher gut „passt", und meinen damit strukturelle Entsprechungen zwischen

Sachverhalten. Bereits vorhandene allgemeine Strukturen werden verwendet, um neue Sachverhalte zu begreifen. Man kann annehmen, dass Kinder bestimmte Sachverhalte und Strukturen sehr bald lernen und zur Strukturierung anderer, neuer Erfahrungen verwenden. Solche im Laufe der kindlichen Entwicklung recht früh erworbenen Strukturen beziehen sich unter anderem auf die körperliche Welt um uns (Physik) und unseren eigenen Körper (Physiologie). Beides ist uns sozusagen in die Wiege gelegt. Später entwickeln wir uns unsere je eigene Metaphorik.

... und Mythen

Im vorangehenden Kapitel wurde deutlich, dass unsere Lern- und Lebensgeschichten in größere Zusammenhänge eingebettet sind. Mythen drücken Emotionen aus, sagen uns, was wichtig ist und was nicht, stellen somit Bewertungen und Werte dar. Sie zeigen Konflikte, unlösbare Probleme und die ganze Spielbreite unserer Möglichkeiten, mit so etwas umzugehen.

Kinder fragen unermüdlich, wo wir herkommen, ob das Weltall aufhört (und wenn ja, was dahinter ist, bzw. wenn nein, wie man sich das vorstellen soll), wie es angefangen hat, was nach dem Tode ist und wie alles früher war. Behalten wir diese Neugier. Letztlich treibt sie auch uns um, die wir glauben, wir hätten uns solche Fragen mit Blick auf den Einkaufszettel, die Steuererklärung oder die Hypothek abgewöhnt.

Natur ...

Menschen sind unter bestimmten Bedingungen entstanden, und ob wir es wollen oder nicht, haben viele unserer besten und schlechtesten Eigenschaften zumindest teilweise genetische Ursachen. Selbst unsere Kultur, d.h. die Art, unser Gemeinschaftsleben (von der Nahrungsaufnahme über die Besitzverhältnisse bis hin zur Fortpflanzung und Aufzucht der Nachkommen) zu strukturieren, lässt sich als adaptive

Antwort auf bestimmte Randbedingungen der Umwelt und unseres Körpers verstehen. Sogar solche scheinbar rein kulturellen Aktivitäten wie das Musizieren haben dicke Wurzeln in unserer Biologie (Spitzer 2002).

... und Kultur

Welche Sprache zu unserer Muttersprache wird, wie wir uns grüßen, dem anderen Respekt zollen (oder auch nicht), was für uns als Nahrung in Frage kommt (und was nicht) und wie wir diese zu uns nehmen – all dies und noch viel mehr ist Kultur, und durch sie werden wir in hohem Maße bestimmt.

Wenn heute von Kultur die Rede ist, so geschieht dies oft im Zusammenhang mit Kunst und Theater, Musik und Architektur, Malerei und Belletristik. Wir lesen in der Zeitung, hören im Radio oder sehen in den Nachrichten, dass Kulturdezernenten ein Museum finanzieren oder ein Opernhaus eröffnen. Dadurch bekommt Kultur für uns eine eigenartige Bedeutung. „Ich mag keine Kultur", sagt der Besucher eines Schnellrestaurants mit dröhnender portabler Stereoanlage auf der Schulter und Löchern in der Hose, den Ohren oder sonst wo. Er könnte auch sagen, „ich mag nicht atmen" oder „ich mag nicht sprechen", dies wäre ebenso sinnvoll, oder besser gesagt: ebenso sinnlos. Wer spricht, der hat schon geatmet und kann es daher ebensowenig ablehnen wie das Sprechen selber. Und wer sich als Mensch zu anderen irgendwie verhält, der lebt schon Kultur. Das Schnellrestaurant ist Bestandteil unserer Esskultur, es prägt unser Essen viel mehr als Meisterköche und Fünf-Sterne-Restaurants. Was bekannte Köche an diesen Orten für die dort speisenden Menschen an Esskultur produzieren, entspricht dem Beitrag unserer Opernhäuser und Theater für die Art, wie wir tagtäglich sprechen. Wer am Kiosk speist, der hat auch eine Esskultur, und wer seine Freizeit nicht im Museum, Theater oder Musikhaus verbringt, der hat und der trägt auch eine Kultur.

Durch die eigenartige Repräsentation von Kultur in der Politik und den Medien ist es zu erklären, dass viele Menschen gar nicht wissen, was Kultur eigentlich ist. Entsprechend halten viele Kultur für unwichtig. Dieser Meinung kann man im Grunde nur sein, wenn man Kultur so „eng" bzw. einseitig versteht, wie eben gerade dargestellt.

Kultur ist das, was neben der Biologie unser Leben (und das ist vor allem unser Zusammenleben) bestimmt. Kulturlos kann man daher gar nicht sein. Man kann natürlich bestimmte kulturell geprägte Formen oder Inhalte ablehnen, unterschreibt aber bereits mit der Ablehnung andere. Man befindet sich also *immer* in einer Kultur.

Kultur wird gelernt, vor allem von uns nahe stehenden Menschen.

Fremdbestimmung ...

Der eigentliche Lehrmeister aller Menschen ist das Leben selbst. Wer als Kind Pech hat und von seinen Eltern keine guten Manieren beigebracht bekommt, der eckt als Heranwachsender oder junger Erwachsener bei der Freundin oder am Arbeitsplatz an. Dies ist viel schlimmer als die Zurechtweisung als Kind während des sonntäglichen Mittagstischs, hat aber dafür manchmal (trotz der bereits geringeren Plastizität des Gehirns des Lernenden) einen nachhaltigeren Effekt: Wer sich in Anwesenheit von Schwiegermutter oder Chef nicht zu benehmen weiß, den bestraft das Leben.

... und Selbstbestimmung

Von der Wiege bis zur Bahre machen wir Erfahrungen, die sich in unseren Gehirnen niederschlagen. Welche dies sind, bestimmen wir zunächst gar nicht und auch später nur zu einem geringen Teil selbst. Die Inhalte, die wir im Laufe des Lebens lernen, werden uns vielmehr vom Leben diktiert, sie werden bestimmt von unserem Umgang mit der Welt. Diese Welt wiederum ist ein Gemisch aus den Gegebenheiten der Natur und den als Kultur sich niederschlagenden Lebensbedingungen und der Geschichte der jeweiligen Lebensgemeinschaft. Die Umwelt des Kindes sind vor allem dessen Eltern, Geschwister und Freunde. Ab einem gewissen Alter suchen wir uns selbst unsere Lebensbedingungen zumindest teilweise aus und gestalten sie mit. Wir haben die Inhalte also zumindest teilweise in der Hand.

Postskript: Pisa

Zu den bekanntesten Anekdoten der Wissenschaftsgeschichte gehört die von Galileo Galilei und dem Schiefen Turm von Pisa. Um das Jahr 1590 kletterte der italienische Gelehrte auf den berühmten Turm und ließ zwei Objekte verschiedenen Gewichts fallen. Er wollte die Theorie der Bewegung von Aristoteles widerlegen. Dieser hatte behauptet, dass die Geschwindigkeit fallender Objekte zu ihrem Gewicht proportional sei. Indem Galileo zwei unterschiedlich schwere Steine zugleich fallen ließ und zeigte, dass sie gleichzeitig unten ankamen, machte er deutlich, dass Aristoteles in der Tat falsch lag.

Von Isaac Newton wird erzählt, dass er unter einem Apfelbaum saß, als einer der Früchte herunterfiel. Da wurde ihm klar, dass es eine Gesetzmäßigkeit gibt, die dafür sorgt, dass der Apfel zur Erde fällt und die sich ganz einfach mit $s = g/2 \cdot t^2$ beschreiben lässt.

Um mein Lieblingsbeispiel (Spitzer 1996, S. 1f) zu erwähnen: Wer sich für die Effekte der Schwerkraft interessiert, der muss zunächst einmal von der Farbe und Form fallender Körper absehen, ebenso von der Luft um uns herum. Nur dann ist es möglich, zum allgemeinen Fallgesetz (Weg = halbe Erdbeschleunigung mal dem Quadrat der Zeit) vorzudringen. Man wird damit praktisch von jedem auf der Erde in der freien Natur beobachtbaren tatsächlichen *Fall* abstrahieren und die Verhältnisse damit erheblich vereinfachen. Das Fallenlassen von Bleikugeln vom Schiefen Turm von Pisa war daher vor mehreren hundert Jahren eine gute Idee. Genaue Messungen und deren mathematische Interpretation ergaben das Fallgesetz, ein Naturgesetz, das fallende Gegenstände beschreibt. Es sagt nichts über Farbe oder Form des fallenden Gegenstandes und nichts über die Wirkung des Luftwiderstandes.

Es gilt daher für reale Fälle in der luftigen Welt nur näherungsweise, ist aber zugleich so allgemein, dass man auch vorhersagen kann, was auf dem Mond geschieht.

Ist das Prinzip des Falls ohne Luftwiderstand aber erst einmal geklärt, so ist es möglich, unser Modell von der Welt unter Hinzuziehung weiterer Prinzipien zu verbessern. Neben dem Fallgesetz benötigt man zum Verstehen wirbelnder Blätter im Wind beispielsweise noch die recht komplizierte Strömungslehre, die wir aber heute immerhin so gut beherrschen, dass sogar die meisten Flugzeuge oben bleiben. Es wäre also falsch gewesen, angesichts eines Laubwaldes im Herbstwind den Versuch, zu verstehen, wie die Blätter umgetrieben werden, vorschnell aufzugeben.

Eine Fliege, die in einen Brunnen fällt, segelt hinunter. Auch eine Maus fällt so langsam, dass sie sich nach dem Aufprall leicht schüttelt und weiter läuft. Eine Katze bricht sich vielleicht das Bein, der Mensch das Genick und ist tot. Ein Pferd jedoch ist nach dem Absturz in einen tiefen Brunnen nicht nur tot, sondern als solches nicht mehr zu erkennen. Aristoteles hatte also irgendwie auch nicht ganz Unrecht.

Erst die Erkenntnis der verschiedenen Gesetze, die bei einem fallenden Gegenstand hier auf der Erde und durch die Luft im Spiel sind, macht die Phänomene richtig deutlich und klärt alle Fälle richtig auf. Die Fälle im Brunnen zeigen, dass man sich durch die Erkenntnis nur eines einzigen Prinzips (Fallgesetz) nicht den Blick verstellen lassen darf für die Vielfalt der Phänomene. Gewiss, Phlogiston und den Äther brauchen wir nicht mehr. Es gab sie nie. Emotionen und Werte jedoch hatten wir immer und wir brauchen sie auch.

Man ist viel zu leicht geneigt zu sagen: „Das Wirbeln der Blätter im Wald werden wir wohl nie verstehen, ebenso wenig das Feuern der Neuronen im Gehirn." Gewiss, das prinzipielle Verständnis der Vorgänge setzt weder voraus, noch hat es zur Folge, dass ein Wissenschaftler tatsächlich die Flugbahn jedes einzelnen Blattes beschreiben kann oder je beschrieben hat, ganz zu schweigen von der Aktivität einzelner Neuronen. Ein Modell, das eine ganze Reihe von Gesetzen einschließt und damit der Wirklichkeit so nahe wie möglich kommt, erlaubt jedoch zumindest, dass wir *im Prinzip* wissen, wie diese Fälle vor sich gehen. Kein Mensch würde behaupten, dass uns dieser Sachverhalt vor philosophische oder gar unüberwindliche Probleme stellt: Ein Laubwald im Herbst bereitet uns keine erkenntnistheoretischen Alpträume. Unser Gehirn sollte es auch nicht tun.

24 Epilog: Terra II

Wir schreiben das Jahr 2018. Der Dritte Weltkrieg konnte zwar knapp verhindert werden, aber die Spuren von Gewalt und Terrorismus prägen das Leben der Menschen in Deutschland. Man geht abends nicht mehr auf die Straße, begann vor drei Jahren mit der Umzäunung von Gemeinden zu deren Schutz vor Gewaltverbrechen und hat Metalldetektoren in jeder Grundschule sowie in allen öffentlichen Gebäuden. „Sicherheit" ist noch vor der Biotechnologie und den Mobiltelefonen mit eingebautem digitalen Fernseher der größte ökonomische Wachstumsfaktor. Dabei ist die Welt eigentlich schöner geworden. Das Dosenpfand und die Ökosteuer greifen, bei sieben Euro pro Liter Benzin fährt jeder nur Kleinwagen und sowieso nur, wenn unbedingt notwendig. Die Luft selbst der Großstädte taugt daher wieder zum Atmen, in den sauberen Flüssen baden sich wohl fühlende Fische wie Menschen, und selbst Blei und Cadmium im Boden sind rückläufig.

Da geht plötzlich eine Entdeckung wie ein Lauffeuer um die Welt: Genau hinter der Sonne, von der Erde aus betrachtet, ist ein Planet entdeckt worden, so groß wie die Erde, im gleichen Abstand von der Sonne wie diese und offenbar auch belebt. Nachdem Funkkontakt hergestellt worden ist, tauscht man sich aus und findet, dass es dort Menschen gibt wie bei uns und überhaupt alles genau so ist wie hier. Man kann es kaum fassen. Eine zweite Erde, mit einer Kultur wie bei uns, Entwicklung wie bei uns und überhaupt in allem ein Spiegel von uns.

Um die Sache genau zu erkunden, wird von den Vereinten Nationen rasch ein Expeditionsprogramm verabschiedet und man schickt eine Gruppe von Wissenschaftlern mit einem umgebauten Space Shuttle zur Terra II, wie man den Planeten samt seiner Zivilisation bald nennt.

So treffen bald drei Wissenschaftler von der Erde – die Ärztin Erika, der Psychologe Emil und der Physiker Eduard – auf Terra II ein und treffen sich dort mit drei ihrer Kollegen aus Terra II, Thomas, Tanja und Tim. Die genauere Erkundung ergibt bald doch kleine, aber keineswegs unbedeutende Unterschiede zwischen Terra II und der Erde. Irgendwann haben andere Ansichten zu anderen politischen Entscheidungen und damit anderen Lebensverhältnissen geführt. Den *Club of Rome* hat es auf Terra II ebenso wenig gegeben wie die *grüne Bewegung*, und der ganze Planet ähnelt einer Müllhalde: Dreck, wo man hinschaut. Die Flüsse stinken und leuchten grünlich, die Luft ist bräunlich und kaum zu atmen. Weitere Unterschiede betreffen die Schulen, die Medizin und die Gesellschaft überhaupt.

Aber greifen wir nicht vor, und fangen wir lieber beim Anfang an. Erika hatte vom langen Flug Kopfweh. Sie fragte Thomas nach einem Medikament und musste im Verlauf der sich anschließenden Konversation bedeutsame Unterschiede in der Medizin zwischen der Erde und Terra II feststellen.

„Klar hab' ich was gegen Kopfweh", meinte Thomas. „Versuch's mal mit diesen Weidenrindenschnitzeln-forte; meist wird's bei Schmerzen dann besser."

„Hast du nicht einfach 'ne Aspirin ohne das Gehölz drumherum?", fragte Erika zurück.

„Was ist das?", fragte Thomas.

„Aspirin ist der Warenname auf der Erde. Vielleicht heißt das Zeug bei euch anders. Aber da doch die Naturwissenschaften von Erde und Terra II praktisch gleich sind, dachte ich, eure Warennamen seien es auch. Also, ich hätte gerne 500 mg Acetylsalicylsäure, manchmal auch ASS abgekürzt; das werdet ihr doch haben."

„Ich hab' keine Ahnung, wovon du sprichst", meinte Thomas frustriert. „Wir haben Benzoesäure, ein Konservierungsmittel, oder Ascorbinsäure, ein Antioxidationsmittel, das auch gut bei Schnupfen sein soll, aber Acetylsalicyl- oder so ähnlich ..."

„Ja, Acetylsalicylsäure. Kommt in der Weidenrinde vor; man kann die Rinde aber auch weglassen und den Stoff einfach so herstellen und am besten als Brause trinken. Besser für die Zähne als auf Holz herum-zukauen! Rinde – uh!", meinte Erika und tat angewidert. Aber ihr Kopf dröhnte.

„Also her mit der Rinde", meinte sie schließlich nach einer län-geren Pause.

Thomas brachte ein Schälchen mit Weidenrindenschnitzeln. „Am besten nicht drüber nachdenken und einfach runter mit einer Hand-voll damit. Ich kann auch einen Sud davon machen, aber das dauert ein paar Stunden."

Erika traute sich erst nicht richtig, aber die Kopfschmerzen waren wirklich recht heftig. Angeekelt nahm sie einen Schnitzel und musterte ihn genau. „Das sind die besten. Kommen aus China, wie so viele Arz-neien auf Terra II. Nimm nur, dann sind auch die Kopfschmerzen bald weg", sprach Thomas ihr Mut zu. Er war wirklich rührend. Da fackelte Erika nicht mehr lange, nahm eine Handvoll, würgte die Schnitzel mit einem großen Glas Wasser hinunter, schüttelte sich und begann schon allein wegen der ganzen Aktion, sich besser zu fühlen. „Das muss ja hel-fen, so scheußlich wie es schmeckt." – Tat es auch.

Nach 20 Minuten waren Erika und Thomas in eine äußerst ange-regte Diskussion über Medizin vertieft. Erikas Kopfweh war ver-schwunden, vielleicht auch vergessen, aber das ist im Grunde ja egal.

„Sag mal", wandte sich Erika an Thomas, „habt ihr eigentlich kei-ne richtigen Medikamente, ich meine, reine Substanzen mit nachge-wiesenem Wirkungsmechanismus und kontrollierten randomisierten Studien zum Wirksamkeitsnachweis?"

Thomas schaute Erika achselzuckend an. „Was meinst du? Nein, das gibt es hier nicht. Wir haben doch unsere Experten und die haben ihre Meinungen. Was brauchen wir da Studien?"

„Aber Menschen können sich irren und, äh und ..." – „Was?" – „Na ja, Meinungen sind eben bloß Meinungen. Ich meine ..." Erika merkte, dass sie sich konzentrieren musste, um die einfachsten Dinge der Welt eben auch klar und einfach zu erklären. „Also, Daten und Fakten sind doch besser als Meinungen, oder?"

„Ja, schon, aber die haben wir in der Medizin auf Terra II nicht ..."

Ein paar Kilometer weiter waren Emil und Tanja ins Gespräch vertieft.

„Sag mal, Tanja, warum ist bei euch eigentlich alles so verschmutzt? Es ist viel heißer hier als auf der Erde und so stickig und dreckig. Habt ihr denn keinen Klimaschutz? Keine Wissenschaftler, die euch sagen, wie man mit der Welt richtig umgeht?"

„Klar doch! Wir haben sogar eine eigene Wissenschaft von der Umweltlichkeit. Wir nennen sie Dadiktik."

„Wie bitte?", fragte Emil verdutzt.

„Nun ja, das Wort kommt einerseits daher, dass die Umwelt überall, d.h. da und da und auch noch da, vorkommt und auch verschmutzt. Man muss das einmal klar aussprechen (lat.: *dicere* = sagen); und die letzte Silbe macht aus dem ,da-sagen' eine Disziplin."

„Ihr habt eine beschreibende Wissenschaft, die sagt, wo's dreckig ist? Das glaub' ich nicht!" Emil war verblüfft und zugleich sehr skeptisch.

„Aber sicher!", erwiderte Tanja rasch. „Aber das Ganze ist ja viel mehr als das. Wir haben auch Theorien und sogar Metatheorien der Dadiktik. Weil die Natur viel zu kompliziert ist, um sie je zu begreifen, machen wir das einzig Sinnvolle: Wir schauen uns Einzelnes genau an und versuchen dann, dazu Theorien zu bilden."

Man ging in die Bibliothek. Emil konnte es kaum glauben. Da standen Regale voller Bücher mit Titeln wie:

– *Zur Taxonomie des Hier: Ansätze zu einer Metadadiktik.*
– *Metaökologische Kompetenz: der Schlüssel zum Erfolg.*
– *Reflexivität und Kontextuelle Dadiktik.*
– *Phlogiston: Über eine mögliche Ursache von Feuer und Flamme.*
– *Der Äther, ein ubiquitäres dadiktisches Metaphänomen*

„Aber das ist doch der Theorienfriedhof der Naturwissenschaften, noch dazu von vorvorgestern!", rief Emil entsetzt.

„Kann sein. Mit Naturwissenschaft beschäftigt sich die Dadiktik ja nicht. Es geht um die konkrete Lebenssituation von Mensch und Umwelt, nicht um Physik", erwiderte Tanja, die Emil nicht recht verstand. „Natürlich macht man hie und da Anleihen, das sind aber eher vage Analogien. Die Brücke zwischen der Physik und der Umwelt ist einfach zu weit."

Emil verstand nur Bahnhof. So versuchte er einen anderen, eher praktischen Weg des Verstehens: „Sag mal, Tanja, was machen eigentlich eure Professoren in diesem Fach?"

„Ich weiß es nicht genau. Die meisten haben ein Ferienhaus in der Toskana. Und du weißt ja: Die Semesterferien plus Weihnachten, Ostern und Pfingsten nebst ein paar Feier-, Brücken- und Krankheitstagen machen gut das halbe Jahr aus ..."

„Müssen die denn nicht zumindest gelegentlich in die reale Welt, also in Betriebe, Bergwerke, Wälder etc., um zu sehen, was dort vor sich geht?" Emil war langsam genervt.

„Sie machen zu Beginn ihrer Ausbildung ein Praktikum, manche arbeiten sogar für ein paar Monate, in einer Baumschule zum Beispiel."

„Dann entdecken sie ihre Liebe zur Dadiktik und spinnen Theorien. Ja und? Sammeln die keine Fakten? Machen die keine Experimente? Keine empirischen Überprüfungen ihrer Ideen? Da kann ja jeder sich was zusammenreimen und als Wissenschaft verkaufen!"

Tanja sah Emil verständnislos an und der wiederum schüttelte nur schweigend den Kopf.

„Wie kann es nur sein, dass bei euch die Dadiktik so weit von der Physik, Chemie und Biologie entfernt ist?"

„Nun, gibt es denn bei euch die Trennung zwischen Natur- und Geisteswissenschaften nicht?"

„Doch, ja schon, aber was hat das damit zu tun?"

„Nun ja, Dadiktik gehört ganz klar zu den Geisteswissenschaften, es geht um Besinnung, Kontexte, Reflexivität, soziale Bezüge etc. Und weil die Natur- und Geisteswissenschaften universitär getrennt sind, gibt es praktisch keine Kontakte. Jeder macht seine Sache, hat damit genug zu tun und kümmert sich nicht um andere Fächer, schon gar nicht um den jeweils ganz anderen Wissenschaftszweig."

„Dann ist also letztlich die unsägliche Trennung von Natur- und Geisteswissenschaft an eurer dreckigen Umwelt schuld! Ich fasse es nicht!"

⧗

An diesem Tag, es war Samstag, wurde es spät. So trug es sich zu, dass Tim und Eduard nach Exkursionen und Diskussionen bei Bier und Kartoffelchips vor dem Fernseher landeten. Es lief gerade ein spannender Film zur Quantenmechanik.

„Unglaublich!", meinte Eduard nach einer Weile. „Bin ja Physiker und weiß, worum es geht, fand das alles aber immer ziemlich trocken und langweilig, wenn ich ehrlich bin. Und jetzt hier: Das ist ja, als würde man sich einen Krimi reinziehen ..."

„Das ist ein Krimi!"

Eduard war verdutzt: „Nein, das ist Quantenmechanik!"

„Natürlich ist das Quantenmechanik, eben die neuesten Ergebnisse auf der Jagd nach dem Higgs Boson. Wahnsinnig spannend, findest du nicht? Da laufen wir durch die Welt und wissen nicht, ob es eines von zwei Dutzend grundlegenden Teilchen, aus denen die gesamte Welt besteht, überhaupt gibt. Dieses Biest! Entwischt den Forschern immer genau dann, wenn sie glauben, sie hätten es endlich ..."

Da wurde die Sendung durch einen Werbespot unterbrochen. Tim ging Bier wegbringen und dann zum Kühlschrank zwecks Nachschub. Eduard blieb allein vor dem Fernseher. Man sah ein Baby, kuschelig auf einer weichen Decke. Es strampelte und gluckste vor Vergnügen. Die fröhliche Musik wurde leiser und eine warme sanfte Frauenstimme kommentierte: *„Babies brauchen täglich sehr viel Zuwendung. Wenn Sie, liebe Zuschauer, auf Ihrer Festplatte etwas speichern wollen, muss diese zuerst formatiert werden. Bei Gehirnen ist das ähnlich. Das Baby speichert zwar nicht alles, was Sie ihm an einzelnen Erfahrungen vermitteln, verwendet diese Erfahrungen aber zum Formatieren. Denken*

Sie bitte daran, wenn Sie es das nächste Mal auf den Arm nehmen. Hier läuft die Formatierung. Sorgen Sie für viele und vor allem für die richtigen Erfahrungen ..."

„Noch'n Bier?", fragte Tim.

„Ich glaub', das brauch' ich jetzt", meinte Eduard. „Oder hab ich schon zu viel? Ich kann nicht glauben, was hier gerade läuft ...“

„Wieso? Das übliche Samstagnacht-Programm", meinte Tim verwundert. „Nichts Besonderes. Vorhin, da kam was Spannendes. Aber wir waren ja noch am Reden. Es gab eine Livesendung aus einem Wasserkraftwerk. Das hätte ich gerne gesehen ...“

„Ich glaub' es einfach nicht. Und der Werbespot? Auch nichts Besonderes?"

„Nein, gar nicht. Ich find' ihn recht langweilig. Du hättest den über die kritischen Perioden des Werteerwerbs bei Heranwachsenden sehen sollen, das hat die Leute richtig wachgerüttelt, oder den total abgefahrenen Spot zur Einführung in die Mengenlehre ...“

„Was?"

„Nun, das Programm wird eben immer wieder kurz unterbrochen. Für das Lernen ist das optimal: Häppchenweise lernt sich's am besten. Als die Mütter beispielsweise erst einmal über die Konzentration und die Halbwertszeit von Koffein in Coca-Cola Bescheid wussten, wurde ihnen klar, warum ein Kind schlecht schläft, wenn es nachmittags noch Cola trinkt. Als man den Menschen zeigte, wie Nahrungsmittel fabrikmäßig hergestellt werden, kauften sie weniger Dosen und viel mehr frische Sachen. Nachdem man eklige schwarze Lungen täglich im Fernsehen sah, ging gerade bei jungen Menschen, die sich so leicht vor so vielem ekeln, deren Zigarettenkonsum auf nahe Null zurück ...“

Eduard staunte nicht schlecht.

⧗

Am Sonntag frühstückten Erika, Emil und Eduard zusammen und tauschten ihre Erfahrungen aus. Erika und Emil schimpften wie die Rohrspatzen über die Umweltpolitik und die Medizin auf Terra II. Eduard war nachdenklich. „Aber die Werbung hier ist klasse", meinte er nur, und die anderen schauten ihn ungläubig an.

Bald kamen Thomas und Tim und fuhren zusammen mit Erika und Emil in eine Schule. Es war kurz nach acht. Ein buntes Treiben auf dem Schulhof. Da ertönte die Schulglocke und man sammelte sich, verteilte sich auf dem Hof und – begann mit Aerobic.

„Was machen die denn?", erkundigte sich Erika.

„So 'ne Art Gymnastik. Ist gut für Körper und den Geist. Die Kinder können viel ruhiger sitzen und zuhören, wenn sie sich zuvor für ein paar Minuten richtig verausgabt haben."

„Aber heute ist Sonntag!", meinte Erika verwundert.

„Ja und?", fragte Thomas.

„Nun, ich meine, eben Sonntag, da – da geht man doch nicht in die Schule. Man vergnügt sich ..."

„Sehen die aus, als würden sie sich nicht vergnügen?"

Da fiel Erika auf, dass Thomas Recht hatte. Die Kinder lachten noch bei der Gymnastik wie schon davor; und als jetzt die Glocke wieder ertönte, da rannten sie alle zu den Türen der Klassenzimmer, der eine freudiger und schneller als der andere.

„Offensichtlich wird hier sonntags was anderes gemacht."

„Ja, jeden Sonntag ist länger Schule als werktags."

„Wie bitte?" Erika zweifelte an ihren Ohren.

„Sonntage sind wie Feiertage. Man hat besonders viel Zeit und ist auf besonders viel Spaß und Erlebnisse aus. Und genau das hat man doch in der Schule. Also ist die Schule sonntags länger. Ist doch ganz einfach!"

Während Thomas dies sagte, rutschte bei Erika der Unterkiefer nach unten, ihr Mund stand weit offen.

„Ddd-das meinst du nicht ernst! Du nimmst mich auf den Arm!"

„Wieso? Nein, gar nicht. Komm nur mit."

Thomas nahm Erika an der Hand und sie gingen in die Schule. Noch bevor sie das erste Klassenzimmer betraten, hörten sie laute Musik von außen, als würde eine Big Band spielen. Beim Öffnen der Tür wurde es richtig laut. Die Schüler der Klasse 7a spielten alle in einer Big Band, *Rock around the clock* war gerade dran. Alle hatten einen Riesenspaß und waren voll bei der Sache. Man wollte nicht stören und schloss rasch wieder die Tür von außen.

„Jetzt weiß ich, warum die alle ihren Spaß haben: Hier ist Musikfreizeit für Musikschüler."

„Nein, das ist der Musikunterricht in der 7a; übrigens sind die gerade bei einer Klassenarbeit."

„Das soll 'ne Klassenarbeit gewesen sein?"

„Ja, eine Projektarbeit. Jeder macht was, so gut er kann, und alle bekommen danach die gleiche Note, eben so gut, wie alle zusammen waren. Da macht keiner Unfug. Wäre doch eine Blamage für alle, oder?"

Während Erika noch staunte, drückte Thomas die Klinke der nächsten Klassenzimmertür herunter.

„Pssst", mahnte Thomas.

„O.K., ich bin schon leise", flüsterte Erika artig.

„... wenn es so ist, dass Ebbe und Flut durch den Mond entstehen, sich Terra unter zwei Flutbergen sozusagen hindurchdreht und dadurch die Rotation von Terra langsam gebremst wird, was werden wir dann in einigen Jahrmillionen merken?"

„Erdkunde, achte Klasse", flüsterte Thomas.

„Tage und Nächte werden länger werden. Aber was ist mit dem Energieerhaltungssatz? Rotationsenergie von Terra kann doch nicht einfach verschwinden?"

„Gute Antwort, Theobald", lobte der Lehrer, „und noch bessere Frage! Wer hat eine Vermutung?

„Nun, da wäre die übliche Wärme. Alles wird warm, wenn Energie umgesetzt wird. Warum nicht auch Terra unter den beiden Bremsklötzen? Ganz normale Bremsen mit Bremsklötzen werden ja auch warm."

„Gut, Tamara, das ist richtig. Aber es gibt da noch einen Effekt, auf den ihr wahrscheinlich nicht kommt ..."

– „Die Wellen mahlen an den Küsten die Steine zu Sand, d.h. leisten Arbeit ..."

– „Wenn Tage und Nächte länger werden, hat Terra täglich länger Zeit, sich aufzuheizen und abzukühlen. Es wird heftigere Gewitter geben, mehr Entladungen, das braucht Energie, und der Zuwachs an Strom kommt ja letztlich durch die Bremsung ..."

– „Längere Tage bedeuten mehr Pflanzenwachstum, mehr Blätter auf den Bäumen, also mehr Masse weiter weg vom Mittelpunkt von Terra. Wie ein Eisläufer, der die Arme ausbreitet, wird sich Terra noch langsamer drehen ...“

– „Vielleicht schiebt der sich schnell drehende Planet Terra die Bremsklötze etwas voran. Schließlich sind sie ja nirgends befestigt. Dadurch würde dem Mond wiederum Bewegungsenergie zugeführt und er würde sich rascher um Terra drehen. Das wiederum vergrößert den Radius seiner Bahn. – Ich glaub', ich hab's: Der Mond wird kleiner!“

„Bravo, Theresa! Aber alle anderen waren auch sehr gut, bravo euch allen!“

Alle waren hellauf begeistert und bei der Sache. Die Wellen kommen vom Mond, die Tage werden dadurch länger und zum Dank wird der Mond kleiner. Eine Wahnsinnsstory! Und diese Millionen und Abermillionen von Jahren. So schwer vorzustellen ...

Also machte man Vorstellungsübungen.

„Wenn Terra so groß wäre wie die Schule, wie weit wäre in diesem Maßstab dann die Sonne entfernt?“

Schweigen. Der Lehrer kam auf den Besuch zu, denn er dachte, er hätte für ein paar Minuten Ruhe. Dann jedoch, nach nur 10 Sekunden, Tamara: „150 km.“

„Du bist eine Rechenkünstlerin, Tamara. Wie hast du das so schnell herausbekommen?“

„War einfach: Unser Schulhaus hat vier Stockwerke, macht eine Höhe von etwa zwölf Metern. Der Durchmesser von Terra beträgt etwa 12.000 Kilometer, die Entfernung der Sonne 150 Millionen Kilometer. Tausend Kiloirgendwas sind eine Million, und die nehme ich bei der Sonne weg, ich meine natürlich, ich tu die Million in den Nenner; bleiben 150 km.“

„Das ist ja unglaublich“, meinte Erika. „Führst du mir eure Eliteschule vor?“

„Sowas haben wir nicht. Wir glauben, dass wir gerade den begabteren Kindern nichts Wichtigeres vermitteln können als Respekt vor den Schwachen und Behinderten, als Teamfähigkeit mit weniger Begabten und Gruppengefühl mit anderen. Wie sollten sie dies lernen, wenn nicht durch entsprechende Erfahrungen? Hast du die Big Band genau beobachtet?"

„Wieso?"

„Weil dir dann aufgefallen wäre, dass immer nur einer der drei Gitarristen spiele. Keiner von denen kann Gitarre spielen und beim letzten Mal spielten alle die Rassel. So gewannen sie Gefühl für Rhythmus. Es wurde ihnen aber bald langweilig. Also wollten sie was anderes machen und entschieden sich für die Gitarre. Hast du gesehen, dass zwei die linke Hand in der Hosentasche hatten?"

„Ja, jetzt, wo du's sagst, ich erinnere mich."

„Alle drei Gitarren sind einen Halbton höher gestimmt, dann passt das besser zu den Bläsern. Und zudem sind je eine Gitarre auf open E und open A gestimmt, d.h. wenn du sie anschlägst, kommt F-Dur und B-Dur heraus. Der Dritte hatte schon zwei Gitarrestunden und wollte daher seinen D-Dur-Griff, der wie Es klingt, selber greifen."

„Und dann spielen sie abwechselnd – genial. Das Repertoire der Band scheint mir dadurch aber eher etwas beschränkt."

„Du glaubst gar nicht, wie viele Lieder man mit drei Griffen spielen kann! Und Jugendliche mögen einfache Musik."

„Und ich dachte schon ganz neidisch, auf Terra II könne jeder ein Instrument spielen", meinte Erika etwas beruhigt.

„Falsch. Die meisten können mindestens drei, aber manche auch gar keines. Weil das so schade für diese armen Menschen ist, so völlig ohne Musizieren leben zu müssen, hat die Regierung schon vor Jahren Musik-Motivationsspots ins Kinderprogramm eingestreut. Bei vielen Musikprojekten wird daher zwecks Chancengleichheit und Spaßvermehrung erst einmal nachgefragt, wer welches Instrument spielt, und dann wird jedem Schüler per Los ein Instrument zugeteilt, das er gerade nicht, noch nicht, spielt. Kinder lernen schnell: Klampfen können sie in zwei bis vier Wochen, Trompeten in der einfachen Oktave etwa auch ..."

An diesem Vormittag besuchten sie noch eine Klasse, die mit Aquarell-malerei beschäftigt war, und eine weitere, in der man einen amerikani-schen Film, eine Klamotte aus den 60er Jahren, mit deutschen Untertiteln ansah und dann auf Englisch darüber redete. Die Erdianer waren begeistert. So etwas hatten sie noch nicht gesehen.

Sie waren unglaublich neugierig und wollten einfach wissen, wie man zu so einer Art Schule kam. So fuhren sie zu viert zur nächsten Pä-dagogischen Hochschule, die der Universität angegliedert war.

Man ging in die Bibliothek. Erika ging die Wände mit den Rega-len entlang und staunte nicht schlecht. Da waren jede Menge Bücher mit Titeln wie:

– *Mengenlehre oder Einmaleins? Eine randomisierte Studie an 35 Grundschulen zur Effizienz des Mathematikunterrichts in der ersten Klas-se.*

– *Ganzheit versus Buchstabieren. Doppelblind mit 562 Schülern.*

– *Blockflöte oder Chorgesang? Epidemiologie und erste Daten einer randomisierten Effektivitätsstudie zum Musikunterricht in der Grund-schule.*

– *Die Sechs-Wochen-Regel: Empirische Studie zum Stoff von Klassen-arbeiten und Lernerfolg.*

– *Was soll randomisiert werden: Das Timing oder der Inhalt von Klassenarbeiten? Eine Studie zum Lernverhalten.*

„Sag mal, Tim", begann Erika zögernd, „ihr macht Studien in der Schule?"

„Klar", meinte Tim, „woher sollten wir sonst wissen, wie wir un-terrichten sollten? Macht ihr etwa keine?"

„Nein, nie gehört! Mit Kindern experimentiert man doch nicht!"

„Du hast mir aber gestern ganz stolz erzählt, dass ihr mit Kranken experimentiert. Ganz offenbar mit Riesenaufwand und gutem Erfolg – oder?"

„Ja, das ist doch was ganz anderes!" Erika erinnerte sich mit Schre-cken an die Weidenrindenschnitzel ...

„Bist du dir sicher? Schau doch mal: Bis vor ein paar Jahrzehnten hatten wir in der Pädagogik auch Expertenmeinungen und sonst nichts. Und der eine meinte dies und der andere das und die Lehrpläne wechselten wie das Wetter. Ohne dass wir wirklich gewusst hätten, was wir tun."

Das kam Erika irgendwie bekannt vor.

„Also haben wir die Sache wissenschaftlich angepackt. Natürlich wachen Ethikkommissionen darüber, dass bei solchen Experimenten keiner Schaden nimmt. Neue Verfahren werden randomisiert gegen alte getestet, und sobald man klar sieht, was besser ist, bekommen es alle. Was ganz neu ist, wird als sogenannter Add-on-Unterricht eingeführt. Um diese Studien reißen sich Schulen, Eltern und Schüler geradezu, denn jeder hofft, dass das neue Verfahren noch besser ist als die bekannten, bewährten Verfahren und dass man damit also noch ein kleines bisschen mehr lernt."

„Das ist ja wie bei uns in der Medizin", meinte Erika verdutzt. „Und das geht wirklich?"

„Nun, nehmen wir als Beispiel die Sechs-Wochen-Regel für Klassenarbeiten", belehrte Thomas.

„Was soll denn das sein?", fragte Erika ungläubig.

„Nun, bis vor etwa 30 Jahren hatten wir ein völlig blödsinniges Prüfungssystem, das die Schüler belohnte, wenn sie kurz vor den Klassenarbeiten, am besten in der Nacht oder am Morgen davor, sich das Wichtigste aus den letzten Tagen und Wochen ‚reinzogen', wie das damals hieß. Aus der Sicht der psychologischen Grundlagenforschung war das natürlich völliger Unsinn. Wenn man einmal kurz etwas lernt, bleibt es nicht hängen. Es reicht eben nur, um im Test oder in der Arbeit zu bestehen. Im eigentlichen Sinne gelernt wird aber nichts."

Die Sache kam Erika sehr bekannt vor. Schließlich hatte sie sich genauso durch das Gymnasium geschlagen und sich dann an der Uni immer über das geärgert, was sie in der Schule *nicht* gelernt hatte, aber hätte lernen können. Sie konnte sich ständig in den Hintern treten wegen ihrer Dummheit. Reinste Zeitverschwendung, ihre Jahre in der Schule.

Während Erika noch in Gedanken war, fuhr Thomas fort:

„Mit der besten Absicht waren also die Klassenarbeiten als Instrument der Überprüfung des Wissensfortschritts eingeführt worden. Und was war geschehen?"

Noch immer in Gedanken gab Erika spontan die Antwort: „Die Kinder lernten, wie sie mit dem geringsten Aufwand den größten Schulerfolg erzielen konnten. Man lernt nur kurz vor den Tests ..."

„Genau, woher weißt du das, Erika, hattet ihr das Problem etwa auch? – Ja, die Schüler lernten im Grunde überhaupt nicht mehr. Sie klopften sich irgendwelchen Stoff kurz vor irgendwelchen Tests ins Hirn und vergaßen ihn gleich danach schnell wieder ..."

Das kam Erika nun wirklich sehr bekannt vor. Sollte man auf Terra II wirklich etwas gegen dieses jegliche Klassenarbeit beherrschende Naturgesetz unternommen haben? Wie sollte man das machen? Was sollte man tun? Erika war tief in Gedanken, als sie ein paar vorbeijoggende Schüler weckten.

„Sag mal, Erika, hörst du mir überhaupt zu?"

„Und ob, äh, und wie, ich meine, die Sache beschäftigt mich sehr, geht mir tief nach ...", konnte sie gerade nur stammeln.

„Also von vorne: Wir haben aus diesem Grunde die Sechs-Wochen-Regel bei Klassenarbeiten eingeführt. Sie durchkreuzt derartige ineffektive Lernstrategien auf ganz einfache Weise: Es ist verboten, in einer Klassenarbeit irgendetwas zu bringen, was in den letzten sechs Wochen durchgenommen wurde."

„W-w-was?"

„Ganz einfach: Wenn in der Klassenarbeit nichts kommt, was in den vergangenen sechs Wochen Lernstoff war, sondern *alles*, was davor jemals dran war, dann zahlt es sich aus, so zu lernen, wie es für die Schüler ohnehin am besten ist – jeden Tag ein bisschen. Vor der Einführung dieser Regel haben wir natürlich experimentelle Untersuchungen gemacht. Deren Ergebnisse waren so überwältigend, dass man danach nicht lange wartete und ein entsprechendes Gesetz verabschiedete. Nun lernen die Schüler genauso, wie sie das sollen und wie es für sie am besten ist, wie man übrigens schon lange weiß."

„Du weißt doch, Erika, wissen, was richtig ist, und das Richtige auch tun, sind zwei völlig verschiedene Paar Schuh."

„Hm, da hast du Recht."

„Meiner Meinung besteht die Kunst der Politik, keineswegs nur in der Schule, genau darin, die Randbedingungen unseres Lebens so zu gestalten, dass die Menschen ganz von allein das tun, was für sie das Beste ist. Das mag einfach klingen, ist aber ganz schwierig; vor allem dann, wenn wir den Markt mit seiner immanenten Verführung zu egoistischem Verhalten als Grundelement unserer Weltordnung beibehalten wollen."

„Und das wiederum wollen wir ja, denn alles andere ist noch schlechter, oder?"

„Ja, schon, es hat ja auch seinen Grund. Unser Verstand entstand nun einmal im Verlauf von Jahrmillionen unter den Bedingungen von Aggressivität, Stammesfehden, Krieg, Vorteilsnahme, Lügen, Intrigieren, Täuschen etc. Wer daher glaubt, wir Menschen könnten unsere Vergangenheit in den Horden der Savanne vergessen, also unsere evolutionäre Geschichte, die vor allem eine Geschichte der Entwicklung unseres Gehirns ist, einfach ablegen und von heute auf morgen anfangen, die rationalen Wesen zu spielen, der irrt. Schlimmer noch: Dieser Glaube hat schon mehrfach beinahe zur Auslöschung der ganzen Art geführt."

„Du bist ja gar nicht so radikal, wie ich dachte."

„Radikal? Ich bin kein bisschen radikal! Im Gegenteil. Ich bin total konservativ! Ich bin für den Markt, für unsere Ordnung, für lebenslanges Lernen, für die Familie, für Nächstenliebe ..."

„Amen".

„Mach' du dich nur lustig! Wie ist es denn bei euch? Habt ihr eine Sechs-Wochen-Regel für Klassenarbeiten?"

Da wurde Erika ganz kleinlaut, ja, sie wurde in der Tat richtig nachdenklich.

„Ja, ich meine, nein. So etwas haben wir nicht. Schade."

Emil und Tanja hatten es derweil wieder mit dem Umweltschutz. „Weißt du, Tanja, eigentlich habt ihr ja Glück: Die Umwelt regelt doch vieles von selbst. Da gibt es Regelkreise, wo man nur hinschaut: Wird es wärmer, verdampft mehr Wasser, es gibt mehr Wolken und die lassen weniger Sonnenstrahlen auf die Erde, also wird's wieder kälter ..."

„Ja, negatives Feedback, schon klar, Emil, aber du weißt, es gibt auch das Umgekehrte, und dann gerät eine Situation rasch außer Kontrolle."

„Ja, ich weiß", fuhr ihr Emil ins Wort. „Wird es wärmer, schmelzen die Pole, weniger Eis reflektiert weniger Sonnenstrahlen und es wird noch wärmer ..."

„Eben", meinte Tanja rasch. „Und welche Effekte überwiegen, werden wir doch nie wissen. Wie ich schon sagte, die Umwelt ist einfach zu kompliziert. Alles, was uns für unser konkretes Leben bleibt, ist Dadiktik ..."

„Hör endlich mit diesem Quatsch auf!" Emil wurde richtig ungehalten. „Hat denn niemand bei euch mal daran gedacht, die Temperatur von Luft und Wasser tatsächlich zu messen und einfach *nachzuschauen*, was ist?"

„Doch, ja richtig, es gibt Anfänge. Aber das wurde heiß diskutiert und eingefleischte Dadiktiker haben das alles kritisiert ..."

„Was war denn?", wollte Emil wissen.

„Ein paar schlaue Leute haben sich zusammengetan und Messungen gemacht. Die Studie hieß BOLOGNA: Beobachtung Offener Lebensräume der OECD mit Geographischer und Nationaler Analyse. Das gab Ärger: Jeder wollte die sauberste Landschaft haben, und gerade wir, die wir so sehr auf Sauberkeit achten, landeten weit abgeschlagen im unteren Mittelfeld. Was mich persönlich noch viel mehr berührt, ist aber Folgendes: Seit Jahrzehnten reden alle Politiker von der sauberen Umwelt für alle, und jetzt stellt sich heraus, dass es einen deutlichen Zusammenhang gibt zwischen sozioökonomischem Status und Umweltverschmutzung ..."

„Du meinst: Die Armen leben im Dreck ..."

„Ja, und der Unterschied zwischen Arm und Reich ist in unserem Land mit Abstand am größten ..."

„Das muss doch ganz schön für politischen Sprengstoff gesorgt haben."

„Ja klar. Gewerkschaftler haben sofort mehr Dadiktik an Baumschulen in der Ausbildung der Landschaftsgärtner gefordert ..."

„Hat denn keiner daran gedacht, die Probleme an den Wurzeln zu packen, ich meine, nachzusehen, wo Umweltverschmutzung stattfindet, um die Ursachen zu bekämpfen?"

„Aber die Welt ist doch sooo kompliziert. Und was wissen wir denn schon? Unsere Naturwissenschaftler auf Terra II streiten sich bis heute darüber, ob das Higgs Boson existiert, ob es also einen von ein paar wenigen Bausteinen des gesamten Universums überhaupt gibt oder nicht ..."

„Unsere auf der Erde tun das auch. Na und?"

„Nun ja, wenn ich nicht einmal solche grundlegenden Dinge weiß, wie soll ich dann vernünftig, also streng wissenschaftlich, über die komplexesten Zusammenhänge in der Welt reden? Es wird wohl noch lange dauern, bis die Physiker, Chemiker und Biologen uns eine Hilfe bei der Lebensgestaltung sein werden. Es gibt da auch ganz wenig Kontakte: *die* suchen das Higgs Boson, und *wir* kümmern uns um die Landschaftsgärtnerei. Und du willst doch nicht etwa behaupten, dass man das zusammenbringen kann. *Gerade weil man das nicht kann, haben wir ja Dadiktik.* Wenn es so wäre, wie du sagst, wenn uns also die Naturwissenschaftler sagen würden, wie wir die Welt zu gestalten hätten, dann bräuchten wir die Dadiktik nicht. – Hm; komischer Gedanke, eines der größten Fächer an den Universitäten, wenn man mal die Lehrstühle zählt, einfach weg ..."

„Aber wenn die doch nur die Theorienfriedhöfe der Naturwissenschaft hin- und herwälzen ..."

„Aber wer macht dann deren Arbeit?"

„Na, die Naturwissenschaftler ..."

„Die müssten wir täglich prügeln, damit sie es täten. Mit solchem Kleinkram geben die sich nicht ab."

„Und schauen zu, wie die Welt den Bach runtergeht, nur weil ihnen die Courage fehlt, trotz mancher fehlender letzter Bausteine des Wissens ...“

„ ... wenn du die fragst, erhältst du immer die gleiche Antwort: ‚Wir wissen nichts‘...“

„Das sagen redliche Wissenschaftler immer“, meinte Emil verschmitzt. „Und sie haben ja auch Recht. Aber um den Faden aufzunehmen: Auch wenn letzte Fragen ungeklärt sind (und auch wenn die Wissenschaft mit einer Antwort zehn neue Fragen aufdeckt), so können wir dennoch die wissenschaftliche Methode auf Fragen der Umweltgestaltung anwenden. Schau: Unser größter Binnensee ist sauberer denn je, in unseren Flüssen schwimmen Fische und im Sommer die Menschen. Unsere Luft kann man atmen – alles dank wissenschaftlicher Untersuchungen und der Umsetzung ihrer Ergebnisse in die Praxis.“

Emil erzählte Tanja von den Verhältnissen auf der Erde, der Ringleitung um den Bodensee für fünf Milliarden, den Katalysatoren in den Autos, den Schwefeldioxid-Scrubbern in den Kohlekraftwerken, den Treibhausgaskonferenzen und -abkommen, den Rückschlägen und den Fortschritten.

„Aber das kostet doch Unsummen! Wer zahlt für so etwas?“, fragte Tanja ungläubig.

„Alle! Und sie tun es freiwillig“, beeilte sich Emil. „Schau, wenn alle dafür saubere Luft atmen ...“

„Aber man muss doch die Menschen dann bevormunden. Das lassen die doch nicht mit sich machen. Die Wirtschaft wird durch den Markt regiert, nicht durch Dirigismus. Wie weit man damit kommt, das haben wir doch in der früheren Sowjetunion gesehen. Planwirtschaft, das klappt nicht. Jeder muss produzieren können, wie er will, so billig er will ...“

„... und so dreckig er will? Wo es doch auch bei euch Luftfilter, Abwasserreiniger, Wasser als Lösungsmittel oder Katalysatoren in den Autos gibt?“

„Ja, schon. Aber das kostet Geld und setzt sich daher am Markt nicht durch. So ist das eben im freien Markt ...“

„... um so schlimmer für denselben! *Der Markt ist nicht wie Gott,* obgleich man manchmal den Eindruck hat, er hätte dessen Stelle im System übernommen: ‚Der Markt wird's regeln. Der Markt ist weise. Der Markt macht's richtig' – Sprüche! Ihr braucht ja nur Augen und Nase aufzumachen, um zu sehen, wie weit ihr damit kommt."

⧗

So wurde es Abend. Nach dem Essen waren alle recht erledigt vom Tag und beschlossen, den Abend vor dem Fernseher zu verbringen, „um etwas abzuhängen, auszuchillen oder wegzuspacen", wie die irdischen Besucher ihren Gastgebern von Terra II klarzumachen versuchten. Diese verstanden nichts, schauten aber selbst gelegentlich fern und hatten nichts dagegen.

„Was läuft?", fragte Erika.

„Lass mal sehen", meinte Thomas, schnappte eine Programmzeitschrift und begann vorzulesen.

„Im Ersten: *Die Schätze unter unseren Füßen: Zur Verteilung der Bodenschätze auf Terra* ... klingt spannend ..."

„Muss nicht sein", meine Erika gelangweilt.

„Im Zweiten: Das wird dich interessieren, Erika, *Mit deinem Gehirn auf Du und Du* ..."

„Gibt's denn keinen Krimi?", wollte Erika wissen.

„Doch, hier im Dritten: Die Jagd nach den Elementarteilchen: Teil 1 – oder sollte ich sagen: Teilchen 1?" – „Witzbold!" – „Tschuldigung. Aber immerhin steht hier *Teil 1: Rutherford und die Atomkerne,* also geht es um die ersten Teilchen ..."

„Sag mal, Thomas", begann Erika skeptisch, „ihr habt wirklich so ein komisches Fernsehprogramm?"

„Was heißt hier komisch? Ich find's Klasse. Alles unheimlich interessant!"

„Ja, mag sein, aber schaut das auch jemand an?"

„Und wie! Gerade die Kinder sind ganz heiß drauf; daher wird ja auch so viel Wert auf das Programm gelegt."

„Also, dann schauen wir mal die Sendung über das Gehirn", meinte Erika, halb resigniert und verärgert darüber, dass es kein Krimi war. Nach einigen Minuten war sie jedoch gefesselt von der Sendung: Man flog dauernd wie Raumschiff Enterprise durch das Gehirn von Leuten, die gerade dabei waren, zu lesen, zu schreiben oder einen Salto zu springen, und konnte zuschauen, was im Kopf vor sich geht.

„Das ist ja mega-scharf!", fuhr es aus Erika heraus. „Gibt's solche Sendungen öfters?"

„Klar, dauernd!", meinte Thomas, nun seinerseits etwas gelangweilt. „Habt ihr das etwa nicht?"

Jetzt kam wieder ein Zwischenspot ...

„Ältere Mitmenschen sind für uns alle sehr wichtig. Nur sie haben das feinfühlige Wissen vom Miteinander, das gerade uns jungen Menschen fehlt", begann eine attraktive junge Frau den Spot. „*Wenn es also um das Schlichten von Streit, das Lösen von Konflikten oder das Helfen bei Unstimmigkeiten geht, wenden Sie sich an jemanden, der über 60 ist. Sie werden erstaunt sein! Unsere älteren Mitbürger: unsere Fundgrube ...*"

„Ja, und was ist denn das? Ich fasse es nicht!"

„Wieso, das ist ein Spot. Wenn du mal musst, jetzt kannst du ... oder auch noch'n Bier für alle holen, was meinst du, Tanja?"

„Alter Chauvi, geh' doch selber – aber wir haben Gäste, ich geh' ja schon."

„Lass' mich gehen", meinte Eduard, „ich kenne die Spots ja auch schon ...", sprach's und verschwand. Er hatte ein Auge auf Tanja geworfen.

„Also, ich verstehe das nicht", meinte Erika verdutzt, „ihr habt dauernd so ein Fernsehen, keine Krimis, keine Horror- oder Sexfilme? Auch nachts nicht? Und dann diese Spots. Gibt's hier denn keine ordentliche Werbung im Fernsehen?"

Tanja erklärte: „Früher lief während der Spots so eine Art Gehirnwäsche für die Dummen: ‚Leute, kauft Waschmittel X oder Auto Y'. Die Regierung hat jedoch bald erkannt, welche Ressourcen sie da verschwendet. Die ganze Nation bis auf die Wenigen, die gerade die Toilette benutzen oder Chips aus dem Keller holen, schaut aufmerksam zu und ist bei bester Laune – optimale Voraussetzungen also für das Lernen. Die Regierung änderte ein paar Gesetze, gründete eine parteienübergreifende Lernkommission und begann damit, Interessantes und für das Zusammenleben der Menschen Wichtiges via Fernsehen den Zuschauern zu vermitteln. Der Erfolg war unglaublich. Eltern lernten, wie man mit Kindern umgeht, Kinder lernten das Musizieren auf einfachen Instrumenten, Großeltern lernten den geschickten Einsatz ihrer sozialen Kompetenz ohne zu bevormunden, und alle Generationen lernten viel über die Welt insgesamt, über das Wetter und die Tiere, das Universum und die Elementarteilchen, den menschlichen Körper und das gesunde Leben. Vor allem aber lernten die Menschen, viel besser mit sich selbst und ihren unmittelbaren Mitmenschen umzugehen. Es war, als hätte man all die Jahre zuvor komplizierte Maschinen bedient, ohne die Gebrauchsanleitungen zu kennen. Man machte Unfug. Nun, da jeder wusste, wie Menschen ticken, was sie umtreibt und wie sie sich wohlfühlen, tat jeder plötzlich das, was er eigentlich schon immer tun wollte, nur mangels entsprechenden Wissens nicht konnte: Er verhielt sich sinnvoll und vernünftig."

Erika und Emil waren sprachlos.

„Wenn man drüber nachdenkt, ist die Sache ganz einfach. Ich kann's bis heute nicht glauben, dass die Regierung erst vor knapp zwei Jahrzehnten drauf gekommen ist. Nach den Erkenntnissen der Wissenschaft hätte man das längst vorher machen müssen. Gibt es das bei euch etwa nicht?"

Erika, Emil und der mit Bier zurückgekehrte Eduard schüttelten die Köpfe. Man trank erst einmal. „Eduard, bitte zwick mich, ich glaub' sonst, dass ich träume", meinte Erika leise. Ließ sich Eduard nicht zweimal sagen. Aber Zwicken nutzte nichts.

Tanja, die Psychologin, fuhr fort:

„Ich glaube, ihr auf der Erde geht mit Umweltverschmutzung so um, wie wir Gewalt im Fernsehen behandeln. Schau, es ist doch ganz einfach: Wenn ich dich richtig verstanden habe, dann seid ihr drauf gekommen, dass es bestimmte Bereiche gibt, die der Markt einfach nicht regelt. Man muss vielmehr eingreifen, sonst wird immer am dreckigsten produziert (das sehen wir ja hier) oder am stumpfsinnigsten im Fernsehen programmiert (das scheint bei euch der Fall zu sein) ..."

Tanja fuhr fort: „Wenn ich mir's recht überlege – ihr Erdlinge habt im Grunde Glück: Kinder sind unglaublich robust – es sind so viele *Feedback loops* eingebaut; man kann bei der Erziehung daher fast machen, was man will, meistens werden trotzdem halbwegs vernünftige Erwachsene aus den Kindern. Gerade *weil* deren Gehirne sich entwickeln, während sie lernen, lernen sie immer genau das, was sie auch jeweils lernen können. Zuerst wird Einfaches gelernt und dann immer Komplizierteres, ohne dass jemand speziell darauf achtet. Natürlich, wenn man erst einmal darauf achtet, kann man das Lernen optimieren. Man kann vor allem für die richtigen Inhalte sorgen."

„Wie meinst du das?", wollte Erika wissen.

„Unser Fernsehen untersteht dem Bildungsministerium. Wir haben Experimente gemacht, ab wann Kinder überhaupt vom Fernsehen profitieren. Daher ist Fernsehen für unter 10jährige bei uns generell verboten. Die Kinder können zwar schon vorher vom Fernseher lernen, aber sie lernen dabei ja auch immer Passivität, und das sehr gründlich. Wir wollen aber aktive Bürger erziehen. Nach dem 10. Lebensjahr erfolgt dann eine ganz langsame wohldosierte Anwendung des Fernsehens für Kinder. Es kann dann sozusagen nicht mehr viel schaden, aber bei den richtigen Inhalten nützen. Wir haben Sendungen für Kinder und Jugendliche verschiedener Altersgruppen, Herkunft und Vorbildung entwickelt. Zuvor muss das Lernen interaktiv gehen. Aber auch hier achten wir auf die Inhalte. Die 2jährigen lernen also nicht irgendwas, sondern die wichtigsten Aspekte ihrer Umgebung, wie Menschen und deren Rollen, Tiere, Pflanzen, Materialien, Gebrauchsgegenstände etc. Dann kommen einfache Zusammenhänge, Naturgesetze etc. Dann Sprachen. Unsere 5jährigen können zwei Sprachen und wir haben die Grundschulzeit von vier auf zwei Jahre verkürzt. Mit 9 geht man auf das Gymnasium, beginnt die zweite Fremdsprache und mit 10 kommen die höheren Rechenarten dran."

„Aber ist das für die Kinder nicht furchtbar stressig?"

„Überhaupt nicht. Wir haben ja untersucht, was wer wie und unter welchen Randbedingungen lernen kann, und wir sorgen dafür, dass die Kinder das tun können – und zwar mit den richtigen Inhalten. Kurz gefasst, wir helfen den Kindern dabei, das zu tun, was sie sowieso am liebsten tun und wofür die Evolution sie gemacht hat: Lernen."

Emil erinnerte sich an die Studie, die gezeigt hatte, dass Erdenkinder Pokémon-Charaktere besser kannten als wirkliche Tiere, und war beeindruckt.

„Ihr achtet wirklich genau darauf, *was* die Kinder wann lernen?"

„Na klar! Alles andere wäre doch eine unglaubliche Verschwendung von Ressourcen. Denk doch mal nach: Wir könnten unsere Kinder ja auch täglich drei Stunden lang mit Gewaltszenen bombardieren, ihnen zeigen, dass und wie man sich wehtun kann, ihnen demonstrieren, dass es zum Faustrecht keine Alternative gibt, dass der Stärkere immer gewinnt etc. Dann hätten wir bald die Quittung: Gewalt in den Köpfen unserer Kinder. Kinder lernen schnell, und was sie gelernt haben, bleibt ihnen fürs Leben. Daher bleibt die Gewalt nicht in den Köpfen, wenn sie erst einmal dort drin ist, sondern macht dann reale Gewalt in den Schulen und auf den Straßen. Das pfeifen doch die Spatzen vom Dach! Oder bei euch auf der Erde etwa nicht? Gibt es bei euch etwa keine Untersuchungen hierzu?"

„Doch, ich meine schon, aber man kann doch nicht ... was ist mit Meinungsfreiheit ..."

„Freiheit ist Verantwortung, Verpflichtung; Kindern die falschen Inhalte beizubringen ist verantwortungslos, kriminell! Es ist so, als würde man sie wissentlich mit Gift füttern. Habt ihr keine Behörden für gesunde Nahrung, eine Food-and-Drug-Administration? Gerade weil hier alles so dreckig ist, haben die bei uns alle Hände voll zu tun. Und das ist gut so! Gift für Kinder? Nein!"

„Und du meinst allen Ernstes, dass man Gewalt im Fernsehen genauso betrachten muss wie Gift in der Nahrung?"

„Was heißt hier, ich meine das? Es ist so, nur noch schlimmer. Weißt du – bei uns wird die Sache mit der Umwelt in den letzten paar Jahren langsam besser. Ist ja im Grunde auch einfach: Auf den Schornstein, der Dreck in die Landschaft schleudert, kann jeder hier auf Terra

II mit dem Finger zeigen. Auf den Unfug, der aus den Medien in die Gehirne eurer Kinder dringt und dort verheerenden Schaden anrichtet, ist schon schwerer zu deuten. Auch das Verursacherprinzip ist viel schwerer durchzusetzen: Wer Dreck in die Umwelt schüttet, den kann man zur Verantwortung ziehen, aber zieh mal den Regisseur oder Produzenten eines Gewaltfilms in die Verantwortung."

„Du hast Recht. Das versuchen wir gerade, aber die Erfolge sind bescheiden. Wir haben auch schon an die Medien appelliert ...", meinte Emil.

„Das ist völlig zwecklos!", beeilte sich Tim. „Hat es denn mit Appellen beim Umweltschutz funktioniert?"

„Nein, da brauchte es Gesetze. Solange der Markt bestimmte, wer überlebt, gewinnt immer der, der am billigsten und damit auch am dreckigsten produziert – leider. Das seht ihr ja hier sehr deutlich."

„Dann begreif' doch endlich, was der Markt mit dem Fernsehen macht: Da wird keineswegs, wie man zunächst meinen könnte, das Programm an's Publikum verkauft; vielmehr verkaufen Programmmacher Publikum an Werbemacher. Das müssen sie aber erst einmal haben. Da die Menschen entstanden sind, wie sie entstanden sind, Mord und Totschlag an der Tagesordnung, und was sie selber nicht an Gewalt fertigbrachten, erledigte der Säbelzahntiger ..."

„... und nur, wer sich heftig fortpflanzte, gehörte zu unseren Großeltern..."

„Du scheinst langsam zu begreifen! Also, es ist doch klar, dass wir Menschen bei Blut einfach hinsehen müssen, bei Gewalt, bei *sex and crime*, so sind wir nun einmal. Wir mögen ja auch Süßes und bewegen uns nicht unbedingt freiwillig. Aber wir haben gelernt, auf Süßes weitgehend zu verzichten, und wir gehen ins Fitnessstudio, weil wir wissen, es ist gut für uns. Genauso, wie man Kinder nicht zu Süßigkeiten verführen darf (man bringt sie damit ja letztlich um, denn Dicke sterben deutlich früher), darf man sie auch nicht zum Konsum der falschen Inhalte in den Medien verführen. Schließlich können sich Kinder ja nicht wehren; sie nehmen auf, was man ihnen anbietet. Zucker in den Bauch, Gewalt in den Kopf."

„Du meinst, wir auf der Erde müssten mit Gewalt im Fernsehen ebenso umgehen wie mit der Umweltverschmutzung?"

„Bingo! Was ist wichtiger, der Dreck in der Landschaft oder der Unfug in den Köpfen?"

„Wer war der größere Dichter, Schiller oder Goethe?", entgegnete Emil lachend.

„Hurra, endlich, du hast es kapiert!"

Man diskutierte an diesem Abend noch sehr lange. Wer müde wurde, schaute fern und war nach einer Weile wieder so munter und voller neuer Ideen, dass er sich erneut an der Diskussion beteiligte.

„Im Grunde ist doch alles ganz einfach", meinte Erika zu Emil. „Wir müssen nur dafür sorgen, dass viele Erdlinge hierher kommen und sich das ansehen."

„Du hast Recht. Sie werden es uns sonst nicht glauben. Also zeigen wir's ihnen ..."

Literatur

Alexander RD (1989) The evolution of the human psyche. In: Mellars P, Stringer C (Hrsg) The human revolution, 455-513, Edinburgh University Press, Edinburgh

Ananthaswamy A (2002) Moral outrage. New Scientist 173 (2325):11

Anderson CA, Dill KE (2000) Video games and aggressive thoughts, feelings and behavior in the laboratory and in life. Journal of Personality and Social Psychology 78:772-790

Anonymus (2000) Today`s debate: Kids and electronic violence. Callous video game industry invites would-be regulators. USA Today 25.08.2000:7A

Baddely A (1992) Working Memory, Science 255:556-559

Baddely A (1995) Working Memory. In: Gazzaniga Ms (Hrsg) The Cognitive Neuroscience, p. 755-764. MIT Press, Cambridge MA

Balmford A et al. (2002) Why conservationists should heed Pokémon. Science 295:2367

Bandura A, Ross D, Ross SA (1963) Imitation of film-mediated aggressive models. Journal of Abnormal and Social Psychology 66:11-31

Bao S, Chan VT, Merzenich MM (2001) Cortical remodelling induced by activity of ventral tegmental dopamine neurons. Nature 412:79-83

Barinaga M (1996) Giving language skills a boost. Science 271:27-28

Barinaga M (2000) A critical issue for the brain. Science 288:2116-2119

Barry AMS (1997) Visual intelligence. Perception, image and manipulation in visual communication. State University of New York Press, Albany NY

Basser PJ (1995) Inferring microstructural features and the physiological state of tissues from diffusion-weighted images. NMR Biomed 8:333-444

Baumert J et al. (Hrsg) (2000) Pisa 2000. Die Länder der Bundesrepublik Deutschland im Vergleich. Leske & Budrich, Opladen

Baumert J et al. (Hrsg) (2001) PISA 2000. Leske u. Budrich, Opladen

Bayerwaltes M (2002) Große Pause. Nachdenken über Schule. Kunstmann, München

Bechara A et al. (1995) Double dissociation of conditioning and declarative knowledge relative of amygdala and hippocampus in humans. Science 269:1115-1118

Blakemore C, Cooper GF (1970) Development of the brain depends on the visual environment. Nature 228:477-478

Borgstein J, Grootendorst C (2002) Clinical picture: half a brain. Lancet 359:473

Bowles S, Gintis, H (2002) Homo reciprocans. Nature 415:125-128

Breiter HC et al. (1997) Acute effects of cocaine on human brain activity and emotion. Neuron 19:591-611

Bresch C (1979) Das sadistische Kohlenstoffatom. Biologie in unserer Zeit 9:30-32

Brewer JB, Zhao Z, Desmond JE, Glover GH, Gabrieli JDE (1998) Making memories: Brain activity that predicts how well visual experience will be remembered. Science 281:1185-1187

Bruce V (1988) Recognizing Faces. Lawrence Erlbaum Ltd, London

Bruer JT (1997) Education and the brain: a bridge too far. Educational Researcher 26:4-16

Bruer JT (1999) The myth of the first three years. The Free Press, New York

Büchel C et al. (1998) Brain systems mediating aversive conditioning: an event-related fMRI study. Neuron 20:947-957

Bückmann D (1995) Biologische Grundlagen menschlichen Gruppen- und Konfliktverhaltens. Ulmensien 10:25-49

Buss DM (1994) The evolution of desire. Basic Books, New York

Butterworth B (1999) A head for figures. Science 284:928-929

Butterworth B (1999) What counts. How every brain is hardwired for math. The Free Press, New York

Cahill L, Prins B, Weber M, McGaugh J (1994) B-adrenergic activation and memory for emotional events. Nature 371:702-704

Cameron KA et al. (2001) Human hippocampal neurons predict how well word pairs will be remembered. Neuron 30:289-298

Cantor JC et al. (1991) Medical eduactors` views and medical education reform. JAMA 265:1002-1006

Carlsmith KM, Darley JM, Robinson PH (2002) Why do we punish? Deterrence and just deserts as motives for punishment. Journal of Personality and Social Psychology 83:284-299

Centerwall BS (1992) Television and violence. The scale of the problem and where to go from here. Am Med Assoc 267:3059-3063

Ciba Foundation Symposium 193 (1995) Development of the cerebral cortex. John Wiley & Sons, Chichester

Conturo TE et al. (1999) Tracking neural fiber pathways in the living human brain. Proc Natl Acad Sci USA 96:10422-10427

Corbetta M (1993) Positron emission tomography as a tool to study human vision and attention. Proc Natl Acad Sci USA 90:10901-10903

Corbetta M et al. (1991) Selective and divided attention during visual discriminations of shape, color and speed: Functional anatomy by positron emission tomography. The Journal of Neuroscience 11:2383-2402

Corkin S (1984) Lasting consequences of bilateral medial temporal lobectomy: Clinical course and experimental findings in H.M. Seminars in Neurology 4:249-259

Cosmides L, Tooby J (1992) Cognitive adaptations for social exchange. In: Barkow JH (Hrsg) The adapted mind, 163-228. Oxford University Press, Oxford

Creutzfeld DO (1995) Cortex Cerebri. Performance, structural and functional organization of the cortex. Oxford University Press, Oxford

Cruiskhank SJ, Weinberger NM (1996) Evidence for the Hebbian hypothesis in experience-dependent physiological plasticity of beocortex: a critical review. Brain Res Brain Res Rev 22:191-228

Damasio A (1994) Descartes` error. Emotion, reason and the human brain. Putnam, New York

Dave AS, Yu AC, Margoliash D (1998) Behavioral state modulation of auditory activity in a vocal motor system. Science 282:2250-2254

Dawkins R (1976) The selfish gene. Oxford University Press, Oxford

Dawkins R (2000) Kommentar. In: Miller GF (Ed) The mating mind. Doubleday, New York

Dehaene S (1997) The number sense. Allen Lane, The Penguin Press, London

Dehaene S (1999) Der Zahlensinn oder warum wir rechnen können. Birkhäuser, Basel

Dehaene S, Dehaene-Lambertz G, Cohen L (1998) Abstract representations of numbers in the animal and human brain. Trends in Neurosciences 21:355-361

Dehaene S et al. (1999) Sources of mathematical thinking: Behavioral and brain-imaging evidence. Science 284:970-974

Dehaene-Lambertz G, Dehaene S (1994) Speed and cerebral correlates of syllable discrimination in infants. Nature 370:292-295

Deutsche Shell (Hrsg) (2002) Jugend 2002. 14. Shell Jugendstudie. Fischer Taschenbuch, Frankfurt

Diamond MC, Scheibel, AB, Murphy GM, Harvey T (1985) On the brain of a scientist: Albert Einstein. Experimental Neurology 88:198-204

Dietz TL (1998) An examination of violence and gender role portrayals in video games: Implications for gender socializiation and aggressive behavior. Sex Roles 38:425-442

Eibl-Eibesfeldt I (1978) Grundriß der vergleichenden Verhaltensforschung. Piper Verlag, München

Eimas PD, Quinn PC (1994) Studies on the formation of perceptually based basic-level categories in young infants. Child Development 65:903-917

Elbert T, Pantev C, Wienbruch C, Rockstroh B, Taub E (1995) Increased cortical representation of the fingers of the left hand in string players. Science 270:305-307

Elman JL (1990) Finding structure in time. Cognitive Science 14:179-211

Elman JL (1991) Incremental learning, or the importance of starting small. In Proceedings of the Thirteenth Annual Conference of the Cognitive Science Society, S. 443-448. Erlbaum, Hillsdale, NJ

Elman JL (1994) Implicit learning in neural networks: The importance of starting small. In: Umilty C, Moscovitch M (Hrsg) Attention and Performance VI Conscious and nonconscious information processing. S. 861-888. MIT Press, Cambridge, MA

Elman JL (1995) Language Processing. In: Arbib M (Hrsg) The Handbook of Brain Theory and Neural Networks, S. 508-513. MIT Press, Cambridge, MA

Emanatian M (1995) Metaphor and the expression of emotion. Metaphor and Symbolic Activity 10:163-182

Emes EC (1997) Is Mr. Puck maneating our children? A review of the effect of video games on children. Canadian Journal of Psychiatry 42:409-414

Epstein R, Kanwisher N (1998) A cortical representation of the local visual environment. Nature 392:598-601

Ericsson KA (1997) Deliberate practice and the acquisition of expert perfomance: An overview. In: Jorgensen H, Lehmann Ac (Eds) Does practice make perfect? Current theory and research on instrumental music practice. Norges musikkhogskole of forfatterne, Oslo, pp 9-52

Ericsson KA, Krampe RT, Tesch-Römer C (1993) The role of deliberate practice in the acquisition of expert performance. Pschological Review 100:363-405

Erk S et al. (2003) Emotional context modulates subsequent memory effect. Neuroimage, in press.

Eshel I (1972) On the neighbourhood effect and evolution of altruistic traits. Theoretical Population Biology 3:258-277

Farah M (1998) Why does the somatosensory homunculus have hands next to the face and feet next to genitals? A hypothesis. Neural Computation 10:1983-1985

Fehr E, Gächter S (2002) Altruistic punishment in humans. Nature 415:137-140

Fernandez-Duque D, Posner MI (1997) Relating the mechanisms of orienting and alerting. Neuropsychologia 35:477-486

Fiedler K (1988) Emotional mood, cognitive style and behavior regulation. In: Fiedler K, Forgas JP: Affect, cognition and social behavior, Hogrefe, Toronto

Fikentscher W (2001) Globale Gerechtigkeit zwischen Rechtsangleichung und Kulturenvielfalt. In: Fikentscher W, Gethmann C-F, Simon-Schaefer R, Walter N: Globale Gerechtigkeit. Universitäts-Verlag Bamberg

Flechsig P (1920) Anatomie des menschlichen Gehirns und Rückenmarks auf myelogenetischer Grundlage. Thieme Verlag, Leipzig

Flor H, Elbert T, Knecht S, Wienbruch C, Pantev C, Birbaumer N, Larbig W, Taub E (1995) Phantom-limb pain as a perceptual correlate of cortical reorganization following arm amputation. Nature 375:482-484

Francis D, Diorio J, Liu D, Meaney MJ (1999) Nongenomic transmission across generations of maternal behavior and stress responses in the rat. Science 286:1155-1158

Freedman et al. (2001) Categorical representation of visual stimuli in the primate prefrontal cortex. Science 291:312-316

Fuster JM (1995) Memory in the cerebral cortex. MIT Press, Cambridge, Massachusetts

Fuster JM (2001) The prefrontal cortex – an update: time is of the essence. Neuron 30:319-333

Gais S, Plihal W, Wagner U, Born J (2000) Early sleep triggers memory for early visual discrimination skills. Nature Neuroscience 3:1335-1339

Galaburda AM, Sherman GF, Rosen GD, Aboitiz F, Geschwind N (1985) Developmental dyslexia: four consecutive patients with cortical anomalies. Annual Neurology 18:222-233

Galton F (1883) Inquiries into human faculty and its development. Macmillan & Co., London

Gazzaniga MS, Ivry RB, Mangun GR (1998) Cognitive Neuroscience. W.W. Norton & Company, New York

Gehlen A (1978) Der Mensch. Seine Natur und seine Stellung in der Welt, 12. Aufl. Wiesbaden: Akademische Verlagsgesellschaft Athenaion

Giraux P, Sirigu A, Schneider F, Dubernard JM (2001) Cortical reorganization in motor cortex after graft of both hands. Nature Neuroscience 4:691-692

Goethe JW (1796) Wilhelm Meisters Lehrjahre. In Goethes Werke. T Friedrich (Hrsg) Verlag Phillip Reclam Leipzig

Goldman-Rakic PS (1995) Cellular basis of working memory. Neuron 14:477-485

Gopnik A, Meltzoff AN, Kuhl PK (1999) The scientist in the crib. William Morrow and Company, Inc., New York

Groen G, Wunderlich AP, Spitzer M, Tomczak R, Riepe MW (2000) Brain activation during human navigation: gender-different neural networks as substrate of performance. Nat Neurosci 3:404-408

Grossman D, DeGaetano G (1999) Stop Teaching Our Kids to Kill: A Call to Action Against TV, Movie and Video Game Violence. Crown Books (Random House)

Hamann S, Mao H (2002) Possitive and negative emotional verbal stimuli elicit activity in the left amygdala. Neuroreport 13:15-19

Hamilton WD (1963) The evolution of altruistic behaviour. Am. Nat. 97:354-356

Hasegawa I et al. (1998) Callosal window between prefrontal cortices. Cognitive interacions to retrieve long-term memory. Science 281:814-818

Hasegawa I, Miyashita Y (2002) Categorizing the world: Expert neurons look into key features. Nature Neuroscience 5:90-91

Hebb DO (1949) The organization of behavior. Wiley, New York

Hentig von H (1993) Die Schule neu denken. Carl Hanser Verlag, München

Hentig von H (2001) Ach, die Werte. Beltz Taschenbuch Verlag, Weinheim

Hoffman KL, McNaughton BL (2002) Coordinated reactivation of distributed memory traces in primate neocortex. Science 297:2070-2073

Horwitz B, Rumsey JM, Donohue BC (1998) Functional connectivity of the angular gyrus in normal reading and dyslexia. Proc. Natl. Acad. Sci. USA 95:8939-8944

Humboldt Wv (1964) Über die Bedingungen, unter denen Wissenschaft und Kunst in einem Volke gedeihen (1814). In: Humboldt Wv. Schriften. Goldmann Verlag, München

Humboldt Wv (1964) Über die innere und äußere Organisation der höheren wissenschaftlichen Anstalten in Berlin (1810). In: Humbold Wv Schriften. Goldmann Verlag, München

Jannini EA, Screponi E, Carosa E, Pepe M, Lo Guidice F, Trimarchi F, Benvenga F (1999) Lack of sexual activity from erectile dysfunction is associated with a reversible reduction in serum testosterone. Int J Androl 22:385-392

Johnson JG, Cohen P, Smailes EM, Kasen S, Brook JS (2002) Televison Viewing and Aggressive Behavior During Adolescence and Adulthood. Science 295:2468-2471

Jonides J, Smith EE, Koeppe RA, Awh E, Minoshima S, Mintun MA (1993) Spatial working memory in humans as revealed by PET. Nature 363:623-625

Jung CG (1980) Die Archetypen und das kollektive Unbewußte. Gesammelte Werke 9/1, Walter-Verlag, Olten, Freiburg

Kampe KKW et al. (2001) Reward value of attractiveness and gaze. Nature 413:598

Kastner S, De Weerd P, Desimone R, Ungerleider LG (1998) Mechanisms of directed attention in the human extrastriate cortex as revealed by functional MRI. Science 282:108-111

Kiefer M, Dehaene S (1997) The time course of parietal activation in single-digit multiplication: Evidence from event-related potentials. Mathematical Cognition 3:1-30

Kilgard MP, Merzenich MM (1995) Anticipated stimuli across skin. Science 373:663

Kilgard MP, Merzenich MM (1998) Cortical map reorganization enabled by nucleus basalis acitvity. Science 279:1714-1718

Kim KH, Relkin NR, Lee KM, Hirsch J (1997) Distinct cortical areas associated with native and second languages. Nature 388:171-174

Kinsley CH et al. (1999) Motherhood improves learning and memory, Nature 402:137-138

Klingberg T, Hedehus M, Temple E, Salz T, Gabrieli JDE, Moseley ME, Poldrack RA (2000) Microstructure of temporo-parietal white matter as a basis for reading ability: Evidence from diffusion tensor magnetic resonance imaging

Kossut M, Siucinska E (1998) Learning-induced expansion of cortical maps - what happens to adjacent cortical representations? NeuroReport 9:4025-4028

Kramer PD (1993) Listening to Prozac. Viking Penguin Press, New York

Krebs U (2001) Erziehung in traditionalen Kulturen. Dietrich Reimer Verlag GmbH, Berlin

Krusen FH, Kottke FJ, Ellwood PM (1986) Handbook of Physical Medicine and Rehabilitation. Saunders, London, Philadelphia

Lecanuet J-P (1996) Prenatal auditory experience. In: Delège I, Sloboda J (Hrsg): Musical Beginnings. Origins and development of musical competence, S 3-34. Oxford University Press

LeDoux J (1992) Synaptic self. Vikung, New York

LeDoux JE (1994) Emotion, Memory an the Brain, Scientific American, 270:32-39

LeDoux JE, Fellous J-M (1995) Emotion and computational neuroscience. In: Arbib M (Hrsg) The Handbook of Brain Theory and Neural Networks, S. 356-359. MIT Press, Cambridge MA

Liu D, Diorio J, Tannenbaum B, Caldji C, Francis D, Freedman A, Sharma S, Pearson C, Plotsky PM, Meaney MJ (1997) Materna care, hippocampal glucocorticoid receptors, and hypothalamicpituitary-adrenal responses to stress. Science 277:1659-1662

Locke IL (2000) Movement patterns in spoken language. Science 288:449-451

Logothetis NK (1998) Single units and conscious vision.PhilosTrans R Soc Lond B 353:1801-1818.

Louie K, Wilson MA (2001) Temporally structured replay of awake hippocampal ensemble activity during rapid eye movement sleep. Neuron 29:145-156

Lundborg G, Rosén B (2001) Tactile gnosis after nerve repair. The Lancet 358:809.

MacDonald A, Cohen JD, Stenger VA, Carter CS (2000) Dissociating the role of the dorsolateral prefrontal and anterior cingulate cortex in cognitive control. Science 288: 1835-1838

Macmillan M (2000) An odd kind of fame. Bradford Book, MIT Press, Cambridge, Massachusetts

MacNeilage PF, Davis BL (2000) On the origin of internal structure of word forms. Science 288:527-531

Maguire EA et al. (2000) Navigation-related structural change in the hippocampi of taxi drivers. PNAS 97:4398-4403

Maher BA, Spitzer M (1993) Thought disorder and language behavior in schizophrenia. In: Blanken G, Dittmann J, Grimm H, Marshal JC, Wallesch CW (Eds): Linguistic Disorders and Pathologies. Handbücher der Sprach- und Kommunikationswissenschaft Bd. IX, S 522-533. De Gruyter, New York Berlin

Maquet P (2000) Sleep on it! Nature Neuroscience 3:1235-1236

Maquet P (2001) The role of sleep in learning and memory. Science 294:1048-1052

Marcus GF, Vijayan S, Bandi Rao S, Vishton PM (1999) Rule learning by seven-month-old infants. Science 283:77-80

McClelland JL, McNaugton BL, O`Reilly RC (1995) Why there are complementary learning systems in the hippocampus and neocortex: Insights from the successes and failures of connectionist models of learning and memory. Psychological Review 102:419-457

McNamara P, Andresen J, Clark J, Zborowski M, Duffy CA (2001) Impact of attachment styles on dream recall and dream content: a test of the attachment hypothesis of REM sleep. Journal of Sleep Research 10:117-127

Meaney M, Aitken D, van Berkel C, Bhatnagar S, Sapolsky R (1988) Effect of neonatal handling on age-related impairments associated with the hippocampus. Science 239:766-768

Mehta MR, Quirk MC, Wilson MA (2000) Experience-dependent asymmetric shape of hippocampal receptive fields. Neuron 25:707-715

Merzenich M (2000) Seeing in the sound zone. Nature 404:820-821

Miller GF (2000) The mating mind. Doubleday, New York

Miller EK, Cohen JD (2001) An integrative theory of prefrontal cortexfunction. Annual Review of Neuroscience 24:167-202

Morgan D et al. (2002) Social dominance in monkeys: dopamine D2 receptors and cocaine self-administration. Nature Neuroscience 5:169-174

Mumford M (1992) On the computational architecture of the neocortex. II. The role of cortico-cortical loops. Biol Cybern 66:241-251

Nadis S (2002) The sight of two brains talking. Nature 418:364

Nakazawa K et al. (2002) Requirement for hippocampal CA3 NMDA receptors in associative memory recall. Science 297:211-218

Nauta W, Feirtag M (1990) Neuroanatomie. Spektrum Verlag, Heidelberg

Naylor RH (1980) The role of experiment in Galileo`s early work on the law of fall. Annals of Science 37:363-378

Nelson CA, Luciana M (Eds) (2001) Handbook of Developmental Cognitive Neuroscience. Bradford Book, MIT Press. Cambridge, Massachusetts

Nowak MA, Sigmund K (1998) Evolution of indirect reciprocity by image scoring. Nature 393:573-577

OECD, Center for Educational Research and Innovation (2001) Education at a Glance. Organisation for Economic Co-Operation and Development Publications, Paris

OECD, Center for Educational Research and Innovation (Hrsg) (2001a) Preliminary Synthesis of the First High Level Forum on Learning Sciences and Brain Research: Potential Implications for Education Policies and Practices. Brain Mechanisms and Early Learning (at Sackler Institute, New York City, USA, 16-17 June 2000). OECD Report, 10.4.2001

OECD, Center for Educational Research and Innovation (Hrsg) (2001b) Preliminary Synthesis of the Second High Level Forum on Learning Sciences and Brain Research: Potential Implications for Education Policies and Practices. Brain Mechanisms and Youth Learning (at University of Granada, Spain, 1-3 February 2001). OECD Report

OECD, Center for Educational Research and Innovation (Hrsg) (2001c) Preliminary Synthesis of the Third High Level Forum on Learning Sciences and Brain Research: Potential Implications for Education Policies and Practices. Brain Mechanisms and Learning in Aging (in cooperation with RIKEN Brain Science Institute and the Japanese Ministry of Education, Culture, Sport, Science and Technology in Tokyo, Japan, 26-27 April 2001). OECD Report

O'Craven KM, Downing PE, Kanwisher N (1999) fMRI evidence for objects as the units of attentional selection. Nature 40:584-587

O'Craven KM, Rosen BR, Kwong KK, Treisman A, Savoy RL (1997) Voluntary attention modulates fMRI activity in human MT-MST. Neuron 18:591-598

O'Doherty J, Kringelbach ML, Rolls ET, Hornak J, Andrews C (2001) Abstract reward and punishment representations in the human orbitofrontal cortex. Nature Neuroscience 4:95-102

Pakkenberg B, Gundersen H, Joergen G (1997) Neocortical neuron number in humans: effect of sex and age, The Journal of Comparative Neurology 384:312-320

Pascual-Leone A, Torres F (1993) Plasticity of the sensorimotor cortex representation of the reading finger in Braille readers. Brain 116:39-52

Paulescu E, Frith U, Snowling M, Gallagher A, Morton J, Frackowiak RS, Frith CD (1996) Is developmental dyslexia a disconnection syndrome? Evidence from PET scanning. Brain 119:143-157

Penfield W, Boldrey E (1937) Somatic motor and sensory representation in the cerebral cortex of man as studied by electrical stimulation. Brain 60:389-443

Penfield W, Rasmussen T (1950) The cerebral cortex of man: a clinical study of localization and function. Macmillan, New York

Pinker S (1994) The language instinct. Allen Lane, London

Piri R (2002) Hauptmerkmale und eventuelle Stärken des finnischen Schulsystems. Deutscher Bundestag. Ausschuss für Bildung, Forschung und Technikfolgenabschätzung. Anhörung zum Thema "Folgerungen aus der PISA-Studie und den Empfehlungen des Forum Bildung_ am 20.03.2002

Plihal W, Born J, (1997) Effects of early and late nocturnal sleep on declarative and procedural memory. Journal of Cognitive Neuroscience 9:534-547

Polk TA, Farah MJ (1998) The neural development and organization of letter recognition: evidence from functional neuroimaging, computational modeling, and behavioral studies. Proceedings of the National Academy of Science USA 95:847-852

Posner MI, Raichle M (1996) Bilder des Geistes. Spektrum Akademischer Verlag, Heidelberg

Raleigh MJ, McGuire MT, Brammer GL, Pollack DB, Yuwiler A (1991) Serotonergic mechanisms promote dominance acquisition in adult male vervet monkeys. Brain Research 559:181-190

Ramus F, Hauser MD, Miller C, Morris D, Mehler J (2000) Language discrimination by human newborns and by cotton-top Tamarin monkeys.Science 288:349-351

Rattenborg NC, Lima SL, Amlaner CJ (1999) Facultative control of avian unihemispheric sleep under the risk of predation. Behav Brain Res 105:162-172

Rees G, Frith CD, Lavie N (1997) Modulating irrelevant motion perception by variing attentional load in an unrelated task. Science 278:1616-1619

Rilling JK et al. (2002) A Neural Basis for Social Cooperation Neuron 35:395-405

Rolls ET (2000) The orbitofrontal cortex and reward. Cerebral Cortex 10:284-294

Rowe JB, Toni I, Josephs O, Frackowiak RSJ, Passingham RE (2000) The prefrontal cortex: Response selection or maintenance within working memory? Science 288:1656-1660

Rozin P, Levine E, Stoess C (1991) Chocolate craving and liking. Appetite 17:199-212

Saffran JR, Aslin RN, Newport EL (1996) Statistical learning by 8-month-old infants. Science 274:1926-1928

Schaal B, Marlier L, Soussignan R (2000) Human foetusses learn odors from their pregnant mother's diet. Chemical Senses 25:229-237

Scharff C, Kirn JR, Grossman M, Macklis JD, Nottebohm F (2000) Targeted neuronal death affects neuronal replacement and vocal behavior in adult songbirds. Neuron 25:481-492

Schrenk F, Bromage TG (2002) Adams Eltern: Expeditionen in die Welt der Frühmenschen. CH Beck, München

Schmid D (Hrsg) (2002) Friedrich Schleiermacher: Kurze Darstellung des theologischen Studiums zum Behuf einleitender Vorlesungen (1811/1830). Walter de Gruyter, Berlin

Sengpiel F, Stawinski P, Bonhoeffer T (1999) Influence of experience on orientation maps in cat visual cortex. Nature neuroscience 2:727-732

Sharp D (2000) Aids to navigation. The Lancet 355:1034

Shaywitz BA, Shaywitz SE, Pugh KR, Constable RT, Skudlarki P, Fulbright RK, Bronen RA, Fletcher JM, Shankweiler DP, Katz I, Gore JC (1995) Sex differences in the functional organization of the brain for language. Nature 373:607-609

Shaywitz SE, Shaywitz BA, Pugh KR, Fulbright RK, Constable RT, Mencl WE, Shankweiler DP, Liberman AM, Skudlarski P, Fletcher JM et al. (1998) Functional disruption in the organization of the brain for reading in dyslexia. Proc. Natl. Acad. Sci. USA 95:2636-2641

Shors T et al. (2001) Neurogenesis in the adult is involved in the formation of trace memories. Nature 410:372-375 (Erratum Nature 414:938)

Siapas AG, Wilson MA (1998) Coordinated interactions between hippocampal ripples and cortical spindles during slow wave sleep. Neuron 21:1123-1128

Siegel JM (2001) The REM sleep-memory consolidation hypothesis. Science 294:1058-1063

Sigala N, Gabbiani F, Logothetis NK (2001) Visual categorization and object representation in monkeys and humans. Journal of Cognitive Neuroscience 14:1-12

Sigala N, Logothetis NK (2002) Visual categorizattion shapes feature selectivity in the primate temporal cortex. Nature 415:318-320

Small DM, Zatorre RJ, Dagher A, Evans AC, Jones-Gotman M (2001) Change in brain activity related to eating chocolate. From pleasure to aversion. Brain 124:1720-1733

Smith C (1995) Sleep stages and memory processes. Behavioral Brain Research 69:137-145

Smyth JM, Stone AA, Hurewitz A, Kaell A (1999) Effects of writing about stressful experiences on symptom reduction in patients with asthma or rheumatoid arthritis: a randomized trial. JAMA 281:1304-1309

Spitzer M (1984) Nächtliche Vasopressin-freisetzung bei selektivem REM-Schlaf-Entzug Dissertation, Freiburg i.Br.

Spitzer M (1989) Was ist Wahn? Ein Beitrag zum Wahnproblem. Springer Verlag, Heidelberg

Spitzer M (1993) Assoziative Netzwerke, formale Denkstörungen und Schizophrenie: Zur experimentellen Psychopathologie sprachabhängiger Denkprozesse. Der Nervenarzt 64:147-159

Spitzer M (1996) Geist im Netz. Spektrum Akademischer Verlag, Heidelberg

Spitzer M (1997) Die Idee der Universität. Antrittsvorlesung 19.12.1997, Universität Ulm

Spitzer M (1999) Die Idee der Universität. Studium als Selbsterfahrung im "Jahrzehnt des Gehirns". Reden und Aufsätze der Universität Ulm, Heft 4

Spitzer M (1999) Nicht im Traum: Lernen im Schlaf. Nervenheilkunde. In: Spitzer (2000), S 38-40

Spitzer M (2000) Geist, Gehirn & Nervenheilkunde. Schattauer, Stuttgart

Spitzer M (2001) Ketchup und das kollektive Unbewusste. Schattauer, Stuttgart

Spitzer M (2002a) Musik im Kopf. Schattauer, Stuttgart

Spitzer M (2002b) Schokolade im Gehirn. Schattauer, Stuttgart

Spitzer M (2002c) Die Macht innerer Bilder. Spektrum Akademischer Verlag, Heidelberg (in Vorbereitung)

Spitzer M et al. (1991) Semantic priming in a lexical decision task on awakenings from REM–sleep: evidence for a disinhibited semantic network. Sleep Research Abstracts 131

Spitzer M, Walder S, Clarenbach P (1993) Semantische Bahnung im REM-Schlaf. In: Meier-Ewert K, Rüther E (Hrsg): Schlafmedizin, S 168-178. Gustav Fischer Verlag, Stuttgart

Stasiak M (2001) The effect of early specific feeding on food conditioning in cats. Developmental Psychobiology 83:248-259

Stasiak M (2002) The development of food preferences in cats. The new direction. Nutritional Neuroscience 5:221-228

Stasiak M, Zernicki B (2000) Food cconditioning is impaired in cats deprived of the taste of food in early life. Neuroscience Letters 279:190-192

Stern P (2001) Sweet dreams are made of this. Science 294:1047

Stevenson HW, Stigler JW (1992) The learning gap. Summit Books, New York

Stickgold R (1998) Sleep: Off-line memory processing. Trends in Cognitve Sciences 2:484-492

Stickgold R et al. (2000a) Visual discrimination task improvement: A multu-step process occurring during sleep. J Cogn Neurosci 12:246-254

Stickgold R, James L, Hobson JA (2000b)Visual discrimination learning requires sleep after training. Nature Neuroscience 3:1237-1238

Stickgold R, Malia A, Maguire D,Roddenberry M, O`Conner M (2000c) Replaying the game: Hypnagogic images in normals and amnesics. Science 290:350-353

Stickgold R et al. (2001) Sleep, Learning, and Dreams: Off-line memory reprocessing. Science 294:1052-1057

Stone VE, Cosmides L, Tooby J, Kroll N, Knight RT (2002) Selective impairment of reasoning about social exchange in a patient with bilateral limbic system damage. PNAS 99:11531-11536

Sugiyama LS, Tooby J, Cosmides L (2002) Cross-cultural evidence of cognitive adaptations for social exchange among the Shiwiar of ecuadorian amazonia. PNAS 99:11537-11542

Sykes B (2001) The seven daughters of Eve. WW Norten, New York.

Tallal P, Miller SL, Bedi G, Byma G, Wang X, Nagarajan SS, Schreiner C, Jenkins WM, Merzenich MM (1996) Langauge comprehension in language-learning impaired children improved with acoustically modified speech. Science 271:81-84

Tanaka K (1993) Neuronal mechanisms of object recognition. Science 262:685-688

Thielscher A, Neumann H, Spitzer M, Wunderlich AP, Groen G. Texture segmentation in human perception: from model of networks to data from networks. (submitted)

Toni N, Buchs P-A, Nikonenko L, Bron CR, Müller D (1999) LTP promotes formation of multiple spine synapses between a single axon terminal and a dendrite. Nature 402:421-425

Tremblay L, Schulz W (1999) Relative reward preference in primate orbitofrontal cortex. Nature 398:704-708

Trivers R (1971) The evolution of reciprocal altruism. Quarterly Review of Biology 46:35-57

Trivers R (1985) Social Evolution, Kapitel 16: Deceit and self-deception. Benjamin Cummings, Menlo Park

Tugendhat E, Wolf U (1983) Logisch-semantische Propädeutik. Reclam, Stuttgart

Unger J, Spitzer M (2000) Bildung neuer Nervenzellen in alten Gehirnen? Ein kritischer Überblick über das Problem der postnatalen Neurogenese. Nervenheilkunde 19:65-68

Vargha-Khadem F et al. (1997) Differential effects of early hippocampal pathology on episodic and semantic memory. Science 277:376-379

Vogel G (2000) Death triggers regrowth of zebra finch neurons. Science 287:1381

Volkow ND et al. (1999) Prediction of reinforcing responses to psychostimulants in humans by brain dopamine D2 receptor levels. American Journal of Psychiatry 156:1440-1443

Waelti P, Dickinson A, Schultz W (2001) Dopamine responses comply with basic assumptions of formal learning theory. Nature 412:43-48

Wallis JB, Anderson KC, Miller EK (2001) Single neurons in prefrontal cortexencode abstract rules. Nature 411:953-956

Wang GJ et al. (1999) Regional brain metabiloc activation during cravings elicited by recall of previous drug experiences. Life Sciences 64:775-794

Watanabe M (1999) Attraction is relative not absolute. Nature 398:661-663

Wedekind C, Milinski M (2000) Cooperation through image scoring in humans. Science 288:850-852

Weischedel W (1996) Die philosophische Hintertreppe. Nymphenburger, München

Weizsäcker CFv (1964) Die Tragweite der Wissenschaft. Stuttgart, Hirzel

Williams TM (1986) The impact of television. A natural experiment in three communities. Academic Press, Orlando FL

Wilson DS (1997) Human groups as units of selection. Science 276:1816-1817

Wilson DS, Sober E (1994) Reintroducing group selection to the human behavioral sciences. Behavioral and brain Sciences 17:585-654

Wilson MA, McNaughton BL (1993) Dynamics of the hippocampal ensemble code for space. Science 261:1055-1058

Wilson MA, McNaughton BL (1994) Reactivation of hippocampal ensemble memories during sleep. Science 265:676-679

Index

Printed in the United States
By Bookmasters

Printed in the United States
By Bookmasters